U0827623

电路及磁路学习指导

李立群　谷良　编

中央广播电视大学出版社

图书在版编目（CIP）数据

电路及磁路学习指导/李立群等编．—北京：中央广播电视大学出版社，1994.10
ISBN 978-7-304-00853-6

Ⅰ．电…　Ⅱ．李…　Ⅲ．①电路理论—电视大学—教学参考资料②磁路—电视大学—教学参考资料　Ⅳ．TM13

中国版本图书馆 CIP 数据核字（94）第 16172 号

电路及磁路学习指导

李立群　谷　良　编

出版·发行：中央广播电视大学出版社
电话：发行部：010-58840200　总编室：010-68182524
网址：http://www.crtvup.com.cn
地址：北京市海淀区西四环中路45号
邮编：100039
经销：新华书店北京发行所

策划编辑：何勇军
印刷：北京市银祥福利印刷厂　**印数**：146101~149100
版本：1994年11月第1版　2008年11月第13次印刷
开本：787×1092　1/16　**印张**：19.75　**字数**：490千字

书号：ISBN 978-7-304-00853-6
定价：21.60元

（如有缺页或倒装，本社负责退换）

目　录

绪　言

一、电路及磁路课程的任务与内容

电路及磁路是电类各专业重要的技术基础课程，又是电路理论与磁路知识的入门课程。通过本课程的学习，使学生掌握电路的基本概念、基本定律、定理和基本分析计算方法，理解磁路的特点，会计算较简单的磁路问题，并具备进行电工实验的基本技能。为学习后续课程准备必要的电路及磁路知识，并为从事专业技术工作打下基础。本课程对培养学生严肃认真的科学态度，树立理论联系实际的作风，提高分析问题和解决问题的能力等方面都有重要的作用。

课程的教学内容可以分为四部分。第一部分是电阻电路的分析，包括教材《电路及磁路》的第一章至第四章，以电阻电路的分析来介绍电路的基本概念、基本定律、基本定理和电路的基本分析方法，它是全课程的基础。第二部分是正弦交流电路的分析，包括教材的第五章至第八章、第十章和第十一章，介绍正弦量的表示法，正弦交流电路分析的基础，应用相量法分析正弦交流电路，正弦交流的功率，三相电路，含互感电路的分析，频率响应及谐振以及非正弦周期电流电路的分析。第三部分是磁路及铁心线圈，教材的第九章，介绍磁路的基本概念和基本定律，铁磁物质的磁特性，恒定磁通磁路的计算，交变磁通磁路中线圈电压与磁通的关系，磁通与电流的波形，铁心损失以及铁心线圈的电路模型。第四部分是电路中过渡过程的分析，包括教材的第十二章和十三章，介绍电路过渡过程的基本概念和换路定律，RC 和 RL 一阶电路分析的经典法和三要素法，包括直流激励和正弦电源激励电路的过渡过程分析，零输入响应与零状态响应，阶跃函数与阶跃响应，RLC 二阶电路过渡过程的分析，以及拉普拉斯变换及其在电路分析中的应用。

本课程的主教材《电路及磁路》，是根据国家教委“高等学校工程专科电路及磁路课程教学基本要求”和中央广播电视大学“电路及磁路课程教学大纲”而编写，由北京理工大学李瀚荪教授主编，中央广播电视大学出版社 1994 年 10 月出版。

二、学习方法的一般指导

本课程的教学工作，是在“掌握概念，强化应用”的思想指导下进行的。所谓“掌握概念”，就是要理解和掌握电路及磁路的基本概念、定律、定义、定理和基本分析方法。要通过“视听”、“笔记”、“阅读”、“记忆”、和“总结”等环节来达到。“视听”就是收看电视讲课。要重视收视电视讲课，因为电视讲课不是简单对教材的重复，而是突出了教学的重点，在理论概念和分析方法上都有更清晰的讲解，能启迪思路，引导理解和掌握教学内容。听电视讲课时，要求听懂和不缺课，并做到集中精力，全神贯注，专心致志。同时要手脑并用，做好听课笔记。“笔记”要简明扼要，条理清楚，重点突出。“阅读”就是及时预习和复习，认真阅读教材，理解教学内容。对基本概念、定律、定义、定理和基本分析方法，要反复钻研和思考，以求甚解。“记忆”就是对重要的概念、定律、定理的表述和计算公式，在理解的基础上进行记忆，以能熟练运用，“总结”就是对每一章及每一部分的教学内容，通过分析、比较和归纳的方法，将各部分知识贯穿起来，使之系统化、条理化。明确知识之间的联系，找出理论之精髓，方法之要领，真正掌握所学知识，达到学好课程的目的。

所谓“强化应用”，就是强化将所学电路及磁路的基本理论和基本分析方法应用于对电路问题进行分析计算，也就是强化解题训练。读者必须独立完成一定数量的习题，才能巩固和加深理解所学的知识，熟练掌握解题方法和运算技能，提高分析问题和解决问题的能力。强化应用体现在解题的数量和质量两个方面。在数量上，电视讲课时布置的习题是最低题量，必须独立做完，而且应尽可能多做习题，加以强化。在质量上，要认真做习题，要求是：第一，要在课后认真复习，弄懂原理和方法的基础上，再做习题，以达到事半功倍的效果。当然，在做习题过程中遇到问题时，仍需反复钻研教材，以求深化，解决问题。第二，要自己独立完成作业。所谓独立完成作业，就是做习题要经过自己的独立思考，分析研究，亲自动手来做，培养自己的解题能力。当然，在完成作业过程中，对有些问题与同学讨论，或请教教师，也是正常的，必要的。第三，解题时，首先要注意审题，弄清题意和解题条件；其次，要从讲授和教材所述原理出发，明确解题思路和解题方法与步骤，每一步都要有理论的根据。还要注意理论联系实际，注意理论的应用；再次，要注意解题技巧，细心运算，得出正确的结果。作业要书写整洁，条理清楚，培养自己严肃认真的科学作风。

总之，认真贯彻了“掌握概念，强化应用”的指导思想，经过自己的刻苦努力学习，必然会达到教学要求，完成学习任务的。

三、本书的目的与内容

本书是《电路及磁路》的配套教材。编写的目的是，根据“掌握概念，强化应用”的精神，帮助读者明确教学基本要求和教学的重点内容，有的放矢地收视电视讲课，阅读教材，进行学习，加强对电路及磁路基本概念和基本规律的理解，掌握电路及磁路的基本分析方法，提高解题能力和分析问题、解决问题的能力。

本学习指导分章编写，各章包括以下四部分内容：

（一）**基本要求** 根据国家教委“高等学校工程专科电路及磁路课程教学基本要求”及中央广播电视大学“电路及磁路课程教学大纲”，提出学习该章必须深刻理解和熟练掌握的重点内容，理解和掌握的主要内容，以及只要求一般了解的次要内容。应该注意的是，只要求了解的内容，并不是可有可无的，也要用心学习。

（二）**学习指导** 为了便于学习，我们首先指明每章的教学内容分为若干部分和主要内容，并就教学内容中的主要问题，作进一步的分析说明，或作概要性的归纳和补充，以加强对这些问题的理解，有助于掌握概念，强化应用。也指出每一章学习的重点和难点内容。

总之，本部分是本书的主要内容，着重于从概念上明确问题。

（三）**解题指导** 解题是强化应用的重要手段，读者必须独立完成一定数量的习题，才能掌握所学电路及磁路的基本理论和基本分析方法。这部分内容是通过典型例题分析来说明解题思路、解题方法和解题中应该注意的问题。每章包含有教材中的部分练习题和习题解答，数量约占教材中全部练习题和习题的三分之一左右。本书各章选解教材中的练习题和习题的题号以及题中电路图的图号，均与教材相同。因此，在阅读这部分内容时，需参阅《电路及磁路》教材。除此而外，本书中所有电路图的图号均按本书的分章编号。

总之，本部分是本书的重要内容，着重于电路及磁路基本理论与分析计算方法的结合，以提高解题能力和分析问题的能力。

（四）教学媒体与作业 中央广播电视大学是通过多媒体进行远距离教学的高等学校。文字教材是教学内容的主要载体，也是进行教学的基本媒体。采用广播电视媒体进行隔空讲课，是本课程的主要教学方式。本课程电视讲课由李翰荪教授主讲。共72讲，每讲50分钟，分两学期授完。上学期共45讲，内容是教材的第一章至第九章；下学期共27讲，内容是教材的第十章至第十三章。为了配合后续课程教学的需要，在下学期开始，第十二章和十三章先于第十章之前讲授。

本部分所指的教学媒体，是指电视讲课。文中指明每章电视讲课的讲次，介绍每一讲的教学内容。以及每讲布置的课外作业：教材中习题或练习题的题号，以及少量补充习题的题目。这对于同学们的学习来说，无论是课前预习或是课后复习和完成作业，都具有重要作用。

本书第五、六两章由谷良同志编写；李立群同志编写绪言及其余十一章，并负责全书的统稿工作。李瀚荪教授审阅了书稿，并提出了宝贵的意见，在此表示衷心的感谢。

第一章　电路的基本概念和基本定律

一、基本要求

1. 理解电路模型的概念。包括实际电路元（部）件用理想化模型来表征的概念、实际电路用模型表征的概念，以及电路集总化的假设。一般了解电路的组成及其功能。

2. 深刻理解和牢固掌握电压、电流及其参考方向的概念。理解和掌握电位和电动势的概念。

3. 理解电功率和电能量的概念及其计算方法。会正确判定电路中元件或某部分电路是产生功率抑或吸收功率。

4. 深刻理解和熟练掌握基尔霍夫电流定律（KCL）和电压定律（KVL），能正确列出节点的电流方程和回路的电压方程，以及它们的推广应用。

5. 深刻理解和牢固掌握电阻元件、电压源和电流源的特性及其端钮的电压电流关系，能正确写出它们的表达式。明确线性元件和非线性元件的概念。

6. 明确和掌握受控源的性质及它们的输出特性表达式。

7. 熟练掌握单回路电路的分析方法和分压计算。熟练掌握单节偶电路的分析方法和分流计算。

8. 掌握电路中电位的计算。

二、学习指导

本章是全课程的基础，教学内容可分如下三部分：

1. 电路的基本概念。包括电路模型的概念、电路中的基本物理量和电压、电流参考方向的概念；

2. 电路的基本规律——基尔霍夫定律和几种电路元件的伏安关系；

3. 两类基本电路的分析计算方法。即单回路电路和单节偶电路的分析计算。

着重讨论电路模型的概念，电路中的物理量，电压和电流的参考方向，基尔霍夫电流定律和电压定律，电阻元件、电压源和电流源的伏安关系，以及两类基本电路的分析方法和直流电路中电位的计算。

现就本章教学内容中的几个问题分述如下。

（一）关于电路模型的概念

电路及磁路课程是研究电路及磁路基本规律及其分析计算的学科。在开始学习课程的时候，首先必须明确课程研究的对象是什么。电路课程研究的不是实际电路，而是电路模型。电路模型是重要的基本概念，应从如下几方面来理解。

1. 实际电路元件用理想化模型来表征的概念

理想化电路元件，是实际电路元件的科学抽象，即理想化模型。每一种理想元件，(1) 具有确定的电磁性质。如三种基本理想电路元件：电阻元件是实际电阻器的理想化模型，它只具有将电能转换为热能的性质；电感元件是实际电感器的理想化模型，它只具有储存磁场能量的性质；电容元件是实际电容器的理想化模型，它只具有储存电场能量的性质。又如有两种理想化电源元件：电压源是实际电源的一种理想化模型，它只具有提供恒定电压或给定函数电压的性质；电流源是实际电源的另一种理想化模型，它只具有输出恒定电流或给定函数电流的性质。(2) 具有精确的数学定义和数学表达式。这就奠定了对电路进行分析计算的基础。任何一个实际的电路元（部）件，都可以用一个或多个基本电路元件来模拟，表征它的主要电磁性质。

2. 实际电路用模型表征的概念

电路模型是实际电路的科学抽象，即理想化模型，它是由理想化电路元件作为基本构成单元而组成，表征实际电路的主要电磁特性。

3. 电路模型的结构特征及功能

电路模型在结构上有支路（每一个两端电路元件就是一支路）、节点（两条或两条以上支路的交汇点）、回路（电路中任一闭合的路径）及网孔（内部没有交叉支路的回路）。

电路的功用是能量传递和信息处理。

4. 电路模型是电路分析的基础

由于每一种电路元件都具有精确的数学定义和数学表达式。所以，由若干电路元件所组成的电路模型，就可以用数学的方法对整个电路进行分析计算，而且又可以将种类繁多的实际电路抽象化、一般化，进而便于进行分析研究。模型的理论，是一种科学理论和方法。因此，电路模型成为电路及磁路这门学科理论的基础。

（二）关于电路集总化假设

实际电路元件有集总参数电路元件和分布参数电路元件之分；电路模型也有集总参数模型（简称集总电路）与分布参数模型之分。这也是我们学习本课程首先需明确的基本概念之一。应从如下两方面来理解。

1. 集总化的假设

如果实际电路元（部）件的外形尺寸远比通过它的电磁波信号的波长小得多，可以忽略不计，这种元（部）件称为集总参数元（部）件。用来模拟集中参数元件的理想元件，称为集总元件。由集总元件构成的电路模型，称为集总模型。任何时刻流经集总元件的电流和元件两端的电压都有完全的确定值，这时电流和电压只是时间的函数。由此得出重要的电路集总化假设为：如果电路的空间尺寸远小于该电路最高工作频率的波长，这种电路称为集总电路，否则就是分布参数电路。

2. 物理概念的理解

集总意味着电路元（部）件中的电场与磁场分开，电场只与电容元件相联系，磁场只与电感元件相联系。两种场之间不存在相互作用，否则电场与磁场相互作用将产生电磁波，电磁波便要辐射，将一部分能量辐射而损失掉。因此，只有在辐射能量可以忽略不计的情况下，才能采用集总概念。例如，我国电力系统交流电的频率为 50Hz，对应的波长为 6000km，这对实验室设备而言，其空间尺寸远小于电磁波的波长，采用集总化概念是完全可以的。但是，对于电压为 220kV 的高压输电线路而言，线路的长度与交流电的波长相比，不能忽略不计，就必须考虑电场与磁场沿线路的分布现象，不能采用集总参数，而要采用分布参数来表征了。

本课程的教学内容是讨论集总电路，所介绍的电路定律和定理都是在集总化假设条件下使用的。

（三）关于电路中的基本物理量

描述电路中电磁现象和过程的基本物理量有：电流、电荷、电压和磁通。复合基本物理量有：电功率和电能量。

电路中的物理量，从掌握概念、强化应用的角度而言，最主要的是电流和电压及它们的参考方向的概念。也还要明确电位、电动势和电功率的概念。

1. 电流及其参考方向

关于电流的概念，应明确的是：（1）电流是电荷在电场力作用下有规则的运动。（2）电流的大小即电流强度（简称电流）定义为：单位时间内通过导体横截面的电荷量。也就是电荷 q 对时间 t 的变化率，即 $i=\frac{dq}{dt}$，单位是安培（A）。i 表示任意的电流。对于直流电流，一般用 I 表示，也可以用 i 表示。（3）习惯上把正电荷运动的方向规定为电流的真实方向。（4）在电路分析时，电路中电流的真实方向未知，特别是复杂电路就更难判定电流的真实方向了。为了解决这一困难，可以在电路分析前，任意假定电流的方向，在电路模型图中用箭头符号标示，称为参考方向。当电路中电流的参考方向假定后，电流就是一个代数量，可能是正值或是负值。若分析计算的结果，电流为正值，则电流的真实方向与参考方向一致；若为负值，则表示电流的真实方向与参考方向相反。

2. 电压及其参考方向

关于电压的概念，应明确的是：（1）电荷在电场力作用下有规则的运动而形成电流，在这过程中电场力推动电荷运动而做功，作功的能力，用“电压”这个物理量来表示。（2）电压的大小为电场力把单位正电荷从 a 点移到 b 点所做的功。即 ab 两点之间的电压为 $u_{ab}=dw/dq$，式中 w 就是电场力推动正电荷 q 从 a 点到 b 点所做的功。电压的单位是伏特（V）。u 表示任意的电压。对于直流电压一般用 U 表示，也可以用 u 表示。（3）如果电场力做功为正值，单位正电荷失去能量，u_{ab}称为电压降；如果电场力做功为负值，单位正电荷获得能量，u_{ab}称为电压升。（4）单位正电荷在电路中某一点所具有的电位能，称为该点的电位，等于单位正电荷从该点经过任意途径移到无穷远点（即参考点）时电场力所做的功，单位是伏特（V）。电位用字母 V 带下标表示，下标表示电位所在点。如 a 点的电位用 V_a 表示。电路中任意两点 ab 之间的电压就是该两点的电位差，即 $u_{ab}=V_a-V_b$．（5）习惯上规定，电压的真实方向是由高电位点指向低电位点，即电压降的方向。在电路分析中，电压的真实方向为未知。为了分析计算的方便，像电流一样，先任意假定参考方向，在电路图中标出。标示的方法可以“＋”号表示高电位点，“－”号表示低电位点；或用箭头符号表示，箭矢方向是由高电位点指向低电位点。在表达式用双下标表示时，如 u_{ab}，下标 a 表示高电位点，b 表示低电位点。电路中电压的参考方向假定后，电压就是一个代数量，可能为正值，也可能为负值。若分析计算的结果，电压为正值，则表示电压的真实方向与参考方向一致；若为负值，则表示电压的真实方向与参考方向相反。

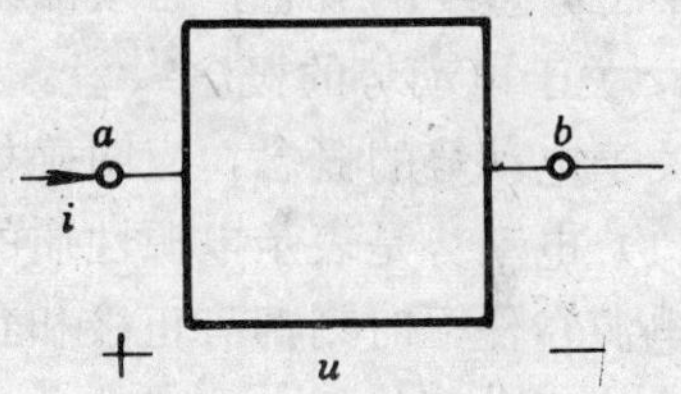

图 1-1　关联参考方向

3. 电压电流的关联参考方向与功率正负的概念

所谓电压与电流的关联参考方向，如图 1-1 所示，就 ab 电路而言，电流 i 的参考方向是从 a 端流入电路，从 b 端流出电路；电压 u 的参考方向是 a 端为高电位，b 端为低电位，即电压降方向。关联参考方向又称为一致参考方向。

在关联参考方向下，ab 电路的功率表达式为

$$p=ui$$

若分析计算的结果，u，i 均为正值，或均为负值，则功率 $p>0$ 为正值，表示 ab 电路吸收功率；若 u，i 互为异号，则功率 $p<0$ 为负值，表示 ab 电路产生功率。

如果 ab 电路的电压和电流是非关联参考方向，如图 1-2 所示，则其功率表达式为

$$p=-ui$$

若分析计算的结果，u，i 均为正值，或均为负值，则 ab 电路的功率 $p<0$ 为负值。表示 ab 电路产生功率；若 u，i 互为异号，则功率 $p>0$ 为正值。表示 ab 电路吸收功率。这就是功率正负的概念。

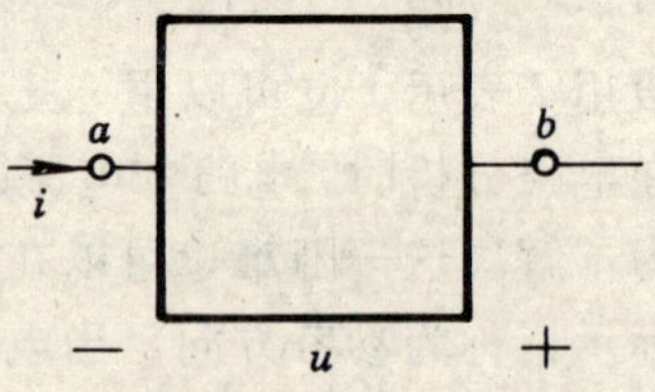

图 1-2 非关联参考方向

由于电路的分析计算，离不开电压和电流的参考方向。因此，电压电流参考方向是电路理论中十分重要的概念，必须深刻理解和熟练掌握。

4. 关于电动势的概念

关于电动势的概念，应明确如下几点：

(1) 电动势是表示电源性质的物理量。电源是把其它形态的能量转换为电能的装置。每一种电源在任一时刻都有正极和负极。电源内部存在着某种非电场力，它能克服电场力而做功，迫使正电荷从低电位点的负极经电源内部移动到高电位点的正极，在这过程中把其它形态的能量转换为电能。为了表征电源内部非电场力对正电荷做功的能力，或者说，为了表示其它形态的能量转换为电能的能力，引入了电动势的概念。

(2) 电源的电动势等于其内部非电场力把单位正电荷从负极经内部移动到正极时所做的功。单位与电压相同。电动势的大小取决于电源的本身，与外电路无关。任意的电动势用 e 表示。对于大小和方向不随时间变化的直流电动势，一般用 E 表示，也可以用 e 表示。

(3) 习惯上规定电动势的真实方向，是由低电位点负极指向高电位点正极，即电位升的方向。这正好与电压的真实方向相反。

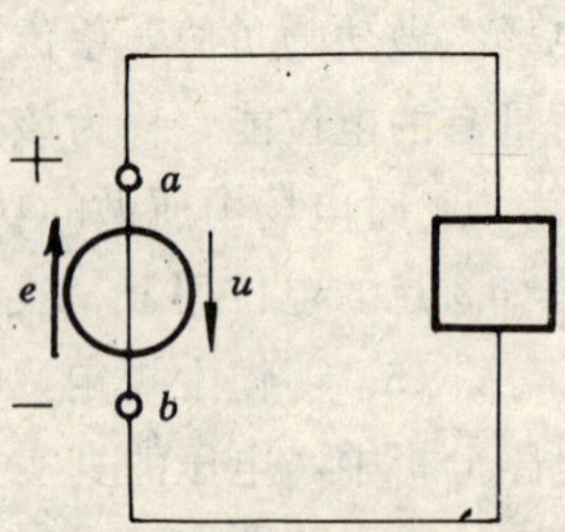

图 1-3 用电动势和电压表示电源两端的电位差

(4) 电动势与电压是两个不同的概念。前者是非电场力把单位正电荷从低电位点负极移动到高电位点正极所做的功；而后者是电场力把单位正电荷从高电位点移到低电位点所做的功。但是，它们都可以用来表示电源正、负极之间的电位差。在闭合电路中，从电源对外

电路的表现这一客观效果来看，如图 1-3 所示，既可以用正、负极 ab 之间的电动势 e 来表示，也可以用其间的电压 u 来表示。应注意的是，两者的参考方向正好相反。

（四）关于电路分析的基本依据

电路分析，是在给定电路的结构和元件参数的条件下，求解电路中的电流和电压，进而计算电功率和电能量。电路中的电流和电压遵循的规律是什么，也就是电路分析的基本依据是什么，这是十分重要的基本概念。

电路中电流和电压所遵循的规律，即电路分析的基本依据，包括两个方面。一是电路整体结构上，同一节点各支路电流之间和回路中各支路电压之间所必须遵循的规律，这就是基尔霍夫电流定律和电压定律，称为结构约束或拓扑约束。结构约束表现为电路中节点的电流方程和回路的电压方程，称为结构约束方程。二是电路中各个电路元件，通过它的电流与其两端电压之间所遵循的规律，这就是由电路元件本身性质所确定元件端钮的电压电流关系（VAR），称为元件约束。元件约束表现为各种元件电压电流关系的数学方程，称为元件约束方程。电路中任一支路的电流和电压，都必须同时满足这两类约束方程。

（五）关于基尔霍夫定律

1. 基尔霍夫电流定律（KCL）

基尔霍夫电流定律用来确定电路中交汇于同一节点各支路电流之间的关系。该定律指出：对于任何一个集总电路中的任一节点，在任一瞬间通过该节点所有支路电流的代数和等于零。其一般的数学表达式，即节点电流方程为

$$\sum i=0$$

在理解和应用这一定律时，应明确和注意如下几点：

（1）所谓通过节点各支路电流的代数和等于零，就是任意假定各支路电流的参考方向后，每一电流都是一代数量，在列节点 KCL 方程时，可以规定从支路流入节点的电流为正，流出节点的电流为负（也可以作相反的规定），于是，流入节点的电流必然等于流出节点的电流，即通过节点各支路电流的代数和等于零。这是电荷守恒原理必然的结果。否则，就意味着节点上有电荷堆积或消失，那就违背了电荷守恒的原理了。

（2）基尔霍夫电流定律与电路中各元件的性质无关。这是因为 KCL 是电荷守恒原理，也就是电流连续性原理的结果，故与元件性质无关。

（3）基尔霍夫电流定律仅适用于集总电路，它是集总电路分析的一个基本定律。

（4）基尔霍夫电流定律，不仅适用于电路中的任何一个节点，而且也可以推广应用于包围部分电路的任何一个假想的封闭面，该封闭面称为广义节点。故 KCL 的推广应用是：任一瞬间通过集总电路的广义节点，即封闭面电流的代数和等于零。

2. 基尔霍夫电压定律（KVL）

基尔霍夫电压定律用来确定电路中任何一个闭合回路各支路电压之间的关系。该定律指出：对于任何一个集总电路的任一闭合回路，在任一瞬间沿该闭合回路所有支路电压的代数和等于零。其一般数学表达式，即回路的 KVL 方程为

$$\sum u=0$$

在理解和应用这一定律时，应明确和注意如下几点：

(1) 在电路分析时，各支路电压都必须选定参考方向。因此，每一个支路电压都是一代数量。在列回路 KVL 方程时，还要任意选定列方程的绕行方向。凡支路电压的参考方向与绕行方向一致时，KVL 方程中该支路电压为正值；反之，则为负值。所谓回路中各支路电压的代数和等于零，就是回路按上述各支路电压参考方向与绕行方向确定的各支路电压的代数量之和等于零。

(2) 基尔霍夫电压定律与回路中各元件的性质无关。这是因为，KVL 是能量守恒的反映，也就是电位单值性原理的表现。我们知道，电压的大小，是量度在电场中使电荷移动的电场力做功的能力。电场力推动单位正电荷从某一点出发，沿任一闭合回路绕行一周所做的功等于零，即沿闭合回路绕行中，单位正电荷有时获得电位能（即电压升，如从电压源的负极到正极）；有时失去电位能（如沿电流方向经过电阻元件产生的电压降）。绕行一周后单位正电荷仍回到原来的出发点，应具有原来的电位能，这就是电位单值性的表现。因此，在绕行过程中单位正电荷获得的电位能与失去的电位能必然相等，故 KVL 与回路中元件性质无关。

(3) 基尔霍夫电压定律仅适用于集总电路，是集总电路分析的一个基本定律。

(4) 基尔霍夫电压定律不仅适用于电路中的任一个闭合回路，而且也可以推广应用于电路中任一假想闭合回路。KVL 的推广应用是：任一瞬间沿假想闭合回路各支路电压的代数和等于零。

总之，基尔霍夫定律符合电荷守恒和能量守恒基本原理。因为电荷激发电场，电荷运动形成电流；电流激发磁场，有了磁场才能有磁通；一个系统的电荷分布状态决定了该系统的电压分布状态。所以，电荷的存在是一切电磁现象的本质所在，电荷运动变化是决定其它一切电磁现象运动变化的根本，所有电荷运动都必须符合电荷守恒的原理。能量是电路中电流、电压、电荷和磁通运动变化的源泉。电路中的能量是由电源提供的。电路中所发生的任何电磁过程，本质上都是能量转换的过程。一切能量转换过程都必须符合能量守恒的原理。

（六）关于线性电阻元件与欧姆定律

1. 线性电阻元件与非线性电阻元件的定义

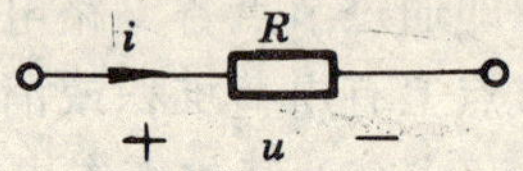

图 1-4　线性电阻元件

如果一个二端元件，通过它的电流与其两端电压的关系，即伏安关系（VAR），在 u，i 平面上是通过坐标原点的一条直线，直线的斜率就是元件的参数电阻 R，单位是欧姆（Ω），这种元件称为线性电阻元件。如果线性电阻元件的参数 R 是不随时间变化的常数，则称为线性、非时变电阻元件。如果电阻元件的 VAR，在 u，i 平面上是通过坐标原点位于Ⅰ，Ⅲ象限的一条直线，直线的斜率 R 为正值常数，则称为线性正电阻元件。本课程所说的电阻元件一般就是指线性、非时变正电阻元件。

如果二端元件的 VAR，在 u，i 平面上是不通过坐标原点的曲线，则这种元件称为非线性电阻元件。

2. 电阻元件的特性

电阻元件的特性是呈现对电荷运动的阻力，具有阻碍电流流动的性质。一个电阻元件的电阻 R 具体地表明了这一种性质。电阻元件的特性也可以用另一种参数，电导 G 来表示，电导是电阻 R 的倒数，即

$$G=\frac{1}{R}$$

电导 G 表示了电阻元件传导电流的能力，单位是西门子(S)。

3. 线性电阻元件与欧姆定律

(1) 线性电阻元件，由于其参数 R 是一个常数，元件两端的电压与通过它的电流成正比，称为欧姆定律。在如图 1-4 所示关联参考方向下，其数学表达式为

$$u=Ri$$

或

$$i=Gu$$

这是电阻元件 VAR 的数学方程，是电路分析的基本依据之一。

(2) 欧姆定律是线性电路的一个基本定律。线性电阻电路就是由线性电阻元件和独立电源组成的电路。欧姆定律不仅是对一个电阻元件的规律，而且在线性电阻电路中，对于一个由多个电阻元件串联的支路或一段电路，支路及一段电路中不含电源元件，则通过该支路或一段电路的电流与其两端的电压关系，都符合欧姆定律的规律。

4. 线性电阻元件消耗的功率和电能量

(1) 电阻元件对电流呈现阻力，就要消耗电功率，转换为热能。在关联参考方向下，电阻元件消耗的功率为

$$p=ui=Ri^2=\frac{u^2}{R}$$

在直流情况下，电阻元件消耗的功率为

$$P=UI=RI^2=\frac{U^2}{R}$$

(2) 电阻元件 R 在从 t_0 到 t 这段时间内消耗的电能量为

$$W=\int_{t_0}^{t}p\,\mathrm{d}\xi=\int_{t_0}^{t}Ri^2\mathrm{d}\xi=\int_{t_0}^{t}\frac{u^2}{R}\mathrm{d}\xi$$

在直流情况下，则为

$$W=P(t-t_0)=I^2R(t-t_0)=\frac{U^2}{R}(t-t_0)$$

上两式称为焦耳定律。

（七）关于电压源和电流源的性质

电源是电路中能量的来源，在电路中起激励作用，产生电流和电压。有两种理想电源元件，即电压源和电流源，它们都是独立电源。

1. 电压源

电压源是一种理想化的电源元件，它具有两个基本性质：(1) 元件两端的电压总是保持一恒定值或给定的某一函数值不变，与通过它的电流无关，不受外电路的影响；(2) 元件通过的电流由与之相联接的外电路来决定，与电压源本身无关。电流可以从不同方向通过电压源，因此，电压源既可以向外电路提供电能，也可以从外电路接收电能成为负载，视由外电路决定的电流方向而定。由于电压源的端电压总是保持给定值不变，这类电源又称为恒压源。

由电压源上述性质所决定元件的 VAR，是电路分析的基本依据之一。从而亦可知，电压

源是非线性元件。

2. 电流源

电流源是另一种理想化电源元件，它也具有两种基本性质：（1）元件输出的电流总是保持一恒定值或给定的某一函数值不变，与两端的电压无关，不受外电路的影响；（2）元件两端的电压，由与之相联接的外电路来决定，而与电流源本身无关。两端电压的极性，即方向可以不同，由外电路所确定。因此，电流源既可以向外电路提供电能，也可以从外电路接收电能成为负载，视其端电压的极性而定。由于电流源的输出电流总是保持给定值不变，故这类电源又称为恒流源。

由电流源上述性质所决定元件的 VAR，是电路分析的基本依据之一。从而亦可知，电流源是非线性元件。

（八）关于受控源及其性质

1. 受控源的输出特性方程

受控源是一种非独立电源，这类电源输出端钮的电压或电流，受电路中某一元件或某一支路的电流或电压所决定。在电路图中用菱形符号表示。有四种受控源，它们的输出特性方程分别为

电压控制电压源（VCVS）：$u_2=\mu u_1$

电流控制电压源（CCVS）：$u_2=\gamma i_1$

电压控制电流源（VCCS）：$i_2=gu_1$

电流控制电流源（CCCS）：$i_2=\alpha i_1$

式中：u_1，i_1 分别为控制量；u_2，i_2 分别为输出量。

受控源上述输出特性方程，就是它们的 VAR，是电路分析的基本依据。

2. 受控源是理想的电路元件

受控源在电路理论中，是一种理想化的电路元件，它主要作为电子器件的模型，为电子电路的分析提供基础。此外，还有发电机、变压器等电磁耦合元件，也可以用受控源的电路来模拟。

3. 关于受控源的性质

受控源具有两种性质：

（1）电源性质　受控源是非独立电源，受控于电路中某一支路的电压或电流，只要控制量存在，则受控电源就存在，它具有与独立电源相同的性质和作用。

（2）电阻性质　由于表征受控源输出特性的数学方程，是以电压或电流为变量的线性代数方程。所以受控源可以看作是一种电阻元件。这一点从 VCCS 和 CCVS 两类受控源的输出特性方程可以看出。CCVS 方程中的参数 γ 就是电阻，VCCS 方程中参数 g 的倒数也是电阻；受控源相当一个电阻，再从 CCCS 和 VCVS 两类受控源的输出特性方程可以看出，当输入端控制量为零时，输出端受控量也随之为零，这只有电阻元件才有这种性质。但是，受控源本身并非是一种金属电阻，而是从它的输入与输出关系表现具有电阻元件的性质，这一点应予注意和理解。

（九）关于两类基本电路的分析计算

1. 单回路电阻电路的分析计算

已知单一闭合回路中各串联元件的参数，求电路中的电流和各电阻元件的电压。回路中

的电流可以运用 KVL 列出回路的电压方程及电阻元件的 VAR 计算得出，或直接运用全电路的欧姆定律计算得出；求出回路电流后，各电阻元件两端的电压，可以利用元件的 VAR 计算得出，或者直接运用分压公式计算得出。分析计算中，应注意正确运用电压和电流的参考方向。

2. 单节偶电阻电路的分析计算

对于一对节点各支路元件并联的单节偶电路，已知各元件的参数，电源元件是电流源，求节偶电压和各电阻支路的电流。节偶电压可以运用 KCL 列出节点电流方程和电阻元件的 VAR 计算得出，或者直接运用弥尔曼定理公式计算得出；求出节偶电压后，各电阻支路的电流，可以利用元件的 VAR 计算得出，或者直接运用分流公式计算得出。特别是两个电阻元件并联的分流公式，是经常运用的，应予熟记。在分析计算中，同样应注意电压和电流参考方向的正确运用。

单回路和单节偶电路，是最简单最基本的电路，它们的分析计算方法，是电路分析中最基本的分析方法，是较复杂电路分析的基础。因此，熟练掌握这两类基本电路的分析计算方法具有重要意义。

本章学习的重点内容是：电压与电流参考方向的概念，基尔霍夫电流定律和电压定律，电阻元件、电压源和电流源的伏安关系，以及单回路和单节偶两类电路的分析方法。

三、解 题 指 导

（一）例题分析

〔例 1-1〕 单回路电路的分析计算。如图 1-5 所示电路，求电流 i 和电压 u_1，u_2。

解：〔解题思路〕 本题是一含受控电压源的单回路电路，已知电压源和电阻元件的参数，回路电流和各电阻元件的电压参考方向都已在图中标出，求电流 i 和电压 u_1 与 u_2。首先要求出回路电流 i，然后再求电压 u_1 和 u_2。在解题中受控电压源与独立电压源同样看待。

〔解题方法〕 (1) 计算回路电流 i

方法之一 列回路 KVL 方程。选定顺时针方向为绕行方向，计入电阻元件的 VAR，则回路的 KVL 方程为

$$6i+2i+2i=12$$

$$10i=12$$

$$\therefore \quad i=\frac{12}{10}=1.2\ \text{A}$$

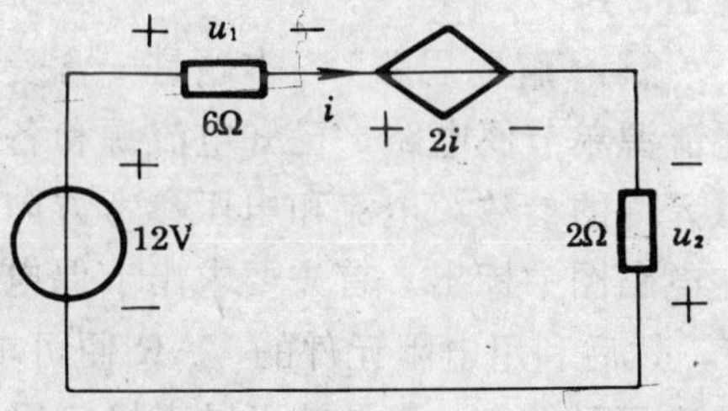

图 1-5 例 1-1 电路图

方法之二 直接运用全电路欧姆定律计算电流 i，即

$$i=\frac{12-2i}{6+2}=\frac{3}{2}-\frac{1}{4}i$$

移项后得出

$$5i=6$$

$$\therefore\quad i=\frac{6}{5}=1.2\ \text{A}$$

(2) 计算电阻元件电压 u_1 和 u_2

方法之一　应用电阻元件 VAR，即欧姆定律进行计算。由于 6Ω 电阻元件 u_1 与 i 为关联参考方向，则

$$u_1=6i=6\times1.2=7.2\ \text{V}$$

由于 2Ω 电阻元件 u_2 与 i 为非关联参考方向，则

$$u_2=-2i=-2\times1.2=-2.4\ \text{V}$$

方法之二　直接应用分压公式计算 u_1 和 u_2

$$\begin{aligned}u_1&=\frac{6}{6+2}(12-2i)\\&=\frac{6}{8}(12-2\times1.2)\\&=7.2\ \text{V}\end{aligned}$$

$$\begin{aligned}u_2&=-\frac{2}{6+2}(12-2i)\\&=-\frac{1}{4}(12-2\times1.2)\\&=-2.4\ \text{V}\end{aligned}$$

从计算结果可知，电流 i 和电压 u_1 均为正值，它们的参考方向与真实方向一致。而电压 u_2 为负值，表示其参考方向与真实方向相反。

〔例 1-2〕　单节偶电路的分析计算。如图 1-6 所示电路，求电压 U 和电流 I_1，I_2。

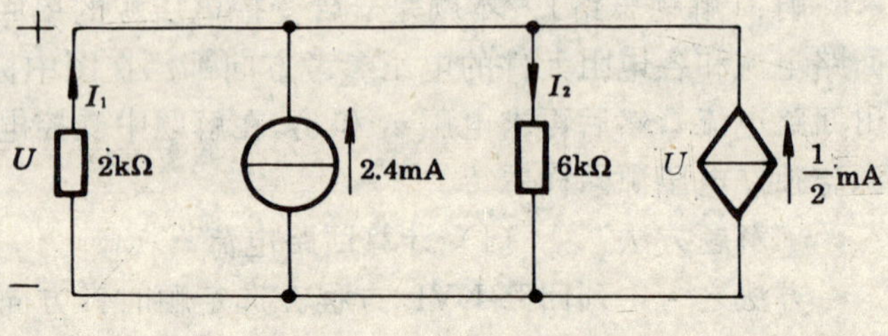

图 1-6　例 1-2 电路图

解:〔解题思路〕　本题是一含受控电流源单节偶电路，已知电流源和各电阻元件的参数，电流和电压参考方向已在电路图中标出。首先要求出节偶电压 U，然后利用电阻元件的 VAR 便可求出电流 I_1 和 I_2，或者计算出电压 U 后，受控电流源的电流便可得出，于是就可以直接应用分流公式计算电流 I_1 和 I_2。在分析计算时，受控电流源与独立电流源同样看待。

〔解题方法〕　(1) 计算节偶电压 U

方法之一　列节点 KCL 方程，选定流入上节点电流为正，流出为负。则上节点的 KCL 方程为

$$I_1+2.4\times10^{-3}-I_2+\frac{10^{-3}}{2}U=0$$

将电阻元件的 VAR 代入上式得出

$$-\frac{U}{2\times10^3}-\frac{U}{6\times10^3}+\frac{10^{-3}}{2}U=-2.4\times10^{-3}$$

$$-3U-U+3U=-6\times2.4$$

$$U=14.4\ \text{V}$$

方法之二　直接应用弥尔曼定理公式计算节偶电压 U，即

$$U=\frac{2.4\times10^{-3}+0.5\times10^{-3}U}{\frac{1}{2\times10^3}+\frac{1}{6\times10^3}}=\frac{14.4+3U}{4}$$

$$4U=14.4+3U$$

$$\therefore\quad U=14.4\ \text{V}$$

(2) 计算电流 I_1 和 I_2

方法之一　利用电阻元件的 VAR 即欧姆定律计算电流 I_1 和 I_2

$$I_1=\frac{-U}{2\times10^3}=\frac{-14.4}{2\times10^3}=-7.2\ \text{mA}$$

$$I_2=\frac{U}{6\times10^3}=\frac{14.4}{6\times10^3}=2.4\ \text{mA}$$

方法之二　直接应用分流公式计算 I_1 和 I_2。由于 2kΩ 电阻元件 I_1 与 U 为非关联参考方向，则

$$I_1=-\frac{6\times10^3}{2\times10^3+6\times10^3}(2.4\times10^{-3}+0.5\times10^{-3}\times14.4)$$
$$=-7.2\ \text{mA}$$

6kΩ电阻元件 I_2 与 U 为关联参考方向，则

$$I_2=\frac{2\times10^3}{2\times10^3+6\times10^3}(2.4\times10^{-3}+0.5\times10^{-3}\times14.4)$$
$$=2.4\ \text{mA}$$

从计算结果可知，U 与 I_2 均为正值，它们的真实方向与参考方向一致。而 I_1 为负值，其真实方向与参考方向相反。

〔**例 1-3**〕　直流电阻电路中功率的计算。如图 1-7 所示电路，已知 $U_s=8$ V，$I_s=6$ A，$R_1=2\ \Omega$，$R_2=3\ \Omega$，$R_3=1\ \Omega$。求各元件的功率，并判定是吸收功率抑或产生功率。

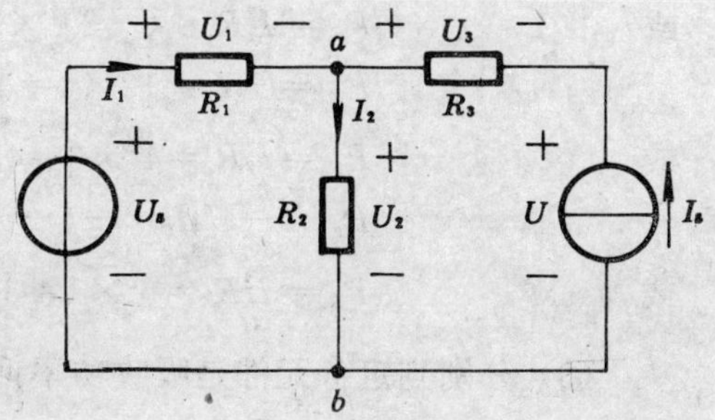

图 1-7　例 1-3 电路图

解：〔解题思路〕　由于功率是电压与电流的乘积，故计算各元件的功率，必须首先计算出电路各元件的电压和电流。为此必须先要假定各元件电压与电流的参考方向。计算各元件的功率时，先要根据各元件电压与电流的参考方向，写出功率表达式，然后将已计算出的电压和电流的代数值代入功率表达式

中，便计算出该元件的功率。若功率为正值，则该元件是吸收功率；若功率为负值，则该元件是产生功率。由此可见，在解题过程中必须正确运用电压与电流的参考方向。

〔解题方法〕　(1) 计算支路电流和各元件两端的电压。计算电流 I_1 和 I_2，按图中所示电流和电压参考方向条件下，列 $R_1R_2U_sR_1$ 回路的 KVL 方程为

$$2I_1+3I_2=8 \qquad ①$$

列节点 a 的 KCL 方程，选定流入节点 a 的电流为正，流出为负。则

$$I_1-I_2=-6$$

$$I_2=I_1+6 \qquad ②$$

将式②代入式①得

$$2I_1+3(6+I_1)=8$$

$$5I_1=-10$$

$$\therefore \quad I_1=-\frac{10}{5}=-2\ \text{A}$$

$$I_2=6+I_1=6-2=4\ \text{A}$$

计算各元件两端的电压,根据电阻元件的 VAR 得出

$$U_1=R_1I_1=2\times(-2)=-4\ \text{V}$$

$$U_2=R_2I_2=3\times4=12\ \text{V}$$

$$U_3=-R_3I_\text{S}=-1\times6=-6\ \text{V}$$

根据 KVL 得出

$$U=-U_3+U_2=-(-6)+12=18\ \text{V}$$

(2)计算各元件的功率

电压源 $P_{U_s}=-U_sI_1=-8\times(-2)=16\ \text{W}$

电流源 $P_{I_s}=-UI_s=-18\times6=-108\ \text{W}$

电阻元件 $P_{R_1}=U_1I_1=-4\times(-2)=8\ \text{W}$

或　$P_{R_1}=I_1^2R_1=(-2)^2\times2=8\ \text{W}$

$P_{R_2}=U_2I_2=12\times4=48\ \text{W}$

或　$P_{R_2}=I_2^2R_2=4^2\times3=48\ \text{W}$

$P_{R_3}=-U_3I_s=-(-6)\times6=36\ \text{W}$

或　$P_{R_3}=I_\text{S}^2R_3=6^2\times1=36\ \text{W}$

(3) 分别判定各元件是吸收功率抑或产生功率

电压源　$P_{U_s}>0$，吸收功率；

电流源　$P_{U_s}<0$，产生功率；

电阻元件　$P_{R_1}>0$，$P_{R_2}>0$，$P_{R_3}>0$，均为吸收功率。

(4) 电路中功率平衡的校验

产生功率为　$P_{I_s}=108\ \text{W}$

吸收功率为　$P_{U_s}+P_{R_1}+P_{R_2}+P_{R_3}=16+8+48+36=108\ \text{W}$

从功率平衡校验的结果可知，上述计算得出的各元件功率正确。

最后应当说明：上述三个例题中，有两个是含受控源电路，这并不意味着含受控源电路的分析是学习的重点，而是为了在同一类问题的分析中减少例题数目的安排。含受控源电路的分析，只是一般掌握的内容。本书后面几章的例题分析中，亦有类似的安排，特此声明，以免产生错觉。

（二）部分练习题解答

练习题 1-3　求图 1-2（c）中的电流 I.

解：　$I=3+(-4)=-1\ \text{A}$

练习题 1-4　求图 1-22（c）中的 U_1，U_2 和 U_3 .

解：

$$U_3=-2+2=0$$

$$U_1=-10+5+U_3=-5\ \text{V}$$

$$U_2=-5+10+U_1-4=-5+10+(-5)-4=-4\ \text{V}$$

练习题 1-16　求图 1-53 所示电路中的 I_1，I_2 和 I_3.

解：

$$I_1=\frac{G_1}{G_1+G_2+G_3}I=\frac{\frac{1}{100}}{\frac{1}{100}+\frac{1}{25}+\frac{1}{20}}\times 100=\frac{1}{10}\times 100=10\ \text{A}$$

$$I_2=\frac{G_2}{G_1+G_2+G_3}I=\frac{\frac{1}{25}}{\frac{1}{100}+\frac{1}{25}+\frac{1}{20}}\times 100=\frac{4}{10}\times 100=40\ \text{A}$$

$$I_3=100-I_1=100-10=90\ \text{A}$$

练习题 1-17　电路如图 1-57 所示，求 I，U 和各元件的功率。

解：　（1）求 I，U　列回路 KVL 方程为

$$(30+15)I+2U=120$$

$$45I+2(-15I)=120$$

$$15I=120\qquad I=\frac{120}{15}=8\ \text{A}$$

$$U=-15I=-15(8)=-120\ \text{V}$$

（2）计算各元件的功率

电阻元件：$P_{30}=I^2R_{30}=(8)^2\times 30=1920\ \text{W}$（消耗）

$P_{15}=I^2R_{15}=(8)^2\times 15=960\ \text{W}$（消耗）

电压源：$P_U=-120I=-120\times 8=-960\ \text{W}$（产生）

受控电压源：$P_{2U}=2UI=2(-120)\times 8=-1920\ \text{W}$（产生）

练习题 1-19 电路如图 1-62 所示，分别以 a 和 c 为参考点，计算其余各点的电位。

解： (1) 以 a 点为参考点，则其余各点电位为

$$V_a=0\ \text{V} \qquad V_b=4\ \text{V}$$
$$V_c=-2+4=2\ \text{V} \qquad V_d=5\ \text{V}$$

(2) 以 c 点为参考点，则其余各点电位为

$$V_c=0\ \text{V} \qquad V_a=-4+2=-2\ \text{V}$$
$$V_b=2\ \text{V} \qquad V_d=3\ \text{V}$$

（三）部分习题解答

习题一

1. 图题 1-1 (b) 所示为进入图题 1-1 (a) 中电路元件 A 端钮 a 的电荷量与时间的关系。求 $t=1\sim5$ s 之间流入该元件的电荷量是多少？$t=3$ s 时流入该元件的电流是多少？

解： (1) 从图题 1-1 (b) 可见，$t=1\sim5$ s 之间流入元件 A 的电荷量：每一秒均为 1 mC，共 4 s，故 1～5 秒之间总电荷量为

$$Q=1\times4=4\ \text{mC}$$

(2) $t=3$ s 时流入元件 A 的电流为

$$i(3\ \text{s})=\frac{\mathrm{d}q}{\mathrm{d}t}=\frac{\Delta q}{\Delta t}=\frac{4-2}{3-1}=\frac{2}{2}=1\ \text{mA}$$

2. 已知流入图题 1-2(a)所示电路元件 B 的电流的波形为矩形波，如图题 1-2(b)所示。求在 $t=0\sim4.5$ s 之间流入电路元件 B 的总电荷。

解： 0～1 s 之间时：

$$q_1=i\times\Delta t_1=0.5\times(1-0)=0.5\times1=0.5\ \text{C}$$

2～3 s 之间时：

$$q_2=i\times\Delta t_2=0.5\times(3-2)=0.5\times1=0.5\ \text{C}$$

4～4.5 s 之间时：

$$q_3=i\times\Delta t_3=0.5\times(4.5-4)=0.5\times0.5=0.25\ \text{C}$$

故在 $t=0\sim4.5$ s 之间流入 B 的总电荷为

$$q=q_1+q_2+q_3=0.5+0.5+0.25=1.25\ \text{C}$$

12. 电路如图题 1-12，求 I_1，I_2，I_3 和 U_1，U_2，U_3。

解： (1) 求电流 I_1，I_2 和 I_3 根据 KCL 得出

$$I_1=1-2=-1\ \text{A}$$
$$I_2=3-2=1\ \text{A}$$
$$I_3=I_1-I_2=-1-1=-2\ \text{A}$$

(2) 求电压U_1，U_2和U_3　根据 KVL 得出

$$U_1=5-4=1\ \text{V}$$
$$U_2=4+3=7\ \text{V}$$
$$U_3=5+3=8\ \text{V}$$

14. 在一个 5 Ω 的电阻上施加 20 V 电压。问：(1) 该电阻吸收功率是多少？(2) 要使功率加倍，电阻值应变为何值？(3) 电阻值作上述改变后，欲使所吸收的功率恢复到开始的值，即 (1) 中的值，施加的电压应为多少？

解：(1) $U=20$ V 时，电阻吸收的功率为

$$P=\frac{U^2}{R}=\frac{20^2}{5}=80\ \text{W}$$

(2) 功率加倍时的电阻值为

$$R'=\frac{U^2}{2P}=\frac{20^2}{2\times 80}=\frac{400}{160}=2.5\ \Omega$$

(3)功率 $P=80$ W，$R'=2.5\ \Omega$ 时，所施加的电压为

$$U'=\sqrt{PR'}=\sqrt{80\times 2.5}=14.14\ \text{V}$$

16. 电路如图题 1-15(a)，(b)所示。求(a)中的 I 和(b)中的 U.

解：(1)电路图题 1-15(a)中的电流 I 为

$$I=\frac{10}{10}=1\ \text{A}$$

(2)电路图题 1-15(b)中的电压 U 为

$$U=1\times 10=10\ \text{V}$$

17. 电路如图题 1-17 所示。求各电阻元件的电压。

解：　假定参考方向：U_1，U_3，U_2，U_4 如图题 1－17 所示。则有

$$U_1=1-15=-14\text{V}$$
$$U_2=15-5=10\text{V}$$
$$U_3=5+2=7\text{V}$$
$$U_4=-2-1=-3\text{V}$$

21. 图题 1-20 所示二端网络是一个典型的支路结构，试求其端钮的 U 和 I 的关系。

解：　根据 KVL，列回路的电压方程为

$$U=U_s+RI-RI_s$$

24. 电路如图题 1-24 所示，已知 $I_a=1$ A，$I_b=-2$ A. 求 (1) I_c，(2) U，(3) 证明电流源所提供的功率等于其他所有元件所消耗功率之和。

解：　(1) 计算电流　$I_d=I_b+I_a=-2-1=-3$ A

$$I_e = I_d + 10 = -3 + 10 = 7\ \text{A}$$

故

$$I_c = I_a + I_e = 1 + 7 = 8\ \text{A}$$

（2）计算电压　　$U = 7\times 2 + 7\times 8 = 70\ \text{V}$

（3）电流源提供的功率为

$$P_{I_s} = -10U = -10\times 70 = -700\ \text{W}\ （产生）$$

（4）证明电路中的功率平衡

各电阻元件消耗功率的总和为

$$\begin{aligned} P_R &= (7+4)I_a^2 + 1\times I_d^2 + 2I_e^2 + (5+2)I_c^2 + 11I_b^2 \\ &= 11\times 1^2 + 1\times 3^2 + 2\times 7^2 + 7\times 8^2 + 11\times(-2)^2 \\ &= 11 + 9 + 98 + 448 + 44 = 610\ \text{W} \end{aligned}$$

电压源的功率为 $P_{U_s} = -45I_b = -45(-2) = 90\ \text{W}$（吸收）

故电路中总的消耗功率为

$$P = P_R + P_{U_s} = 610 + 90 = 700\ \text{W}$$

等于电流源产生的功率 $P_{I_s} = 700\ \text{W}$　即

$$P = P_{I_s}$$

25. 电路如图题 1-25 所示，已知 $U_a = 480\ \text{V}$，$U_b = -420\ \text{V}$，求（1）每个电压源提供的功率；（2）证明所有电源提供的功率等于所有电阻元件消耗的功率。

解：　（1）U_a 支路中的电流为

$$I_a = \frac{585 - U_a}{2} = \frac{585 - 480}{2} = 52.5\ \text{A}$$

U_b 支路中的电流为

$$I_b = \frac{585 + U_b}{2} = \frac{585 - 420}{2} = 82.5\ \text{A}$$

40 Ω 电阻支路中的电流为

$$I_c = \frac{U_a - U_b}{40} = \frac{480 - (-420)}{40} = 22.5\ \text{A}$$

20 Ω 电阻支路中的电流为

$$I_d = I_a - I_c = 52.5 - 22.5 = 30\ \text{A}$$

5 Ω 电阻支路中的电流为

$$I_e = I_b - I_c = 82.5 - 22.5 = 60\ \text{A}$$

4 Ω 电阻支路中的电流为

$$I_f = I_e - I_d = 30 - 60 = -30\ \text{A}$$

(2) 计算各个电压源提供的功率

$$P_{s1}=-585I_a=-585\times52.5=-30\ 712.5\ \text{W}$$
$$P_{s2}=-585I_b=-585\times82.5=-48\ 262.5\ \text{W}$$

(3) 电压源产生的总功率为

$$P_s=P_{s1}+P_{s2}=30\ 712.5+48\ 262.5=78\ 975\ \text{W}$$

(4) 各电阻元件消耗功率的总和是

$$\begin{aligned}P&=2I_a^2+2I_b^2+40I_c^2+20I_d^2+5I_e^2+4I_f^2\\&=2\times52.5^2+2\times82.5^2+40\times22.5^2+20\times30^2+5\times60^2+4\times(-30)^2\\&=5\ 512.5+13\ 612.5+20\ 250+18\ 000+18\ 000+3\ 600\\&=78\ 975\ \text{W}\end{aligned}$$

从(3)，(4)两项计算结果，$P_s=P$，证明所有电压源提供的功率等于所有电阻元件消耗的功率。

30. 电路如图题 1-30 所示，已知电压源 U_s 消耗功率 15 mW．求 U.

解： $\because\ P_{U_s}=-U_sI\qquad\therefore U_s=-\dfrac{P_{U_s}}{I}=-\dfrac{15\times10^{-3}}{I}$ ①

列回路 KVL 方程

$$4800I+18=-\frac{15\times10^{-3}}{I}$$
$$4800I^2+18I+15\times10^{-3}=0 \quad ②$$

将 $I=\dfrac{U}{600}$ 代入上式②得出

$$4800\left(\frac{U}{600}\right)^2+18\left(\frac{U}{600}\right)+15\times10^{-3}=0$$
$$U^2+2.25U+1.125=0 \quad ③$$

解上式③二次方程得出

$$\begin{aligned}U&=-\frac{2.25}{2}\pm\sqrt{\left(\frac{2.25}{2}\right)^2-\frac{1.125}{1}}\\&=-1.15\pm\sqrt{0.1406}=-1.125\pm0.375\end{aligned}$$

即 $U=-1.5$ V，或 $U=-0.75$ V

校验： (1) $U=-1.5$ V 时

$$I=\frac{U}{600}=\frac{-1.5}{600}=-2.5\times10^{-3}=-2.5\ \text{mA}$$
$$\begin{aligned}U_s&=4800I+18=4800\times(-2.5\times10^{-3})+18\\&=-12+18=6\ \text{V}\end{aligned}$$

则 $P_{U_s}=-U_sI=-6\times(-2.5\times10^{-3})=15\times10^{-3}=15$ mW(吸收)

(2) 若$U=-0.75$ V 时

$$I=\frac{U}{600}=\frac{-0.75}{600}=-1.25\times10^{-3}=-1.25\ \text{mA}$$

$$U_s=4800\times(-1.25\times10^{-3})+18=-6+18=12\ \text{V}$$

则 $P_{U_s}=-U_sI=-12\times(-1.25\times10^{-3})=15\times10^{-3}=15\ \text{mW}$(吸收)

由此可见，当$U=-1.5$ V 及-0.75 V 时，电压源均吸收功率为 15 mW，与题中给定条件相同，证明所求得的电压U值正确。

34. 电路如图题 1-34 所示，求I_a，I_b和I_c.

解： 根据弥尔曼定理得出 40 A 电流源两端电压为

$$U=\frac{40-36}{\frac{1}{400}+\frac{1}{600}+\frac{1}{60}}=192\ \text{V}$$

$$I_a=\frac{U}{400}=\frac{192}{400}=0.48\ \text{A}$$

$$I_b=\frac{U}{60}+36=\frac{192}{60}+36=39.2\ \text{A}$$

$$I_c=\frac{U}{600}+\frac{U}{60}=\frac{192}{600}+\frac{192}{60}=3.52\ \text{A}$$

43. 电路如图题 1-43 所示。求U_2.

解： $$I_1=\frac{10^{-3}-10^{-5}U_2}{100}=10^{-5}-10^{-7}U \qquad ①$$

$$U_2=-10\times10^3\times50I_1=-5\times10^5I_1 \qquad ②$$

将式①代入式②得出

$$\begin{aligned}U_2&=-5\times10^5(10^{-5}-10^{-7}U_2)\\&=-5-5\times10^{-2}U_2\end{aligned}$$

移项后得出

$$(1-5\times10^{-2})U_2=-5$$

$$\frac{100-5}{100}U_2=-5$$

$$95U_2=-500$$

$$U_2=-\frac{500}{95}=-5.25\ \text{V}$$

48. 求图题 1-48 所示电路在下列情况下的输出电压V_o.

解： (1) A，B之间短路时：

$$V_o=\frac{75}{50+75}\times150=90\ \text{V}$$

(2) E点断开时： $V_o=0$

(3) A，F 之间短路时： $V_o=0$

(4) F 点断开时： $V_o=150\ \mathrm{V}$

四、教学媒体与作业

本章电视讲课，共有 3 讲，即从第 1 讲至第 3 讲。各讲的教学内容及作业分述如下。

第 1 讲：

绪言（要点）："电路及磁路"是电类专业的一门技术基础课，它为进一步学习"电子技术"、"电机与拖动"、"自控理论"等后续课程打基础。因此，学好这门课程，对以后的学习和工作至关重要。在本课程中，我们将学习电路的一些重要概念、定律、定理和电路的基本分析方法。希望大家牢记"掌握概念，强化应用"这一学习上总的基本要求。教材每节后有练习题，题目较容易，复习完该节后，立即就做，一般不另布置。每节课后，将在每章后的总习题中选题布置作业。作业务必做在练习本上，辅导教师将批改作业。

第一章　电路的基本概念和基本定律

§1-1　电路与电路模型

1. 实际元件用模型表征的概念

2. 实际电路用电路模型来表征的概念

电路分析研究的对象是电路模，而不是实际电路。

§1-2　电路中的主要物理量

1. 电流

$i=\frac{dq}{dt}$，恒定电流（直流）用 I 表示。

电流的方向是指正电荷运动的方向，单位为 A. 参考方向可以任意指定，用箭头表示。$i>0$，真实方向与参考方向一致；$i<0$ 真实方向与参考方向相反。

例 1-1

2. 电压

a，b 两点间的电压为单位正电荷由 a 至 b 所获得或失去的电能，即

$$u_{ab}=\frac{dw}{dt}$$

如由 a→b 获得能量，则 a 至 b 为电压升；如由 a→b 失去能量，则 a 至 b 为电压降。单位为 V.

参考方向（极性），用＋，－表示，任意选定。$u_{ab}>0$，真实极性与参考极性一致；$U_{ab}<0$，真实极性与参考极性相反。

例 1-3

3. 关联参考方向

4. 功率和能量

正电荷 dq 在 dt 时间内由 a 移至 b，且 a，b 间电压降为 u，则在转移过程中电荷失去能量为

$$dw=u\,dq$$

则 ab 电路吸收功率为 $p=\frac{\mathrm{d}w}{\mathrm{d}t}=ui$ 单位为瓦（W）

在关联参考方向下，算得的

$p=ui>0$ ab 电路或元件吸收(消耗)功率；

$p=ui<0$ ab 电路或元件放出(产生)功率。

例 1-5

能量：$w=\int_{t0}^{t1}p\mathrm{d}t=\int_{t0}^{t1}ui\mathrm{d}t$ 单位为焦（J）

作业： 习题一 4，5，6，7。

第 2 讲：

§1-3 基尔霍夫定律

1. KCL：$\sum i_k=0$

2. KVL：$\sum u_k=0$

例题：练习题 1-3

练习题 1-4

§1-4 电阻元件

u，i 关联参考方向，则电阻元件 VAR 为

$$u=Ri$$

功率为 $p=ui=Ri^2=\frac{u^2}{R}>0$ 吸收

u，i 非关联参考方向，则电阻元件 VAR 为

$$u=-Ri$$

功率为 $p=-ui=Ri^2=\frac{u^2}{R}>0$ 吸收

§1-5 电压源和电流源

电压源：$u=U_s$ 或 $u_s(t)$，保持给定值不变，电流 I 或 i 为任意值。

电流源：$i=I_s$ 或 $i_s(t)$，保持给定值不变，电压 u 或 U 为任意值。

电阻、电压源和电流源三种元件的伏安关系曲线。

§1-6 单回路电路的解法

已知各电压源电压和各电阻，求电流 I. 运用 KVL 和欧姆定律求解。

$$I=\frac{U_s}{R_1+R_2+\cdots+R_k+\cdots+R_n}$$

$$U_k=R_kI=\frac{R_k}{R_1+R_2+\cdots R_k+\cdots+R_n}U_s \qquad \text{(分压公式)}$$

作业： 习题一 8，11，13，15，20，27，29，31。

第 3 讲：

§1-7 单节偶电路的解法

已知各电流源电流和各电阻(导)，求 U_{ab}. 运用 KCL 和欧姆定律求解。

例 1-14

$$U=\frac{I_s}{G_1+G_2+\cdots+G_k+\cdots G_n}$$

$$I_k=\frac{G_k}{G_1+G_2+\cdots+G_k+\cdots G_n}I_s \qquad \text{（分流公式）}$$

只含有两个电阻并联时，分流公式为

$$I_1=\frac{R_2}{R_1+R_2}I_s, \qquad I_2=\frac{R_1}{R_1+R_2}I_s$$

§1-8　受控源

两种受控源

受控电压源：VCVS　$u_2=\mu u_1$

　　　　　　CCVS　$u_2=\gamma i_1$

受控电流源：VCCS　$i_2=gu_1$

　　　　　　CCCS　$i_2=\alpha i_1$

例 1-16

例 1-17

§1-9　电路中各点电位的计算

先定参考点后，电路中某点的电位，就是该点至参考点之间的电压。

例 1-18

作业：　习题一　33，35，36，37，42，46，47。

本章自学的内容有：

（1）电路集总化假设；

（2）电动势；

（3）非线性电阻元件的概念；

（4）全电路的欧姆定律；

（5）弥尔曼定理。

第二章　电阻电路的等效变换

一、基 本 要 求

1．深刻理解两个结构不同二端网络等效的概念。明确电路等效变换和等效化简的含义。

2．熟练掌握电阻串联、并联及串并联等效化简为一个等效电阻的方法。

3．熟练掌握电压源串联和电流源并联等效化简为一个等效电压源和一个等效电流源的方法。能正确确定等效电压源电压和等效电流源电流的大小和方向。

4．熟练掌握两类实际电源模型等效互换的方法。即电压源模型等效变换为电流源模型；电流源模型等效变换为电压源模型。能正确确定变换后电源模型中电压源电压和电流源电流的大小和方向。

5．掌握星形（Y）电阻网络与三角形（△）电阻网络等效互换的方法。即星形联接电阻网络等效变换为三角形联接电阻网络；三角形联接电阻网络等效变换与星形联接电阻网络。

6．掌握含源线性二端网络等效化简的方法。即将结构较复杂的含源线性二端网络等效化简为一电压源与一电阻元件串联的最简单电路，或为一电流源与一电阻元件并联的最简单节偶电路。能将含受控源线性二端网络进行等效化简。

7．掌握用等效化简的方法分析电阻电路。

二、学 习 指 导

等效变换化简电路，是电路的基本分析方法之一，是本课程重要的基本内容。本章的教学内容可以分为如三部分：

1．二端网络等效的概念；

2．电阻电路中等效变换和化简的基本规律和公式；

3．含源线性二端网络包括含受控源二端网络的等效化简和电路的分析。

着重讨论电路等效和等效变换的概念，电阻串、并联的等效电阻，两类电源模型的等效变换方法，以及含源线性二端网络的等效化简方法。

（一）关于二端网络等效的概念

1．二端网络等效的定义

两个结构不同的二端网络，它们的端口分别外接任何相同的负载或电路时，两端口的伏安关系相等。在 u，i 平面上，等效的两个二端网络端口的 VAR 特性曲线相同。

2．等效的范围与作用

等效是指二端网络的端口及端口外部电路而言，对网络端口内部不等效。等效电路只能用来计算端口及端口外部电路的电流和电压。一个电路对于不同的端口和不同的部分，有不同的等效电路。

（二）关于等效变换和化简的基本规律和公式

将一个电路对指定端口内部进行结构变形，成为另一结构的电路，新电路端口的 VAR 与原电路端口的 VAR 相等，称为等效变换。将一个较复杂的电路对指定端口等效变换为一个结构简单的电路，称为等效化简。根据二端网络等效的定义，等效变换和化简电路有如下的规律和公式。

1．电阻串、并联的等效电阻

（1）n 个电阻元件 R_1，R_2，…，R_n 串联电路的等效电阻 R_{eq}，是 n 个电阻之和，即

$$R_{eq}=R_1+R_2+\cdots+R_n=\sum_{k=1}^{n}R_k$$

（2）n 个电阻元件 R_1，R_2，…，R_n 并联电路的等效电阻 R_{eq}的倒数是 n 个电阻各自倒数之和，即

$$\frac{1}{R_{eq}}=\frac{1}{R_1}+\frac{1}{R_2}+\cdots+\frac{1}{R_n}=\sum_{k=1}^{n}\frac{1}{R_k}$$

或等效电导 G_{eq}等于 n 个电导 G_1，G_2，…，G_n 之和，即

$$G_{eq}=G_1+G_2+\cdots+G_n=\sum_{k=1}^{n}G_k$$

式中 $G_{eq}=\frac{1}{R_{eq}}$，$G_1=\frac{1}{R_1}$，$G_2=\frac{1}{R_2}$，…，$G_n=\frac{1}{R_n}$.

2．电压源串联和电流源并联的等效电源

（1）n 个电压源 u_{s1}，u_{s2}，…，u_{sn}串联的等效电压源 $u_{s\cdot eq}$，是 n 个电压源电压的代数和。即

$$u_{s\cdot eq}=u_{s1}+u_{s2}+\cdots+u_{sn}=\sum_{k=1}^{n}u_{sk}$$

（2）n 个电流源 i_{s1}，i_{s2}，…，i_{sn}并联的等效电流源 $i_{s\cdot eq}$，是 n 个电流源电流的代数和，即

$$i_{s\cdot eq}=i_{s1}+i_{s2}+\cdots+i_{sn}=\sum_{k=1}^{n}i_{sk}$$

3．电压源模型与电流源模型的等效变换

（1）若已知电压源 u_s 与电阻 R_s 串联的电压源模型，等效变换为电流源 i_s 与电阻 R_s' 并联的电流源模型，其中 $i_s=u_s/R_s$，$R_s'=R_s$.

（2）若已知电流源 i_s 与电阻 R_s' 并联的电流源模型，等效变换为电压源 u_s 与电阻 R_s 串联的电压源模型，其中 $u_s=R_s'i_s$，$R_s=R_s'$.

两类电源模型等效变换中应注意的几个问题是：

①电压源 u_s 与电流源 i_s 之间不能等效变换，因为它们端钮的 VAR 没有等效的条件。

②电压源 u_s 与电阻元件 R 或与电流源 i_s 并联的电路，由于其端口电压为 u_s，故对端口而言，可将并联电阻 R 或电流源 i_s 拆除，等效电路用一电压源 u_s 来表示。

③电流源 i_s 与电阻元件 R 或与电压源 u_s 串联的电路，由于其端口输出的电流为 i_s，故对端口而言，可将串联电阻 R 或电压源 u_s 置零，等效电路用一电流源 i_s 来表示。

4．星形（Y）与三角形（△）联接电阻网络的等效变换

(1) 已知由 R_1，R_2 和 R_3 星形联接的电阻网络，可以等效变换为由 R_{12}，R_{23}和 R_{31}三角形联接的电阻网络。这时

$$R_{12}=R_1+R_2+\frac{R_1R_2}{R_3}$$

$$R_{23}=R_2+R_3+\frac{R_2R_3}{R_1}$$

$$R_{31}=R_3+R_1+\frac{R_3R_1}{R_2}$$

(2) 已知由 R_{12}，R_{23}和 R_{31}三角形联接的电阻网络，可以等效变换为 R_1，R_2 和 R_3 星形联接的电阻网络。这时

$$R_1=\frac{R_{12}R_{31}}{R_{12}+R_{23}+R_{31}}$$

$$R_2=\frac{R_{12}R_{23}}{R_{12}+R_{23}+R_{31}}$$

$$R_3=\frac{R_{23}R_{31}}{R_{12}+R_{23}+R_{31}}$$

（三）关于电路等效化简的分析方法

1. 为求电路中某一支路的电流和电压，运用等效化简分析方法时，将待求支路固定不动，电路的其余部根据上述等效变换化简电路的基本方法，按“由远而近”逐步进行等效化简，最后化简成为单回路或单节偶等效电路。于是，根据等效电路，运用 KVL 或 KCL 和元件的 VAR，或分压与分流关系，计算出待求支路的电压和电流。

2. 对于有受控源的含源线性二端网络进行等效化简时，受控源按独立电源处理。但是，在等效变换化简电路的过程中，受控源的控制量支路应该保留。应注意的是，受控源的控制量应在端口及端口的内部。

3. 对于含受控源的无源二端网络，等效化简为一个等效电阻 R_0 . 这时可以采用网络端口外加电压源电压或电流源电流的伏安关系法来求解。

(1) 在无源二端网络端口外加电压源电压 u，则产生输入电流 i . 运用 KVL，KCL 和元件的 VAR，求出端口电压 u 与电流 i 的关系式。则等效电阻为

$$R_0=\frac{u}{i}$$

若端口外加电压 $u=1$ V，求出端口的输入电流 i 值。则等效电阻为 $R_0=1/i$ Ω.

(2) 在无源二端网络端口外加电流源电流 i，则产生端口电压 u . 运用 KVL，KCL 和元件 VAR，求出端口电压 u 与电流 i 的关系式。则等效电阻为 $R_0=u/i$.

若端口外加电流源的电流 $i=1$ A，求出端口电压 u 值。则等效电阻为 $R_0=u$ Ω.

(3) 先任意假定无源二端网络中某一支路的电流或电压值，根据元件的 VAR 和 KVL，KCL，计算出端口电压 u 和输入电流 i 的数值。则等效电阻为 $R_0=u/i$.

含受控源无源二端网络的等效化简，求端口的输入电阻，是学习的一个难点。

本章学习的重点内容是：二端网络等效的概念，电阻串、并联的等效电阻，电压源串联和电流源并联的等效电压源和等效电流源，两种电源模型的等效变换，以及电路等效化简的

分析方法。

三、解 题 指 导

（一）例题分析

〔**例 2-1**〕 应用等效化简方法分析含源线性电路。如图 2-1(*a*)所示电路，试用等效化简

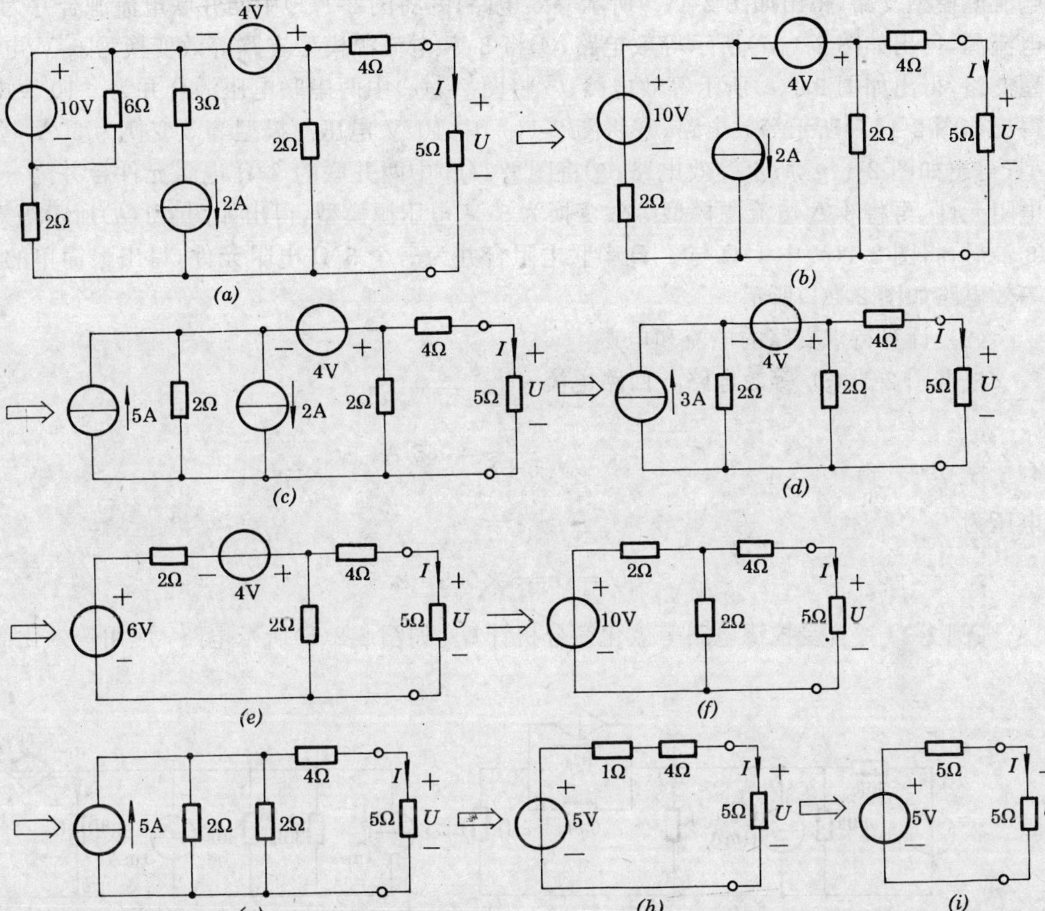

图 2-1 例 2-1 电路图

电路的方法，求 5 Ω 电阻元件支路的电流 I 和电压 U.

解： 〔解题思路〕 (1) 本题是含有电压源和电流源的线性电阻电路，要求应用等效化简的方法，求 5 Ω 电阻支路的电流和电压。分析时将待求支路固定不动，其余部分按“由远而近”逐步进行等效化简，最后成为单回路等效电路。(2) 等效化简必须逐步进行，每一步变换后应作出等效电路图。等效化简是根据电阻串、并联得出一等效电阻、电压源串联和电流源并联得出等效电压源和等效电流、电压源模型与电流源模型的等效变换的规律来进行。在两类电源模型的等效变换中，正确确定变换后电源的参考方向很重要，即变换后电流源电流的参考方向应与原电压源电压升的方向一致；反之，变换后电压源电压的参考方向，应是

其电压升的方向，与原电流源电流参考方向相一致。(3) 本题中在等效变换时，与 10 V 电压源并联的 6 Ω 电阻元件应拆除，与 2 A 电流源串联的 3 Ω 电阻元件应置零。(4) 最后，按化简后的单回路等效电路，依 KVL 和元件的 VAR 就可以方便地计算出待求支路的电流 I 和电压 U.

〔解题方法〕 (1) 进行等效化简，步骤如下：①将图 2-1 (a) 中 6 Ω 电阻拆除和将 3Ω 电阻置零，得出如图 2-1(b)所示等效电路；②将图 2-1(b)中 10 V 电压源模型支路等效变换为电流源模型支路，得出如图 2-1(c)所示等效电路；③将图 2-1(c)中两并联电流源合并为一 3 A 电流源，得出如图 2-1(d)所示等效电路；④将 3 A 电流源模型支路等效变换为 6 V 电压源模型支路，得出如图 2-1(e)所示等效电路；⑤将图 2-1(e)中两串联电压源合并为一 10 V电压源，得出如图 2-1(f)所示等效电路；⑥将图 2-1(f)中 10 V 电压源模型等效变换为 5 A 电流源模型，得出如图 2-1(g)所示等效电路；⑦将图 2-1(g)中两并联的 2 Ω 电阻元件合并为一个 1 Ω 电阻元件，再将 5 A 电流源模型等效变换为 5 V 电压源模型，得出如图 2-1(h)所示等效电路；⑧最后，将图 2-1(h)中 1 Ω 与 4 Ω 串联电阻合并为一个 5 Ω 电阻元件，得出最简单的单回路等效电路如图 2-1(i)所示。

(2) 计算待求支路的电流和电压

根据图 2-1 (i) 等效电路，回路电流

$$I=\frac{5}{5+5}=0.5 \text{ A}$$

电压为

$$U=5I=5\times0.5=2.5 \text{ V}$$

〔**例 2-2**〕 含受控源电路等效化简分析计算。如图 2-2(a)所示电路，应用等效化简方法，

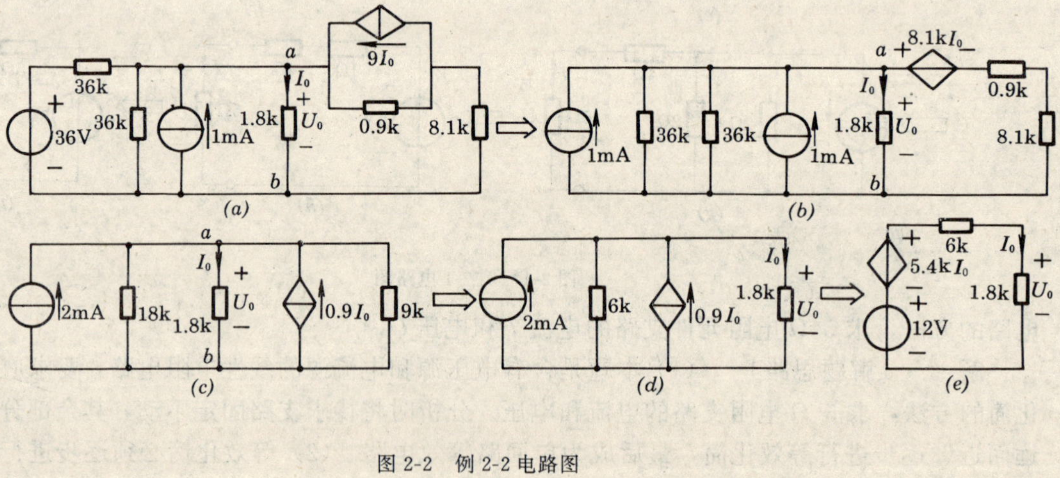

图 2-2 例 2-2 电路图

求 ab 支路电流 I_0 和电压 U_0.

解： 〔解题思路〕 本题是含受控源线性电阻电路，进行等效化简时，可以保留受控源控制支路，也就是待求 ab 支路不动，并将 ab 支路两侧进行等效化简，得出单节偶等效电路，然后按 KCL 和元件 VAR 进行求解。也可以化简为单回路等效电路，按 KVL 和元件 VAR 进

行求解，得出 U_0 和 I_0。

〔解题方法〕 方法之一：(1) 保留 ab 支路不变，将电路进行等效化简。其步骤是：①将图 2-2 (*a*) 中 36 V 电压源模型等效变换为 1 mA 电流源模型，又将 $9I_0$ 受控电流源模型等效变换为受控电压源模型，得出如图 2-2 (*b*) 所示等效电路；②将图 2-2 (*b*) 中两 36 k 并联电阻合并得出一 18 k 等效电阻，又将 0.9 k 和 8.1 k 两串联电阻合并为 9 k 等效电阻，并将受控电压源模型等效变换为受控电流源模型，得出如图 2-2 (*c*) 所示等效电路；③将图 2-2 (*c*) 中 18 k 和 9 k 两并联电阻合并为一 6 k 等效电阻，得出如图 2-2 (*d*) 所示的单节偶等效电路。

(2) 根据图 2-2 (*d*) 所示等效电路，列节点 KCL 方程为

$$-2\times10^{-3}+I_0-0.9I_0+\frac{U_0}{6\times10^3}=0$$

$$0.1I_0+\frac{U_0}{6\times10^3}=2\times10^{-3}$$

$$0.1\left(\frac{U_0}{1.8\times10^3}\right)+\frac{U_0}{6\times10^3}=2\times10^{-3}$$

$$\frac{4U_0}{18\times10^3}=2\times10^{-3}$$

$$U_0=\frac{2\times18}{4}=9\ \text{V}$$

$$I_0=\frac{U_0}{1.8\times10^3}=\frac{9}{1.8\times10^3}=5\ \text{mA}$$

方法之二： (1) 将图 2-2 (*a*) 电路按上述解法之一的步骤等效化简为如图 2-2(*d*)所示等效电路。保留 ab 支路不动，将含受电流源的电流源模型等效变换为含受控电压源的电压源模型，得出如图 2-2(*e*)所示单回路等效电路。

(2)根据图 2-2(*e*)所示等效电路，列回路 KVL 方程为

$$(6\times10^3+1.8\times10^3)I_0=12+5.4\times10^3I_0$$

$$2.4\times10^3I_0=12$$

$$\therefore\quad I_0=\frac{12}{2.4\times10^3}=5\ \text{mA}$$

$$U_0=1.8\text{k}I_0=1.8\times10^3\times5\times10^{-3}=9\ \text{V}$$

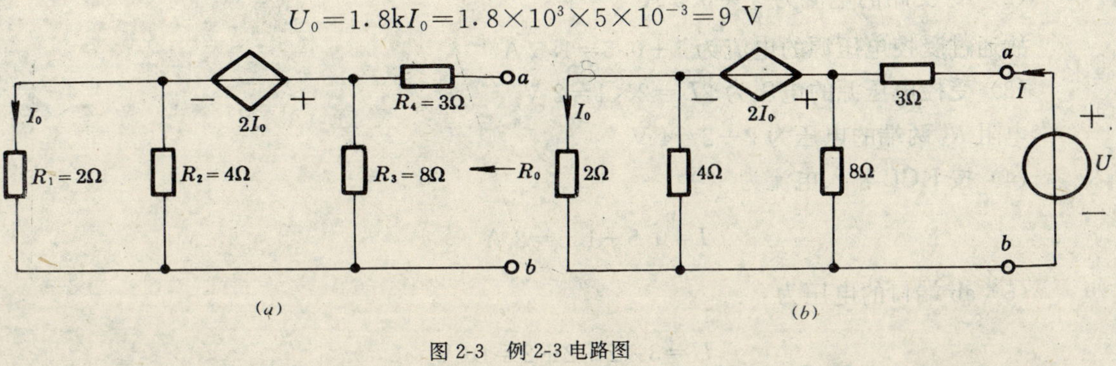

图 2-3 例 2-3 电路图

〔**例 2-3**〕 含受控源无源二端网络端口输入电阻的计算。如图 2-3(a)所示电路，求 ab 端口的输入电阻 R_0.

解： 〔解题思路〕 本题是含受控电压源无源二端网络，求端口的输入电阻 R_0，分析计算时应采用伏安关系法，即端口外加电压源 U，产生输入电流 I，按 KVL，KCL 和元件的 VAR 求出端口的 $U—I$ 关系表达式。则 $R_0=U/I$ 由计算得出。

〔解题方法〕 方法之一： 如图 2-3 (b) 所示，ab 端口外加电压源电压 U，端口输入电流为 I. 列 KVL 方程为

$$\begin{aligned} U &= 3I+2I_0+2I_0 \\ &= 3I+4I_0 \end{aligned} \qquad ①$$

按分流关系计算 I_0，得出

$$\begin{aligned} I_0 &= \frac{4}{2+4}\left(I-\frac{U-3I}{8}\right) \\ &= \frac{11}{12}I-\frac{1}{12}U \end{aligned} \qquad ②$$

将式②代入式①得出

$$\begin{aligned} U &= 3I+4\left(\frac{11}{12}I-\frac{1}{12}U\right) \\ &= \frac{20}{3}I-\frac{U}{3} \end{aligned}$$

移项后得出

$$4U=20I$$

$$\therefore \quad R_0=\frac{U}{I}=\frac{20}{4}=5\ \Omega$$

方法之二： 按图 2-3 (b) 所示电路，端口外加电压源电压 U，产生输入电流 I. 为计算端口电压 U 和 I 的数值，现假定受控电压源控制支路电流 $I_0=1$ A，则有

（1） R_1 和 R_2 两端的电压为 $2\times1=2$ V

（2） R_2 支路的电流为 $\frac{2}{4}=0.5$ A

故通过受控电压源的电流为 $1+0.5=1.5$ A

（3） 受控电压源的电压为 $2I_0=2\times1=2$ V

电阻 R_3 两端的电压为 $2+2=4$ V

（4） 按 KCL 输入电流为

$$I=0.5+1.5=2\ \text{A}$$

（5） ab 端口的电压为

$$U=3\times2+2+2=10\ \text{V}$$

（6） ab 端口的输入电阻为

$$R_0=\frac{U}{I}=\frac{10}{2}=5\ \Omega$$

由此可见，上述两种方法计算结果相同。后一种分析计算方法较前者简便。

（二）部分练习题解答

练习题 2-6　一个实际电流源短路时端钮电流为 12mA，当接上 100 Ω 电阻负载时，其端钮电流为 10 mA；（1）求此实际电流源的电路模型（用一个电流源和一个电阻并联表示）；（2）把上面求得的模型变换为含电压源的等效电路。

解：（1）电流源电流 I_s 等于端口的短路电流，即 $I_s=12$ mA；并联内阻是 R_s. 当接上 100Ω 负载时输出端钮的电流为 10 mA，则输出端钮的电压为

$$U=10\times10^{-3}\times100=1\text{V}$$

通过内阻 R_s 的电流为　$12\times10^{-3}-10\times10^{-3}=2$ mA

则

$$R_s=\frac{U}{2\times10^{-3}}=500\Omega$$

（2）电流源模型等效变换为电压源模型为电压源 U_s 与内阻 R_s 串联电路，其中

$$U_s=R_sI_s=500\times12\times10^{-3}=6\ \text{V}$$

$$R_s=500\Omega$$

练习题 2-10　求图 2-35 所示电路中的 U 及 120V 电压源提供的功率。

解：（1）计算 U

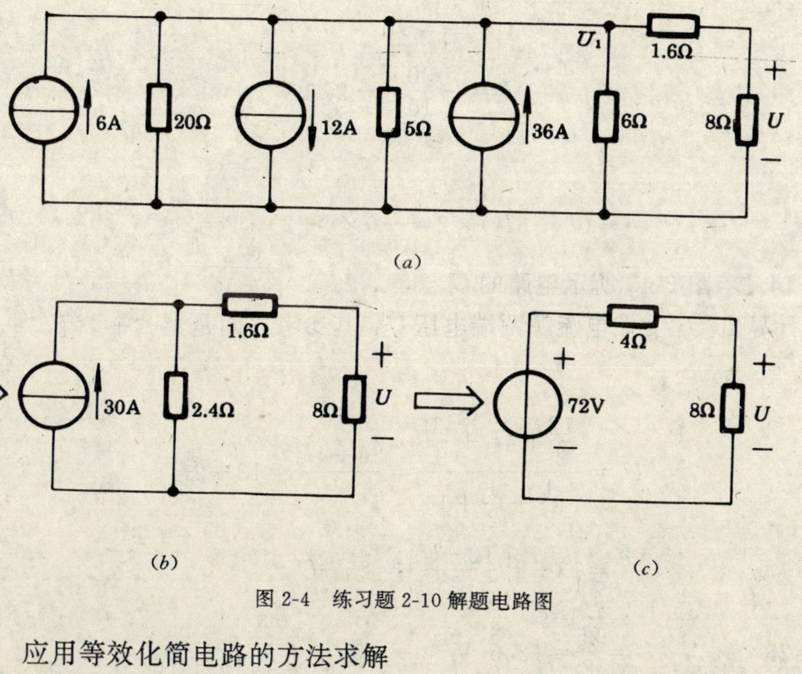

图 2-4　练习题 2-10 解题电路图

解法一：应用等效化简电路的方法求解

将题中电路等效化简为图 2-4(c)所示的单回路电路。则应用分压关系计算出电压

$$U=\frac{8}{4+8}\times72=48\text{V}$$

解法二： 应用弥尔曼定理解题。设电路图 2-4(a)所示各电流源两端电压为 U_1，则应用弥尔曼定理计算出电压

$$U_1=\frac{\frac{120}{20}-\frac{60}{5}+36}{\frac{1}{20}+\frac{1}{5}+\frac{1}{6}+\frac{1}{1.6+8}}=\frac{30}{0.05+0.2+0.166+0.104}$$
$$=\frac{30}{0.52}=57.6\ \text{V}$$

按分压关系求出电压

$$U=\frac{8}{1.6+8}\times 57.6=48\ \text{V}$$

(2) 计算 120 V 电压源提供的功率

电压源输出电流为

$$I_s=\frac{120-57.6}{20}=3.12\ \text{A}$$

则其功率为 $P_{U_s}=-120\times 3.12=-374.4\ \text{W}$

练习题 2-13 求图题 2-44 所示电路的 I_1 和 U_1.

解： (1)求 I_1 列 KVL 方程为

$$(2+1)I_1+2(I_1+5I_1)=2-32$$
$$15I_1=-30$$
$$I_1=-\frac{30}{15}=-2\ \text{A}$$

(2)求 U_1

$$U_1=-(I_1+5I_1)\times 2=-6\times(-2)\times 2=24\ \text{V}$$

练习题 2-14 求图 2-45 所示电路的 U.

解： 先计算出 $4I_1$ 受控电流源两端电压 U，其参考方向是上“＋”下“－”。则应用弥尔曼定理得出

$$U=\frac{\frac{12}{2}+4I_1+\frac{20}{1}}{\frac{1}{2}+\frac{1}{2}+1}=\frac{26+4I_1}{2}=13+2I_1$$
$$=13+2\left(\frac{12-U}{2}\right)=25-U$$

移项得 $2U=25$ ∴ $U=\frac{25}{2}=12.5\ \text{V}$

故求出 $U_0=12.5-20=-7.5\ \text{V}$

练习题 2-15 把图 2-50 中 (a)，(c)，(d) 由 Y 形变换为△形或由△形变换为 Y 形。

解： 图 2-15 (a)，由 Y 形变换为△形，其中

$$R_{12}=2+3+\frac{2\times3}{1}=11\ \Omega$$

$$R_{23}=3+1+\frac{3\times1}{2}=5.5\ \Omega$$

$$R_{31}=1+2+\frac{2\times1}{3}=\frac{11}{3}\ \Omega$$

图 2-15（c），由 Y 形变换为△形，其中

$$R_{12}=3+3+\frac{3\times3}{3}=9\ \Omega$$

$$R_{23}=3+3+\frac{3\times3}{3}=9\ \Omega$$

$$R_{31}=3+3+\frac{3\times3}{3}=9\ \Omega$$

图 2-15（d），由△形变换为 Y 形，其中

$$R_1=\frac{3\times5}{3+5+2}=\frac{15}{10}=1.5\ \Omega$$

$$R_2=\frac{3\times2}{3+5+2}=\frac{6}{10}=0.6\ \Omega$$

$$R_3=\frac{5\times2}{3+5+2}=\frac{10}{10}=1\ \Omega$$

（三）部分习题解答

习题二

5. 有一干电池，测得开路电压为 1.6 V；当接上 6 Ω 电阻负载时，测得其端钮电压为 1.5V. 求此电池的内电阻，并画出端钮伏安关系曲线。

解：电路如图 2-5(a)所示，负载电流

$$I=\frac{U}{6}=\frac{1.5}{6}=0.25\ \text{A}$$

电阻 R_s 两端的电压为

$$U_{R_s}=1.6-1.5=0.1\ \text{V}$$

故内阻 R_s 值为 $R_s=\frac{U_{R_s}}{I}=\frac{0.1}{0.25}=0.4\ \Omega$

端钮 VAR 方程为

$$U=1.6-0.4I$$

当 $U=0$ 时，$I=\frac{1.6}{0.4}=4$ A；当 $I=0$ 时，$U=1.6$ V. 作出端钮的 VAR 曲线如图 2-5（b）所示。

6. 某一实际电流源端钮伏安关系如图题 2-6 所示。求当此电流源接上 10 kΩ 电阻负载时，通过电阻的电流。

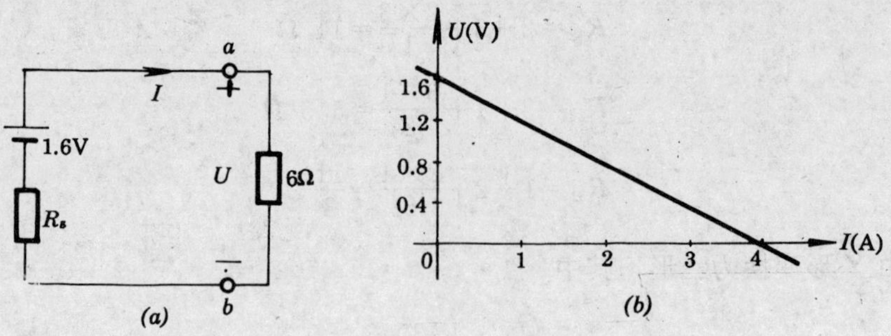

图 2-5　练习题 2-5 电路及端口 VAR 曲线

解：　从端口伏安关系曲线可知：

当 $U=0$ 时，$I=2\ \text{mA}$，即电流源电流 $I_s=2\ \text{mA}$. 当 $U=45\ \text{V}$ 时，$I=1.5\ \text{mA}$.

作出实际电流源接负载电阻 $R_L=10\ \text{k}\Omega$ 电路如图 2-6 所示。端口的 VAR 方程为

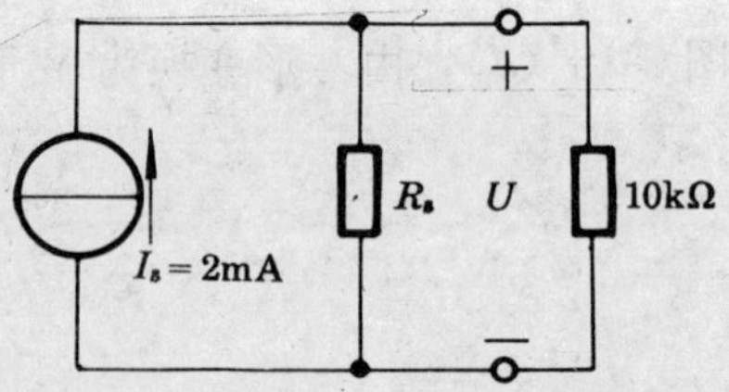

图 2-6　习题二第 6 题电路图

$$I=I_s-\frac{U}{R_s}$$

移项得出　$R_s=\dfrac{U}{I_s-I}=\dfrac{45}{2\times10^{-3}-1.5\times10^{-3}}=90\ \text{k}\Omega$

故当负载电阻 $R_L=10\ \text{k}\Omega$ 时，它通过的电流按分流关系计算得出为

$$I_L=\frac{R_s}{R_s+R_L}I_s=\frac{90}{10+90}\times2\times10^{-3}=1.8\ \text{mA}$$

10. 求图题 2-10 所示二端网络的最简等效电路。

解：　图题 2-10 (a) 电路，将与电压源并联的电流源拆除，电路便是 5 V 电压源与 −3V 电压源串联，故对端口而言，最简单的等效电路是一 2 V 电压源。

图题 2-10 (b) 电路，将电流源串联的电压源置零，电路便是 5 A 电流源与 −3 A 电流源并联，故对端口而言，最简单的等效电路是一 2 A 电流源。

12. 求图题 2-12 所示电路端钮 ab 含电压源最简单等效电路。

解：　(1) 将两有伴电压源支路分别变换为等效的有伴电流支路，即 10 A 电流源与 6 Ω 电阻并联支路和 5 A 电流源与 3 Ω 电阻并联支路。10 A 电流源参考方向指向节点 a，5 A电流源参考方向指向节点 b.

(2) 将并联两电流源合并求出一5 A 等效电流源，其参考方向指向节点 a；两并联电阻合并求出一等效电阻为 2 Ω. 于是，等效化简为 5 A 电流源与 2 Ω 电阻并联的模型。

(3) 将电流源模型等效变换为 10 V 电压源与 2 Ω 电阻串联的最简单含电压源等效电路。

15. 电路如图题 2-15 所示。求 I_0.

解：　(1) 将图题 2-15 电路中，有伴电压源支路等效变换为有伴电流源支路，12 Ω 与 4 Ω 两并联电阻合并为一 6 Ω 电阻，得出如图 2-7(a)所示等效电路。

(2) 将图 2-7(a)中，3 Ω 与 2 Ω 并联电阻合并为一 1.2 Ω 等效电阻，两 6 Ω 并联电阻合并为一 3 Ω 等效电阻；再将 12 A 电流源与 1.2 Ω 电阻并联支路等效变换为 14.4 V 与 1.2 Ω 电阻串联支路，便等效化简为如图 2-7(b)所示等效电路。

(3) 从图 2-7 (b) 等效电路可以计算电流 I 为

$$I=\frac{14.4}{1.2+3+3}=\frac{14.4}{7.2}=2\ \mathrm{A}$$

(4) 最后，从图 2-7 (a) 等效电路可以看出

$$I_0=\frac{1}{2}I=1\ \mathrm{A}$$

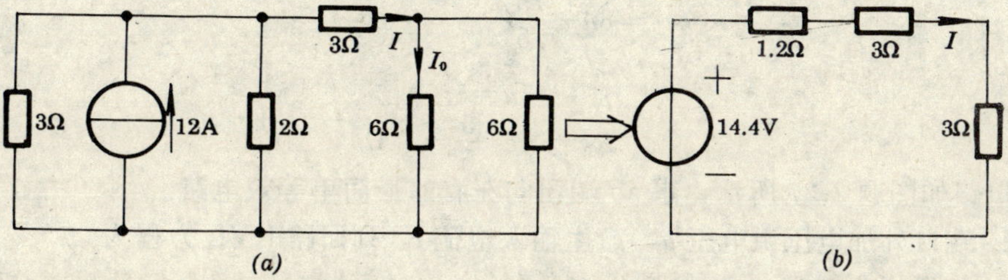

图 2-7　习题二第 15 题解题用电路图

19. 电路如图题 2-19 所示，求 U_0。

解：　(1) 将图题 2-19 电路中，有伴电流源支路等效变换为有伴电压源支路。4 Ω 与 8 Ω

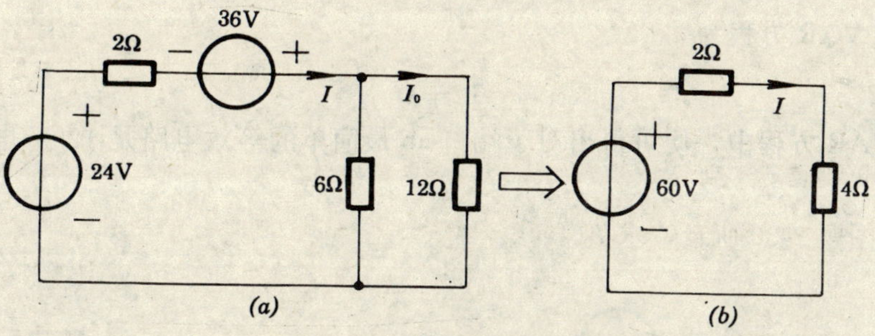

图 2-8　习题二第 19 题解题用电路图

串联电阻合并为一 12 Ω 电阻，得出如图 2-8 (a) 所示等效电路。

(2) 将图 2-8 (a) 电路中，两串联电压源合并为一 60 V 等效电压源，6 Ω 与 12 Ω 合并为一 4 Ω 等效电阻，得出如图 2-8 (b) 所示等效电路。

(3) 根据图 2-8 (b) 计算出电流

$$I=\frac{60}{2+4}=10\ \mathrm{A}$$

根据图 2-8 (a) 计算出电流

$$I_0=\frac{6}{6+12}\times 10=\frac{60}{18}=\frac{10}{3}\ \mathrm{A}$$

最后，根据图题 2-19 计算出电压

$$U_0=8I_0=8\times\frac{10}{3}=\frac{80}{3}\ \mathrm{V}$$

25. 求图题 2-25 所示二端网络的等效电阻。

解： 端口外接电压源电压为 u，则产生端口输入电流为 i. 列 KVL 方程为

$$
\begin{aligned}
u &= \left(\frac{23}{15}+\frac{2}{3}\right)i+2(3u+i) \\
&= \frac{33}{15}i+6u+2i \\
&= \frac{63}{15}i+6\left(u-\frac{23}{15}i\right) \\
&= 6u-\frac{75}{15}i
\end{aligned}
$$

移项得出
$$5u=5i$$
故求
$$R_0=\frac{u}{i}=\frac{5}{5}=1\ \Omega$$

27. 电路如图题 2-27 所示，求 ab 端钮向左看的最简单等效电路。

解： 端口外加电压源电压 u，产生输入电流 i。列回路 KVL 方程为

$$
\begin{aligned}
u &= 2i+4(i+I)-2I=6i+2I \\
&= 6i+2\left[\frac{24-(u-2i)}{2}\right] \\
&= 6i+24-u+2i
\end{aligned}
$$

移项得出
$$2u=24+8i$$
由此得出端口的 VAR 方程为

$$u=12+4i$$

从端口的 VAR 方程中，便可得出对于端口 ab 最简单的等效电路是 12 V 电压源与 4 Ω 电阻串联电路。

30. 电路如图题 2-30 所示，求 I_0.

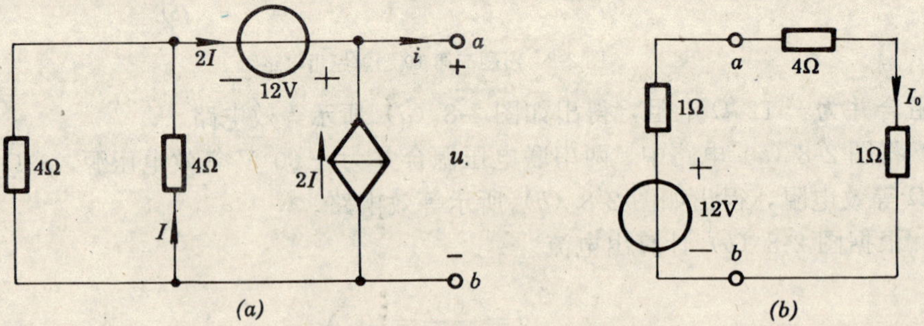

图 2-9 习题二第 30 题解题用电路图

解：(1) 将图题 2-30 电路中，待求 I_0 支路断开，得出如图 2-9 (a) 所示电路。ab 端口外加电压源电压 u，假定产生输出电流 i. 则列 KVL 方程为

$$u=12-4I$$

由于 $i=4I$，代入上式得出端口的 VAR 方程为

$$u=12-i$$

于是它的等效电路是 12 V 电压源与 1 Ω 电阻串联支路。

（2）将待求 I_0 支路接入等效电路端口 ab，便得化简的图题 2-30 等效电路，如图 2-9（*b*）所示。

（3）根据图 2-9（*b*）所示等效电路，计算出待求电流为

$$I_0=\frac{12}{1+4+1}=\frac{12}{6}=2\ \text{A}$$

四、教学媒体与作业

本章电视讲课共有 4 讲，即从第 4 讲至第 7 讲。各讲的教学内容及作业分述如下。

第 4 讲：

第二章　电阻电路的等效变换

§2-1　二端网络等效的定义

通过简单例子来说明两个二端网络 N_1 和 N_2 等效的概念。二端网络等效的定义：如果一个二端网络 N_1 的伏安关系与另一个二端网络 N_2 的伏安关系相同，则称 N_1 与 N_2 是相互等效的二端网络。等效是指在任何相同外电路下的等效。

给定两个二端网络 N_1 和 N_2，怎样来判断它们是否等效？就是看 N_1 与 N_2 的伏安关系是否相同。相同则 N_1 与 N_2 等效，不相同则不等效。

作业：补充习题

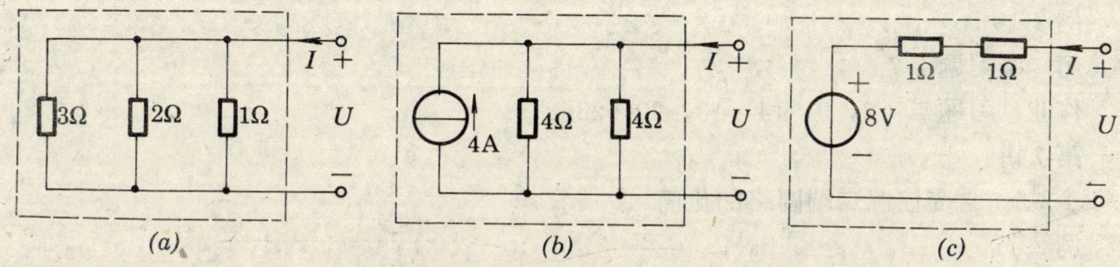

图 2-10　补充习题补 2-1 电路图

补 2-1　求图 2-10(*a*)，(*b*)和(*c*)二端网络的伏安关系。

补 2-2　图 2-10 中(*b*)和(*c*)是否等效？

第 5 讲：

§2-2　等效串、并联电阻公式

1．等效串联电阻公式

若 R_1，R_2 和 R_3 串联，则等效串联电阻为

$$R=R_1+R_2+R_3$$

2．等效并联电阻公式

若 R_1，R_2 和 R_3 并联，它们的电导分别为 G_1，G_2 和 G_3。则等效并联电阻 R 的电导 G 为

$$G=G_1+G_2+G_3$$

常用的两个电阻 R_1，R_2 并联的等效电阻为

$$R=\frac{R_1R_2}{R_1+R_2}$$

3. 运用等效串、并联电阻公式化简电路

例 2-1

例 2-2

§2-3　实际电源的两种模型

1. 实际电源的电压源串联电阻的模型

2. 实际电源的电流源并联电阻的模型

3. 两种电源模型的关系

两种电源模型的等效变换公式：教材中图 2-15 和图 2-16。

作业：　习题二　1，2，3，4。

第 6 讲：

§2-3　实际电源的两种模型（续）

4. 应用举例（含§2-4 含独立源支路的等效电路）

例 2-5

例 2-6

例 2-7

例 2-5　混联电路的分析

例 2-8

例 2-10

例　练习题 2-7

作业：习题二　8，9，14，13，20，23。

第 7 讲：

§2-6　含受控源二端网络的化简

例 2-11

例 2-12

例 2-13

作业：习题二　24，26，28，29。

本章自学内容：电阻星形联接与三角形联接的等效变换。

第三章　电路的一般分析方法

一、基本要求

1. 明确电路一般分析方法的含义。了解 2b 法，包括 2b 法列写电路方程的变量数和所列出的方程数。

2. 掌握支路电流法。包括支路电流法的变量和所列写的电路方程，以及支路电流和支路电压的求解。

3. 明确网孔和网孔电流，网孔电流是一组完备的独立电流变量。熟练掌握网孔分析法，包括用网孔分析法分析含受控源的平面网络。要熟悉网孔分析法分析电路的基本步骤，能正确列出网孔方程，特别是会正确处理在列网孔方程中网孔电流方向与列回路 KVL 方程绕行方向的关系。解出网孔电流后，会计算电路中的支路电流和支路电压。

4. 明确网络的独立节点和独立节点电压，独立节点电压是一组完备的独立电压变量。熟练掌握节点分析法，包括用节点分析法分析含受控源的网络。要熟悉运用节点分析法分析电路的基本步骤，能正确列出节点方程，特别要正确运用电流和电压的参考方向。解出网络的独立节点电压之后，会计算出电路中的支路电压和支路电流。

二、学习指导

电路分析的一般方法，是电路分析的基本方法。本课程的重要内容。本章的教学内容，可以分为如下三部分：

1. 2b 法和支路电流法；

2. 网孔分析法；

3. 节点分析法。

着重讨论网孔分析法和节点分析法以及支路电流法。对 2b 法仅作一般介绍，以建立电路一般分析法的概念。

现就教学内容中的几个问题分述如下。

（一）关于 2b 法

所谓电路分析的一般方法，是指求解任意电路，特别是复杂电路中各支路电流和电压的普遍方法。一个 n 个节点 b 条支路的电路，就有 b 个支路电压和 b 个支路电流需要求解，即共有 $2b$ 个待求变量。这就需要列出以 b 个支路电流和 b 个支路电压为变量的 $2b$ 个独立的电路方程。以支路电流为变量，应用 KCL 对 n 个节点可以列（$n-1$）个独立的节点电流方程，而且是任意的（$n-1$）个节点电流方程。所谓独立节点方程，就是任一方程都不能为其它方程所线性表示，即对节点依次列出 KCL 电流方程时，必须使新方程中都至少包含有一个新的支路电流。然而，（$n-1$）独立的节点电流方程不能求解出 b 个支路电流。所以，这（$n-1$）个独立的节点电流方程是不完备的。再以 b 个支路电压为变量，应用 KVL 对电路中的闭合回路列出 $b-(n-1)$个独立的 KVL 电压方程。这些电压方程中，每一个都至少包含有一个新的支路电压，保证了方程的独立性。然而，$b-(n-1)$个独立的电压方程，不能求解出 b 个支路电压变量。所以，$b-(n-1)$个独立电压方程是不完备的。上述以支路电流和支路电压为变量列出两类独立方程，共有

$$(n-1)+[b-(n-1)]=b$$

即共有 b 个独立电路方程，不能解出 $2b$ 个电路变量。为了求解 $2b$ 个独立变量，对于给定电路结构和元件参数的电路，可再以支路电流和支路电压为变量，列出 b 个支路电压与支路电流关系的支路 VAR 方程，这 b 个支路 VAR 方程是独立的电路方程。因此，$(n-1)$ 个独立节点电流方程、$b-(n-1)$个独立回路电压方程和 b 个支路伏安关系方程，共有 $2b$ 个独立的电路方程。由这 $2b$ 个独立的电路方程，便可以解出 $2b$ 个待求支路电流和支路电压变量。这种分析方法，称为 2b 法。2b 法的缺点是，列写和求解的电路方程最多，计算量大。因此，这种方法实际中不用。

（二）关于支路电流法

在上述 2b 法中，对 $b-(n-1)$ 个回路电压方程中的支路电压，以支路电流为变量表示的 VAR 式代入，便可得出的 b 个支路电流表示的 $b-(n-1)$个独立回路电压方程。于是，$(n-1)$个独立节点电流方程和 $b-(n-1)$个独立回路电压方程，共有 b 个以支路电流为变量的独立电路方程。由 b 个独立电路方程，便可以解出 b 个支路电流变量，再根据支路的伏安关系，便可得出 b 个支路电压。这种分析方法，称为支路电流法，或称为 1b 法。

支路电流法较 2b 法变量数和电路方程数均减少一半。但是，对于节点和支路数较多的网络，变量和电路方程数仍然较多，分析计算的工作量仍然较大。能否进一步减少网络的独立变量数和独立方程数，又能求解出 $2b$ 个待求变量呢？这就需要找出数目少于 b 的网络独立电流变量或独立电压变量。这类网络变量应满足如下几个条件：

（1）网络变量必须是独立的。即网络变量之间彼此独立无关，任一个变量都不能为其它变量所线性表示，它们之间也不能受 KVL 和 KCL 相约束。

（2）网络变量必须是完备的。即网络变量数与按 KVL 和 KCL 列出的独立电路方程数相等。

（3）网络变量必须是支路电流或支路电压的线性函数。即一旦网络方程得解，求出全部网络变量，便可以解出 b 个支路电流和 b 个支路电压。

（4）网络独立变量数应少于支路数 b。

电路理论中，满足上述条件的网络独立变量，主要有网孔电流和独立节点电压。

（三）关于网孔分析法

1. 网孔电流与网孔分析法

一个 n 个节点 b 条支路的网络，有 $b-(n-1)$个网孔回路。沿每一个网孔回路流经的假想电流，称为网孔电流。以 $b-(n-1)$个网孔电流为变量，对每一网孔列出一个 KVL 方程，称为网孔方程。因此，共有 $b-(n-1)$个网孔方程，联立求解网孔方程组，得出 $b-(n-1)$个网孔电流。通过网孔电流可以直接求出 b 个支路电流，根据支路的 VAR 便可求出 b 个支路电压。这种列写和求解网孔方程的分析方法，称为网孔分析法。

由于网孔电流变量数 $b-(n-1)$ 少于支路电流的个数 b。因此，应用网孔分析法，列写和求解电路方程数少于支路电流法，可以减少计算的工作量。

网孔分析法适用于平面网络。所谓平面网络，就是电路中所有闭合回路都是网孔的电路。

2. 网孔电流是一组完备的独立电流变量

(1) 由于网孔电流是沿每一网孔回路的假想电流。因此，网孔电流之间彼此独立无关，任一网孔电流都不能为其它网孔电流所线性表示，它们之间也不能用 KCL 方程相约束。所以，网孔电流是一组独立的电流变量。

(2) 以网孔电流为变量，依次对 $b-(n-1)$ 个网孔回路列出 KVL 方程，即网孔方程，在新的方程中至少包含有一个新支路电压。因此，$b-(n-1)$ 网孔方程是独立的回路电压方程。显然，$b-(n-1)$ 个独立的网孔方程，便可以解出 $b-(n-1)$ 个网孔电流变量。所以，网孔电流是一组完备的独立电流变量。而且，所有支路电流都可以用网孔电流表示。只要求出网孔电流，b 个支路电流就易于求出。

3. 正确列出网孔方程

掌握网孔分析法的关键，在于正确列出网孔方程。

(1) 网孔方程是以网孔电流为变量的网孔回路的 KVL 方程。在列网孔方程时，首先要假定每一网孔电流的参考方向，同时还要选定列回路 KVL 方程的绕行方向。绕行方向可以选为顺时针方向，也可以选为逆时针方向。列写网孔方程时必须正确处理网孔电流参考方向与绕行方向的关系。一般选绕行方向与该网孔电流参考方向一致。则在网孔方程中，本网孔回路自电阻压降项为正值；相邻网孔公共电阻的互电阻压降项，若两网孔电流方向相同时为正值，相反时为负值。网孔回路中已知电压源电压列于方程等号的另一边，其值是该网孔回路所有电压源电压升的代数和。电压升为正值，电压降为负值。若网络中含“有伴电流源”支路，即电流源模型支路时，应等效变换为“有伴电压源”，支路，即电压源模型支路。

(2) 若外网孔回路含有“无伴电流源”支路，即纯电流源支路，这时该网孔电流与已知电流源电流的数值相同，则该网孔电流为已知。因此，该网孔的网孔方程可以不必列出，减少了网孔方程数，从而简化了计算。

(3) 若网络中含有两网孔的公共支路是“无伴电流源”支路时，因电流源两端的电压为未知量。所以，在列网孔回路的 KVL 方程时，应假定电流源两端的电压为 U. 于是，网孔方程中多了一个未知变量。为了使网孔方程数与方程变量数相同，应根据这一“无伴电流源”电流与相邻网孔电流的关系，再列出一个辅助方程。

这种公共支路是“无伴电流源”支路的相邻两网孔回路，构成一个“超网孔回路”。所谓超网孔回路，就是将公共支路电流源电流置零，即开路，原有两网孔便构成一个新网孔回路。这一超网孔回路，应用 KVL 只能列出一个独立网孔方程。列超网孔的网孔方程时，各支路的电流应是原有的网孔电流为变量。

正确列出含有“超网孔回路”的网络的网孔方程，是学习的一个难点。

(4) 含有受控源电路列网孔方程时，受控源按独立电源处理。但是，控制量应以网孔电流表示。

(四) 关于节点分析法

1. 独立节点与节点分析法

一个 n 个节点的网络，选择一个节点为参考节点，则其余的 $(n-1)$ 个节点，称为独立节点。

独立节点与参考节点之间的电压，称为独立节点电压，简称节点电压。以$(n-1)$个节点电压为变量，对每一个独立节点列出一个 KCL 方程，称为节点方程。因此，共有$(n-1)$个节点方程，这$(n-1)$个节点方程，是独立的节点方程。联立求解节点方程组，便可求出$(n-1)$节点电压。通过节点电压便可以直接求出所有支路电压，根据各支路的 VAR，便可求出所有支路电流，从而 $2b$ 个变量得解。这种分析计算方法，称为节点分析法。由于$(n-1)$个独立节点数少于 b 个支路数。因此，应用节点分析法，列写和求解的电路方程数少于支路电流法，从而可使计算工作简化。节点分析法，适用于任意结构的网络。

2. 独立节点电压是一组完备的独立电压变量

(1) 各独立节点电压之间，彼此独立无关。因为，任一独立节点电压不能为其它节点电压所线性表示，各独立节点之间不构成回路。所以，它们之间不受 KVL 方程相约束，独立节点电压是一组独立的电压变量。

(2) 以$(n-1)$个独立节点电压为变量，列出的$(n-1)$个节点的 KCL 方程是独立的节点方程。因为，依次对$(n-1)$个独立节点列出电流方程时，在新的方程中至少包含有一个新的支路电流，因此，$(n-1)$个节点方程是独立的电流方程。显然，$(n-1)$个独立的节点方程，便可以解出$(n-1)$个节点电压。所以，节点电压是一组完备的独立电压变量。而且，所有支路电压和支路电流，都可以用独立节点电压表示，只要$(n-1)$个节点电压求出，$2b$ 个支路电压和电流便易于得出。

3. 正确列出节点方程

掌握节点分析法的关键，在于正确列出节点方程。

(1) 节点方程是按 KCL 列出的节点电流方程。列节点方程时，必须正确运用电流电压参考方向的概念。首先，我们假定参考节点的电位最低，各独立节点的电位均高于参考节点电位。因此，流出节点的支路电流为正，流入节点的支路电流为负。所以，在节点方程中，本节点的自电导（与该节点联接各支路电导之和）为正值，互电导（相邻节点之间各支路电导之和）为负值；已知与节点联接各支路电流源电流列于方程等号的另一边，其值等于流入该节点各支路电流源电流的代数和，流入节点电流源电流为正值，流出为负值。对于与节点含“有伴电压源”支路时，应将其等效变换为“有伴电流源”支路来处理。

(2) 若电流源支路串联有电阻元件时，列节点方程时，电流源支路中的串联电阻置零。即节点方程中该电导为零值。因此，该电阻元件称为虚元件，这种串联有电阻元件的电流源支路，则称为虚元件支路。含有虚元件支路的网络，在列节点方程时，应将虚元件置零。

(3) 若网络中，已知电压源的一端接于参考节点时，则电压源另一端联接的独立节点电压为已知。因此，该节点的节点方程不必列出，节点方程数可以减少，简化了计算。

(4) 若网络中两独立节点之间是一“无伴电压源”支路时，该支路电流为未知量。因此，在列节点方程时可以假设通过该无伴电压源的电流为 I。于是，节点方程中多了一个未知变量，为了使变量数与节点方程数相等，应该根据已知电压源电压与相邻两独立节点电压的关系，再列出一个辅助方程。

这种公共支路是无伴电压源的两独立节点，构成了一个“超节点”。所谓“超节点”，是将该两节点之间的电压源电压置零，用假想的短路线代替，而构成的一个新节点。超节点应用 KCL 只能列出一个独立节点方程。列超节点方程，是由原有独立节点电压为变量来列出。

正确列出含“超节点”网络的节点方程，是本章学习的又一个难点。

(5) 对于含受控源的网络，应用 KCL 列节点方程时，受控源按独立电源处理。但是，控制量应以独立节点电压表示。

本章学习的重点是，明确网络独立变量的概念，掌握节点分析法和网孔分析法。

三、解 题 指 导

(一) 例题分析

〔例 3-1〕 支路电流法分析计算。如图 3-1 所示电路。试用支路电流法求各支路电流。

解： 〔解题思路〕 本例电路有 4 个节点 6 条支路，待求量是 6 个支路电流。图 3-1 中标出各支路电流的参考方向。由于 $n=4$，$b=6$，则 $(n-1)=3$，可以列出 3 个独立的节点电流方程；$b-(n-1)=3$，可以列出 3 个独立的回路电压方程。共有 6 个以支路电流为变量独立的电路方程，便可以解出 6 个支路电流。

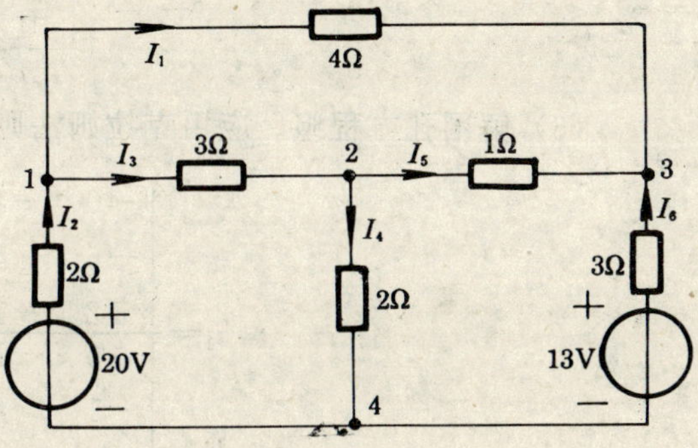

图 3-1 例 3-1 电路图

〔解题方法〕 按支路电流法解题，步骤如下：

(1) 在电路中标任意假定各支路电流的参考方向。节点编号为 1，2，3，4.

(2) 列节点的 KCL 方程：以流出节点支路电流为正，流入节点为负。

节点 1： $I_1-I_2+I_3=0$ ①

节点 2： $-I_3+I_4+I_5=0$ ②

节点 3： $-I_1-I_5-I_6=0$ ③

(3) 列回路 KVL 方程。绕行方向选为顺时针方向。

回路 1321： $4I_1-3I_3-I_5=0$ ④

回路 1241： $2I_2+3I_3+2I_4=20$ ⑤

回路 2342： $-2I_4+I_5-3I_6=-13$ ⑥

(4) 联立求解上六个方程组式①～式⑥，得出待求各支路电流。

$I_1=1\text{ A}$， $I_2=3\text{ A}$， $I_3=2\text{ A}$，

$I_4=4\text{ A}$， $I_5=-2\text{ A}$， $I_6=1\text{ A}$.

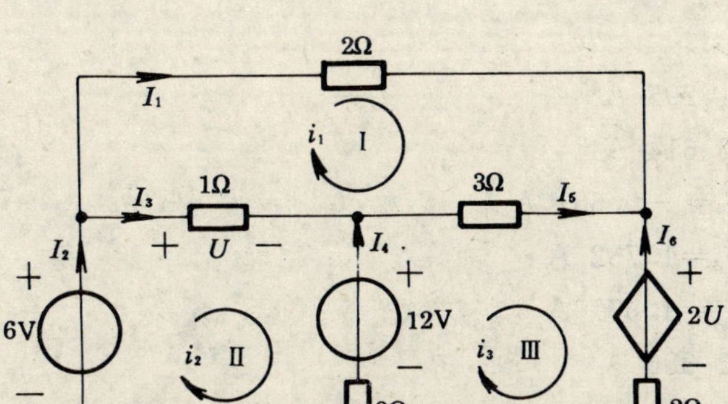

图 3-2 例 3-2 电路图

〔例 3-2〕 应用网孔分析法求含受控源平面网络。如图 3-2 所示电路，试用网孔分析法求各支路电流。

解： 〔解题思路〕 本题是应用网孔分析法求解含受控源平面网络。节点数 $n=4$，支路数 $b=6$，故网孔数为 $b-(n-1)=3$。以 3 个网孔电流为变量，按 KVL 可以列出 3 个网孔方程。含受控电压源网孔方程中，受控制电压源的控制量，应以网孔电流表示。解出网孔电流后，根据支路电流与网孔电流的关系，算

出各支路电流。

〔解题方法〕　应用网孔分析法解题步骤如下：

(1) 设网孔回路编号为Ⅰ，Ⅱ，Ⅲ，网孔电流为 i_1，i_2 和 i_3 及它们的参考方向标示于图中。

(2) 列网孔方程。绕行方向选为顺时针方向。

网孔Ⅰ：
$$6i_1-i_2-3i_3=0 \quad ①$$

网孔Ⅱ：
$$-i_1+4i_2-3i_3=6 \quad ②$$

网孔Ⅲ：
$$-3i_1-3i_2+8i_3=12-2U$$
$$=12-2(i_2-i_1)\times 1$$

移项后得出
$$-5i_1-i_2+8i_3=12 \quad ③$$

(3) 解网孔方程组。应用克拉姆法则得出

$$i_1=\frac{\begin{vmatrix}0 & -1 & -3\\ -6 & 4 & -3\\ 12 & -1 & 8\end{vmatrix}}{\begin{vmatrix}6 & -1 & -3\\ -1 & 4 & -3\\ -5 & -1 & 8\end{vmatrix}}=\frac{114}{88}=1.295\ \text{A}$$

$$i_2=\frac{\begin{vmatrix}6 & 0 & -3\\ -1 & -6 & -3\\ -5 & 12 & 8\end{vmatrix}}{88}=\frac{54}{88}=0.614\ \text{A}$$

$$i_3=\frac{\begin{vmatrix}6 & -1 & 0\\ -1 & 4 & -6\\ -5 & -1 & 12\end{vmatrix}}{88}=\frac{210}{88}=2.386\ \text{A}$$

(4) 计算各支路电流

$$I_1=i_1=1.295\ \text{A}$$
$$I_2=i_2=0.614\ \text{A}$$
$$I_3=i_2-i_1=-0.681\ \text{A}$$
$$I_4=i_3-i_2=1.732\ \text{A}$$
$$I_5=i_3-i_1=1.091\ \text{A}$$
$$I_6=i_3=2.386\ \text{A}$$

〔**例 3-3**〕　应用网孔分析法分析计算含无伴电流源支路的平面网络。如图 3-3 所示网络，试用网孔分析法求各支路电流。

解：　〔解题思路〕　本题电路的节点数 $n=4$，支路数 $b=6$，网孔数为 $b-(n-1)=3$. 由于 2 A 电流源为无伴电流源支路，且在外网孔支路，与网孔电流相等，故该网孔电流为已知，网孔方程可以不必列出。又由于另两网孔的公共支路是 3 A 无伴电流源，该两网孔回路

构成一个超网孔回路，只能列出一个独立的网孔方程。故需根据 3 A 电流源电流与该两网孔电流的关系，列出一个辅助网孔方程。得出有两个网孔电流变量的两个独立的网孔方程。解网孔方程组，得出网孔电流。利用网孔电流便可直接计算出各支路电流。

〔解题方法〕 应用网孔分析法解题的步骤如下：

(1) 设网孔编号为Ⅰ，Ⅱ，Ⅲ，网孔电流 i_1，i_2 和 i_3 及它们的参考方向标示于图 3-3 中。

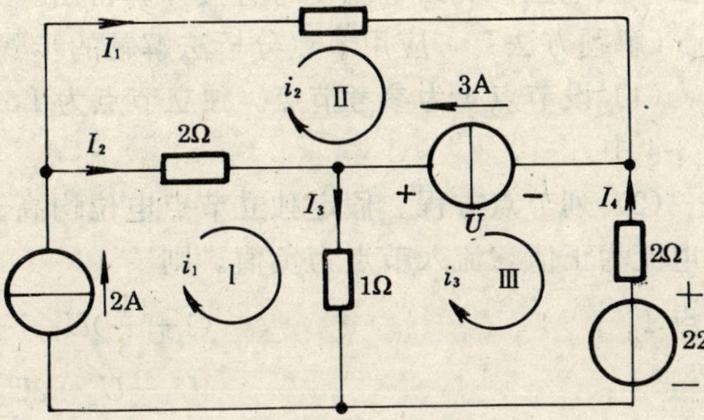

图 3-3 例 3-3 电路图

(2) 列网孔方程。绕行方向选为顺时针方向。

网孔Ⅰ： $i_1=2$ A

网孔Ⅱ—Ⅲ： 设 3 A 电流源两端电压为 U，参考方向如图 3-3 所示。则网孔Ⅱ的网孔方程为

$$-2i_1+4i_2-U=0$$

网孔Ⅲ的网孔方程为

$$-i_1+3i_3+U=-22$$

将上两式相加，得出超网孔方程为

$$-3i_1+4i_2+3i_4=-22$$

将 $i_1=2$ A 代入上式得出

$$4i_2+3i_3=-16 \qquad ①$$

辅助方程： 根据 3 A 电流源电流与网孔电流 i_2 和 i_3 的关系列出

$$i_2-i_3=3 \qquad ②$$

(3) 解网孔方程组式①，②，得出网孔电流为

$$i_2=-1\ \text{A}, \qquad i_3=-4\ \text{A}$$

(4) 计算各支路电流

$$I_1=i_2=-1\ \text{A}$$

$$I_2=i_1-i_2=2-(-1)=3\ \text{A}$$

$$I_3=i_1-i_3=2-(-4)=6\ \text{A}$$

$$I_4=-i_3=4\ \text{A}$$

〔例 3-4〕 应用节点分析法分析计算含受控源网络。如图 3-4 所示电路，试用节点分析法求各支路电流。

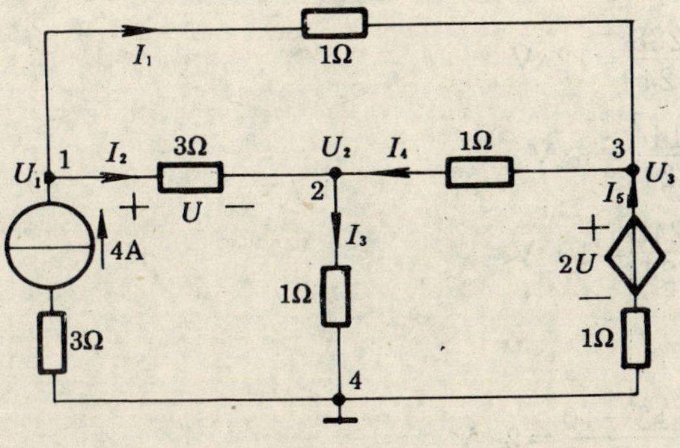

图 3-4 例 3-4 电路图

解： 〔解题思路〕 本题电路中，节点数 $n=4$，支路数 $b=6$。独立节点数 $(n-1)=3$，应用 KCL 可以列出 3 个独立节点方程。列节点方程时，4 A 电流源支路为虚元件支路，在该节点方程中，虚元件 3 Ω 电阻应置零；对 $2U$ 受控电压源模型支路（即有伴受控电压源），应变换为受控电流源模型来处理。受控电源的控制量应以独立节点电压来表示。解节点方程组，得出节点电压，支路电流便可直接计算得出。

〔解题方法〕 应用节点分析法解题的步骤如下：

（1）设节点 4 为参考节点。独立节点为 1，2，3，独立节点电压为 U_1，U_2 和 U_3，标示于图 3-4 中。

（2）列节点方程。假定独立节点电位均高于参考节点电位。则节点方程中，流出节点支路电流为正值，流入节点为负值。则

节点 1：

$$\left(1+\frac{1}{3}\right)U_1-\frac{1}{3}U_2-U_3=4$$

$$4U_1-U_2-3U_3=12 \qquad ①$$

节点 2：

$$-\frac{1}{3}U_1+\left(1+\frac{1}{3}+1\right)U_2-U_3=0$$

$$-U_1+7U_2-3U_3=0 \qquad ②$$

节点 3：

$$-U_1-U_2+(1+1+1)U_3=2U$$

$$-U_1-U_2+3U_3=2(U_1-U_2)$$

$$-3U_1+U_2+3U_3=0 \qquad ③$$

（3）解联立节点方程组式①，②，③。应用克拉姆法则有

$$\Delta=\begin{vmatrix}4 & -1 & -3\\ -1 & 7 & -3\\ -3 & 1 & 3\end{vmatrix}=24 \qquad \Delta_1=\begin{vmatrix}12 & -1 & -3\\ 0 & 7 & -3\\ 0 & 1 & 3\end{vmatrix}=288$$

$$\Delta_2=\begin{vmatrix}4 & 12 & -3\\ -1 & 0 & -3\\ -3 & 0 & 3\end{vmatrix}=144 \qquad \Delta_3=\begin{vmatrix}4 & -1 & 12\\ -1 & 7 & 0\\ -3 & 1 & 0\end{vmatrix}=240$$

故独立节点电压分别为

$$U_1=\frac{\Delta_1}{\Delta}=\frac{288}{24}=12\ \text{V}$$

$$U_2=\frac{\Delta_2}{\Delta}=\frac{144}{24}=6\ \text{V}$$

$$U_3=\frac{\Delta_3}{\Delta}=\frac{240}{24}=10\ \text{V}$$

（4）计算各支路电流

$$I_1=\frac{U_1-U_3}{1}=\frac{12-10}{1}=2\ \text{A}$$

$$I_2=\frac{U_1-U_2}{3}=\frac{12-6}{3}=2\ \text{A}$$

$$I_3=\frac{U_2}{1}=6\ \text{A}$$

$$I_4=\frac{U_3-U_2}{1}=\frac{10-6}{1}=4\ \text{A}$$

受控电压源电压为

$$2U=2(U_1-U_2)=2(12-6)=12\ \text{V}$$

$$I_5=\frac{2U-U_3}{1}=\frac{12-10}{1}=2\ \text{A}$$

〔**例 3-5**〕　应用节点分析法分析计算含无伴电压源支路网络。如图 3-5 所示电路。试用节点分析法求各支路电流。

解：　〔解题思路〕　本题电路中，节点数 $n=4$，支路数 $b=6$，有 3 个独立节点，可以列出 3 个独立节点方程。但是，由于 1 V 电压源为无伴电压源支路，且其一端接参考节点，另一端接于一独立节点，故该独立节点电压为已知，节点方程不必列出。因此，只列两个节点方程即可。又由于 2.2 V 电压源是无伴电压源支路，电压源相联两独立节点，构成一个超节点，只能列出一个独立的节点方程。为使节点方程数与节点变量数相等，需根据 2.2 V 电压源电压与两端独立节点电压的关系，再列出一个辅助节点方程。解节点方程组，得出节点电压，各支路电流便可利用节点电压直接计算得出。

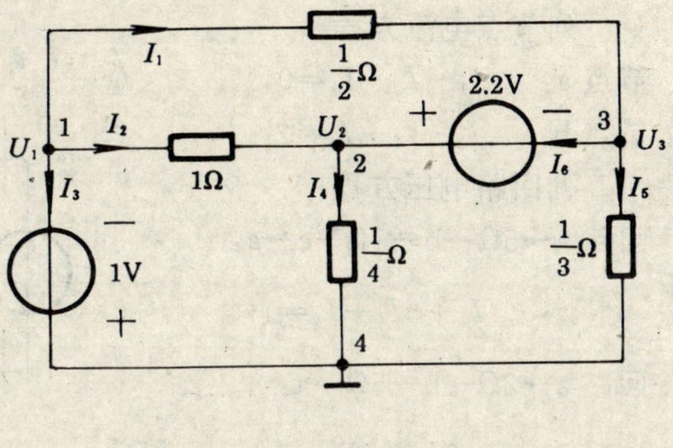

图 3-5　例 3-5 电路图

〔解题方法〕　应用节点分析法解题的步骤如下：

(1) 选定节点 4 为参考节点，独立节点编号为 1，2，3；独立节点电压为 U_1，U_2 和 U_3. 标示于图 3-5 中。

(2) 列节点方程。仍假定参考节点的电位最低；流出节点电流为正值，流入节点为负值，则

节点 1：　$U_1=-1$ V

节点 2—3：　由于节点 2—3 构成超节点，只能列出一个独立节点方程。假定通过 2.2 V 电压源的电流为 I_6，参考方向如图 3-5 中所示。则节点 2 的节点方程为

$$-U_1+(1+4)U_2-I_6=0$$

$$-U_1+5U_2-I_6=0$$

再列节点 3 的节点方程为

$$-2U_1+(2+3)U_3+I_6=0$$

$$-2U_1+5U_3+I_6=0$$

将上两节点方程相加，得出超节点的节点方程为

$$5U_2+5U_3=-3 \qquad ①$$

辅助方程：

$$U_2-U_3=2.2 \qquad ②$$

（3）解节点方程组式①，②，得出节点电压为

$$U_2=0.8\ \text{V} \qquad U_3=-1.4\ \text{V}$$

（4）计算各支路电流

$$I_1=\frac{U_1-U_3}{0.5}=\frac{-1-(-1.4)}{0.5}=0.8\ \text{A}$$

$$I_2=\frac{U_1-U_2}{1}=\frac{-1-0.8}{1}=-1.8\ \text{A}$$

$$I_3=-(I_1+I_2)=-(0.8-1.8)=1\ \text{A}$$

$$I_4=\frac{U_2}{\frac{1}{4}}=4\times0.8=3.2\ \text{A}$$

$$I_5=\frac{U_3}{\frac{1}{3}}=3\times(-1.4)=-4.2\ \text{A}$$

$$I_6=I_1-I_5=0.8-(-4.2)=5\ \text{A}$$

（二）部分练习题解答

练习题 3-2 用支路电流法求图 3-4 中的 I_4 .

解： 假定各支路电流的参考方向如图 3-6 所示。

列节点电流方程

节点 a： $I_1-I_2-I_4=0$ ①

节点 b： $I_2-I_3+I_4=2$ ②

列回路电压方程

回路 a→5Ω→b－1Ω－c→a：

$$I_1+5I_4+I_3=1 \quad ③$$

回路 a→2Ω→b→5Ω→a：

$$2I_2-5I_4=0 \quad ④$$

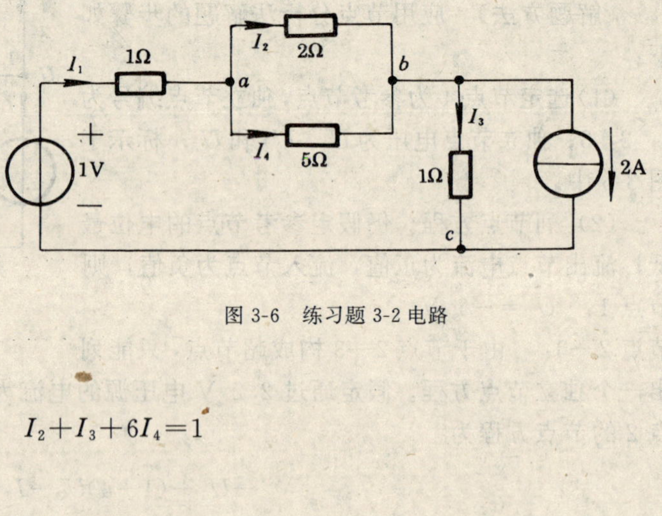

图 3-6 练习题 3-2 电路

将式③－式①得

$$I_2+I_3+6I_4=1$$

将式④代入上式得出

$$2.5I_4+I_3+6I_4=1$$

$$I_3+8.5I_4=1 \quad ⑤$$

将式④代入式②得

$$2.5I_4-I_3+I_4=2$$

$$-I_3+3.5I_4=2 \quad ⑥$$

将式⑤＋式⑥得出

$$12I_4=3$$

故 $$I_4=\frac{3}{12}=0.25\ \text{A}$$

练习题 3-5 求图 3-14 所示电路中的网孔电流 I_a，I_b，I_c.

解： 设 2 A 电流源两端电压为 U，列网孔方程：

网孔 a： $$10I_a-2I_b+U=0$$

网孔 c： $$-3I_b+5I_c-U=0$$

将上两式相加得出独立网孔方程为

$$10I_a-5I_b+5I_c=0 \quad ①$$

网孔 b： $$-2I_a+5I_b-3I_c=1 \quad ②$$

辅助方程： $$I_a-I_c=2 \quad ③$$

联立求解网孔方程组。将式①＋式②得出

$$8I_a+2I_c=1 \quad ④$$

将式③$I_c=I_a-2$ 代入式④得出

$$8I_a+2(I_a-2)=1$$

$$10I_a=5$$

故 $$I_a=\frac{5}{10}=0.5\ \text{A}$$

$$I_c=I_a-2=0.5-2=-1.5\ \text{A}$$

将 I_a,I_c 值代入式②得出

$$-2\times0.5+5I_b-3\times(-1.5)=1$$

$$5I_b=-2.5$$

$$I_b=-\frac{2.5}{5}=-0.5\ \text{A}$$

练习题 3-9 用节点分析法求图 3-25 所示电路的 I_1，I_2，I_3 和 I_4.

解： 设 1 Ω 电阻上端节点电压为 U_1；6 Ω 电阻上端节点电压为 U_2，而其下端节点为参考节点。列节点的 KCL 方程为

节点 1： $$\left(\frac{1}{2}+1+\frac{1}{2}\right)U_1-\frac{1}{2}U_2=\frac{10}{2}+\frac{5}{1}$$

$$4U_1-U_2=20 \quad ①$$

节点 2： $$-\frac{1}{2}U_1+\left(\frac{1}{2}+\frac{1}{6}\right)U_2=4$$

$$-3U_1+4U_2=24 \quad ②$$

应用克拉姆法则解节点方程组，即

$$U_1=\frac{\begin{vmatrix}20 & -1\\ 24 & 4\end{vmatrix}}{\begin{vmatrix}4 & -1\\ -3 & 4\end{vmatrix}}=\frac{104}{13}=8\ \text{V}$$

$$U_2=\frac{\begin{vmatrix}4 & 20\\-3 & 24\end{vmatrix}}{\begin{vmatrix}4 & -1\\-3 & 4\end{vmatrix}}=\frac{156}{13}=12\ \mathrm{V}$$

计算各支路电流：

$$I_1=\frac{10-8}{2}=1\ \mathrm{A},\quad I_2=\frac{12-8}{2}=2\ \mathrm{A},$$

$$I_3=\frac{5-8}{1}=-3\ \mathrm{A},\quad I_4=\frac{12}{6}=2\ \mathrm{A}.$$

练习题 3-10 用节点分析法求图 3-26 所示电路中的 U_a，U_b 和 U_c.

解： 列节点方程为

节点 a：

$$U_a=3I_3$$

$$=3(-U_b+6)$$

$$U_a+3U_b=18 \quad ①$$

节点 b：

$$-U_a+3U_b=6 \quad ②$$

由式①＋式②得出

$$6U_b=24$$

故

$$U_b=\frac{24}{6}=4\ \mathrm{V}$$

$$U_a=18-3U_b=18-3\times4=6\ \mathrm{V}$$

节点 c：

$$U_c=U_b-6=4-6=-2\ \mathrm{V}$$

（三）部分习题解答

习题三

7. 电路如图题 3-7 所示，用网孔分析法求 U_0.

解： 设中间网孔回路的网孔电流为 I，参考方向和绕行方向均选为顺时针方向。列中间网孔的网孔方程为

$$-2\times4+8I+2\times2=12$$

$$8I=16$$

$$I=\frac{16}{8}=2\ \mathrm{A}$$

$$U_0=4I=4\times2=8\ \mathrm{V}$$

12. 电路如图题 3-12 所示，求 I_1 和 U_2.

解： （1）求 I_1，用节点分析法。设 2 Ω 电阻两端电压为 U，参考方向是上“正”，下“负”。列节点方程为

$$(1+\frac{1}{2})U=\frac{2}{1}+0.5-2I_1$$

$$1.5(2I_1)=2.5-2I_1$$

$$5I_1=2.5$$

故

$$I_1=\frac{2.5}{5}=0.5\ \text{A}$$

(2) 计算电压 U_2，电阻元件的伏安关系有

$$U_2=-3\times(2I_1)=-6\times0.5=-3\ \text{V}$$

13. 电路如图题 3-13 所示，用网孔分析法求 I_1，I_2 和 I_3.

解： 列网孔方程，设各网孔绕行方向均为顺时针方向。

网孔 1：
$$15I_1-6I_2-I_3=-15$$
网孔 2：
$$I_2=-2I=-2(I_1-I_3)=2I_3-2I_1$$
将 I_2 代入上式得出网孔方程为

$$15I_1-6(2I_3-2I_1)-I_3=-15$$

$$27I_1-13I_3=-15 \qquad ①$$

网孔 3：
$$-I_1-I_2+3I_3=-5I$$

$$-I_1-(2I_3-2I_1)+3I_3=-5(I_1-I_3)$$

$$6I_1-4I_3=0 \qquad ②$$

应用克拉姆法则，解联立网孔方程组式①、式②，即

$$I_1=\frac{\begin{vmatrix}-15 & -13\\ 0 & -4\end{vmatrix}}{\begin{vmatrix}27 & -13\\ 6 & -4\end{vmatrix}}=\frac{60}{-30}=-2\ \text{A}$$

$$I_3=\frac{\begin{vmatrix}27 & -15\\ 6 & 0\end{vmatrix}}{\begin{vmatrix}27 & -13\\ 6 & -4\end{vmatrix}}=\frac{90}{-30}=-3\ \text{A}$$

$$I_2=-2I=-2(I_1-I_3)=-2(-2+3)=-2\ \text{A}$$

16. 电路如图题 3-16 所示，写出节点方程。

解： 写出 4 个独立节点的 KCL 方程如下：

$$\left(\frac{1}{R_1}+\frac{1}{R_2}\right)U_1-\frac{1}{R_1}U_3-\frac{1}{R_2}U_4=I_A$$

$$\left(\frac{1}{R_3}+\frac{1}{R_5}\right)U_2-\frac{1}{R_3}U_3=-I_A$$

$$-\frac{1}{R_1}U_1-\frac{1}{R_3}U_2+\left(\frac{1}{R_1}+\frac{1}{R_3}+\frac{1}{R_4}\right)U_3-\frac{1}{R_4}U_4$$

$$=-I_B-\frac{1}{R_2}U_1-\frac{1}{R_4}U_3+\left(\frac{1}{R_2}+\frac{1}{R_4}+\frac{1}{R_6}\right)U_4=0$$

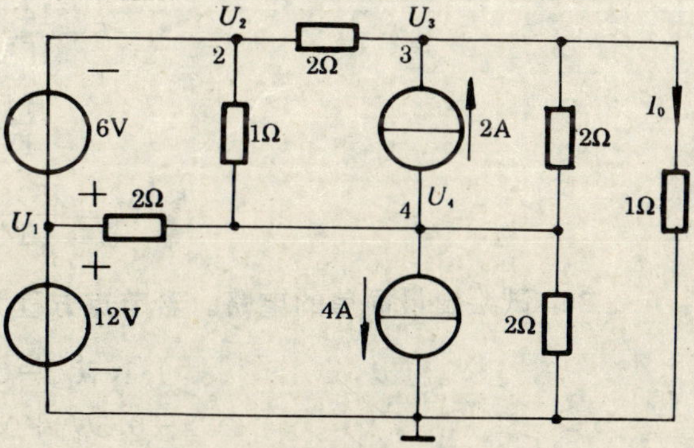

图 3-7 习题三第 21 题电路

21. 电路如图题 3-21 所示，求 I_0 .

解： 应用节点分析法解题。选定 12 V 电压源“−”极为参考节点，各独立节点电压分别为 U_1，U_2，U_3 和 U_4，如图 3-7 所示。列节点方程为

节点 1：
$$U_1=12\ \text{V}$$

节点 2：

$$U_2=-6+12=6\ \text{V}$$

节点 3：

$$-\frac{1}{2}U_2+(\frac{1}{2}+\frac{1}{2}+1)U_3-\frac{1}{2}U_4=2$$

$$2U_3-0.5U_4=5 \qquad ①$$

节点 4：

$$-\frac{1}{2}U_1-U_2-\frac{1}{2}U_3+(\frac{1}{2}+1+\frac{1}{2}+\frac{1}{2})U_4=-2-4$$

$$-0.5U_3+2.5U_4=6 \qquad ②$$

联立求解节点方程组式①，②，得出

$$U_3=\frac{\begin{vmatrix}5 & -0.5\\ 6 & 2.5\end{vmatrix}}{\begin{vmatrix}2 & -0.5\\ -0.5 & 2.5\end{vmatrix}}=\frac{15.5}{4.75}=3.263\ \text{V}$$

故所求电流为

$$I_0=\frac{U_3}{1}=3.263\ \text{A}$$

25. 电路如图题 3-25 所示。求 U_1，U_2 和 U_3.

解：应用节点分析法解题。列节点方程为

节点 1：

$$U_1=15+10=25\ \text{V}$$

节点 3：

$$U_3=10\ \text{V}$$

节点 2：

$$-\frac{1}{5}U_1+(\frac{1}{5}+\frac{1}{3})U_2-2I_0=0$$

$$-\frac{1}{5}\times25+\frac{8}{15}U_2-2(\frac{U_1-U_2}{5})=0$$

$$-5+\frac{14}{15}U_2-\frac{2}{5}\times25=0$$

$$\frac{14}{15}U_2=15$$

$$U_2=\frac{15\times15}{14}=16.07\ \text{V}$$

26. 试绘出最简单的电路。若节点方程为

$$1.7U_1-0.5U_2-U_3=2$$

$$-0.5U_1+0.9U_2-0.2U_3=0$$

$$-U_1-0.2U_2+1.4U_3=-3$$

解：绘出最简单的电路，如图 3-8 所示：

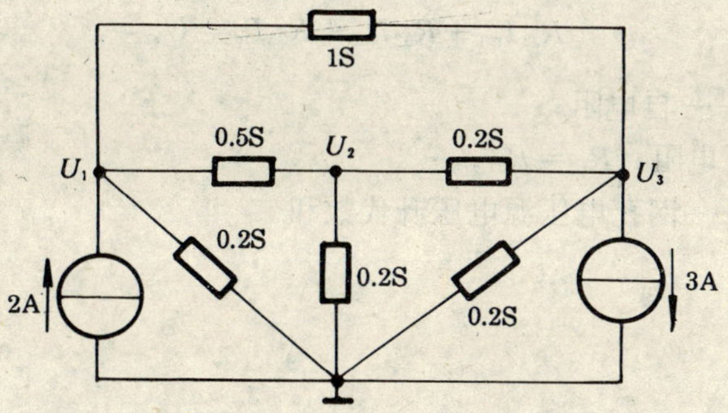

图 3-8 习题三第 26 题答案

四、教学媒体与作业

本章电视讲课，共有 3 讲，即从第 8 讲至第 10 讲。各讲的教学内容及作业分述如下。

第 8 讲：

第三章 电路的一般分析方法

§3-1 2b 法和支路电流法

一个 b 条支路的电路，有 b 个支路电流和 b 个支路电压共 $2b$ 个变量需求解。

1. 2b 法

n 个节点 b 条支路的电路，未知量 $2b$ 个。所需独立方程有：

KCL	$(n-1)$个
KVL	$b-(n-1)$个
支路 VAR	b 个
共计	$2b$ 个

2b 法，因方程数太多，不便计算。

2. 支路电流法

未知量是 b 个支路电流。所需独立方程有

KCL	$(n-1)$个
KVL	$b-(n-1)$个
共计	b 个

求出 b 个支路电流后，b 个支路电压可以通过支路 VAR 求出。

例 3-1

作业： 习题三 1，2。

第 9 讲：

§3-2 网孔分析法

以 3 个网孔电路为例，讲述网孔方程的列写。网孔方程组为

$$R_{11}I_{m1}+R_{12}I_{m2}+R_{13}I_{m3}=U_{s11}$$

$$R_{21}I_{m1}+R_{22}I_{m2}+R_{23}I_{m3}=U_{s22}$$

$$R_{31}I_{m1}+R_{32}I_{m2}+R_{33}I_{m3}=U_{s22}$$

式中：R_{11}，R_{22}，R_{33}——自电阻；

R_{12}，R_{13}，——互电阻；$R_{12}=R_{21}$；

U_{s11}，U_{s22}，U_{s33}——网孔电压源电压升代数和。

例 3-2

例 3-3

例 3-4

例 3-6

例 3-7

作业：　习题三　3，4，5，8，9。

第 10 讲：

§3-3　节点分析法

以 $n=4$ 的电路为例，讲述节点方程的列写。节点方程组为

$$G_{11}U_1+G_{12}U_2+G_{13}U_3=I_{s11}$$
$$G_{21}U_1+G_{22}U_2+G_{23}U_3=I_{s22}$$
$$G_{31}U_1+G_{32}U_2+G_{33}U_3=I_{s33}$$

式中：G_{11}，G_{22}，G_{33}——自电导；

G_{12}，G_{13}——互电导；$G_{12}=G_{21}$；

I_{s11}，I_{s22}，I_{s33}——电流源送入节点电流的代数和。

例 3-8

例 3-9

例 3-10

例 3-12

例 3-13

作业：　习题三　15，14，17，19，22。

第四章　线性电路的几个定理

一、基 本 要 求

1．理解线性电路叠加性的意义。能正确运用叠加定理来分析计算多电源线性电路中的电流和电压，包括含有受控源的电路。

2．明确戴维南定理和诺顿定理的含义。能正确运用戴维南定理及诺顿定理来分析电路，包括含有受控源电路。熟练掌握求含源二端网络的戴维南等效电路和诺顿等效电路，即计算二端网络端口的开路电压 U_{oc}、短路电流 I_{sc} 和端口内电路的等效电阻 R_0 的方法。

3．掌握电阻电路负载获得最大功率的条件。

二、学 习 指 导

线性电路定理，不仅是线性电路基本性质的体现，而且又是线性电路分析的基本方法。因此，掌握线性电路的几个定理具有重要意义。本章教学内容可以分为如下三部分：

1．叠加定理；

2．戴维南定理和诺顿定理；

3．电阻电路最大功率传输定理。

着重讨论叠加定理的含义和应用叠加定理分析含多电源线性电路的方法，戴维南定理和诺顿定理的含义及含源线性二端网络求戴维南等效电路和诺顿等效电路的方法。最后，介绍直流电阻电路负载获得最大功率的条件。

现就教学内容中的几个问题分述如下。

（一）关于叠加定理的理解与应用

1．对叠加定理的理解

叠加定理是线性电路的基本定理，应理解它的两种基本性质。

（1）可加性：若线性电路中 n 个独立电源 e_1，e_2，…，e_n，它们分别单独作用时，电路中某一支路的电流或电压分别为 $f(e_1)$，$f(e_2)$，…，$f(e_n)$．则 e_1，e_2，…，e_n 共同作用时，电路中某一支路的电流或电压，是 n 个电源单独作用时数值的代数和。即

$$f(e_1+e_2+\cdots+e_n)=f(e_1)+f(e_2)+\cdots+f(e_n)$$

（2）齐次性：若线性电路在电源 e 的作下，某一支路的电流或电压为 $f(e)$，则电源的电流或电压的数值增加或减少 k 倍时，在 ke 作用下电路中该支路的电流或电压为

$$f(ke)=kf(e)$$

将线性电路的上述两种性质结合起来，就是叠加定理。表述为：任一线性电路在 n 个独

立电源共同作用时的某一支路的电流或电压，等于每一个独立电源单独作用电流或电压的代数和。即如果线性电路有 k_1e_1，k_2e_2，…，k_ne_n 个电源作用时的支路电流或电压为

$$f(k_1e_1+k_2e_2+\cdots+k_ne_n)=k_1f(e_1)+k_2f(e_2)+\cdots+k_nf(e_n)$$

2. 应用叠加定理分析多电源线性电路

应用叠加定理分析多电源线性电路的一般步骤如下：

(1) 假定所求支路电流、电压的参考方向，标示于电路图中。

(2) 分别作出每一独立电源单独作用时的电路，这时其余所有独立电源置零，即电压源短路，电流源开路。若含有受控源时，每一独立电源单独作用时，受控源均应保留。

(3) 分别计算出每一独立电源单独作用时，待求支路的电流或电压。这时它们的参考方向均应不变。

(4) 进行叠加，求出待求支路在所有电源共同作用时的电流或电压，等于每一独立电源单独作用时待求支路电流或电压的代数和。

3. 叠加定理的应用范围

叠加定理适用于任何多电源线性电路的分析，用来计算任一支路的电流和电压，而不能直接用来计算功率。因功率是电流或电压的二次函数，而不是一次函数。

(二) 关于戴维南定理和诺顿定理

1. 戴维南定理和诺顿定理的表述

戴维南定理：任何一个含源线性二端网络，对端口及端口外部电路而言，都可以用一电压源与一电阻元件串联的等效电路来代替。电压源的电压是二端网络端口的开路电压 U_{oc}，串联电阻是网络中所有独立电源置零（电压源短路，电流源开路。但受控源则应保留）时端口的输入电阻。这一等效电路，称为戴维南等效电路。

诺顿定理：任何一个含源线性二端网络，对端口及端口外部电路而言，都可以用一电流源与一电阻元件并联等效电路来代替。电流源的电流是二端网络端口的短路电流 I_{sc}，并联电阻是网络中所有独立电源置零时端口的输入电阻。这一等效电路，称为诺顿等效电路。

2. 求戴维南等效电路和诺顿等效电路

一个含源线性二端网络应用戴维南定理和诺顿定理，求它的戴维南等效电路和诺顿等效电路，就是计算端口的开路电压 U_{oc}、短路电流 I_{sc}和端口的输入电阻 R_0.

求 U_{oc}和 I_{sc}，分别将含源线性二端网络端口开路和短路，应用等效化简、节点分析法和网孔分析法等方法计算得出。

求 R_0 有三种方法：

(1) 通过等效化简来求出 R_0。将二端网络中所有独立电源置零后的无源二端网络，应用电阻串、并联或 Y—△变换等进行等效化简，求出端口的输入电阻 R_0.

(2) 伏安关系法。将无源二端网络端口外加电压源电压 U，产生输入电流 I；或端口外加电流源电流 I，产生端口电压 U. 根据 KVL，KCL 和元件的 VAR，求出端口电压 U 与电流 I 的伏安关系方程，则端口的输入电阻 $R_0=\frac{U}{I}$.

(3) 开路电压和短路电流法。分别计算出含源线性二端网络的开路电压 U_{oc}和短路电流 I_{sc}，则端口的输入电阻 $R_0=U_{oc}/I_{sc}$.

对于含受控源的二端网络，求 R_0 则应采用后两种方法。

3. 应用戴维南定理和诺顿定理分析电路的方法

若为求解含源线性电路中某一支路的电流和电压，便可将待求支路两端断开后的含源线性二端网络，应用戴维南定理或诺顿定理，求出它的戴维南等效电路或诺顿等效电路，再将待求支路接入等效电路，便等效化简为单回路电路或单节偶电路，从而易以计算得出待求支路的电流和电压。

（三）关于直流电阻电路最大功率传输定理

在电源电压 U_s 和内阻 R_s 为已知的直流电阻电路，负载 R_L 获得最大功率的条件是

$$R_L = R_s$$

最大功率值为

$$P_{L \cdot \max} = \frac{U_s^2}{4R_L}$$

本章学习的重点内容是叠加定理和戴维南定理及它们在电路分析中的应用。

三、解 题 指 导

（一）例题分析

〔**例 4-1**〕 应用叠加定理分析计算多电源线性电路。如图 4-1(a)所示电路，试用叠加定理求电压 U 和电流 I.

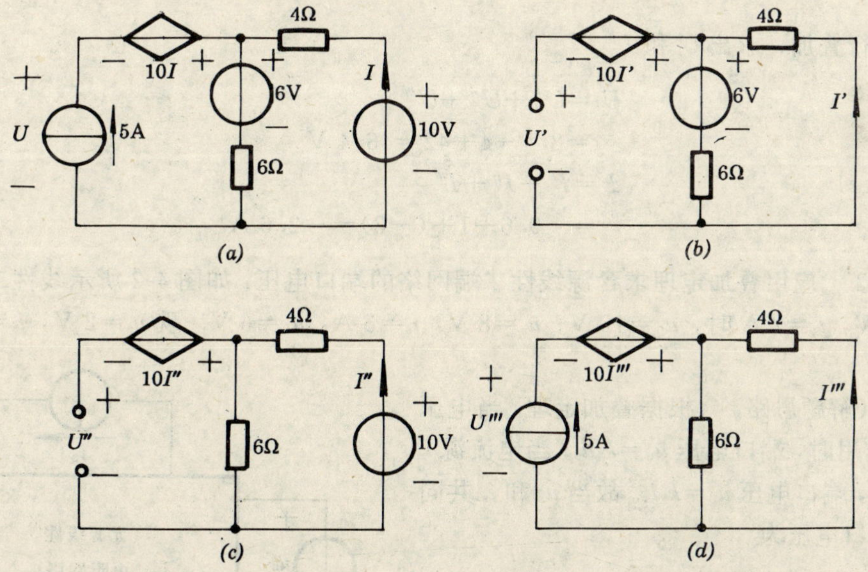

图 4-1 例 4-1 电路图

解： 〔解题思路〕 本题是一含受控源多电源线性电路。含有两个独立电压源和一个独立电流源。按叠加定理，应先分别作出每一独立电源单独作用的电路，这时其他所有独立电源置零，而受控源应该保留，各电流电压的参考方向应保持不变。计算出每一独立电源单

独作用时的待求电压和电流的分量，最后进行叠加，即计算各电压和电流分量的代数和，便求出电压U和电流I.

〔解题方法〕 应用叠加定理解题。步骤如下：

(1) 作6 V电压源单独作用时的电路如图4-1(b)所示。按KVL得出

$$I'=-\frac{6}{6+4}=-0.6\ \text{A}$$

$$\begin{aligned}U'&=-10I'+6+6I'\\&=-4I'+6\\&=-4(-0.6)+6=8.4\ \text{V}\end{aligned}$$

(2) 作10 V电压源单独作用时的电路如图4-1(c)所示。按KVL得出

$$I''=\frac{10}{4+6}=1\ \text{A}$$

$$\begin{aligned}U''&=-10I''+6I''\\&=-4I''=-4\times1=-4\ \text{V}\end{aligned}$$

(3) 作5 A电流源单独作用时的电路如图4-1(d)所示。按分流公式得出电流为

$$I'''=-\frac{6}{4+6}\times5=-3\ \text{A}$$

电压则为

$$\begin{aligned}U'''&=-10I'''-4I'''\\&=-14I'''=-14\times(-3)=42\ \text{V}\end{aligned}$$

(4) 进行叠加，求出U和I

$$\begin{aligned}U&=U'+U''+U'''\\&=8.4-4+42=46.4\ \text{V}\\I&=I'+I''+I'''\\&=-0.6+1+(-3)=-2.6\ \text{A}\end{aligned}$$

〔**例4-2**〕 应用叠加定理求含源线性二端网络的端口电压。如图4-2所示线性二端网络，已知$u_s=5$ V，$i_s=2$ A时，$u_0=10$ V；$u_s=8$ V，$i_s=3$ A，$u_0=6$ V. 现$u_s=2$ V，$i_s=1$ A，求电压u_0.

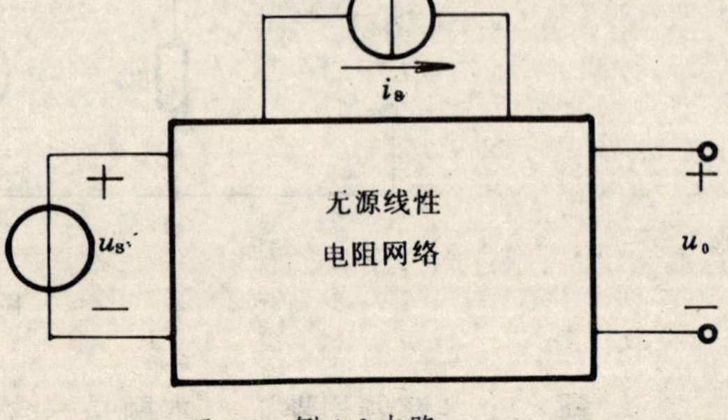

图4-2 例4-2电路

解： 〔解题思路〕 根据叠加定理，当电压源u_s单独作用时，端口电压$u_0'=k_1u_s$；当电流源i_s单独作用时，端口电压$u_0''=k_2i_s$。故当u_s和i_s共同作用时，端口电压为

$$u_0=u_0'+u_0''=k_1u_s+k_2i_s$$

根据已知条件，可以得出两个方程为

$$u_0'=k_1u_s'+k_2i_s'$$

$$u_0''=k_1u_s''+k_2i_s''$$

联立解上述两个方程，求出系数 k_1 和 k_2。于是，便得出 u_0 与 u_s 和 i_s 关系的方程为 $u_0=k_1u_s+k_2i_s$。将待求条件代入方程，便可解出待求量 u_0.

〔解题方法〕 由于二端网络是线性电阻网络，按叠加定理可得

$$u_0=k_1u_s+k_2i_s$$

(1) 当 $u_s=5$ V，$i_s=2$ A 时，$u_0=10$ V。故上式为

$$5k_1+2k_2=10 \qquad ①$$

(2) 当 $u_s=8$ V，$i_s=3$ A 时，$u_0=6$ V。故前式为

$$8k_1+3k_2=6 \qquad ②$$

(3) 联立求解方程式①，②得出

$$k_1=-18,\quad k_2=50$$

故得出 u_0 与 u_s 和 i_s 的关系方程式为

$$u_0=-18u_s+50i_s$$

(4) 现 $u_s=2$ V，$i_s=1$ A，则端口电压为

$$u_0=-18\times2+50\times1$$
$$=14\text{ V}$$

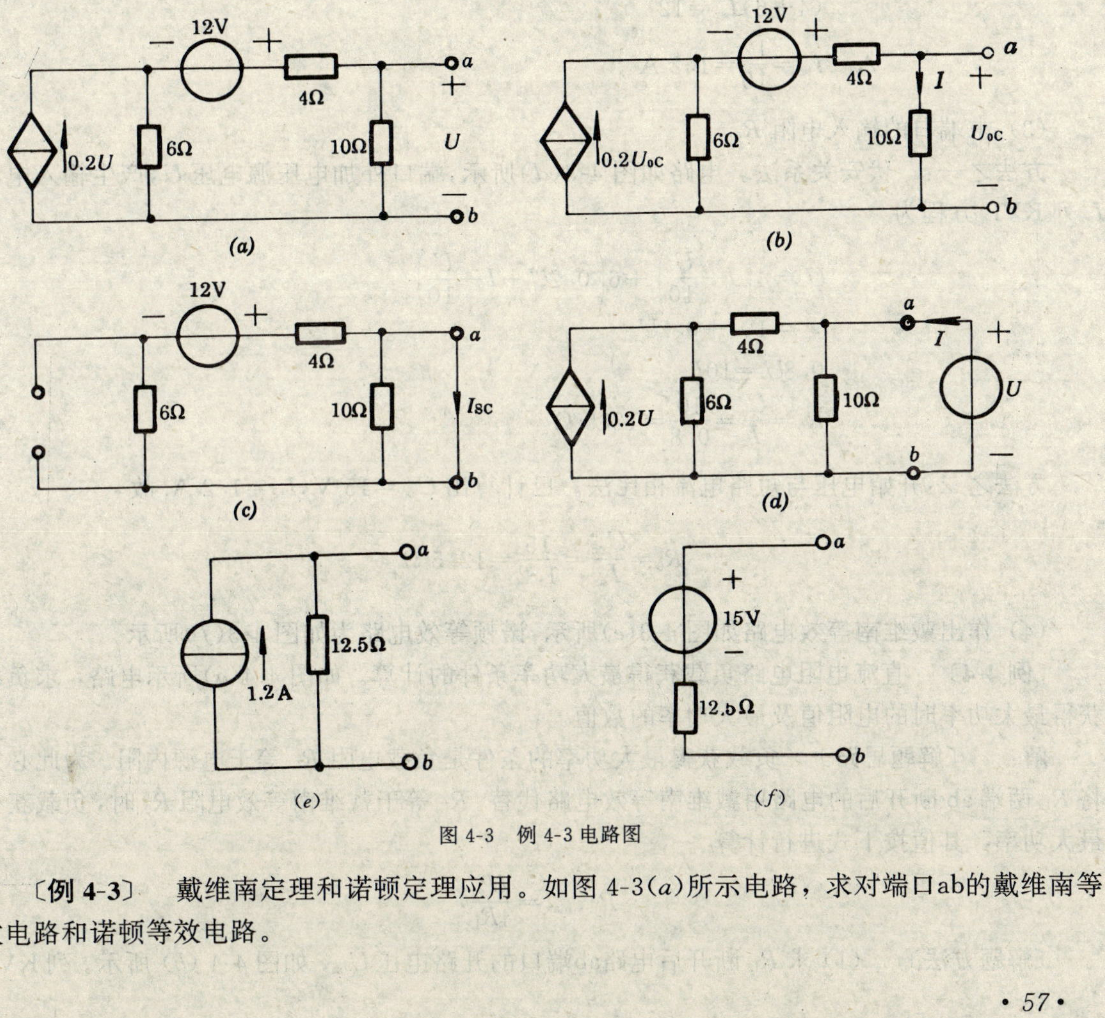

图 4-3 例 4-3 电路图

〔例 4-3〕 戴维南定理和诺顿定理应用。如图 4-3(*a*)所示电路，求对端口ab的戴维南等效电路和诺顿等效电路。

解：〔解题思路〕 戴维南等效电路，是电压为端口开路电压 U_{oc} 电压源与等效电阻 R_0 的串联电路；诺顿等效电路，是电流为端口短路电流 I_{sc} 与等效电阻 R_0 的并联电路。因此，本题需要求出二端网络的开路电压 U_{oc}、短路电流 I_{sc} 和输入电阻 R_0 即可。由于电路中含有受控电流源，故求 R_0 时应采用伏安关系法或开路电压与短路电流相比法。

〔解题方法〕 (1) 求端口开路电压 U_{oc}

电路如图 4-3(b)所示，列 KVL 方程为

$$(4+10)I+6(I-0.2U_{oc})=12$$

$$20I-1.2U_{oc}=12$$

$$20\left(\frac{U_{oc}}{10}\right)-1.2U_{oc}=12$$

$$0.8U_{oc}=12$$

$$\therefore \quad U_{oc}=\frac{12}{0.8}=15\ \text{V}$$

(2) 求端口短路电流 I_{sc}

电路如图 4-3(c)所示，由于 $U=0$，故受控电流源 $0.2U=0$，为开路。按 KVL 得出

$$(4+6)I_{sc}=12$$

$$\therefore \quad I_{sc}=\frac{12}{10}=1.2\ \text{A}$$

(3) 求端口的输入电阻 R_0

方法之一： 伏安关系法。电路如图 4-3(d)所示，端口外加电压源电压 U，产生输入电流 I. 列 KVL 方程为

$$U=4\left(I-\frac{U}{10}\right)+6\left(0.2U+I-\frac{U}{10}\right)$$

$$=10I+0.2U$$

$$0.8U=10I$$

$$\therefore \quad R_0=\frac{U}{I}=\frac{10}{0.8}=12.5\ \Omega$$

方法之二：开始电压与短路电流相比法。已计算出 $U_{oc}=15$ V，$I_{sc}=1.2$ A. 故

$$R_0=\frac{U_{oc}}{I_{sc}}=\frac{15}{1.2}=12.5\ \Omega$$

(4) 作出戴维南等效电路如图 4-3(e)所示，诺顿等效电路为如图 4-3(f)所示。

〔**例 4-4**〕 直流电阻电路负载获得最大功率条件的计算。如图 4-4(a)所示电路，求负载获得最大功率时的电阻值及最大功率的数值。

解：〔解题思路〕 负载获得最大功率的条件是负载电阻 R_L 等于电源内阻。为此必须将 R_L 两端 ab 断开后的电路用戴维南等效电路代替。R_L 等于戴维南等效电阻 R_0 时，负载获得最大功率，其值按下式进行计算

$$P_{L \cdot max}=\frac{U_s^2}{4R_L}$$

〔解题方法〕 (1) 求 R_L 断开后电路ab端口的开路电压 U_{oc}，如图 4-4 (b) 所示。列 KVL

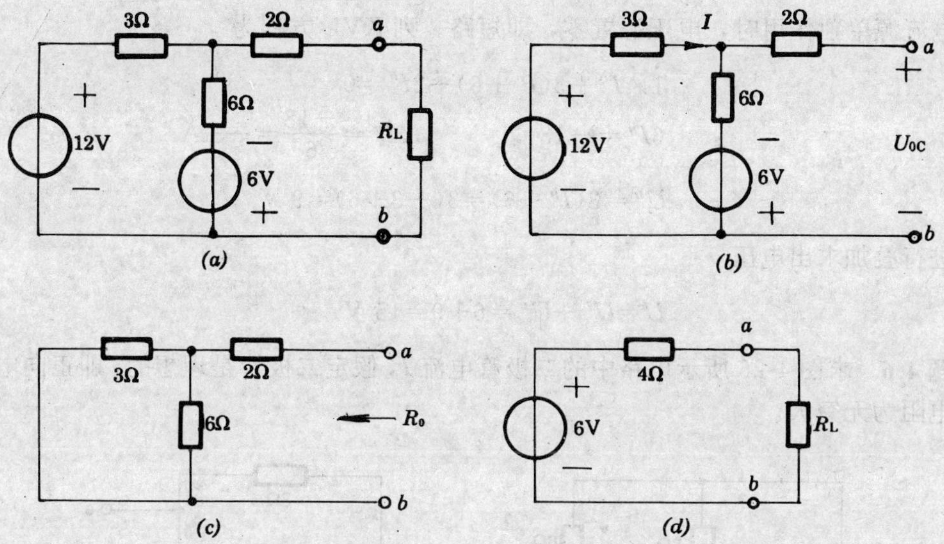

图 4-4 例 4-4 电路图

方程为

$$(3+6)I=6+12$$

$$\therefore \quad I=\frac{6+12}{3+6}=2\ \text{A}$$

$$U_{oc}=6I-6$$

$$=6\times2-6=6\ \text{V}$$

(2) 求 R_L 断开后电路ab端口的输入电阻 R_0，电路如图 4-4(*c*)所示。则

$$R_0=2+\frac{3\times6}{3+6}=4\ \Omega$$

(3) 作出化简后等效电路如图 4-4(*d*)所示。负载获得最大功率时的电阻值为

$$R_L=R_0=4\ \Omega$$

这时负载获得的最大功率为

$$P_{L\cdot\max}=\frac{U_s^2}{4R_L}=\frac{6^2}{4\times4}=\frac{36}{16}=2.25\ \text{W}$$

(二) 部分练习题解答

练习题 4-3 用叠加定理求图 4-11 所示电路的 U.

解： (1) 电压源单独作用时，电流源置零，即开路，电路成为单回路电路。则

$$I'=\frac{12-2I'}{1+3}=3-\frac{1}{2}I'$$

$$\frac{3}{2}I'=3 \qquad \therefore I'=2\ \text{A}$$

故 $$U'=3I'=3\times2=6\ \text{V}$$

(2) 电流源单独作用时，电压源置零，即短路。列 KVL 方程为

$$1\times I''+3(I''+6)+2I''=0$$

$$6I''=-18 \qquad \therefore I''=\frac{-18}{6}=-3\ \text{A}$$

故 $$U''=3(I''+6)=3(-3+6)=9\ \text{V}$$

(3) 进行叠加求出电压

$$U=U'+U''=6+9=15\ \text{V}$$

练习题 4-6 求图 4-26 所示电路中的二极管电流 I，假定二极管是理想的，即正向电阻为零，反向电阻为无穷大。

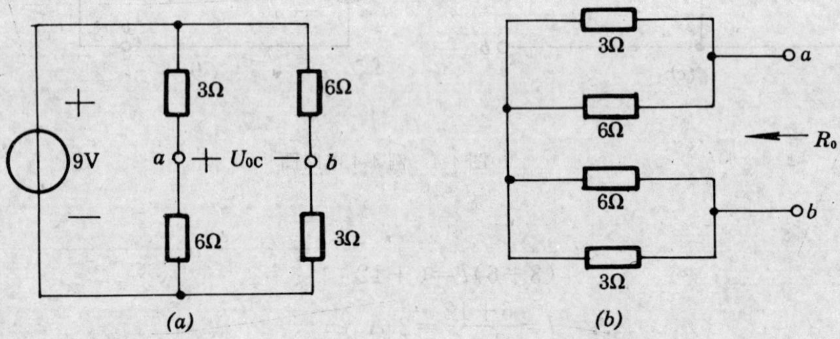

图 4-5 练习题 4-6 解题电路

解： 应用戴维南定理解题。

(1) 求 U_{oc}，如图 4-5(a)所示，计算 a，b 两点电位为

$$V_a=\frac{6}{3+6}\times9=6\ \text{V}$$

$$V_b=\frac{3}{6+3}\times9=3\ \text{V}$$

则开路电压为

$$U_{oc}=V_a-V_b=6-3=3\ \text{V}$$

(2) 求 R_0，电路如图 4-5(b)所示。则

$$R_0=2\times\frac{3\times6}{3+6}=4\ \Omega$$

(3) 由于 $V_a>V_b$，a，b 两点接入二极管后，二极管便导通，通过的电流为

$$I=\frac{U_{oc}}{R_0}=\frac{3}{4}=0.75\ \text{A}$$

练习题 4-7 应用戴维南等效电路求图 4-27 所示电路中 U_0 与 U_s 的关系。

解： (1) 求 U_{oc}，将 R_L 从端口断开，计算端口的开路电压为

$$U_{oc}=R_1(gU_{oc})+U_s$$
$$(1-R_1g)U_{oc}=U_s$$
$$U_{oc}=\frac{U_s}{1-R_1g}$$

（2）求 R_0，将电压源置零，即短路，从端口外加电压源电压 U，产生输入电流 I. 列 KVL 方程为

$$U=R_2I+R_1(I+gU)$$
$$(1-R_1g)U=(R_1+R_2)I$$

故
$$R_0=\frac{U}{I}=\frac{R_1+R_2}{1-R_1g}$$

（3）将 R_L 接戴维南等效电路后，成为单回路的等效电路。则按分压关系得出 R_L 两端电压为

$$U_0=\frac{R_L}{R_L+\dfrac{R_1+R_2}{1-R_1g}}\times\frac{U_s}{1-R_1g}=\frac{R_LU_s}{R_L(1-R_1g)+R_1+R_2}$$

故得
$$\frac{U_0}{U_s}=\frac{R_L}{R_L(1-R_1g)+R_1+R_2}$$

练习题 4-10 用诺顿定理求图 4-34 所示电路中的 I_1.

解： （1）2 Ω 电阻支路断开后端口的短路电流，如图 4-6(a)所示，则

$$I_{sc}=\frac{-2I_{sc}}{6}+4=-\frac{1}{3}I_{sc}+4$$
$$\frac{4}{3}I_{sc}=4$$

故得出
$$I_{sc}=\frac{4\times3}{4}=3\ \text{A}$$

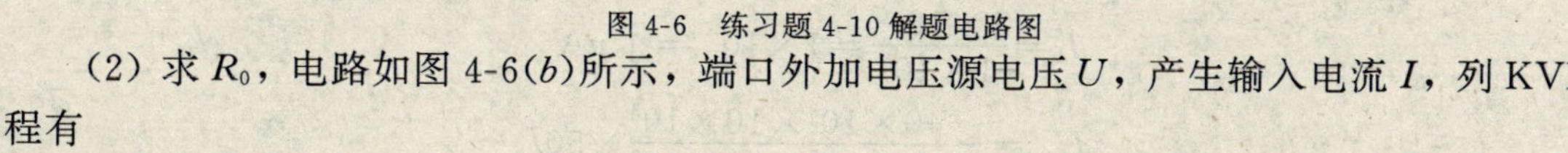

图 4-6 练习题 4-10 解题电路图

（2）求 R_0，电路如图 4-6(b)所示，端口外加电压源电压 U，产生输入电流 I，列 KVL 方程有

$$U=6I-2I_1=6I-2(-I)$$
$$=8I$$

故得出 $$R_0=\frac{U}{I}=8\ \Omega$$

(3) 将待求支路 2 Ω 电阻接入诺顿等效电路的端口，得如图 4-6(c)所示电路。电流 I_1 按分流关系求出，为

$$I_1=\frac{8}{8+2}\times 3=\frac{12}{5}=2.4\ \text{A}$$

练习题 4-12 电路如图 4-38 所示，求 R 为多少时它可获得最大功率？最大功率为多少？

解： (1) 求将 R 断开后电路端口的开路电压 U_{oc}. 列 KVL 方程为

$$\begin{aligned}U_{oc}&=20\times 0.2U_1+100\\&=4U_1+100\\&=4(100-U_{oc})+100\end{aligned}$$

移项得出 $$5U_{oc}=500 \qquad \therefore U_{oc}=100\ \text{V}$$

(2) 求 R 断开，独立电源置零（保留受控源），电路端口的输入电阻 R_0. 端口外加电压源电压 U，产生输入电流 I，列 KVL 方程有

$$\begin{aligned}U&=20(I+0.2U_1)=20I+4U_1\\&=20I+4(-U)=20I-4U\end{aligned}$$

移项得出 $$5U=20I$$

故求出 $$R_0=\frac{U}{I}=\frac{20}{5}=4\ \Omega$$

(3) 将电阻 R 接入戴维南等效电路输出端口，构成单回路等效电路。R 获得最大功率时的电阻值为

$$R=R_0=4\ \Omega$$

所获得的最大功率为

$$P_{L\cdot\max}=\frac{100^2}{4\times 4}=625\ \text{W}$$

（三）部分习题解答

习题四

5. 电路如图题 4-5 所示，用叠加定理求 U_0。

解： (1) 当 1 mV 电压源单独作用时，电流源置零，受控源保留。则

$$I_b'=\frac{1\times 10^{-3}}{1\times 10^{3}}=1\times 10^{-6}=1\ \mu\text{A}$$

$$\begin{aligned}U_0'&=-\frac{40\times 10^3\times 10\times 10^3}{40\times 10^3+10\times 10^3}\times 50I_b'\\&=-8\times 10^3\times 1\times 10^{-6}=-0.4\ \text{V}\end{aligned}$$

(2) 当 0.1 mA 电流源单独作用时，电压源置零，受控源保留。则 $I_b''=0$，受控源 $50I_b''=0$，则

$$U''_0=8\times10^3\times0.1\times10^{-3}=0.8\text{ V}$$

(3) 进行叠加求出电压 U_0，即

$$U_0=U'_0+U''_0=-0.4+0.8=0.4\text{ V}$$

10. 电路如图题 4-10 所示，用戴维南等效电路求 I.

解： (1) 求 U_{oc}，将待求 4 Ω 支路断开，先计算出电压 U，应用节点分析法求解。列节点方程有

$$\left(\frac{1}{5}+\frac{1}{20}\right)U=4-\frac{5U}{20}$$

$$\frac{1}{4}U=4-\frac{1}{4}U$$

$$\frac{1}{2}U=4$$

故得出 $U=8\text{ V}$

列 KVL 方程得出

$$U_{oc}=10+5\left(4-\frac{U}{5}\right)-5U$$

$$=30-6U$$

$$=30-6\times8=-18\text{ V}$$

(2) 求 R_0，将独立电源置零，受控源保留，从端口外加电压源电压 U_s，产生输入电流 I_s. 列 KVL 方程为

$$U_s=6I_s+5\left(I_s-\frac{U_s-6I_s}{5+15}\right)-5U$$

$$=11I_s-\frac{1}{4}U_s+\frac{3}{2}I_s-5\left[\frac{5}{5+15}(U_s-6I_s)\right]$$

$$=20I_s-1.5U_s$$

$$2.5U_s=20I_s$$

故得出 $R_0=\dfrac{U_s}{I_s}=\dfrac{20}{2.5}=8\ \Omega$

(3) 将待求 4 Ω 电阻支路接于戴维南等效电路输出端口，构成单回路电路。则电流

$$I=\frac{-18}{8+4}=\frac{-18}{12}=-1.5\text{ A}$$

12. 电路如图题 4-12 所示。试求：(1) I_0 与 R_1，R_2，R_3，R_4，R_0 及 U_s 的关系；(2) 已知 $R_1=10\ \Omega$，$R_2=5\ \Omega$，$R_3=10\ \Omega$，$I_0=0$，试求 $R_4=$？

解： (1) 求当 I_0 支路 R_0 两端断开后电路的开路电压 U_{oc}，其参考方向是上端钮为“+”，下端钮为“−”。则按分压关系求得

$$U_{oc}=\left(\frac{R_2}{R_1+R_2}-\frac{R_4}{R_3+R_4}\right)U_s$$

(2) 求 R_0 断开后电路的输入电阻，这时电路中电压源 $U_s=0$，即短路。则有

$$R_i=\frac{R_1R_2}{R_1+R_2}+\frac{R_3R_4}{R_3+R_4}$$

(3) 将 R_0 接入戴维南等效电路的端口，便构成单一回路的等效电路。则电流

$$I_0=\frac{U_{oc}}{R_i+R_0}=\frac{\frac{R_2}{R_1+R_2}-\frac{R_4}{R_3+R_4}}{\frac{R_1R_2}{R_1+R_2}+\frac{R_3R_4}{R_3+R_4}+R_0}U_s$$

$$=\frac{R_2(R_3+R_4)-R_4(R_1+R_2)}{R_1R_2(R_3+R_4)+R_3R_4(R_1+R_2)+R_0(R_1+R_2)(R_3+R_4)}U_s$$

(4) 若 $I_0=0$，则有上式分子为零，即

$$R_2R_3+R_2R_4-R_1R_4-R_2R_4=0$$

将已知 R_1，R_2，R_3 各参数值代入上式，得出

$$5\times10+5R_4-10R_4-5R_4=0$$

$$10R_4=50$$

故 $$R_4=\frac{50}{10}=5\ \Omega$$

16. 电路如图题 4-16 所示，用诺顿定理求 U_0.

解： (1) 将待求支路 3 Ω 电阻元件断开，求端口的短路电流 I_{sc}. 按节点法解题，设8Ω电阻两端电压为 U，下节点为参考节点，电位最低。列节点方程为

$$(\frac{1}{10}+\frac{1}{5}+\frac{1}{8}+1)U=\frac{10}{10}+\frac{5I_1}{5}$$

$$1.425U=1+I_1$$

$$=1+\frac{10-U}{10}$$

$$=2-\frac{1}{10}U$$

移项得出 $$1.525U=2$$

故求出 $$U=\frac{2}{1.525}=1.31\ \text{V}$$

于是便求出端口短路电流为

$$I_{sc}=\frac{U}{1}=1.31\ \text{A}$$

(2) 求当独立电源置零、3 Ω 电阻支路从电路断开后端口的输入电阻 R_0. 端口外加电压源电压 U，产生输入电流 I，列 KVL 方程为

$$U=I+5(I_1+I-\frac{U-I}{8})+5I_1$$

$$=6.625I-0.625U+10I_1$$

$$1.625U=6.625I+10(-\frac{U-I}{10})$$

$$2.625U=7.625I$$

故等效内阻为

$$R_0=\frac{U}{I}=\frac{7.625}{2.625}=2.9\ \Omega$$

(3) 将待求支路 3 Ω 电阻接入诺顿等效电路输出端口，构成一个简单的单节偶电路。则输出电压为

$$U_0=\left(\frac{2.9}{2.9+3}\times 1.31\right)\times 3=1.93\ \text{V}$$

18. 电路如图题 4-18 所示。已知 $R=\frac{1}{3}$时它获得最大功率。求 α.

解： 求 R 断开后，电路的输入电阻。将独立电源置零，从断开端口外加电压源电压 U，产生输入电流 I. 列 KVL 方程为

$$\begin{aligned}U&=2[(1+\alpha)I_1+I]\\&=2I+2(1+\alpha)(-\frac{U}{2})\\&=2I-(1+\alpha)U\\(2+\alpha)U&=2I\end{aligned}$$

故求出

$$R_0=\frac{U}{I}=\frac{2}{2+\alpha}$$

若 $R=\frac{1}{3}$ Ω 时它获得最大功率，即 $R_0=R=\frac{1}{3}$ Ω，故有

$$\frac{2}{2+\alpha}=\frac{1}{3}$$

$$\alpha=2\times 3-2=4\ \Omega$$

20. 电路如图题 4-20 所示。N_0 为只含线性电阻网络。已知当开关 K 在位置 1 时，$I_1=-4$ A，当开关 K 在位置 2 时，$I_1=2$ A. 问当开关 K 在位置 3 时，$I_1=$？

解： 根据叠加定理得出

$$I_1=k_1U_s+k_2U_s'$$

当开关 K 在位置 1 时，$I_1=-4$ A，$U_s'=-10$ V，则上式为

$$k_1U_s-10k_2=-4 \qquad ①$$

当开关 K 在位置 2 时，$I_1=2$ A，$U_s'=0$，则

$$k_1U_s=2 \qquad ②$$

将式②代入式①，得出

$$2-10k_2=-4$$

故解出

$$k_2=\frac{-6}{-10}=0.6$$

因此，得出 I 与 U_s' 的关系式为

$$I_1=2+0.6U_s' \qquad ③$$

当开关 K 在位置 3 时，$U_s'=5$ V，代入式③得出电流为

$$I_1=2+0.6\times5=5\ \text{A}$$

25. 图题 4-25(a)所示，N 为一含独立源线性电阻和线性受控源网络。若把同样的两个网络 N 作如图题 4-25(b)的连接，则电压 $U_1=4$ V；若把其中右边的 N 的端钮掉换后与左边 N 相连，如图题 4-25(c)所示，则 $I_1=-1$ A. 问当网络 N 与一电阻连接，如图题 4-25(d)所示，$I=$？

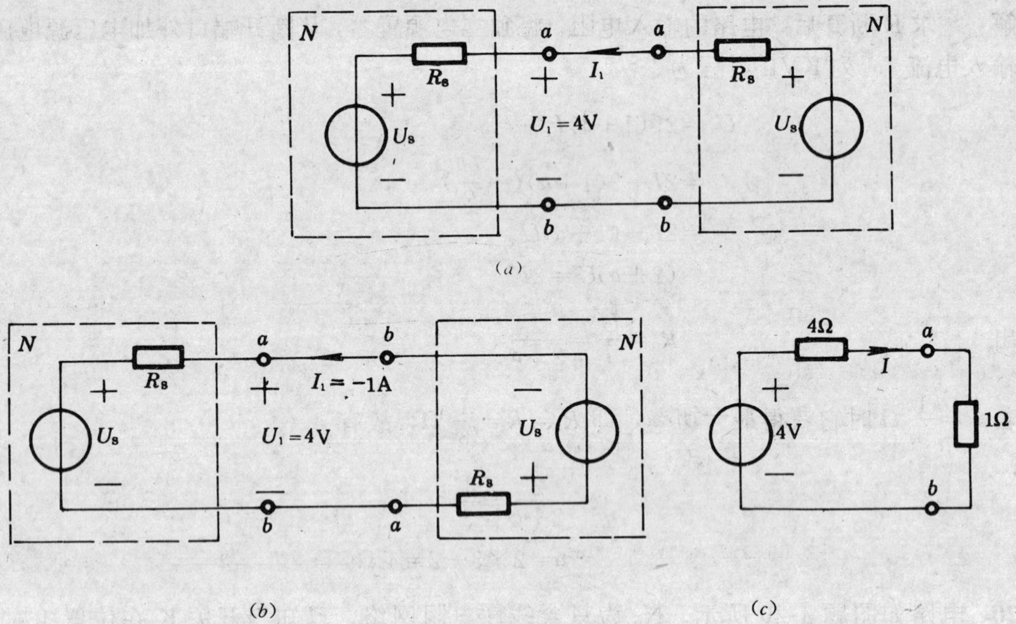

图 4-7　习题四第 25 题解题电路

解： 设网络 N 对端口 ab 用 U_s 与 R_s 串联的戴维南等效电路来代替。

(1) 两个相同网络 N 如图 4-7(a)所示连接时。这时

$$I_1=0$$
$$U_s=4\ \text{V}$$

(2) 两个相同网络 N 如图 4-7(b)所示连接时。这时

$$I_1=-\frac{2U_s}{2R_s}=\frac{-2\times4}{2R_s}=-1$$

$$R_s=\frac{2\times4}{2}=4\ \Omega$$

(3) 当网络 N 与一 1 Ω 电阻相连接时，如图 4-7(c)所示。则

$$I=\frac{4}{4+1}=\frac{4}{5}=0.8\ \text{A}$$

四、教学媒体与作业

本章电视讲课，共有 4 讲，从第 11 讲至第 14 讲。各讲的教学内容及作业分述如下。

第 11 讲：

第四章　线性电路的几个定理

§4-1　叠加定理

线性电路中任一元件的电流或电压，是每一个独立源单独作用时在该元件中产生的电流或的代数和。即

$$x_k=\sum_{i=1}^{m}\alpha_i U_{si}+\sum_{j=1}^{n}\beta_j I_{sj}$$

式中 x 指电流 i 或电压 u。

电压源不作用时看作短路；电流源不作用时看作开路。

若 $i=i'+i''$，$u=u'+u''$。由于

$$p=ui\neq u'i'+u''i''$$

所以，功率不能用叠加定理计算。

例 4-1

例 4-2

例 4-3

例 4-4

作业：　习题四　1，3，2，6。

第 12 讲：

§4-2　戴维南定理

例 4-5

例 4-6

例 4-10

作业：　习题四　7，8，12，13，11。

第 13 讲：

§4-2　戴维南定理（续）

例　习题四第 11 题（教材图题 4-11）

例 4-9

§4-3　诺顿定理

例 4-11

例 4-12

作业：　习题四　9，14，15；26。

第 14 讲：

§4-4　最大功率传输定理

给定电源电压 U_s 和内阻 R_s 条件下，负载获得最大功率的条件是

$$R_L = R_s$$

最大功率为

$$P_{L\cdot\max} = I^2 R_L = (\frac{U_s}{R_s + R_L})^2 R_L$$
$$= \frac{U_s^2}{4R_s}$$

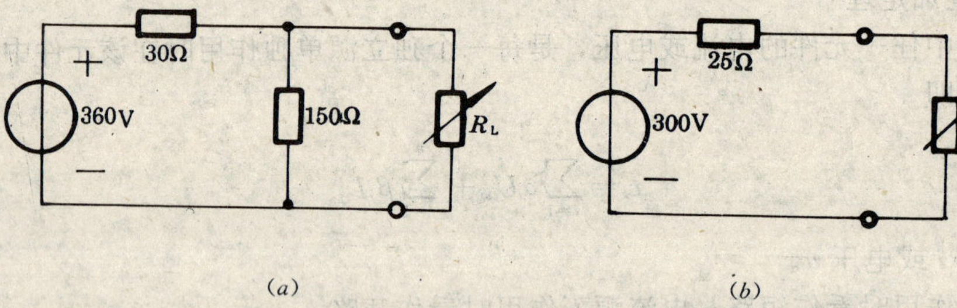

图 4-8　例题电路图

例题如图 4-8(*a*)所示，将 R_L 断开后，电路的戴维南等效电路中

$$U_{oc} = \frac{150}{30+150} \times 360 = 300 \text{ V}$$

$$R_0 = \frac{30 \times 150}{30+180} = 25\ \Omega$$

将 R_L 接入戴维南等效电路中电路如图 4-8(*b*)所示。

当
$$R_L = R_0 = 25\ \Omega$$
时负载获得最大功率，其值为

$$P_{L\cdot\max} = (\frac{300}{50})^2 \times 25 = 900 \text{ W}$$

360 V 电压源中的电流为

$$I = \frac{360-150}{30} = 7 \text{ A}$$

电源功率
$$P_s = -(360)(7) = -2520 \text{ W}$$

效率
$$\eta = \frac{900}{2520} = 35\%$$

作业：　习题四　17，19，22，24。

本课程第一部分总结（要点）

1. 电路分析的基本依据

KCL，KVL 和元件的 VAR。

2. 基本电路解法

单回路电路运用 KVL 和欧姆定律；

单节偶电路运用 KCL 和欧姆定律。

3. 基本电路解法的扩展

支路电流法、节点分析法和网孔分析法。

4. 复杂电路化简为基本电路

电阻串、并、混联的等效化简和两种电源模型的等效变换；戴维南定理和诺顿定理的应用。

5. 含受控源时的处理。

第五章　正弦交流电路中的电压、电流　相量法

一、基本要求

1. 深刻理解正弦交流电压和电流波形图和瞬时值表示式中的三要素，频率 f、角频率 ω 和周期 T 的关系。熟练掌握从波形图写出正弦量的瞬时值表示式，和从正弦量的瞬时值表示式绘出它的波形图。

2. 熟练掌握两同频率正弦量的相位关系，包括相位差、超前与滞后的概念，及相位差的计算。

3. 明确有效值的意义，牢固掌握正弦电压和电流的振幅是它有效值的 $\sqrt{2}$ 倍的关系。

4. 熟练掌握进行复数的直角坐标形式与极坐标形式之间的互相变换，和复数的四则运算。

5. 深刻理解正弦电压和电流的相量的概念。熟练掌握正弦电压、电流的瞬时值表示式与频域相量之间的对应变换与反变换关系。即能从正弦电压、电流的瞬时值表示式写出它们的相量，也能从正弦电压、电流的相量写出它们的瞬时值表示式。

6. 熟练掌握正弦交流电路中，KCL，KVL 的相量形式。能用相量列写出正弦交流电路中的 KVL 方程和 KCL 方程。

7. 掌握电感元件和电容元件伏安关系的两种形式和储能公式。熟练掌握 R，L，C 元件伏安关系的相量形式，明确这三种元件电压与电流的相位关系。了解电感、电容元件的电压和电流有效值的大小与频率有关，以及电感和电容在直流作用下的稳态表现。

8. 熟练掌握阻抗与导纳的定义，R，L，C 三种元件的阻抗与导纳，即电感的感抗和电容的容抗，并会进行计算。会把正弦交流电路变换为它的相量模型。

掌握无源二端网络的阻抗和导纳，及阻抗与导纳的等效变换关系。能作出无源二端网络的等效相量模型。

9. 能用相量和相量图法求解串、并联简单的正弦交流电路。

10. 熟练掌握应用相量法分析计算正弦交流电路。包括用阻抗串、并联及分压、分流公式计算不含受控源电路某一支路的电压和电流；用节点分析法和网孔分析法求解含受控源复杂正弦交流电路中各支路的电压和电流；用戴维南定理求解正弦交流电路中某一支路的电压和电流；应用叠加定理求解多电源正弦交流电路中的电压和电流。

11. 明确双口网络的定义，掌握双口网络的 Z，Y，H，T（传输）参数方程，以及会计算各组方程的参数。掌握端接双口网络正弦交流电路的分析计算。*

---

* 双口网络是正弦交流电路分析中的一个重要内容。虽在中央广播电视大学“电路及磁路课程教学大纲”中没有列入，但考虑到“国家教委高等工程专科学校电路及磁路课程教学基本要求”中列为理解和掌握的基本内容。故教材《电路及磁路》已编入这一教学内容。因此，双口网络宜列入本课程的教学要求。作为自学内容。

二、学习指导

正弦交流电路有着广泛的实际实用，从电路理论本身也具有重要意义，是本课程的重要组成部分。本章是整个正弦交流电路分析的基础和重要内容，教学内容可以分为如下三部分：

1. 正弦量的表示形式；

2. 相量法的基础；

3. 正弦交流电路的分析计算。

着重讨论正弦量的基本概念，正弦量的相量，阻抗与导纳，RLC 元件伏安关系和基尔霍夫定律的相量形式，正弦交流电路的相量模型和应用相量法分析计算正弦交流电路中的电压和电流。

现就教学内容中的几个问题分述如下：

（一）关于正弦量的基本概念

正弦量如正弦电压和正弦电流，都是以时间 t 为变量，其瞬时值按正弦规律变化的周期函数。正弦量的基本概念包括如下三个方面，应予深刻理解。

1. 正弦量的表示法和它的三要素

正弦量用三角函数表示的瞬时值表示式和波形图来描述。正弦电压 u 和电流 i 的瞬时值函数表示式分别为

$$u=U_m\sin(\omega t+\varphi_u)$$
$$i=I_m\sin(\omega t+\varphi_i)$$

它们的波形图如图 5-1 中所示。一个正弦量可以用它的最大值 U_m，I_m，角频率 ω 和初相角 φ_u，φ_i 三个要素唯一地确定。

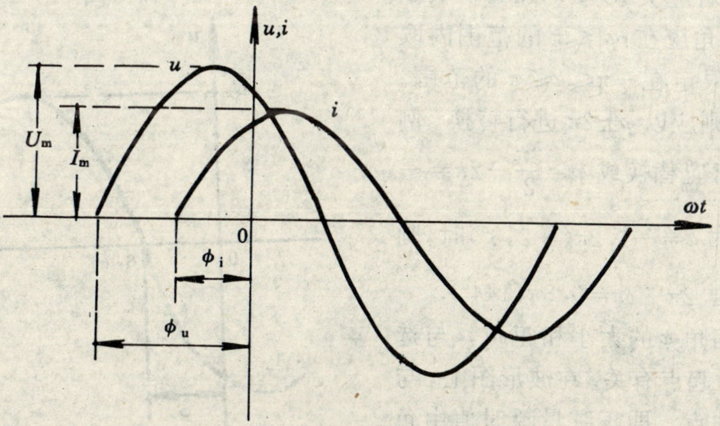

图 5-1　正弦电压和电流的波形图

（1）最大值 U_m，I_m　是正弦量 u 和 i 的振幅，正弦量瞬时值中的最大量值，也就是 $\sin(\omega t+\varphi_u)=1$ 和 $\sin(\omega t+\varphi_i)=1$ 时的正弦电压和电流值。其单位分别是伏特(V)和安培(A)。

（2）角频率 ω　从正弦量瞬时值表示式可以看出，正弦量随时间变化的部分是式中的（ωt

$+\varphi$)，它反映了正弦电压和电流随时间 t 变化的进程，称为正弦量的相角或相位。ω 就是相角随时间变化的速度，即

$$\frac{\mathrm{d}(\omega t+\varphi)}{\mathrm{d}t}=\omega$$

单位是弧度/秒(rad/s)。

正弦量随时间变化正、负一周所需要的时间 T 称为周期，单位是秒 (s)。单位时间内正弦量重复变化一周的次数 f，称为频率，$f=\frac{1}{T}$，单位是赫兹 (Hz)。正弦量变化一周，相当于正弦函数变化 2π 弧度的电角度，正弦量的角频率 ω 就是单位时间变化的弧度数。即

$$\omega=\frac{2\pi}{T}=2\pi f$$

上式就是角频率 ω 与周期 T 和频率 f 的关系式。

(3) 初相角 φ (即 φ_u，φ_i)　它是 $t=0$ 时刻正弦电压和电流的相角。即

$$(\omega t+\varphi)\big|_{t=0}=\varphi$$

初相角的单位可以用弧度(rad)或度(deg)来表示，两者的对应关系为 π(rad)=180°(deg). 通常初相角应在 $|\varphi|\leqslant\pi$ 的范围内取主值，即 φ 一般限定在 $-\pi\leqslant\varphi\leqslant\pi$ 的范围。如果 $|\varphi|>\pi$ 时，则应以 $\varphi\pm2\pi$ 进行替换。例如 $\varphi=\frac{3\pi}{2}$(270°)，应替换成 $\varphi=\frac{3\pi}{2}-2\pi=-\frac{1}{2}\pi$(−90°)；又如 $\varphi=-1.2\pi$(−216°)时，则应替换为 $\varphi=-1.2\pi+2\pi=0.8\pi$(144°).

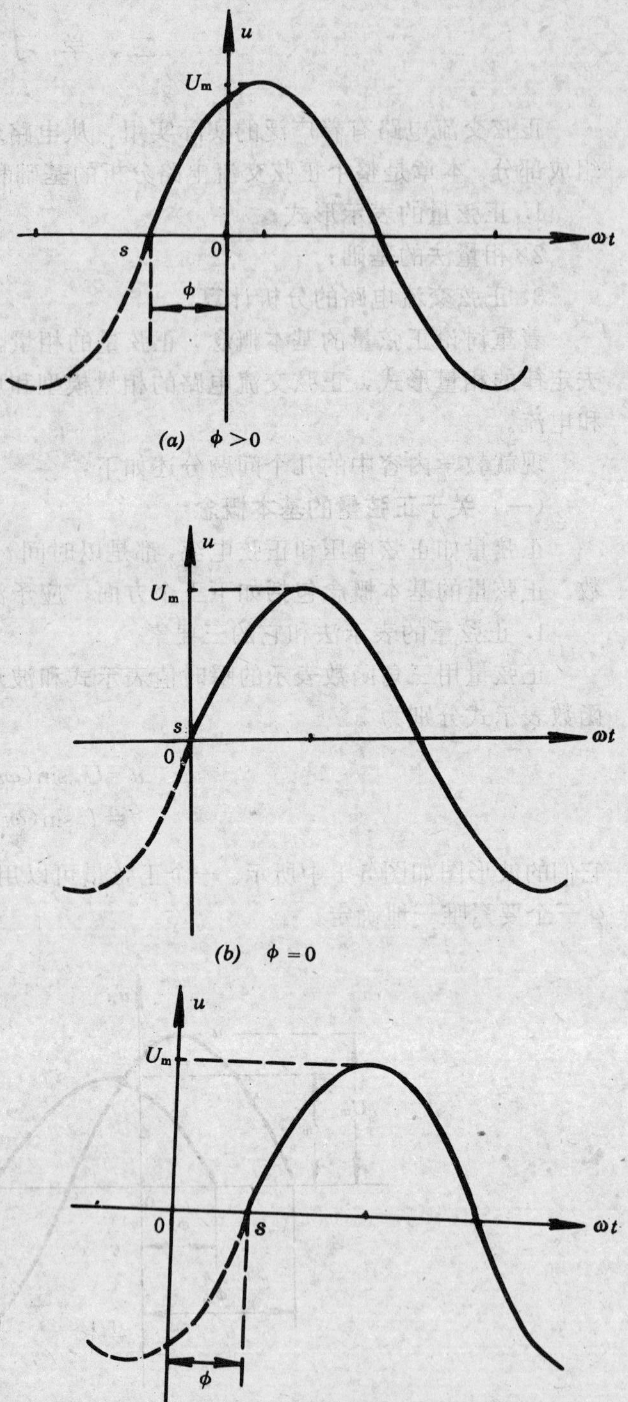

图 5-2　正弦电压 u 不同计时起点时的初相角

正弦量初相角 φ 的大小和正负，与选择正弦量的计时起点有关。在波形图上，与 $\omega t+\varphi=0$ 相应的点，即正弦量瞬时值由负变正的零值点，称为零值起点，用 s 表示，计时起点是 $\omega t=0$ 的点，即坐标原点 0. 初相角 φ 就是计时起点对零值起点(即以零值起点为参考)的电角度。如图 5-2(a)所示，按正弦电压变化进程方向，零值起点 s 先于计时起点 0，则初相角 $\varphi>0$ 为正值。这时正弦电压的表示式为

$$u=U_m\sin(\omega t+\varphi)$$

如图 5-2（b）所示，正弦电压的计时起点 0 与零值起点 s 重合，则初相角 $\varphi=0$。这时正弦电压 u 的表示式为

$$u=U_m\sin\omega t$$

如图 5-2（c）所示，正弦电压的计时起点 0 先于零值起点 s，则初相角 φ 为负值。这时正弦电压的表示式为

$$u=U_m\sin(\omega t-\varphi)$$

顺便指出，如果正弦量是余弦函数如 $u=U_m\cos(\omega t+\varphi)$时，则正弦量的起点 s 是 $\omega t+\varphi=0$，即 $u=+U_m$ 对应的横坐标点。

一个正弦量当计时起点选定后，初相角 φ 便是已知量，则某一给定时刻，相角$(\omega t+\varphi)$便决定了该时刻正弦量瞬时值的大小、方向（正值或是负值），也可以决定正弦量该时的变化趋势，即正弦量的数值是趋于增加抑或趋于减小。由此可见，正弦量的相位角也是一个重要的物理量。

以上就是正弦量的三要素和相位的概念。

(4)由正弦量的瞬时值表示式绘出它的波形图时，图中纵坐标是正弦量的瞬时值，横坐标表示正弦量变化进程的弧度 ωt(rad)或时间 t(s)。纵、横坐标按正弦量和相角或时间的单位选定一定比例尺。从给定正弦量的瞬时值表示式，即可找出它的三个要素振幅 U_m 或 I_m、角频率 ω 和初相角 φ。从而可以确定正弦量的零值起点 s 和计时起点（即坐标原点 0）的位置。分别计算出在一个周期内正弦量的相角$(\omega t+\varphi)=\theta$ 为特殊角如 $0,\frac{\pi}{6},\frac{\pi}{4},\frac{\pi}{2},\frac{2}{3}\pi,\frac{3}{4}\pi,\frac{5}{6}\pi,\pi,\cdots,2\pi$ 时正弦量的瞬时值 u 及对应的横坐标 $\omega t(\theta-\varphi)$或 $t(\frac{\theta-\varphi}{\omega})$的数值，并在坐标图上标出对应各点，将正弦量瞬时值各点，用曲线板连接成连续曲线，便绘出了正弦量的波形图。

例如，正弦电压 $u=10\sin(2\pi t+\frac{\pi}{4})$ V，绘出它的波形图。从瞬时值表示式中可知它的振幅是 10 V，角频率 $\omega=2\pi$ rad/s，初相角 $\varphi=+\frac{\pi}{4}$ rad，它的周期则为

$$T=\frac{2\pi}{\omega}=\frac{2\pi}{2\pi}=1\ \text{s}$$

由于初相角$\frac{\pi}{4}$为正值，故正弦电压波形的零值起点 s 在计时起点（坐标原点 0）之前。分别计算出当相角$(2\pi t+\frac{\pi}{4})=0,\frac{\pi}{4},\frac{\pi}{2},\cdots,2\pi$ 时正弦电压 u 的瞬时值及对应的相角 ωt 值或时间 t 值。

如当$(2\pi t+\frac{\pi}{4})=0$ 时，$u=0,\omega t=-\frac{\pi}{4},t=-\frac{1}{2\times 4}=-0.125$s；

当$(2\pi t+\frac{\pi}{4})=\frac{\pi}{4}$时，$u=7.07$ V，$\omega t=0,t=0$；

当$(2\pi t+\frac{\pi}{4})=\frac{\pi}{2}$时，$u=10$ V，$\omega t=\frac{\pi}{4},t=0.125$s，如此继续计算，其结果列于下表。

相角$(\omega t+\varphi)$值	纵 坐 标 点	横 坐 标 点	
	u 瞬时值(V)	ωt(rad)	t(s)
0	0	$-\frac{\pi}{4}$	−0.125
$\frac{\pi}{4}$	7.07	0	0
$\frac{\pi}{2}$	10	$\frac{\pi}{4}$	0.125
$\frac{3\pi}{4}$	7.07	$\frac{\pi}{2}$	0.25
π	0	$\frac{3}{4}\pi$	0.375
$\frac{5}{4}\pi$	−7.07	π	0.5
$\frac{3}{2}\pi$	−10	$\frac{5}{4}\pi$	0.625
$\frac{7}{4}\pi$	−7.07	$\frac{3}{2}\pi$	0.75
2π	0	$\frac{7}{4}\pi$	0.875

将上数据表中横坐标 ωt 或 t 各值在坐标图横坐标找出它的点，然后标出对应的正弦电压瞬时值的坐标位置，最后用曲线板将各电压瞬时值坐标点连接成连续的正弦函数波形图。于是，正弦电压 $u=10\sin(2\pi t+\frac{\pi}{4})$ V 的波形图，便绘出如图 5-3 所示图形。

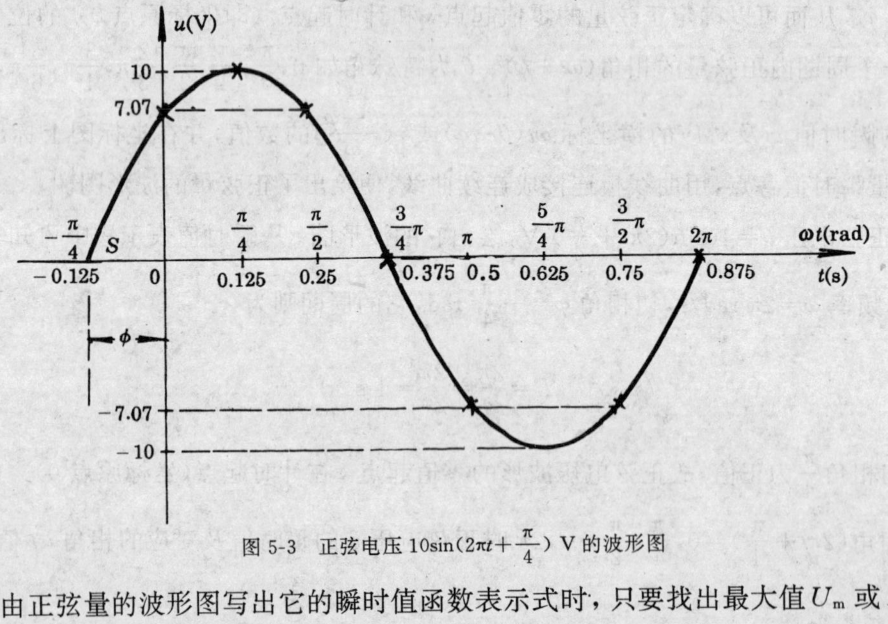

图 5-3 正弦电压 $10\sin(2\pi t+\frac{\pi}{4})$ V 的波形图

(5) 由正弦量的波形图写出它的瞬时值函数表示式时，只要找出最大值 U_m 或 I_m、角频率 ω 和初相角 φ 即可。从波形图中易于直接找出正弦量的最大值 U_m 或 I_m；确定角频率时，先要从波形图的横坐标上，找到一个完整的周期 T (s)，再按式 $\omega=2\pi\frac{1}{T}$ 计算出角频率 ω 的值；确定初相角 φ 时，在波形图的坐标原点 0 左右 $\pm\pi$ 或 $\pm\frac{T}{2}$ 范围内，找出正弦量瞬时值从负变正的

零值起点 s，从 s 点到坐标原点 0（即计时起点）之间的电角度数，就是该正弦量的初相角 φ。按正弦量变化的进程方向，如果 s 点先于坐标原点 0 出现时，如图 5-2（a）所示情况，则初相角为正值，这时正弦量的相角为（$\omega t+\varphi$）；若 s 点后于坐标原点 0 出现时，如图 5-2（c）所示情况，则初相角 φ 为负值，这时正弦量的相角为（$\omega t-\varphi$）。显然，从波形图中找出了正弦量的振幅 U_m 或 I_m、角频率 ω 和初相角 φ 之后，它的瞬时值表示式即可写出。

（6）正弦量的三角函数瞬时值表示法和波形图表示法，各有它的特点。瞬时值函数表示式能完整和准确地描述正弦量特征，既表示了正弦量的三要素，又表示了瞬时值，它是正弦量解析表达式，是正弦交流电路分析的基础。但是利用正弦量的瞬时值表示式进行加、减、微分和积分运算时很不方便，这就是这一表示法的缺点。正弦量的波形图能直观、形象地表示它的变化进程，特别是便于对几个正弦量之间的比较，明显看出它们的大小和相位的关系。其缺点是它不能准确地描述正弦量的特征，更不便于进行加、减等的运算。为了便于在正弦交流电路中，对正弦电压和电流进行分析计算，正弦量需要有便于计算的第三种表示法，即正弦量的相量表示法。

2. 正弦量的有效值

在相同的时间里，一个正弦量的做功（如正弦电流 i 通过一电阻元件 R）与某一直流量（如直流 I 通过同一电阻元件 R）的做功相等，则直流量就是正弦交流量的有效值。如正弦电流 i 的有效值为

$$I=\sqrt{\frac{1}{T}\int_0^T i^2\mathrm{d}t}=\frac{I_m}{\sqrt{2}}$$

同理，正弦电压 u 的有效值为

$$U=\sqrt{\frac{1}{T}\int_0^T u^2\mathrm{d}t}=\frac{U_m}{\sqrt{2}}$$

表明：正弦量的有效值等于最大值除以 $\sqrt{2}$，或者说，正弦量的最大值是有效值的 $\sqrt{2}$ 倍。

3. 两同频率正弦量的相位差及相位超前与滞后的概念

两同频率正弦量的相位差，就是它们的初相角之差。一般规定在 180°电角度范围内取主值。如正弦电压 $u_1=U_{1m}\sin(\omega t+\varphi_1)$，$u_2=U_{2m}\sin(\omega t+\varphi_2)$ 如果选取 u_2 为参考量时，则 u_1 对 u_2 的相位差为

$$\varphi=\varphi_1-\varphi_2$$

若 $\varphi_1>\varphi_2$，则 $\varphi>0$ 表示 u_1 超前 u_2 的相位角为 φ，或者说 u_2 滞后 u_1 的相位角为 φ；若 $\varphi_1<\varphi_2$，则 $\varphi<0$ 表示 u_1 滞后 u_2 的相位角为 φ，或者说 u_2 超前 u_1 的相位角为 φ；若 $\varphi_1=\varphi_2$，则 $\varphi=0$ 表示 u_1 与 u_2 同相；若 $\varphi=\pm90°$ 时，则 u_1 与 u_2 正交；若 $\varphi=\pm180°$ 时，则 u_1 与 u_2 反相。

如果，选取 u_1 为参考量时，则 u_2 对 u_1 的相位差为

$$\varphi'=\varphi_2-\varphi_1$$

这表明两同频率正弦量之间相位关系的相对性。

应该指出，在进行两个正弦量相位关系的比较时，两正弦量必须是同频率、同正负和同

是 sin 函数或同是 cos 函数。如果其中之一是 $\cos(\omega t+\varphi)$ 函数时，则应转换为 sin 函数形式，即

$$\cos(\omega t+\varphi)=\sin(\omega t+\varphi+90^\circ)$$

如果两同频率的 sin 函数，其中之一是负值函数 $-\sin(\omega t+\varphi)$ 时，则应转换为正值函数形式，即

$$-\sin(\omega t+\varphi)=\sin(\omega t+\varphi\pm 180^\circ)$$

例如，若 $u=100\sin(10t+5^\circ)$ V，$i=6\cos(10t-20^\circ)$ A. 进行相位关系比较时，应将正弦电流 i 转换成 sin 函数的形式，即

$$\begin{aligned}\cos(10t-20^\circ)&=\sin(10t-20^\circ+90^\circ)\\&=\sin(10t+70^\circ)\end{aligned}$$

故电压 u 对电流 i 的相位差为

$$\varphi=5^\circ-70^\circ=-65^\circ$$

表明，电压 u 滞后电流 i 相位角 65°.

又如，$u=-100\sin(10t+95^\circ)$ V，$i=6\sin(10t+96^\circ)$ A

进行相位关系比较时，应将正弦电压 u 的 $-\sin$ 函数形式转换为 $+\sin$ 函数形式，即

$$\begin{aligned}-100\sin(10t+95^\circ)&=100\sin(10t+95^\circ-180^\circ)\\&=100\sin(10t-85^\circ)\end{aligned}$$

故电压 u 对电流 i 的相位差为

$$\varphi=-85^\circ-96^\circ=-181^\circ$$

$|\varphi|$ 应在 $<180^\circ$ 范围取值为

$$\varphi=-180^\circ+360^\circ=180^\circ$$

表明：电压 u 超前电流 i 相位角为 180°.

（二）关于相量法的基础

相量法是分析计算正弦交流电路的有效方法。因此，必须深刻理解和掌握相量法的基础。相量法的基础包括如下基本问题：

1. 正弦量的相量表示法；
2. R，L，C 元件伏安关系的相量形式；
3. 基尔霍夫电流定律和电压定律的相量形式；
4. 阻抗与导纳；
5. 正弦交流电路的相量模型。

（三）关于正弦量的相量表示法

1. 正弦量的相量

根据欧拉公式

$$e^{j\theta}=\cos\theta+j\sin\theta$$

其虚部为

$$\sin\theta=Im\,[e^{j\theta}]$$

若正弦电压 $u(t)=\sqrt{2}U\sin(\omega t+\varphi)$

即
$$\theta=\omega t+\varphi$$

则
$$\begin{aligned}\sqrt{2}U\sin(\omega t+\varphi)&=\mathrm{Im}[\sqrt{2}Ue^{j(\omega t+\varphi)}]\\&=\mathrm{Im}[\sqrt{2}\cdot(Ue^{j\varphi}\cdot e^{j\omega t}]\\&=\mathrm{Im}[\sqrt{2}\dot{U}\cdot e^{j\omega t}]\end{aligned}$$

上式中,$\dot{U}=Ue^{j\varphi}=U\angle\varphi$,称为正弦电压的相量。

同理,若正弦电流 $i(t)=\sqrt{2}I\sin(\omega t+\varphi)$,则它的相量为:$\dot{I}=I\angle\varphi$.

由此可见，一个正弦量的相量，就是在给定角频率 ω 条件下，用它的有效值（也可用最大值）和初相角两个要素的表征量。在概念上关于相量应明确如下几点：

（1）正弦量的相量，用有效值和初相角表示时，称为有效值相量；用最大值和初相角表示时，称为最大值相量或振幅相量。本课程在教学中是采用有效值相量。因此，不特别说明相量是指有效值相量。

（2）正弦量的相量是用有效值和初相角表征的量，它不是时间 t 的函数，而是一个复数。

（3）相量是正弦量的变换量，它与时域正弦函数之间，有确定的对应变换关系，如

$$\sqrt{2}U\sin(\omega t+\varphi_u)\Longleftrightarrow U\angle\varphi_u$$
$$\sqrt{2}I\sin(\omega t+\varphi_i)\Longleftrightarrow I\angle\varphi_i$$

如果正弦量是余弦函数时，它对应的相量形式与正弦函时是相同的。即

$$\sqrt{2}U\cos(\omega t+\varphi_u)\Longleftrightarrow U\angle\varphi_u$$
$$\sqrt{2}I\cos(\omega t+\varphi_i)\Longleftrightarrow I\angle\varphi_i$$

因此,要区分 sin 函数相量与 cos 函数相量。在进行电路分析时,必须是相同函数的相量。如果电路中有正弦函数和余弦函数电量时,必须转化为一种函数,如 sin 函数的相量,才可以进行分析计算。

（4）相量是时域正弦量变换为频域的变换量，不能把相量误认为是正弦量。

（5）相量只能用来进行同频率正弦电源电路的分析计算。

（6）非正弦周期函数电量不能用相量来表征。

（7）由于相量是复数，可以在复平面上用矢量来表示，即相量图，而且可以按平行四边形法则求相量之和或差。但是，应该明确的是，相量在复平面上是一种几何表示，与物理学中所介绍的空间矢量的物理内容是不同的，应加以区别。

2. 相量表示正弦量的几个性质

（1）同频率正弦量代数和的相量表示

如正弦电压 $u_1=\sqrt{2}U_1\sin(\omega t+\varphi_1)$,$u_2=\sqrt{2}U_2\sin(\omega t+\varphi_2)$. 则它们的代数和为

$$u_1\pm u_2=u$$

即
$$\begin{aligned}\mathrm{Im}[\sqrt{2}\dot{U}_1e^{j\omega t}]\pm\mathrm{Im}[\sqrt{2}\dot{U}_2e^{j\omega t}]&=\mathrm{Im}[\sqrt{2}(\dot{U}_1\pm\dot{U}_2)e^{j\omega t}]\\&=\mathrm{Im}[\sqrt{2}\dot{U}e^{j\omega}]\end{aligned}$$

式中 $$\dot{U}_1 \pm \dot{U}_2 = \dot{U}$$

由此可见，同频率正弦量的代数和仍是一个同频率的正弦量，其相量是各正弦量相量的代数和。表明：同频率正弦量的代数运算可以转变为对应相量的代数运算。

（2）正弦量微分的相量表示

正弦量 $u=\sqrt{2}U\sin(\omega t+\varphi)$，则它的微分为

$$\begin{aligned}\frac{du}{dt}&=\frac{d}{dt}[\mathrm{Im}(\sqrt{2}\dot{U}e^{j\omega t})]=\mathrm{Im}\frac{d}{dt}[\sqrt{2}\dot{U}e^{j\omega t}]\\&=\mathrm{Im}[\sqrt{2}j\omega\dot{U}e^{j\omega t}]\end{aligned}$$

由此可见，正弦量的一阶导数仍是一个同频率的正弦量，其相量等于正弦量的相量乘以 $j\omega$. 表明：$\frac{du}{dt}$的相量为

$$j\omega\dot{U}=\omega U\underline{/\varphi+90^\circ}$$

它的模是正弦量相量模的 ω 倍，初相角超前于正弦量相量相位 90°.

（3）正弦量积分的相量表示

正弦量 $u=\sqrt{2}U\sin(\omega t+\varphi)$，则它的积分为

$$\begin{aligned}\int u\mathrm{d}t&=\int\sqrt{2}U\sin(\omega t+\varphi)\mathrm{d}t\\&=\int\mathrm{Im}[\sqrt{2}\dot{U}e^{j\omega t}]\mathrm{d}t\\&=\mathrm{Im}\int\sqrt{2}\dot{U}e^{j\omega t}\mathrm{d}t\\&=\mathrm{Im}[\sqrt{2}(\frac{\dot{U}}{j\omega})e^{j\omega t}]\end{aligned}$$

由此可见，正弦量的积分仍是一个同频率的正弦量，其相量等于正弦量的相量除于 $j\omega$. 表明：$\int u\mathrm{d}t$的相量为

$$\frac{\dot{U}}{j\omega}=\frac{U}{\omega}\underline{/\varphi-90^\circ}$$

它的模是正弦量相量模的$\frac{1}{\omega}$倍，初相角滞后于正弦量相量相位 90°.

由上述分析可以看出，利用相量法，能够将正弦交流电路分析求解微分方程特解问题，转变为求解相量代数方程问题。后者比前者要易于进行。因此，在单一频率激励正弦交流电路中，相量法成为分析计算有效的工具。

（四）关于电容元件与电感元件

本章介绍了两种重要的基本电路元件：电容和电感。关于这两种电路元件应深刻理解与掌握如下概念和表达公式。

1. 电容元件

（1）电容元件的性质与定义　电容元件是实际电容器的理想化模型，它只具有储存电场能

量的功能，是电荷 q 与电压 u_C 相约束的元件。线性电容元件的定义是：若电荷 q 与电压 u_C 的关系是通过 $q—u$ 平面坐标原点位于第Ⅰ，Ⅲ象限的一条直线。直线的斜率 C 是一个正常数，称为电容。元件定义表达式为

$$q(t)=Cu_C(t)$$

式中电容 C 表示元件储存电荷的能力，在数值上等于单位电压加于电容元件两端时储存的电荷电量值。电容的单位是法拉（F），通常用微法 μF（1 μF$=10^{-6}$ F）或皮法 pF（1 pF$=10^{-12}$ F）。应该指出，“电容”这个术语及其代表符号 C. 一方面表示电容元件（用正体 C），另一方面（用斜体 C）表示电容元件的参数——电容量。

（2）电容元件的伏安关系　在关联参考方向下，电容元件伏安关系的两种形式是

$$i_C(t)=C\frac{\mathrm{d}u_C(t)}{\mathrm{d}t}$$

$$u_C(t)=u_C(t_0)+\frac{1}{C}\int_{t_0}^{t}i_C(\xi)\mathrm{d}\xi$$

表明：任一时刻的电容电流，取决于该时刻电容电压的变化率，而与该时刻电容电压的数值和电压过去的历史无关。若电容电压是直流电压，这时电压的变化率为零，则电容电流为零，电容相当于开路，故电容有隔直作用。又表明任一时刻的电容电压，取决于从 $-\infty$ 到该时刻的所有电容电流值，即与电容电流的全部历史有关。因此，电容有记忆电流的作用。由于电容元件的 VAR 是微分和积分关系，故又称为动态元件。

（3）电容元件的功率与储能　在关联参考方向下，电容元件的功率为

$$p_C(t)=u_C(t)\cdot i_C(t)$$

电容元件瞬时功率有时为正值，有时为负值。正值表示电容从电路中吸收能量储存于电场中；负值表示电容向电路释放出电场能量，而本身不消耗功率。

电容元件储能的表达式为

$$w_C(t)=\frac{1}{2}Cu_C^2(t)$$

表明：电容在某一时刻的储能，只取决于该时刻的电容电压值，而与电容电流值无关。

2. 电感元件

（1）电感元件的性质与定义　电感元件是实际电感器的理想化模型，它只具有储存磁场能量的功能，是磁链 ψ 与电流 i_L 相约束的元件。线性电感元件的定义是：磁链 ψ 与电流 i_L 的关系是通过 $\psi—i$ 平面坐标原点位于第Ⅰ，Ⅲ象限的一条直线。直线的斜率 L 是一个正值常数，称为电感。元件定义表达式为

$$\psi(t)=Li_L(t)$$

式中电感 L 表示电感元件通过电流时产生磁链的能力，在数值上等于单位电流通过元件时产生磁链的数值。电感的单位是亨利（H），通常用毫亨 mH（1 mH$=10^{-3}$ H）和微亨 μH（1 μH$=10^{-6}$ H）. 应该指出，“电感”这个术语及其代表符号 L，一方面表示电感元件（用正体 L），另一方面（用斜体 L）表示电感元件的参数——电感量。

（2）电感元件的伏安关系　在关联参考方向下，电感元件伏安关系的两种形式是

$$u_L(t)=L\frac{\mathrm{d}i_L(t)}{\mathrm{d}t}$$

$$i_L(t)=i_L(t_0)+\frac{1}{L}\int_{t_0}^{t}u_L(\xi)\mathrm{d}\xi$$

表明：任一时刻的电感电压，取决于该时刻电感电流的变化率，而与该时刻电感电流的数值和电流的全部历史无关。若电感电流是直流电流，这时电感电流的变化率为零，则电感电压为零，电感相当于短路。又表明任一时刻的电感电流，取决于从$-\infty$到该时刻所有电感电压，即与电感电压的全部历史有关。因此，电感有记忆电压的作用。由于电感元件的 VAR 是微分和积分关系，故称为动态元件。

（3）电感元件的功率与储能　在关联参考方向下，电感元件的功率为

$$p_L(t)=u_L(t)\cdot i_L(t)$$

电感元件瞬时功率有时为正值，有时负值。正值表示电感从电路吸收能量，储存在磁场中；负值表示电感向电路释放出磁场能量，而本身不消耗功率。

电感元件储能的表达式为

$$w_L(t)=\frac{1}{2}Li_L^2(t)$$

表明：电感在某一时刻的储能，只取决于该时刻的电感电流值，而与电感电压值无关。

（五）关于基尔霍夫定律的相量形式

1. KCL 的相量形式

正弦交流电路中，通过任一节点电流相量的代数和等于零，即

$$\sum\dot{I}=0$$

特别要注意的是，正弦电流的有效值一般都不满足 KCL 的关系，即

$$\sum I\neq0$$

2. KVL 的相量形式

正弦交流电路中，任一闭合回路电压相量的代数和等于零，即

$$\sum\dot{U}=0$$

特别要注意的是，正弦电压的有效值一般都不满足 KVL 的关系，即

$$\sum U\neq0$$

（六）R，L，C 元件伏安关系的相量形式

1. 电阻元件 R

在关联参考方向下，电阻元件的 VAR 相量形式为

$$\dot{U}_R=R\dot{I}_R，\text{或}\dot{I}_R=G\dot{U}_R$$

数值关系是：$U_R=RI_R$，或 $I_R=GU_R$.

相位关系是：$\varphi_u=\varphi_i$，$\dot{U}_R$ 与 $\dot{I}_R$ 同相。

2. 电感元件 L

在关联参考方向下，电感元件的 VAR 相量形式为

$$\dot{U}_L=\mathrm{j}\omega L\dot{I}_L，或\dot{I}_L=-\mathrm{j}\frac{1}{\omega L}\dot{U}_L$$

数值关系是：$U_L=\omega LI_L$，或 $I_L=\frac{U_L}{\omega L}$，与角频率 ω 有关。

相位关系是：$\varphi_u=\varphi_i+90°$，$\dot{U}_L$ 超前 $\dot{I}_L$ 相角 90°.

3. 电容元件 C

在关联参考方向下，电容元件的 VAR 相量形式为

$$\dot{U}_C=-\mathrm{j}\frac{1}{\omega C}\dot{I}_C，或\dot{I}_C=\mathrm{j}\omega C\dot{U}_C$$

数值关系是：$U_C=\frac{I_C}{\omega C}$，或 $I_C=\omega CU_C$，与角频率 ω 有关。

相位关系是：$\varphi_u=\varphi_i-90°$，$\dot{U}_C$ 滞后 $\dot{I}_C$ 相角 90°。

（七）关于阻抗与导纳的概念

在正弦交流电路分析的相量法中，对时域电路中的 R，L，C 元件，引入重要的阻抗与导纳的概念。

1. 阻抗与导纳的定义

阻抗的定义：在关联参考方向下，元件或二端网络端口的电压相量 $\dot{U}$ 与电流相量 $\dot{I}$ 之比，即

$$Z=\frac{\dot{U}}{\dot{I}} \qquad 单位是欧姆（\Omega）$$

导纳的定义：是端口电流相量 $\dot{I}$ 与电压相量 $\dot{U}$ 之比，即

$$Y=\frac{\dot{I}}{\dot{U}} \qquad 单位是西门子（S）$$

阻抗 Z 与导纳 Y 的关系是互为倒数，即

$$Z=\frac{1}{Y}，Y=\frac{1}{Z}$$

2. R，L，C 元件的阻抗与导纳

（1）电阻元件 R 的阻抗为

$$Z_R=\frac{\dot{U}_R}{\dot{I}_R}=R$$

仍为电阻值 R，其值与角频率 ω 无关。导纳为

$$Y_R=\frac{\dot{I}_R}{\dot{U}_R}=\frac{1}{R}=G$$

为电导值 G，其值与角频率 ω 无关。

（2）电感元件 L 的阻抗为

$$Z_L=\frac{\dot{U}_L}{\dot{I}_L}=\mathrm{j}\omega L=\mathrm{j}X_L$$

$X_L=\omega L$ 称为感抗，其值与角频率 ω 有关。导纳为

$$Y_L=\frac{\dot{I}_L}{\dot{U}_L}=-\mathrm{j}\,\frac{1}{\omega L}=-\mathrm{j}B_L$$

$B_L=\frac{1}{\omega L}$ 称为感纳，其值与角频率 ω 有关。

（3）电容元件 C 的阻抗为

$$Z_C=\frac{\dot{U}_C}{\dot{I}_C}=-\mathrm{j}\,\frac{1}{\omega C}=-\mathrm{j}X_C$$

$X_C=\frac{1}{\omega C}$ 称为容抗，其值与角频率 ω 有关。导纳为

$$Y_C=\frac{\dot{I}_C}{\dot{U}_C}=\mathrm{j}\omega C=\mathrm{j}B_C$$

$B_C=\omega C$ 称为容纳，其值与角频率 ω 有关。

3. 无源二端网络的阻抗与导纳

无源二端网络端口的输入阻抗为

$$Z=\frac{\dot{U}}{\dot{I}}=R+\mathrm{j}X=|Z|\angle\theta_Z$$

式中：阻抗模 $|Z|=\sqrt{R^2+X^2}$

阻抗角 $\theta_Z=\varphi_u-\varphi_i=\mathrm{arc\ tg}\,\frac{X}{R}$

电抗　$X=X_L-X_C=\omega L-\frac{1}{\omega C}$

无源二端网络的导纳则为

$$Y=\frac{\dot{I}}{\dot{U}}=G+\mathrm{j}B=|Y|\angle\theta_Y$$

式中：导纳模 $|Y|=\sqrt{G^2+B^2}$

导纳角 $\theta_Y=\varphi_i-\varphi_u=\text{arc tg}\dfrac{B}{G}$

电纳 $B=B_C-B_L=\omega C-\dfrac{1}{\omega L}$

4. 阻抗与导纳的性质

(1) 除电阻元件外，动态元件和无源二端网络的阻抗和导纳，都是角频率 ω 的函数。因此，在不同的角频率 ω 时，阻抗与导纳的数值不同。

(2) 阻抗与导纳都是复数，它们与正弦量的相量，虽然都是复数，但是两者有本质的不同。阻抗与导纳不是随时间作周期性变化正弦量的代表量，故不叫“相量”。为了区别这两种不同性质的复数量，在正弦电压和电流的相量符号上加“·”号，如 $\dot{U}$，$\dot{I}$，而在复数阻抗与导纳符号 Z，Y 上不加“·”号。

(3) 阻抗与导纳反映了正弦交流电路端口电压与电流相量之间的关系。阻抗和导纳的模，反映了正弦稳态元件和无源二端网络端口电压与电流有效值及最大值之比，即

$$|Z|=\frac{U}{I}=\frac{U_m}{I_m}$$

$$|Y|=\frac{I}{U}=\frac{I_m}{U_m}$$

阻抗角和导纳角反映了正弦电压与电流之间的相位差，即

$$\theta_Z=\varphi_u-\varphi_i,\ \theta_Y=\varphi_i-\varphi_u$$

因此，掌握了元件或无源二端网络端口正弦稳态的阻抗和导纳，就掌握正弦稳态端口电压和电流的表现。使元件和无源二端网络端口的 VAR 具有欧姆定律的相量形式，即 $\dot{U}=Z\dot{I}$，$\dot{I}=Y\dot{U}$，这将给正弦交流电路的分析计算带来方便，更重要的意义是在于使正弦交流电路的分析方法与直流电阻电路分析方法统一。

(4) 阻抗与导纳只与单一频率正弦激励稳态电路分析相联系，是正弦稳态分析电路中元件的重要参数，它们属于正弦稳态电路分析的概念。

5. 关于正弦交流电路的等效相量模型

由于正弦交流电路有阻抗与导纳两种形式，即对于一个复杂的无源二端网络端口的输入阻抗为 $Z=R+jX$，导纳为 $Y=G+jB$。因此，一个无源二端网络，就有串联和并联两种等效相量模型。在给定角频率 ω 的条件下，一个复杂的无源二端网络，就可有串联和并联两种简单的等效电路。

一个无源二端网络的两种等效相量模型之间可以进行等效互换。即

(1) 已知串联等效相量模型 $Z=R+jX$，则并联等效相量模型为

$$Y\doteq\frac{1}{Z}=\frac{1}{R+jX}=G+jB$$

式中：$G=\dfrac{R}{R^2+X^2}$，$B=\dfrac{-X}{R^2+X^2}$.

根据并联等效相量模型 $Y=G+jB$，便可以作出复杂无源二端网络的并联等效电路。

(2) 已知并联等效相量模型 $Y=G+jB$，则串联等效相量模型为

$$Z=\frac{1}{Y}=\frac{1}{G+\mathrm{j}B}=R+\mathrm{j}X$$

式中：$R=\frac{G}{G^2+B^2}$，$X=\frac{-B}{G^2+B^2}$.

根据串联等效相量模型 $Z=R+\mathrm{j}X$，便可以作出复杂无源二端网络的串联等效电路。

（八）关于正弦交流电路的相量模型

一个单一频率正弦激励的动态电路，应用相量法进行正弦稳态分析时，要作出时域电路的相量模型。将时域电路中的 R，L，C 元件分别用它的阻抗 R，$\mathrm{j}\omega L$ 和 $\frac{1}{\mathrm{j}\omega C}$ 或导纳 G，$\frac{1}{\mathrm{j}\omega L}$ 和 $\mathrm{j}\omega C$ 代替；电路中的激励和各支路变量正弦电压和正弦电流分别用它的相量表示，便作出了相量模型。关于相量模型从概念上应明确如下几点：

（1）作相量模型时，时域电路各正弦电压和电流，必须是同频率的正弦量，而且正弦交流电源又必须同是正弦（sin）函数，或者同是余弦（cos）函数。否则必须转化为同一种函数。

（2）相量模型中的正弦电压 u 和电流 i 的相量通常是用有效值相量表示，即 $\dot{U}=U\angle\varphi_u$，$\dot{I}=I\angle\varphi_i$；也可以用振幅相量表示，即 $\dot{U}_m=U_m\angle\varphi_u$，$\dot{I}_m=I_m\angle\varphi_i$。两者只是在数值上差 $\sqrt{2}$ 倍的关系。在解题时用哪一种相量形式，应预先明确。

（3）任何一个时域电路的相量模型，可以有以阻抗表示的相量模型和以导纳表示的相量模型两种形式。因此，对于某一电路的正弦稳态分析，就有两种相量模型可以选择，应视电路结构特点的不同，选择有利于分析计算的相量模型，以简化分析计算。一般而言，对于元件串联电路，宜采用阻抗相量模型；对于元件并联电路，宜采用导纳相量模型。

（4）对于不含耦合电感元件的正弦交流电路，其相量模型的结构与时域电路的结构是相同的，不同的只是正弦电压和电流分别用它的相量表示，R，L，C 元件分别用它的阻抗或导纳表示。而对于含耦合电感元件的正弦交流电路，它的相量模型中，应包含有成对的互感电压的电流控制电压源的相量模型。

（5）由于阻抗与导纳一般都是角频率 ω 的函数，所以在不同正弦电源角频率 ω 时，就有不同的相量模型。也就是说，对于某一确定的电源角频率下，只有一种阻抗相量模型和一种导纳相量模型。

（6）相量模型不是时域电路的等效电路，而是用来进行正弦稳态分析计算的频域电路，即变换域电路。所以，相量模型是与正弦稳态分析相联系的，它只能用来进行正弦交流电路稳态的分析计算。

（九）关于 R，L，C 串、并联简单正弦交流电路的计算

对于 R，L，C 串、并联简单正弦交流电路，可以应用相量解析法和相量图法进行分析计算。

1．相量解析法

（1）已知 R，L，C 串联电路的参数和输入端电压 $u=\sqrt{2}U\sin(\omega t+\varphi_u)$时，求回路电流 i 和各元件的电压 u_R，u_L 和 u_C．分析计算的步骤是：

①作出 R，L，C 串联电路的相量模型，其中

输入端电压相量为 $\dot{U}=U\angle\varphi_u$

电感元件的阻抗为 $Z_L=\mathrm{j}X_L=\mathrm{j}\omega L$

电容元件的阻抗为 $Z_C=-\mathrm{j}X_C=-\mathrm{j}\frac{1}{\omega C}$

回路电流相量为$\dot{I}$；三元件电压相量分别为$\dot{U}_R$，$\dot{U}_L$和$\dot{U}_C$，与电流相量$\dot{I}$均为关联参考方向。

②计算电路的总阻抗

$$Z = R + j\omega L - j\frac{1}{\omega C} = R + j(\omega L - \frac{1}{\omega C})$$

$$= \sqrt{R^2 + (\omega L - \frac{1}{\omega C})^2} \angle \arctg \frac{\omega L - \frac{1}{\omega C}}{R} = |Z| \angle \theta_Z$$

式中：阻抗模$|Z| = \sqrt{R^2 + (\omega L - \frac{1}{\omega C})^2}$

阻抗角$\theta_Z = \arctg \dfrac{\omega L - \frac{1}{\omega C}}{R}$

③按欧姆定律的相量形式计算出回路电流相量$\dot{I}$，即

$$\dot{I} = \frac{\dot{U}}{Z} = \frac{U\angle\varphi_u}{|Z|\angle\theta_Z} = \frac{U}{\sqrt{R^2 + (\omega L - \frac{1}{\omega C})^2}} \angle \varphi_u - \arctg \frac{\omega L - \frac{1}{\omega C}}{R}$$

$$= I\angle\varphi_i$$

式中：$I = \dfrac{U}{\sqrt{R^2 + (\omega L - \frac{1}{\omega C})^2}}$，$\varphi_i = \varphi_u - \theta_Z$

④计算各元件电压的相量，根据各元件的 VAR 得出：

电阻元件电压为　$\dot{U}_R = R\dot{I} = RI\angle\varphi_u - \theta_Z$

电感元件电压为　$\dot{U}_L = j\omega L\dot{I} = \omega LI\angle\varphi_u - \theta_Z + 90°$

电容元件电压为　$\dot{U}_C = -j\dfrac{1}{\omega C}\dot{I} = \dfrac{I}{\omega C}\angle\varphi_u - \theta_Z - 90°$

⑤将电流电压的相量变换为时域电路的正弦量，即

$$i = \sqrt{2} I\sin(\omega t + \varphi_u - \theta_Z)$$
$$u_R = \sqrt{2} RI\sin(\omega t + \varphi_u - \theta_Z)$$
$$u_L = \sqrt{2} \omega LI\sin(\omega t + \varphi_u - \theta_Z + 90°)$$
$$u_C = \sqrt{2} \cdot \frac{I}{\omega C}\sin(\omega t + \varphi_u - \theta_Z - 90°)$$

(2)已知 RLC 并联电路的参数和输入电流$i = \sqrt{2} I\sin(\omega t + \varphi_i)$，求输入端电压$u$和各元件中的电流$i_G$，$i_L$和$i_C$. 分析计算的步骤是：

①作出 RLC 并联电路的相量模型，其中

输入电流相量为：$\dot{I} = I\angle\varphi_i$

电阻元件 R 用电导表示为G

电感元件 L 的导纳为：$Y_L = -j\dfrac{1}{\omega L}$

电容元件 C 的导纳为：$Y_C=\mathrm{j}\omega C$

端电压和各支路电流的相量分别为 $\dot{U}$，$\dot{I}_G$，$\dot{I}_L$ 和 $\dot{I}_C$。

②计算电路的输入电导为

$$Y=G-\mathrm{j}\frac{1}{\omega L}+\mathrm{j}\omega C=G+\mathrm{j}\left(\omega C-\frac{1}{\omega L}\right)=|Y|\angle\theta_Y$$

式中：导纳模为 $|Y|=\sqrt{G^2+\left(\omega C-\frac{1}{\omega L}\right)^2}$

导纳角为 $\theta_Y=\mathrm{arc\ tg}\dfrac{\omega C-\frac{1}{\omega L}}{G}$

③计算端电压 u 的相量为

$$\dot{U}=\frac{\dot{I}}{Y}=\frac{I\angle\varphi_i}{|Y|\angle\theta_Y}=\frac{I}{\sqrt{G^2+\left(\omega C-\frac{1}{\omega L}\right)^2}}\angle\varphi_i-\mathrm{arctg}\frac{\omega C-\frac{1}{\omega L}}{G}$$

$$=U\angle\varphi_u$$

式中：$U=\dfrac{I}{\sqrt{G^2+\left(\omega C-\frac{1}{\omega L}\right)^2}}$，$\varphi_u=\varphi_i-\theta_Y$

④计算各支路电流的相量分别为

$$\dot{I}_G=G\dot{U}=GU\angle\varphi_i-\theta_Y$$

$$\dot{I}_L=-\mathrm{j}\frac{1}{\omega L}\dot{U}=\frac{U}{\omega L}\angle\varphi_i-\theta_Y-90^\circ$$

$$\dot{I}_C=\mathrm{j}\omega C\dot{U}=\omega CU\angle\varphi_i-\theta_Y+90^\circ$$

⑤根据电压和电流相量变换为时域电路的电压和电流值分别为

$$u=\sqrt{2}U\sin(\omega t+\varphi_i-\theta_Y)$$

$$i_G=\sqrt{2}GU\sin(\omega t+\varphi_i-\theta_Y)$$

$$i_L=\frac{\sqrt{2}U}{\omega L}\sin(\omega t+\varphi_i-\theta_Y-90^\circ)$$

$$i_C=\sqrt{2}\omega CU\sin(\omega t+\varphi_i-\theta_Y+90^\circ)$$

RLC 并联电路的分析，也可以利用分流关系先分别计算出各支路电流的相量。端电压相量则可利用任一支路元件的 VAR 求出。

2. 相量图法

相量图法是根据元件电压电流的相量关系，作出电压与电流的相量图，再利用相量图中电压电流相量之间的几何、三角关系来分析计算正弦稳态响应。这种分析方法，对于求相位差、有效值和定性分析，显得方便直观。也可以进行定量计算，能避免繁琐的运算。

例如，图 5-4（a）所示 RL 电路，已知电路中元件参数 R 和 L，以及正弦交流电源的角

频率 ω. 测出电路中的电流 i 的有效值 I. 试求输入电压 u_s 和输出电压 u_0 的有效值和相位差。

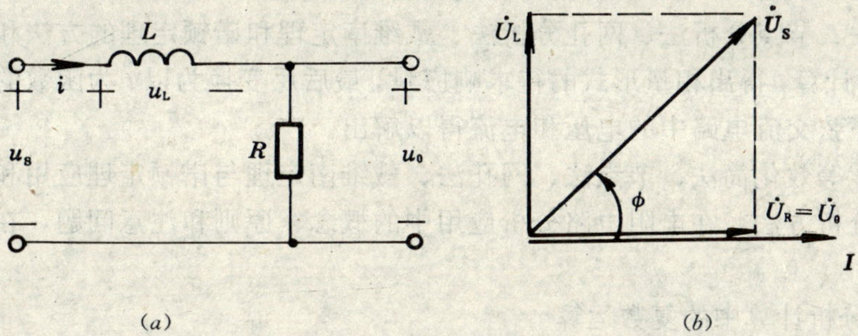

图 5-4 RL 串联电路及其相量图

应用相量图法分析步骤如下：

(1) 作电压电流的相量图如图 5-4 (b) 所示。

①因串联电路，以电流$\dot{I}=I\angle 0°$为参考相量按一定比例尺在图中作出相量 $\dot{I}$；

②根据电阻元件 R 的 VAR，$\dot{U}_R$ 与 $\dot{I}$同相，$U_R=RI$，按比例尺在图中作出相量 $\dot{U}_R$；

③根据电感元件 L 的 VAR，$\dot{U}_L$ 超前 $\dot{I}$相位 90°，$U_L=\omega LI$，按比例尺在图中作出相量 $\dot{U}_L$；

④根据 $\dot{U}_s=\dot{U}_L+\dot{U}_R$，作出以相量 $\dot{U}_L$ 和 $\dot{U}_R$ 为两边的平行四边形，连接对角线作出相量 $\dot{U}_s$。

(2) 根据相量图的几何、三角关系求 U_0，U_s 和 $\dot{U}_0$ 对 $\dot{U}_s$ 的相位差。

因输出电压 $\dot{U}_0=\dot{U}_R=RI\angle 0°$，故得出 u_0 的有效值为

$$U_0=RI$$

利用 $\dot{U}_0$，$\dot{U}_L$ 和 $\dot{U}_s$ 构成的直角三角形关系，求出相角 φ 为

$$\text{tg}\varphi=\frac{U_L}{U_0}=\frac{\omega LI}{RI}=\frac{\omega L}{R}$$

故 $\varphi=\text{arctg}\,\frac{\omega L}{R}$ （由于 ω，L，R 均为已知量，φ即可算出）

根据直角三角形的关系，输入电压有效值为

$$U_s=\frac{U_0}{\cos\varphi}$$

从相量图中可见，输出电压 u_0 对输入电压 u_s 的相位差为

$$0°-\varphi=-\varphi$$

即输出电压 u_0 滞后于输入电压 u_s，相位为 φ.

（十）关于复杂正弦交流电路的分析计算

1. 应用相量法进行分析

复杂正弦交流电路，应用相量法进行分析计算。相量法就是应用正弦量的相量表示 R，L，C 元件的阻抗与导纳形式，将时域正弦交流电路变换为相量模型。在相量模型的基础上，根据

两类约束的相量形式（$\dot{U}=Z\dot{I}$，$\dot{I}=Y\dot{U}$；KVL：$\sum\dot{U}=0$，KCL：$\sum\dot{I}=0$），正弦交流电路相量模型中的电压和电流相量就可以仿照直流电阻电路中分析方法来进行分析计算，如应用等效化简的方法、节点分析法、网孔分析法、戴维南定理和诺顿定理的方法和叠加定理的方法等。通过分析计算，得出相量形式的待求响应量，最后反变换为以 t 为函数的正弦电压或正弦电流，从而正弦交流电路中的电压和电流得以解出。

应该指出，等效化简法、节点法、网孔法、戴维南定理与诺顿定理应用和叠加定理应用等电路的基本分析方法，在电阻电路分析应用中的概念、原则和注意问题，在相量法应用中同样适用。

2. 相量法分析计算中的复数运算

应用相量法列出的电路方程是复数代数方程，电压和电流的相量是复数，阻抗和导纳也是复数。因此，运用相量法分析正弦交流电路时，不可避免要进行复数运算。熟练地掌握复数及其运算，成为学习正弦交流电路分析的基础。进行复数计算时，必须备配一个能进行三角函数运算的函数计算器，最好是能直接将复数的直角坐标形式转换为极坐标形式数值的计算器。

对于电路分析而言，复数运算要求掌握的内容，有如下两方面。

（1）复数的直角坐标形式与极坐标形式的互换　一个复数 A 的直角坐标形式为 $A=a_1+\mathrm{j}a_2$，其中 a_1 为实部，a_2 为虚部，$\mathrm{j}=\sqrt{-1}$。复数 A 的另一种极坐标形式为 $A=|A|\angle\theta$，其中 $|A|$ 为模，θ 为幅角。两种形式的关系如下：

$$A=a_1+\mathrm{j}a_2=|A|\angle\theta$$

$$a_1=|A|\cos\theta,\ a_2=|A|\sin\theta;$$

$$|A|=\sqrt{a_1^2+a_2^2},\ \theta=\mathrm{arctg}\,\frac{a_2}{a_1}。$$

（2）复数的加、减、乘、除四则运算

a. 两复数的加、减运算，应采用复数的直角坐标形式来进行。运算的方法是：分别将两复数的实部相加、减，虚部相加、减。

例如，$A_1=3\angle 40°$，$A_2=15+\mathrm{j}6$. 则

$$\begin{aligned}A_3&=A_1+A_2=3\angle 40°+(15+\mathrm{j}6)\\&=(2.298+\mathrm{j}1.928)+(15+\mathrm{j}6)\\&=17.298+\mathrm{j}7.928=19.03\angle 24.62°\\A_4&=A_1-A_2=3\angle 40°-(15+\mathrm{j}6)\\&=(2.298+\mathrm{j}1.928)-(15+\mathrm{j}6)\\&=-(12.7+\mathrm{j}4.072)\\&=-13.37\angle 17.78°\\&=13.37\angle -162.22°\end{aligned}$$

b. 两复数的乘、除运算，应采用复数的极坐标形式来进行。运算方法是：分别将两复数的模相乘、除，幅角相加、减。

例如，复数 $A_1=3\angle 40°$，$A_2=15+\mathrm{j}6$。则

$$A_5 = A_1 \times A_2 = 3\angle 40° \times (15 + j6)$$
$$= 3\angle 40° \times 16.16\angle 21.8°$$
$$= (3 \times 16.16)\angle 40° + 21.8°$$
$$= 48.48\angle 61.8°$$
$$A_6 = \frac{A_1}{A_2} = \frac{3\angle 40°}{15 + j6} = \frac{3\angle 40°}{16.16\angle 21.8°} = \frac{3}{16.16}\angle 40° - 21.8°$$
$$= 0.186\angle 18.2°$$

（十一）关于双口网络及端接双口网络的正弦交流电路的分析

1. 双口网络的定义

如图 5-5 所示，一个任意结构的无源网络 N，对外有 $1-1'$ 和 $2-2'$ 两对端钮，即二端口。当满足条件 $\dot{I}'_1=\dot{I}_1$ 和 $\dot{I}'_2=\dot{I}_2$ 时，则网络 N 称为双口网络。

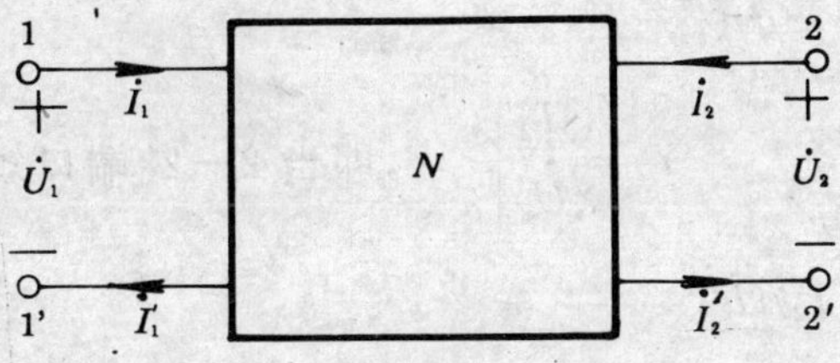

图 5-5 双口网络

2. 双口网络方程及其参数确定

在正弦交流电路分析中，双口网络是一个双端口的电路元件，它两侧端口之间的伏安关系，是以电压 $\dot{U}_1$，$\dot{U}_2$ 和电流 $\dot{I}_1$，$\dot{I}_2$ 为变量的方程，称为双口网络方程。根据参数的不同，有如下双口网络方程。

（1）Z 参数方程，即

$$\dot{U}_1 = Z_{11}\dot{I}_1 + Z_{12}\dot{I}_2$$
$$\dot{U}_2 = Z_{21}\dot{I}_1 + Z_{22}\dot{I}_2$$

方程中有 4 个参数 Z_{11}，Z_{12}，Z_{21} 和 Z_{22}，它们都是阻抗，单位是欧姆（Ω）。这 4 个参数确定方法如下：

$Z_{11} = \left.\frac{\dot{U}_1}{\dot{I}_1}\right|_{\dot{I}_2=0}$，即当 $2-2'$ 端口开路（$\dot{I}_2=0$）时，$1-1'$ 端口的输入阻抗；

$Z_{12} = \left.\frac{\dot{U}_1}{\dot{I}_2}\right|_{\dot{I}_1=0}$，即当 $1-1'$ 端口开路（$\dot{I}_1=0$），$2-2'$ 端口输入电流 $\dot{I}_2$ 时的转移阻抗 $\dot{U}_1/\dot{I}_2$；

$Z_{21} = \left.\frac{\dot{U}_2}{\dot{I}_1}\right|_{\dot{I}_2=0}$，即当 $2-2'$ 端口开路（$\dot{I}_2=0$）时，$1-1'$ 端口输入电流 $\dot{I}_1$ 时的转移阻抗 $\dot{U}_2/\dot{I}_1$；

$Z_{22} = \left.\frac{\dot{U}_2}{\dot{I}_2}\right|_{\dot{I}_1=0}$，即当 $1-1'$ 端口开路（$\dot{I}_1=0$）时，$2-2'$ 端口的输入阻抗。

（2）Y 参数方程，即

$$\dot{I}_1 = Y_{11}\dot{U}_1 + Y_{12}\dot{U}_2$$

$$\dot{I}_2=Y_{21}\dot{U}_1+Y_{22}\dot{U}_2$$

方程中有 4 个参数 Y_{11}，Y_{12}，Y_{21}和 Y_{22}，它们都是导纳，单位是西门子（S）。这 4 个参数确定方法如下：

$Y_{11}=\left.\dfrac{\dot{I}_1}{\dot{U}_1}\right|_{\dot{U}_2=0}$，即当 $2-2'$ 端口短路（$\dot{U}_2=0$）时，$1-1'$ 端口的输入导纳；

$Y_{12}=\left.\dfrac{\dot{I}_1}{\dot{U}_2}\right|_{\dot{U}_1=0}$，即当 $1-1'$ 端口短路（$\dot{U}_1=0$），$2-2'$ 端口接入电压 $\dot{U}_2$ 时的转移导纳 $\dot{I}_1/\dot{U}_2$；

$Y_{21}=\left.\dfrac{\dot{I}_2}{\dot{U}_1}\right|_{\dot{U}_2=0}$，即当 $2-2'$ 端口短路（$\dot{U}_2=0$），$1-1'$ 端口接入电压 $\dot{U}_1$ 时的转移导纳 $\dot{I}_2/\dot{U}_1$；

$Y_{22}=\left.\dfrac{\dot{I}_2}{\dot{U}_2}\right|_{\dot{U}_1=0}$，即当 $1-1'$ 端口短路（$\dot{U}_1=0$）时，$2-2'$ 端口的输入导纳。

（3）h 参数方程，即

$$\dot{U}_1=h_{11}\dot{I}_1+h_{12}\dot{U}_2$$
$$\dot{I}_2=h_{21}\dot{I}_1+h_{22}\dot{U}_2$$

方程中有 4 个参数 h_{11}，h_{12}，h_{21}和 h_{22}. 其中 h_{11}的单位是欧姆（Ω），h_{22}单位是西门子（S），h_{12}是无量纲的转移电压比，而 h_{21}则是无量纲的转移电流比。这 4 个参数的确定方法如下：

$h_{11}=\left.\dfrac{\dot{U}_1}{\dot{I}_1}\right|_{\dot{U}_2=0}$，即当 $2-2'$ 端口短路（$\dot{U}_2=0$）时，$1-1'$ 端口的输入阻抗；

$h_{12}=\left.\dfrac{\dot{U}_1}{\dot{U}_2}\right|_{\dot{I}_1=0}$，即当 $1-1'$ 端口开路（$\dot{I}_1=0$），$2-2'$ 端口接入电压 $\dot{U}_2$ 时的转移电压比 $\dot{U}_1/\dot{U}_2$；

$h_{21}=\left.\dfrac{\dot{I}_2}{\dot{I}_1}\right|_{\dot{U}_2=0}$，即当 $2-2'$ 端口短路（$\dot{U}_2=0$），$1-1'$ 端口输入电流 $\dot{I}_1$ 时的转移电流比 $\dot{I}_2/\dot{I}_1$；

$h_{22}=\left.\dfrac{\dot{I}_2}{\dot{U}_2}\right|_{\dot{I}_1=0}$，即当 $1-1'$ 端口开路（$\dot{I}_1=0$）时，$2-2'$ 端口的输入导纳。

（4）T（传输）参数方程，即

$$\dot{U}_1=A\dot{U}_2+B(-\dot{I}_2)$$
$$\dot{I}_1=C\dot{U}_2+D(-\dot{I}_2)$$

方程中有 4 个参数 A，B，C，D。其中 A 是无量纲的转移电压比，B 是转移阻抗，C 是转移导纳，D 是转移电流比。这 4 个参数的确定方法如下：

$A=\left.\dfrac{\dot{U}_1}{\dot{U}_2}\right|_{\dot{I}_1=0}$，即当 1－1′ 端口开路（$\dot{I}_1=0$），2－2′ 端口接入电压 $\dot{U}_2$ 时的转移电压比 $\dot{U}_1/\dot{U}_2$；

$B=\left.\dfrac{-\dot{U}_1}{\dot{I}_2}\right|_{\dot{U}_2=0}$，即当 2－2′ 端口短路（$\dot{U}_2=0$），1－1′ 端口接入电压 $\dot{U}_1$ 时的转移阻抗 $-\dot{U}_1/\dot{I}_2$；

$C=\left.\dfrac{\dot{I}_1}{\dot{U}_2}\right|_{\dot{I}_2=0}$，即当 2－2′ 端口开路（$\dot{I}_2=0$），2－2′ 端口接入电压 $\dot{U}_2$ 时的转移导纳 $\dot{I}_1/\dot{U}_2$；

$D=-\left.\dfrac{\dot{I}_1}{\dot{I}_2}\right|_{\dot{U}_2=0}$，即当 2－2′ 端口短路（$\dot{U}_2=0$），1－1′ 端口输入电流 $\dot{I}_1$ 时的转移电流比 $-\dot{I}_1/\dot{I}_2$.

本课程全要掌握以上四种参数双口网络方程。此外，还有如下两种参数双口网络方程，应予了解。

（5）G 参数方程，即

$$\dot{I}_1=G_{11}\dot{U}_1+G_{12}\dot{I}_2$$
$$\dot{U}_2=G_{21}\dot{U}_1+G_{22}\dot{I}_2$$

4 个 G 参数分别为

$$G_{11}=\left.\frac{\dot{I}_1}{\dot{U}_1}\right|_{\dot{I}_2=0}\qquad G_{12}=\left.\frac{\dot{I}_1}{\dot{I}_2}\right|_{\dot{U}_1=0}$$
$$G_{21}=\left.\frac{\dot{U}_2}{\dot{U}_1}\right|_{\dot{I}_2=0}\qquad G_{22}=\left.\frac{\dot{U}_2}{\dot{I}_2}\right|_{\dot{U}_1-0}$$

（6）T'（反传输）参数方程，即

$$\dot{U}_2=A'\dot{U}_1+B'(-\dot{I}_1)$$
$$\dot{I}_2=C'\dot{U}_1+D'(-\dot{I}_1)$$

4 个 T' 参数分别为

$$A'=\left.\frac{\dot{U}_2}{\dot{U}_1}\right|_{\dot{I}_1=0}\qquad B'=\left.\frac{-\dot{U}_2}{\dot{I}_1}\right|_{\dot{U}_1=0}$$
$$C'=\left.\frac{\dot{I}_2}{\dot{U}_1}\right|_{\dot{I}_1=0}\qquad D'=\left.\frac{-\dot{I}_2}{\dot{I}_1}\right|_{\dot{U}_1=0}$$

以上是一个双口网络的六种参数的双口网络方程及其参数的确定方法。六组参数方程中最常用的前面四组方程。一个双口网络用任一种参数方程来表征都是可以的，只要这种参数确定。知道双口网络的一组参数，就可转换为其它五组参数，也就是说，各组参数之间有一定的互换关系。现将 Z，Y，h，T 四组参数之间的互换关系列表如下。

参数 / 方程	Z	Y	T	h
Z 参数方程	$\begin{bmatrix} Z_{11} & Z_{12} \\ Z_{21} & Z_{22} \end{bmatrix}$	$\begin{bmatrix} \frac{Y_{22}}{\Delta Y} & \frac{-Y_{12}}{\Delta Y} \\ \frac{-Y_{21}}{\Delta Y} & \frac{Y_{11}}{\Delta Y} \end{bmatrix}$	$\begin{bmatrix} \frac{A}{C} & \frac{\Delta T}{C} \\ \frac{1}{C} & \frac{D}{C} \end{bmatrix}$	$\begin{bmatrix} \frac{\Delta h}{h_{22}} & \frac{h_{12}}{h_{22}} \\ \frac{-h_{21}}{h_{22}} & \frac{1}{h_{22}} \end{bmatrix}$
Y 参数方程	$\begin{bmatrix} \frac{Z_{22}}{\Delta Z} & \frac{-Z_{12}}{\Delta Z} \\ \frac{-Z_{21}}{\Delta Z} & \frac{Z_{11}}{\Delta Z} \end{bmatrix}$	$\begin{bmatrix} Y_{11} & Y_{12} \\ Y_{21} & Y_{22} \end{bmatrix}$	$\begin{bmatrix} \frac{D}{B} & \frac{-\Delta T}{B} \\ \frac{-1}{B} & \frac{A}{B} \end{bmatrix}$	$\begin{bmatrix} \frac{1}{h_{11}} & \frac{-h_{12}}{h_{11}} \\ \frac{h_{21}}{h_{11}} & \frac{\Delta h}{h_{11}} \end{bmatrix}$
h 参数方程	$\begin{bmatrix} \frac{\Delta Z}{Z_{22}} & \frac{Z_{12}}{Z_{22}} \\ \frac{-Z_{21}}{Z_{22}} & \frac{1}{Z_{22}} \end{bmatrix}$	$\begin{bmatrix} \frac{1}{Y_{11}} & \frac{-Y_{12}}{Y_{11}} \\ \frac{Y_{21}}{Y_{11}} & \frac{\Delta Y}{Y_{11}} \end{bmatrix}$	$\begin{bmatrix} \frac{B}{D} & \frac{\Delta T}{D} \\ \frac{-1}{D} & \frac{C}{D} \end{bmatrix}$	$\begin{bmatrix} h_{11} & h_{12} \\ h_{21} & h_{22} \end{bmatrix}$
T 参数方程	$\begin{bmatrix} \frac{Z_{11}}{Z_{21}} & \frac{\Delta Z}{Z_{21}} \\ \frac{1}{Z_{21}} & \frac{Z_{22}}{Z_{21}} \end{bmatrix}$	$\begin{bmatrix} \frac{-Y_{22}}{Y_{21}} & \frac{-1}{Y_{21}} \\ \frac{-\Delta Y}{Y_{21}} & \frac{-Y_{11}}{Y_{21}} \end{bmatrix}$	$\begin{bmatrix} A & B \\ C & D \end{bmatrix}$	$\begin{bmatrix} \frac{\Delta h}{h_{12}} & \frac{-h_{11}}{h_{21}} \\ \frac{-h_{22}}{h_{21}} & \frac{-1}{h_{21}} \end{bmatrix}$
互易条件	$Z_{12}=Z_{21}$	$Y_{21}=Y_{12}$	$\Delta T=1$	$h_{12}=-h_{21}$
对称条件	$Z_{11}=Z_{22}$	$Y_{11}=Y_{22}$	$A=D$	$\Delta h=1$

表中每一组参数用矩阵形式表示，ΔZ 是 Z 参数的行列式，ΔY 是 Y 参数行列式等。如果双口网络参数中 $Z_{12}=Z_{21}$，$Y_{12}=Y_{21}$，$h_{12}=-h_{21}$以及 $\Delta T=1$，这类双口网络称为互易网络；互易双口网络中的参数 $Z_{11}=Z_{22}$，$Y_{11}=Y_{22}$，$\Delta h=1$ 及 $A=D$，这类双口网络称为对称网络。

双口网络有六组参数方程，可以根据不同情况选择一种更为合适的参数方程。Z 参数和 Y 参数是最基本的参数，可以认为是单口网络输入阻抗和输入导纳的延伸，常用于理论的讨论和基本定理的推导中。h 参数广泛用于晶体管电路问题的分析中，对晶体管来说 h 参数最易测量，且具有明显的物理意义。对于电能或信号传输问题的双口网络则采用传输参数最方便，因它把输入端口的电压 $\dot{U}_1$ 和电流 $\dot{I}_1$ 用输出端口（即负载端）的电压 $\dot{U}_2$ 和电流 $\dot{I}_2$ 通过参数 A，B，C，D 表示出来。

3. 端接双口网络正弦交流电路的分析

如图 5-6 所示，其中 $\dot{U}_s$ 表示正弦电源电压相量，Z_s 表示电源的内阻抗，Z_L 表示负载阻抗，电源和负载通过双口网络 N 相连接，这种电路，称为端接双口网络。这种网络具有重要的实用意义。例如电力系统中，正弦交流电源通过电力网向用户供电，电力网络可以用双口网络表示，这时的供电系统就可以用端接双口网络来进行分析。

进行端接双口网络电路的正弦稳态分析时，通常已知电源电压和内阻抗以及负载阻抗，而且还必须知道双口网络的任一组参数方程。

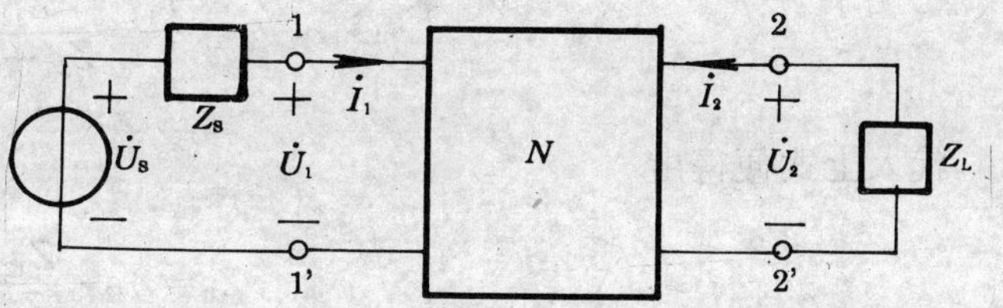

图 5-6　端接双口网络

如已知 Z 参数方程为

$$\dot U_1=Z_{11}\dot I_1+Z_{12}\dot I_2 \qquad ①$$

$$\dot U_2=Z_{21}\dot I_1+Z_{22}\dot I_2 \qquad ②$$

根据输入端列出 KVL 方程为

$$\dot U_1=\dot U_s-Z_s\dot I_1 \qquad ③$$

负载 Z_L 伏安关系方程为

$$\dot U_2=-Z_L\dot I_2 \qquad ④$$

根据以上 4 个方程，就可以解出输入端口的电压 $\dot U_1$ 和电流 $\dot I_1$，负载的电压 $\dot U_2$ 和电流 $\dot I_2$ 等 4 个变量。

对负载 Z_L 而言，端接双口网络，可以应用戴维南定理（或诺顿定理）化简为一电压源与一阻抗串联支路（或电流源与阻抗并联支路）。戴维南等效电路中的电压源是端接双口网络端口 2—2′ 开路，即 $\dot I_2=0$ 时负载端口的电压 $\dot U_{oc}$。在 $\dot I_2=0$ 条件下，不难由式②与式①得出

$$\dot U_{oc}=\dot U_2=Z_{21}\dot I_1=\frac{Z_{21}}{Z_{11}}\dot U_1$$

将 $\dot I_1=\dot U_1/Z_{11}$ 代入式③得出

$$\dot U_1=\frac{\dot U_s Z_{11}}{Z_{11}+Z_s}$$

代入上式便得出开路电压为

$$\dot U_{oc}=\frac{Z_{21}}{Z_{11}+Z_s}\dot U_s$$

戴维南等效阻抗 Z_0 是当 $\dot U_s=0$ 从 2—2′ 端口的输入阻抗。由式②得出

$$Z_0=\frac{\dot U_2}{\dot I_2}=Z_{21}\frac{\dot I_1}{\dot I_{22}}+Z_{22}$$

又由式①及 $\dot U_1=-Z_s\dot I_1$ 得出的

$$\frac{\dot{I}_1}{\dot{I}_2}=\frac{Z_{12}}{Z_{11}+Z_s}$$

代入上式便得出

$$Z_0=Z_{22}-\frac{Z_{12}\cdot Z_{21}}{Z_{11}+Z_s}$$

本章学习的重点内容是：正弦量的基本概念，正弦量的相量表示，两类约束的相量形式，阻抗与导纳，正弦交流电路分析的相量法。

三、解 题 指 导

（一）例题分析

〔**例 5-1**〕　正弦量的相量表示及相位差的计算。已知三个正弦电流分别为

$$i_1=\sqrt{2}\,5\sin(314t+30°)\ \text{A}$$

$$i_2=\sqrt{2}\,6\cos(314t+30°)\ \text{A}$$

$$i_3=-\sqrt{2}\sin(314t+30°)\ \text{A}$$

求各电流以正弦函数标准形式的相量，计算各电流之间的相位差并绘出电流相量图。

解：〔解题思路〕　首先将 i_2 和 i_3 变换为＋sin 函数标准形式，然后写出各电流的相量，再计算出各电流之间的相位差，最后绘出各电流的相量图。

〔解题方法〕　（1）将 i_2 和 i_3 变换为＋sin 函数标准形式

$$\begin{aligned}i_2&=\sqrt{2}\,6\cos(314t+30°)=\sqrt{2}\,6\sin(314t+30°+90°)\\&=\sqrt{2}\,6\sin(314t+120°)\ \text{A}\\i_3&=-\sqrt{2}\,4\sin(314t+30°)=\sqrt{2}\,4\sin(314t+30°-180°)\\&=\sqrt{2}\,4\sin(314t-150°)\ \text{A}\end{aligned}$$

（2）将各正弦电流变换为相量

$$i_1=\sqrt{2}\,5\sin(314t+30°)\longrightarrow\dot{I}_1=5\angle 30°\text{A}$$

$$i_2=\sqrt{2}\,6\sin(314t+120°)\longrightarrow\dot{I}_2=6\angle 120°\ \text{A}$$

$$i_3=\sqrt{2}\,4\sin(314t-150°)\longrightarrow\dot{I}_3=4\angle -150°\ \text{A}$$

（3）计算各电流之间的相位差

a. i_1 对 i_2 的相位差为

$$\varphi_{12}=\varphi_1-\varphi_2=30°-120°=-90°$$

表明电流 i_1 滞后 i_2 相位 90°，或者说电流 i_2 超前 i_1 相位 90°.

b. i_2 对 i_3 的相位差为

$$\varphi_{23}=\varphi_2-\varphi_3=120°-(-150°)=270°=-90°$$

表明电流 i_2 滞后 i_3 相位 90°，或者说电流 i_3 超前 i_2 相位 90°。

c. i_3 对 i_1 的相位差为

$$\varphi_{31}=\varphi_3-\varphi_1=-150°-30°=-180°$$

表明电流 i_3 与 i_1 反相。

(4) 绘出电流的相量图，如图 5-7 所示。

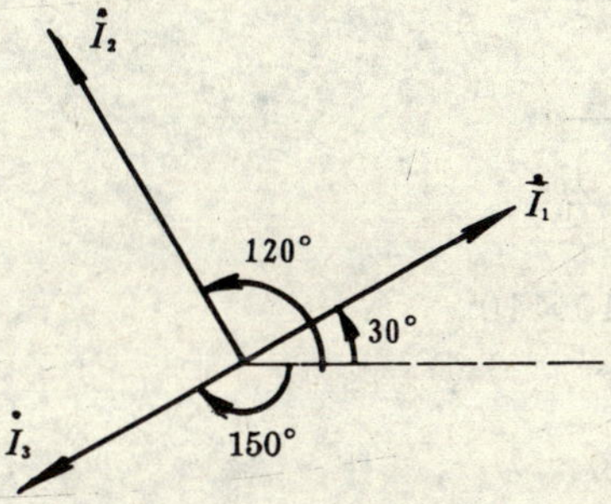

图 5-7 例 5-1 电流相量图

〔**例 5-2**〕 电容元件伏安关系、功率及储能的计算。图 5-8(a)所示为一个 0.5 μF 的电容元件，接入电压源 $u(t)$。$u(t)$的波形图如图 5-8(b)所示。求(1)电容电流 $i(t)$并绘出波形图；(2)绘出电容的瞬时功率 $p_C(t)$的波形图；计算电容的储能并绘出波形图。

解：〔解题思路〕 在给定电容电压条件下，按电容元件 VAR 式 $i_C(t)=C\dfrac{du_C(t)}{dt}$计算电容电流。根据电容电压 $u(t)$波形图按时间分段计算电容电流，并绘出波形图。电容元件的瞬时功率 $p_C(t)=u_C(t)\cdot i_C(t)$，故将$u(t)$和 $i(t)$波形

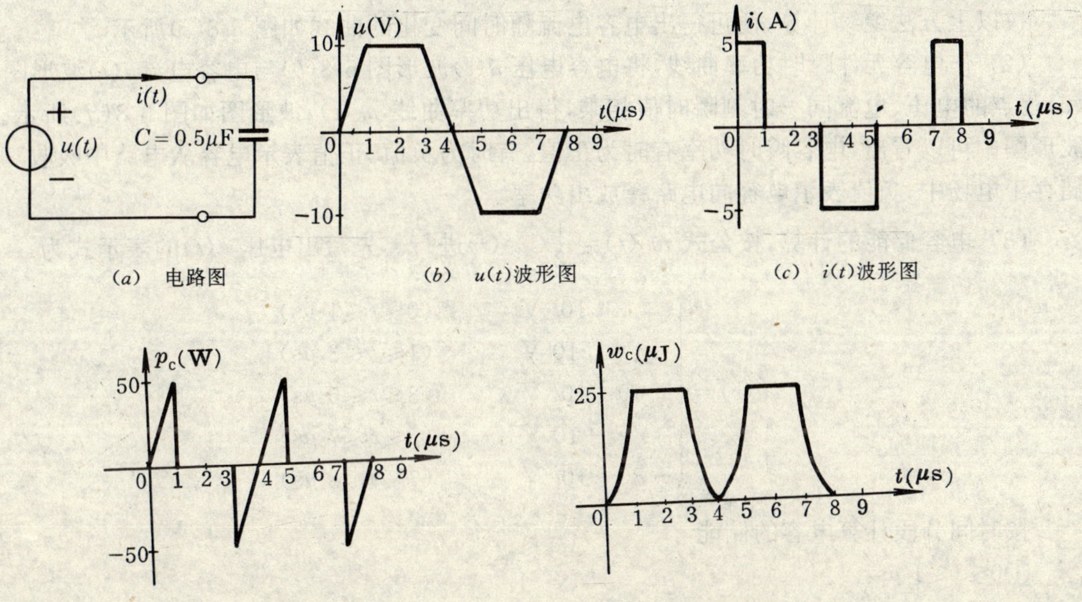

(a) 电路图 (b) $u(t)$波形图 (c) $i(t)$波形图

(d) 功率波形图 (e) 储能特性曲线

图 5-8 例 5-2 电路及波形图

图逐点对应相乘，便得出功率曲线 $p_C(t)$. 电容的储能按公式 $w_C(t)=\dfrac{1}{2}Cu_C^2(t)$分段进行计算，并绘出储能的波形图。

〔解题方法〕 (1)计算电容电流 $i(t)$，根据式 $i(t)=C\dfrac{du(t)}{dt}$，按时间分段进行：

在 0～1 μs 期间，电压 $u(t)$从 0V 上升为 10 V，其变化率为

$$\frac{\mathrm{d}u}{\mathrm{d}t}=\frac{10}{1\times10^{-6}}=10\times10^{6}$$

故在此期间的电容电流为

$$i=C\frac{\mathrm{d}u}{\mathrm{d}t}=0.5\times10^{-6}\times10\times10^{6}=5\ \mathrm{A}$$

在 1～3 μs 期间，电压 $u=10$ V，$\frac{\mathrm{d}u}{\mathrm{d}t}=0$. 故在此期间电容电流为

$$i=0$$

在 3～5 μs 期间，电压 u 从 10 V 下降为 −10 V，其变化率为

$$\frac{\mathrm{d}u}{\mathrm{d}t}=\frac{-(10)-(10)}{2\times10^{-6}}=\frac{-20}{2}\times10^{6}=-10\times10^{6}$$

故在此期间电容电流为

$$i=C\frac{\mathrm{d}u}{\mathrm{d}t}=0.5\times10^{-6}\times(-10\times10^{6})=-5\ \mathrm{A}$$

按以上方法继续计算，便可得出电容电流随时间变化的曲线如图 5-8(c)所示。

(2) 作电容元件瞬时功率曲线，将电容电压 $u(t)$ 波形图 5-8(b)与电容电流 $i(t)$ 波形图 5-8(c)逐点的电压、电流同一时刻瞬时值相乘，得出功率曲线 $p_C(t)$，波形图如图 5-8(d)所示。从波形图中可以看出，电容瞬时功率有时为正值，有时为负值。正值表示电容从电路中吸收功率，储存于电场中；负值表示电容向电路释放出功率。

(3) 电容储能的计算，按公式 $w_C(t)=\frac{1}{2}Cu_C^2(t)$ 进行。先写出电压 $u(t)$ 的表示式为

$$u(t)=\begin{cases}10t\ \mathrm{V} & (0\leqslant t\leqslant1\ \mu\mathrm{s})\\ 10\ \mathrm{V} & (1\leqslant t\leqslant3\ \mu\mathrm{s})\\ 40-10t\ \mathrm{V} & (3\leqslant t\leqslant5\ \mu\mathrm{s})\\ -10\ \mathrm{V} & (5\leqslant t\leqslant7\ \mu\mathrm{s})\\ -80+10t\ \mathrm{V} & (7\leqslant t\leqslant8\ \mu\mathrm{s})\end{cases}$$

按时间分段计算电容的储能

①$0\leqslant t\leqslant1$ μs：

$$w_C(t)=\frac{1}{2}\times0.5\times10^{-6}(10t)^2=25\times10^{-6}t^2=25t^2\ \mu\mathrm{J}$$

$$w_C(1\ \mu\mathrm{s})=25\ \mu\mathrm{J}$$

②$1\leqslant t\leqslant3$ μs：

$$w_C(t)=\frac{1}{2}\times0.5\times10^{-6}(10)^2=25\ \mu\mathrm{J}$$

③$3\leqslant t\leqslant5$ μs：

$$w_C(t)=\frac{1}{2}\times0.5\times10^{-6}(40-10t)^2=400-200t+25t^2$$

$$w_C(3\ \mu s)=400-200\times3+25\times3^3=25\ \mu J$$

$$w_C(4\ \mu s)=400-200\times4+25\times4^2=0$$

④$5\leqslant t\leqslant7\ \mu s$：

$$w_C(t)=\frac{1}{2}\times0.5\times10^{-6}(-10)^2=25\ \mu J$$

⑤$7\leqslant t\leqslant8\ \mu s$：

$$w_C(t)=\frac{1}{2}\times0.5\times10^{-6}(-80+10t)^2=1600-400t+25t^2\ \mu J$$

$$w_C(7\ \mu s)=1600-400\times7+25\times7^2=25\ \mu J$$

$$w_C(8\ \mu s)=1600-400\times8+25\times8^2=0$$

按以上计算的结果，将电容的储能特性曲线绘出如图 5-8(*e*)所示，它表示每一时刻电容的储能，单位是 μJ. 从波形图中可见，电容的储能总是为正值，但有时增长，有时为定值，有时减少。当储能增长时，瞬时功率为正值，电容充电，这时电容吸收能量储存在电场中；当储能减少时，瞬时功率为负，电容放电，这时电容释放能量；当储能为恒定值时，瞬时功率为零值，电容电流也为零值，这时电容不充电也不放电，保持一定的储能。

〔**例 5-3**〕 电感元件 VAR 及储能的计算。如图 5-9(*a*)所示一元储能电感元件 L，于$t=0$时刻接入如图 5-9(*b*)所示波形的电压 $u(t)$. 求(1)$t\geqslant0$ 时的电感电流 $i(t)$并绘出波形图；(2)计算 $t=1,2$ s 时刻的储能。

解：〔解题思路〕 首先根据电压 $u(t)$的波形图按时间分段写出它的表达式，按电感元件的 VAR 式：$i_L(t)=i_L(0)+\frac{1}{L}\int_0^t u_L(\xi)d\xi$分段计算出电感电流 $i(t)$，本题 $i_L(0)=0$. 最后按电感元件的储能公式 $w_L(t)=\frac{1}{2}Li_L^2(t)$ 来计算储能。

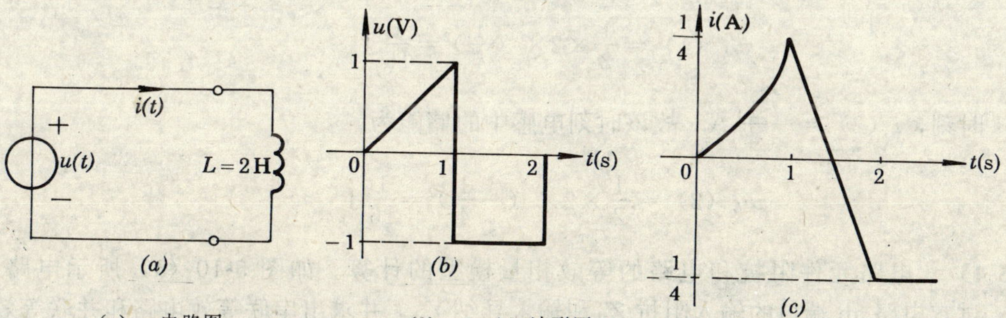

(*a*) 电路图　　(*b*) $u(t)$ 波形图　　(*c*) $i(t)$ 波形图

图 5-9 例 5-3 电路及波形图

〔解题方法〕 (1) 写出电压 $u(t)$ 的表达式为

$$u(t)=\begin{cases}0 & (t<0)\\ t\ V & (0\leqslant t<1\ s)\\ -1\ V & (1\leqslant t<2\ s)\\ 0\ V & (t>2\ s)\end{cases}$$

(2) 计算电流 $i(t)$，按时间分段进行。

①$0\leqslant t<1$ s：由于 $i(0)=0$，则

$$i(t)=\frac{1}{2}\int_0^t \xi \mathrm{d}\xi=\frac{1}{4}t^2 \text{ A}$$

$$i(1)=\frac{1}{4} \text{ A}$$

②$1\leqslant t<2$ s：

$$i(t)=\frac{1}{4}+\frac{1}{2}\int_1^t (-1)\mathrm{d}\xi=\frac{1}{4}+\left(-\frac{1}{2}t+\frac{1}{2}\right)=\frac{3}{4}-\frac{1}{2}t \text{ A}$$

$$i(2)=-\frac{1}{4} \text{ A}$$

③$t>2$ s：

$$i(t)=-\frac{1}{4}+\frac{1}{2}\int_2^t 0\mathrm{d}\xi=-\frac{1}{4} \text{ A}$$

(3) 绘出 $i(t)$ 波形图如图 5-9 (*c*) 所示。在 $0\leqslant t\leqslant 1$ s 期间，i 从 0 增长到 $\frac{1}{4}$ A. 其中间由于 $\frac{\mathrm{d}u(t)}{\mathrm{d}t}>0$，且 $\frac{\mathrm{d}u(t)}{\mathrm{d}t}=L\frac{\mathrm{d}^2 i(t)}{\mathrm{d}t^2}$，故有 $\frac{\mathrm{d}^2 i(t)}{\mathrm{d}t^2}>0$，所以 $i(t)$ 曲线是向上凹图形；在 $1\leqslant t\leqslant 2$s 期间，$u(t)$ 为负常数，$i(t)$ 是线性下降，从 $\frac{1}{4}$ A 下降到 $-\frac{1}{4}$ A. 当 $t\geqslant 2$ s 时，$i(t)$ 保持为 $-\frac{1}{4}$ A.

(4) 计算 $t=1$，2 s 时刻的储能

$t=1$ s 时刻，$i(1)=\frac{1}{4}$ A。故该时刻电感中的储能为

$$w_L(1)=\frac{1}{2}\times 2\times\left(\frac{1}{4}\right)^2=\frac{1}{16} \text{ J}$$

$t=2$ s 时刻，$i(2)=-\frac{1}{4}$ A. 故该时刻电感中的储能为

$$w_L(2)=\frac{1}{2}\times 2\times\left(-\frac{1}{4}\right)^2=\frac{1}{16} \text{ J}$$

〔**例 5-4**〕　电路元件阻抗和电路的等效相量模型的计算。如图 5-10 (*a*) 所示电路，$\omega=2$rad/s. 试求电路 ab 端口的输入阻抗 Z_{ab} 和输入导纳 Y_{ab}，并求出串联等效电路和并联等效电路。

解：　〔解题思路〕　(1) 首先计算电路中各元件的阻抗，并作出相量模型；(2) 计算端口ab的输入阻抗 Z_{ab}，并根据 Z_{ab} 求出串联等效电路；(3) 根据 Z_{ab} 计算出导纳 Y_{ab}，并求出并联等效电路。

〔解题方法〕　(1) 计算各元件的阻抗，作出相量模型，如图 5-10 (*b*) 所示。

(2) 计算 ab 端口的输入阻抗为

$$Z_{ab}=2+\mathrm{j}2+\frac{-\mathrm{j}}{1-\mathrm{j}}=2+\mathrm{j}2+\frac{1}{2}-\mathrm{j}\,\frac{1}{2}$$

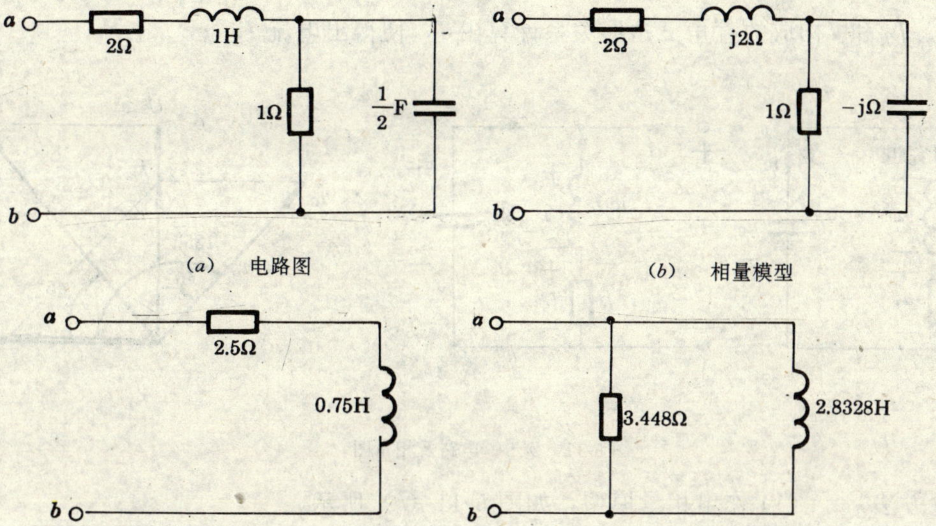

(a) 电路图　　(b) 相量模型

(c) 串联等效电路　　(d) 并联等效电路

图 5-10　例 5-4 电路图

$$=2.5+\mathrm{j}1.5\ \Omega$$

于是便得出 2.5 Ω 电阻与 j1.5 Ω 电抗串联的等效相量模型。由于

$$R=2.5\ \Omega$$

$$L=\frac{X_{\mathrm{L}}}{\omega}=\frac{1.5}{2}=0.75\ \mathrm{H}$$

故作出串联等效电路，如图 5-10（c）所示。

（3）计算 ab 端口的输入导纳为

$$Y_{\mathrm{ab}}=\frac{1}{Z_{\mathrm{ab}}}=\frac{1}{2.5+\mathrm{j}1.5}=0.29-\mathrm{j}0.1765\ \mathrm{S}$$

于是便得出 0.29S 电导与 −j0.1765 S 感纳并联的等效相量模型。由于

$$R=\frac{1}{G}=\frac{1}{0.29}=3.448\ \Omega$$

$$L=\frac{1}{\omega B_{\mathrm{L}}}=\frac{1}{2\times 0.1765}=2.8328\ \mathrm{H}$$

故作出并联等效电路如图 5-10（d）所示。

〔**例 5-5**〕　应用相量图法分析正弦交流电路。如图 5-11（a）所示电路，已知 $L=2$ mH，$R=2\ \Omega$，$C=500\ \mu$F，$\omega=1000$ rad/s，$i_{\mathrm{L}}=\sqrt{2}\cdot 10\sin\omega t$ A。试用相量图法，求电压 u_L，u_R 和 u_C，电流 i_C 和 i。

解：　〔解题思路〕　首先作电流相量 $\dot{I}_{\mathrm{L}}=10\angle 0^\circ$ A；根据元件 R，L 的 VAR，计算出电压 $\dot{U}_R$ 和 $\dot{U}_L$。$\dot{U}_R$ 与 $\dot{I}_L$ 同相，$\dot{U}_L$ 超前 $\dot{I}_L$ 相位 90°，作出相量 $\dot{U}_R$ 和 $\dot{U}_L$；根据 $\dot{U}_C=\dot{U}_R+\dot{U}_L$ 作出电容电压 $\dot{U}_C$ 的相量图，按 $\dot{U}_R$，$\dot{U}_L$ 和 $\dot{U}_C$ 构成的直角三角形关系计算 U_C，得出 $\dot{U}_C$；根据元件 C 的 VAR 计算出 I_C 并作出它的相量图；最后，根据 $\dot{I}=\dot{I}_L+\dot{I}_C$ 关系作出电流 $\dot{I}$ 的相量

图，按 $\dot{I}_L$，$\dot{I}_C$ 和 $\dot{I}$ 构成的直角三角形关系计算出 I，便得出电流 $\dot{I}$.

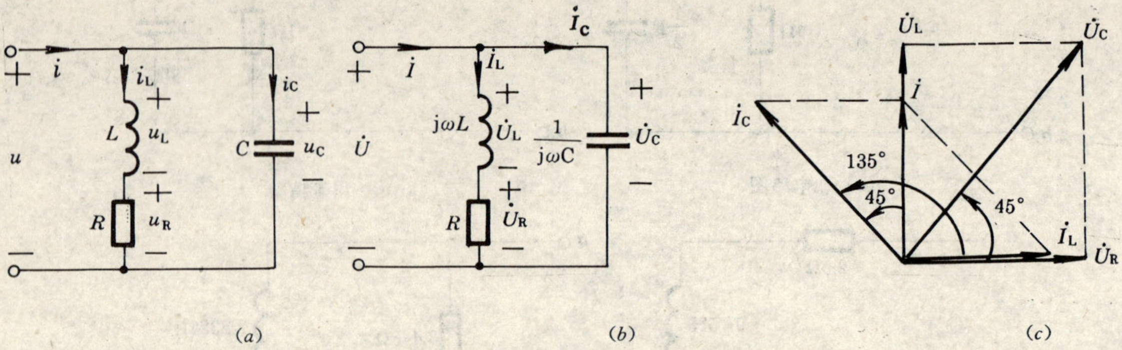

图 5-11　例 5-5 电路及相量图

〔解题方法〕　(1) 作出相量模型，如图 5-11 (b) 所示。

(2) 作已知电流 $\dot{I}_L=10\angle 0°$ A，如图 5-11 (c) 所示。

(3) 根据元件 R，L 的 VAR 计算电压 $\dot{U}_R$ 和 $\dot{U}_L$，即

$$\dot{U}_R=R\dot{I}_L=2\times 10\angle 0°=20\angle 0° \text{ V}$$

$$\dot{U}_L=j\omega L\dot{I}_L=j1000\times 2\times 10^{-3}\times 10\angle 0°=20\angle 90° \text{ V}$$

作相量 $\dot{U}_R$，$\dot{U}_R$ 与 $\dot{I}_L$ 同相；作相量 $\dot{U}_L$，$\dot{U}_L$ 超前 $\dot{I}_L$ 相位 90°.

(4) 根据 $\dot{U}_C=\dot{U}_L+\dot{U}_R$ 关系作出相量 $\dot{U}_C$。由于 $U_L=U_R$，作以 $\dot{U}_L$ 和 $\dot{U}_R$ 为两边的正方形，连正方形的对角线，作出相量 $\dot{U}_C$. 从图中可知 $\dot{U}_C=U_C\angle 45°$，根据直角三角形关系计算出 U_C，即

$$U_C=\frac{U_L}{\sin 45°}=\frac{20}{1/\sqrt{2}}=\sqrt{2}\cdot 20$$

$$\dot{U}_C=\sqrt{2}\cdot 20\angle 45° \text{ V}$$

(5) 根据电容元件 C 的 VAR，计算出电容电流为

$$\dot{I}_C=\frac{\dot{U}_C}{1/j\omega C}=j\omega C\dot{U}_C=j1000\times 500\times 10^{-6}\times\sqrt{2}\times 20\angle 45°$$

$$=\sqrt{2}\cdot 10\angle 135° \text{ A}$$

作出 $\dot{I}_C$ 的相量图，它超前 $\dot{U}_C$ 相位 90°.

(6) 根据 $\dot{I}=\dot{I}_L+\dot{I}_C$，作出总电流相量 $\dot{I}$. 从相量图中可知，$\dot{I}$ 与 $\dot{U}_L$ 同相，而滞后 $\dot{I}_C$ 相位 45°. 从直角三角形关系计算出 I，即

$$I=I_C\cos 45°=\sqrt{2}\times 10\times\frac{1}{\sqrt{2}}=10 \text{ A}$$

故得出

$$\dot{I}=10\angle 90° \text{ A}$$

（7）最后，将相量 $\dot{U}_L$，$\dot{U}_R$，$\dot{U}_C$，$\dot{I}_C$ 和 $\dot{I}$，变换为它的瞬时值表示式分别为

$$u_L=\sqrt{2}\cdot 20\sin(1000t+90°)\ \text{V}$$
$$u_R=\sqrt{2}\cdot 20\sin(1000t)\ \text{V}$$
$$u_C=40\sin(1000t+45°)\ \text{V}$$
$$i_C=20\sin(1000t+135°)\ \text{A}$$
$$i=\sqrt{2}\cdot 10\sin(1000t+90°)\ \text{A}$$

〔**例 5-6**〕 复杂正弦交流电路的分析计算。如图 5-12（a）所示电路，电路中 $u_s=10\sin 314t$ V，$R_1=2\ \Omega$，$R_2=1\ \Omega$，$L=6.37$ mH，$C=637\ \mu$F. 求电流 i_1，i_2 和电压 u_C.

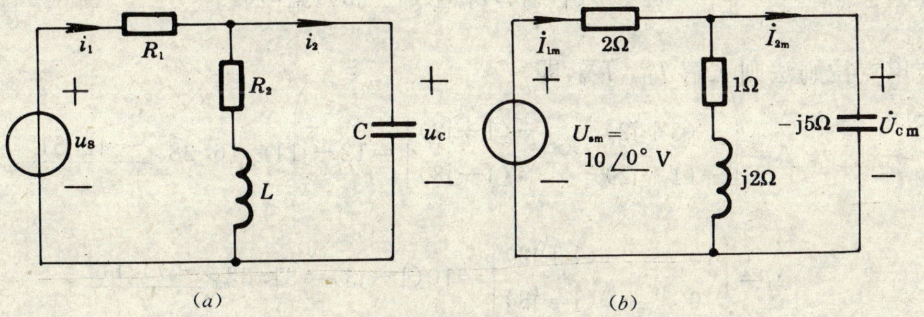

图 5-12　例 5-6 电路图

解：　〔解题思路〕　应用相量法解题。首先作出相量模型，然后可以分别用计算总阻抗总电流 $\dot{I}_1$ 和用分流关系计算 $\dot{I}_2$ 的方法、网孔分析法、节点分析法进行计算。

〔解题方法〕　首先将图 5-12(a)时域电路变换为如图 5-12(b)所示相量模型。其中，正弦量用振幅相量表示：$\dot{U}_{sm}=10\angle 0°$ V，$\dot{I}_{1m}$，$\dot{I}_{2m}$ 和 $\dot{U}_{Cm}$；

$$Z_L=j\omega L=j\times 314\times 6.73\times 10^{-3}=j2\ \Omega$$
$$Z_C=-j\frac{1}{\omega C}=-j\frac{1}{314\times 637\times 10^{-6}}=-j5\ \Omega$$

方法之一　先计算总阻抗 Z，计算 $\dot{I}_{1m}$，$\dot{I}_{2m}$ 和 $\dot{U}_{Cm}$

$$Z=2+\frac{(1+j2)(-j5)}{1-j3}=4.5+j2.5=5.15\angle 29.05°\ \Omega$$

$$\dot{I}_{1m}=\frac{\dot{U}_{sm}}{Z}=\frac{10\angle 0°}{5.15\angle 29.05°}=1.94\angle -29.05°\ \text{A}$$

按分流公式计算出 $\dot{I}_{2m}$，即

$$\dot{I}_{2m}=\frac{1+j2}{(1+j2)+(-j5)}\dot{I}_{1m}=\frac{2.236\angle 63.43°}{3.16\angle -71.56°}\times 1.94\angle -29.05°$$
$$=1.372\angle 105.94°\ \text{A}$$

按元件 VAR 计算 $\dot{U}_{Cm}$，即

$$\dot{U}_{Cm}=-j5\dot{I}_{2m}=-j5(1.372\angle 105.94°)$$

$$=6.86\underline{/15.94^\circ}\ \mathrm{V}$$

最后，将相量 $\dot{I}_{1m}$，$\dot{I}_{2m}$和 $\dot{U}_{Cm}$变换时域瞬时值表示式分别为

$$i_1=1.94\sin(314t-29.05^\circ)\ \mathrm{A}$$
$$i_2=1.372\sin(314t+105.94^\circ)\ \mathrm{A}$$
$$u_C=6.86\sin(314t+15.94^\circ)\ \mathrm{V}$$

方法之二　用网孔法解题。设绕行方向按顺时钟方向，列网孔方程为

$$(3+j2)\dot{I}_{1m}-(1+j2)\dot{I}_{2m}=10\underline{/0^\circ}$$
$$-(1+j2)\dot{I}_{1m}+(1-j3)\dot{I}_{2m}=0$$

应用克拉姆法则求解 $\dot{I}_{1m}$，$\dot{I}_{2m}$，即

$$\Delta=\begin{vmatrix}(3+j2) & -(1+j2)\\ -(1+j2) & (1-j3)\end{vmatrix}=12-j11=16.28\underline{/-42.51^\circ}$$

$$\Delta_1=\begin{vmatrix}10 & -(1+j2)\\ 0 & (1-j3)\end{vmatrix}=10(1-j3)=31.62\underline{/-71.56^\circ}$$

$$\Delta_2=\begin{vmatrix}(3+j2) & 10\\ -(1+j2) & 0\end{vmatrix}=10(1+j2)=22.36\underline{/63.43^\circ}$$

$$\dot{I}_{1m}=\frac{\Delta_1}{\Delta}=\frac{31.62\underline{/-71.56^\circ}}{16.28\underline{/-42.51^\circ}}=1.94\underline{/-29.05^\circ}\ \mathrm{A}$$

$$\dot{I}_{2m}=\frac{\Delta_2}{\Delta}=\frac{22.36\underline{/63.43^\circ}}{16.28\underline{/-42.51^\circ}}=1.372\underline{/105.94^\circ}\ \mathrm{A}$$

$$\dot{U}_{Cm}=-j5\dot{I}_{2m}=-j5(1.372\underline{/105.94^\circ})=6.86\underline{/15.94^\circ}\ \mathrm{V}$$

i_1、i_2 和 u_C 的瞬时值表示式同方法之一。

方法之三　用节点法解题。以节点电压 $\dot{U}_{Cm}$列上节点方程为

$$\left(\frac{1}{2}+\frac{1}{1+j2}+\frac{1}{-j5}\right)\dot{U}_{Cm}=\frac{10\underline{/0^\circ}}{2}=5\underline{/0^\circ}$$

$$(0.7-j0.2)\dot{U}_{Cm}=5\underline{/0^\circ}$$

$$\dot{U}_{Cm}=\frac{5\underline{/0^\circ}}{0.7-j0.2}=\frac{5\underline{/0^\circ}}{0.728\underline{/-15.94^\circ}}=6.86\underline{/15.94^\circ}\ \mathrm{V}$$

计算电流 $\dot{I}_{1m}$和 $\dot{I}_{2m}$相量分别为

$$\dot{I}_{1m}=\frac{\dot{U}_{sm}-\dot{U}_{Cm}}{2}=5-3.43\underline{/15.94^\circ}$$
$$=5-3.302-j0.9437=1.698-j0.9437$$

$$=1.94\angle{-29.05^\circ}\ \text{A}$$

$$\dot{I}_{2m}=\frac{\dot{U}_{Cm}}{-j5}=\frac{6.86\angle{15.94^\circ}}{5\angle{-90^\circ}}=1.372\angle{105.94^\circ}\ \text{A}$$

相量 $\dot{I}_{1m}$，$\dot{I}_{2m}$和 $\dot{U}_{Cm}$的瞬时值表示式同方法之一。

〔**例 5-7**〕 应用戴维南定理和叠加定理分析正弦交流电路的计算。如图 5-13 (*a*) 所示正弦交流电路的相量模型，求 10 Ω 电阻支路中的电流 $\dot{I}$。

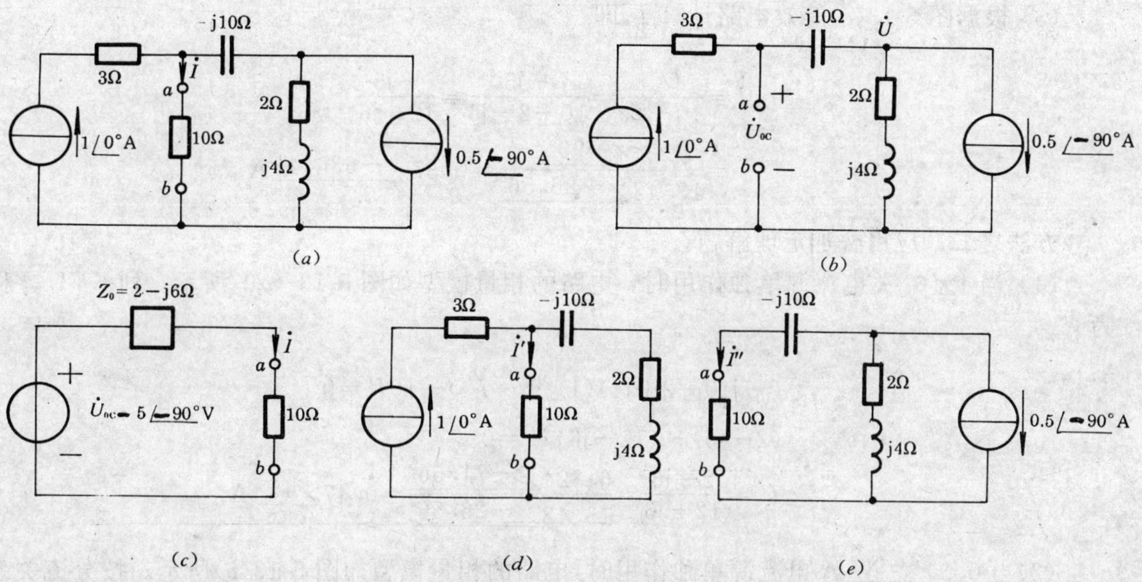

图 5-13 例 5-7 电路图

解： 〔解题思路〕 本题是含有两个正弦交流电源的复杂电路，提供电路的相量模型，要求计算某一支路的电流相量。因此，在相量模型基础上，可以应用戴维南定理化简为单回路电路模型来计算，也可以应用叠加定理来进行计算。

〔解题方法〕 方法之一 应用戴维南定理解题。

(1) 将待求支路中 10 Ω 电阻元件拆除，求 *ab* 端口的开路电压 $\dot{U}_{oc}$，电路如图 5-13 (*b*) 所示。以下节点为参考节点，对上节点以 $\dot{U}$为变量列节点方程，为

$$\frac{1}{2+j4}\dot{U}=1\angle{0^\circ}-0.5\angle{-90^\circ}$$

$$=1+j0.5$$

解出节点电压相量为

$$\dot{U}=(1+j0.5)(2+j4)=j5\ \text{V}$$

应该特别注意的是，在节点方程中与 $1\angle 0^\circ$ A 电流源串联支路的阻抗($3-j10$)应置零，即在节点方程中该导纳为零值。

再根据 KVL 求出开路电压为

$$\dot{U}_{oc}=-j10\times1\angle0^\circ+\dot{U}$$
$$=-j10+-j5=-j5\text{V}$$

(2)求戴维南电路中的等效阻抗 Z_0。当两电流源置零后，ab端口的输入阻抗，即

$$Z_0=-j10+2+j4=2-j6\ \Omega$$

应用戴维南定理化简得出求 $\dot{I}$ 的等效电路，如图 5-13(*c*)所示。

(3) 根据图 5-13(*c*)等效电路计算 $\dot{I}$，即

$$\dot{I}=\frac{\dot{U}_{oc}}{10+Z_0}=\frac{-j5}{10+2-j6}=\frac{-j5}{12-j6}$$
$$=\frac{5\angle-90^\circ}{13.42\angle-26.56^\circ}=0.37\angle-63.44^\circ\ \text{A}$$

方法之二　应用叠加定理解题。

(1) 当 $1\angle0^\circ$ A 电流源单独作用时，电路的相量模型如图 5-13 (*d*) 所示。列 KVL 方程为

$$(-j10+2+j4)(1\angle0^\circ-\dot{I}')-10\dot{I}'=0$$
$$(2-j6)-(12-j6)\dot{I}'=0$$
$$\dot{I}'=\frac{2-j6}{12-j6}=\frac{6.324\angle-71.56^\circ}{13.42\angle-26.56^\circ}=0.47\angle45^\circ\ \text{A}$$

(2)当 $0.5\angle-90^\circ$ A 电流源单独作用时，电路的相量模型如图 5-13(*e*)所示。按分流关系计算得出

$$\dot{I}''=-\frac{2+j4}{12-j6}\times0.5\angle-90^\circ=\frac{-4.47\angle63.43^\circ}{13.42\angle-26.56^\circ}\times0.5\angle-90^\circ$$
$$=0.1665\angle180^\circ=-0.1665\ \text{A}$$

(3)进行叠加求出 $\dot{I}$，即

$$\dot{I}=\dot{I}'+\dot{I}''=0.47\angle45^\circ-0.1665\angle0^\circ$$
$$=0.332+j0.332-0.1665$$
$$=0.1665+j0.332=0.37\angle63.5^\circ\ \text{A}$$

〔**例 5-8**〕　双口网络方程参数的计算。如图 5-14 所示双口网络。求 Y 参数方程中的参数 Y_{11}，Y_{12}，Y_{21}和 Y_{22}.

解：〔解题思路〕　根据双口网络 Y 参数方程，写出它的 4 个 Y 参数表示式。再根据给定双口网络图 5-14 中的电路结构和元件参数，按 4 个 Y 参数逐个进行计算得出。

〔解题方法〕　(1)Y_{11}：是当 2－2′端口短路 $\dot{U}_2=0$ 时，1－1′端口的输入导纳，即

$$Y_{11}=\frac{\dot{I}_1}{\dot{U}_1}\bigg|_{\dot{U}_2=0}=\frac{10+j5}{j50}=0.1-j0.2\ \text{S}$$

(2)Y_{12}:是当 1－1′ 端口短路 $\dot{U}_1=0$ 时,2－2′ 端口的转移导纳。因 $\dot{U}_1=0$ 时,$\dot{I}_1=\frac{-\dot{U}_2}{10}$,则

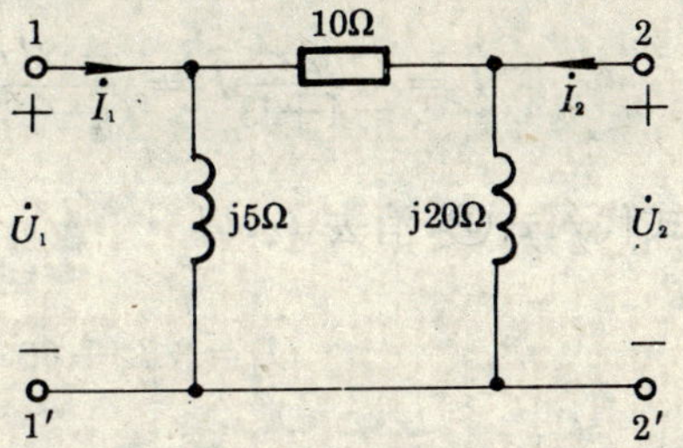

图 5-14　双口网络

$$Y_{12}=\left.\frac{\dot{I}_1}{\dot{U}_2}\right|_{\dot{U}_1=0}=\frac{-\frac{\dot{U}_2}{10}}{\dot{U}_2}=-\frac{1}{10}=-0.1\ \mathrm{S}$$

(3)Y_{21}:是当 2－2′ 端口短路 $\dot{U}_2=0$ 时,1－1′ 端口的转移导纳。因 $\dot{U}_2=0$ 时,$\dot{I}_2=-\frac{\dot{U}_1}{10}$,则

$$Y_{21}=\left.\frac{\dot{I}_2}{\dot{U}_1}\right|_{\dot{U}_2=0}\frac{-\frac{\dot{U}_1}{10}}{\dot{U}_1}=-\frac{1}{10}=-0.1\ \mathrm{S}$$

(4)Y_{22}:是当 1－1′ 端口短路 $\dot{U}_1=0$ 时,2－2′ 端口的输入导纳，即

$$Y_{22}=\left.\frac{\dot{I}_2}{\dot{U}_2}\right|_{\dot{U}_1=0}=\frac{10+\mathrm{j}20}{\mathrm{j}200}=0.1-\mathrm{j}0.05\ \mathrm{S}$$

〔例 5-9〕　端接双口网络的分析计算。如图 5-5 所示端接双口网络，网络的 Z 参数分别为 $Z_{11}=3\ \Omega$，$Z_{12}=4\ \Omega$，$Z_{21}=\mathrm{j}2\ \Omega$，$Z_{22}=-\mathrm{j}3\ \Omega$. 电源电压相量 $\dot{U}_s=3\angle 0°\ \mathrm{V}$，内阻抗 $Z_s=5\ \Omega$，负载 $Z_L=R_L=4\ \Omega$. 求输入端口的电流 $\dot{I}_1$.

解：　〔解题思路〕　本题应用相量法对端接双口网络的正弦交流电路的分析法计算。解题的基本步骤是：

1. 写出网络的 Z 参数方程；
2. 列出双口网络输入端口侧的 KVL 方程和负载 R_L 的 VAR 方程；
3. 将所列出的 4 个方程中，消去不要求求解的变量 $\dot{U}_1$，$\dot{U}_2$ 和 $\dot{I}_2$，便可解出待求变量 $\dot{I}_1$。

〔解题方法〕　(1) 写出双口网络的 Z 参数方程为

$$\dot{U}_1=3\dot{I}_1+4\dot{I}_2 \quad ①$$

$$\dot{U}_2=\mathrm{j}2\dot{I}_1-\mathrm{j}3\dot{I}_2 \quad ②$$

(2) 列出输入端口侧电路的 KVL 方程为

$$\dot{U}_1=3-5\dot{I}_1 \quad ③$$

再列出输出端负载 R_L 的 VAR 方程为

$$\dot{U}_2=-4\dot{I}_2 \quad ④$$

(3) 从上述 4 个方程中解出电流 $\dot{I}_1$，方法是将式④代入式②，消去 $\dot{U}_2$，得

$$-4\dot{I}_2=\mathrm{j}2\dot{I}_1-\mathrm{j}3\dot{I}_2$$

$$\dot{I}_2=\frac{\mathrm{j}2}{-4+\mathrm{j}3}\dot{I}_1=\frac{-\mathrm{j}2(4+\mathrm{j}3)\dot{I}_1}{(4-\mathrm{j}3)(4+\mathrm{j}3)}=\frac{(6-\mathrm{j}8)\dot{I}_1}{25}=(0.24-\mathrm{j}0.32)\dot{I}_1$$

将上式代入式①，消去 $\dot{I}_2$，得

$$\dot{U}_1=3\dot{I}_1+(0.96-\mathrm{j}1.28)\dot{I}_1=(3.96-\mathrm{j}1.28)\dot{I}_1$$

将式③代入上式，消去 $\dot{U}_1$，得出

$$3-5\dot{I}_1=(3.96-\mathrm{j}1.28)\dot{I}_1$$

移项后得出

$$\dot{I}_1=\frac{3}{8.96-\mathrm{j}1.28}=\frac{3}{9.05\angle-8.13^\circ}=0.33\angle 8.13^\circ\ \mathrm{A}$$

(二）部分练习题解答

练习题 5-4 计算下列正弦波的相位差。

(1) $u=10\sin(314t+45^\circ)$ V 和 $i=20\sin(314t-20^\circ)$ A

解： $\varphi=\varphi_u-\varphi_i=45^\circ-(-20^\circ)=65^\circ$

u 超前 i 相位 65°.

(2) $u_1=5\sin(60t+10^\circ)$ V 和 $u_2=-8\sin(60t+95^\circ)$ V

解： $\because -\sin(60t+95^\circ)=\sin(60t+95^\circ-180^\circ)=\sin(60t-85^\circ)$

则
$$\varphi=\varphi_1-\varphi_2=10-(-85^\circ)=95^\circ$$

u_1 超前 u_2 相位 95°.

(3) $u=5\cos(20t+5^\circ)$ V 和 $i=7\sin(30t-20^\circ)$ A

解： ∵两正弦波的频率不同，相位差无解。

(4) $u=5\sin(6\pi t+10^\circ)$ V 和 $i=4\cos(6\pi t-15^\circ)$ A

解： $\because \cos(6\pi t-15^\circ)=\sin(6\pi t-15^\circ+90^\circ)=\sin(6\pi t+75^\circ)$

$$\varphi=\varphi_u-\varphi_i=10^\circ-75^\circ=-65^\circ$$

u 滞后 i 相位 65°.

(5) $i_1=-6\sin 4t$ A 和 $i_2=-9\cos(4t+30^\circ)$ A

解： $\because -6\sin 4t=6\sin(4t-180^\circ)$

$$-9\cos(4t+30^\circ)=-9\sin(4t+120^\circ)$$
$$=9\sin(4t+120^\circ-180^\circ)=9\sin(4t-60^\circ)$$
$$\varphi=\varphi_1-\varphi_2=-180^\circ-(-60^\circ)=-120^\circ$$

i_1 滞后 i_2 相位 120°.

练习题 5-9 设 $A=3+\mathrm{j}4$，$B=10\angle 60^\circ$，计算 $A+B$，$A\cdot B$，A/B.

解： $\because A=3+\mathrm{j}4=5\angle 53.1^\circ$，$B=10\angle 60^\circ=5+\mathrm{j}8.66$

∴
$$A+B=3+\mathrm{j}4+5+\mathrm{j}8.66=8+\mathrm{j}12.66$$
$$A\cdot B=5\angle 53.1^\circ\cdot 10\angle 60^\circ=50\angle 113.1^\circ$$

$$\frac{A}{B}=\frac{5\angle 53.1^\circ}{10\angle 60^\circ}=0.5\angle -6.9^\circ$$

练习题 5-16 已知 $i_1(t)=\sqrt{2}\,I\sin 314t$ A，$i_2(t)=-\sqrt{2}\,I\sin(314t+120^\circ)$ A，求 $i_3(t)=i_1(t)+i_2(t)$.

解： $\because \dot{I}_1=I\angle 0^\circ,\ \dot{I}_2=-I\angle 120^\circ=I\angle -60^\circ$

$\therefore \dot{I}_3=\dot{I}_1+\dot{I}_2=I\angle 0^\circ+I\angle -60^\circ=I(1.5-\text{j}0.688)=1.732I\angle -30^\circ$ A

$$i_3(t)=\sqrt{2}\cdot 1.732I\sin(314t-30^\circ)\ \text{A}$$

练习题 5-20 电感电压为 $u(t)=80\sin(1000t+105^\circ)$ V，若 $L=0.02$ H，求电感电流 $i(t)$.

解： 方法之一　根据电感元件的 VAR 得出

$$\begin{aligned}
i(t)&=\frac{1}{L}\int u(t)\mathrm{d}t=\frac{1}{0.02}\int 80\sin(1000t+105^\circ)\mathrm{d}t\\
&=\frac{-80}{20}\cos(1000t+105^\circ)\\
&=-4\sin(1000t+105^\circ+90^\circ)\\
&=4\sin(1000t+195^\circ-180^\circ)\\
&=4\sin(1000t+15^\circ)\ \text{A}
\end{aligned}$$

方法之二　应用相量法

$\because$

$$Z_L=\text{j}\omega L=\text{j}1000\times 0.02=\text{j}20\ \Omega$$

振幅相量

$$\dot{U}_\text{m}=80\angle 105^\circ\ \text{V},$$

$$\dot{I}_\text{m}=\frac{\dot{U}_\text{m}}{Z_L}=\frac{80\angle 105^\circ}{\text{j}20}=4\angle 15^\circ\ \text{A}$$

$$i(t)=4\sin(1000t+15^\circ)\ \text{A}$$

练习题 5-28 求图 5-44 电路中 a，b 两端的阻抗及导纳，ab 端口正弦稳态电压与电流的关系如何？

解： (b)

$$\begin{aligned}
Y_\text{ab}&=\frac{1}{4}-\text{j}\frac{1}{2\times 2}+\text{j}2\times\frac{1}{4}=0.25+\text{j}0.25\\
&=0.354\angle 45^\circ\ \text{S}
\end{aligned}$$

$$Z_\text{ab}=\frac{1}{Y_\text{ab}}=2.83\angle -45^\circ\ \Omega$$

$U/I=2.83$，电压 u 滞后电流 i 相位 45°.

(d)

$$\begin{aligned}
Z_\text{ab}&=6+\frac{(5+\text{j}2)\left(-\text{j}\dfrac{1}{2}\right)}{5+\text{j}2-\text{j}\dfrac{1}{2}}=6+\frac{2.693\angle -68.2^\circ}{5.22\angle 16.7^\circ}\\
&=6+0.516\angle -84.9^\circ=6+0.0459-\text{j}0.514\\
&=6.07\angle -4.86^\circ\ \Omega
\end{aligned}$$

$$Y_\text{ab}=\frac{1}{Z_\text{ab}}=\frac{1}{6.07\angle -4.86^\circ}=0.165\angle 4.86^\circ\ \text{S}$$

$U/I=6.07$，电压 u 滞后电流 i 相位 4.86°.

练习题 5-36 试说明图 5-58 所示正弦稳态电路中，电流滞后输入电压 u_i；而输入电压 u_o，则超前输入电压 u_i。

解： 用作相量图法来求解，如图 5-15 所示。

(1) 作相量图时，因串联电路以电流相量为参考相量。设 $\dot{I}=I\angle 0°$，在横坐标作出相量 $\dot{I}=I\angle 0°$；

(2) 作电阻电压相量 $\dot{U}_R=R\dot{I}$，$U_R=RI$，$\dot{U}_R$ 与 $\dot{I}$同相；作电感电压相量 $U_0=\mathrm{j}\omega L\dot{I}$，$U_0=\omega LI$，$\dot{U}_0$ 超前$\dot{I}$相位 90°；

(3) 作以 $\dot{U}_R$ 和 $\dot{U}_0$ 为两边的平行四边形，连接对角线作出输入电压相量 $\dot{U}_i$.

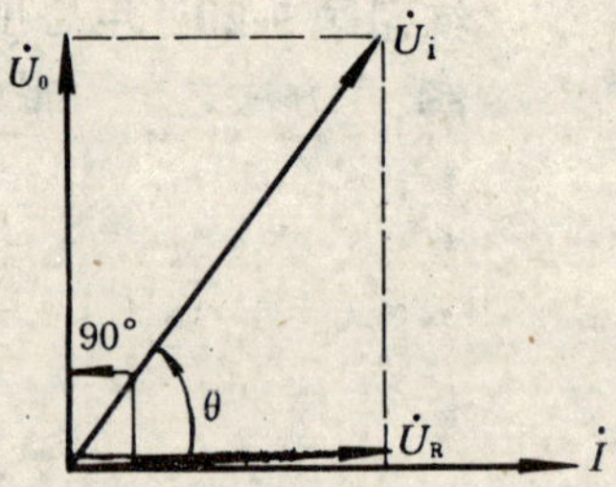

图 5-15 练习题 5-36 相量图

从相量图中可以明显看出，电流 i 滞后输入电压 u_i，电感电压 u_o 超前输入电压 u_i.

练习题 5-37 如图 5-59 所示电路，各电压表指示有效值，试求电压表 V_2 的读数。

解： 本题电路是 RL 串联正弦交流电路，电阻元件 R 两端电压表读数 $V_1=60$ V，RL 串联电路两端电压表读数 $V_o=100$ V，求电感元件 L 两端电压表 V_2 的读数。由 KVL 可知：$\dot{V}_o=\dot{V}_1+\dot{V}_2$，而不是 $V_o=V_1+V_2$，$V_2=V_o-V_1=100-60=40$，这是错误答案。

设电路中电流相量为$\dot{I}=I\underline{/0°}$，则

$$\dot{V}_1=R\dot{I}=RI\underline{/0°}=V_1\underline{/0°}=60\underline{/0°}\ \mathrm{V}$$
$$\dot{V}_2=\mathrm{j}\omega L\dot{I}=\mathrm{j}\omega LI=\mathrm{j}V_2\ \mathrm{V}$$
$$\dot{V}_o=V_o\underline{/\theta}=100\underline{/\theta}\ \mathrm{V}$$

根据 KVL 有：$\dot{V}_o=\dot{V}_1+\dot{V}_2$，即

$$100\underline{/\theta}=60+\mathrm{j}V_2$$
$$100\cos\theta+\mathrm{j}100\sin\theta=60+\mathrm{j}V_2$$

由上式实部对应相等可得

$$\cos\theta=\frac{60}{100}=0.6,\ \theta=53.13°$$

故虚部则有

$$V_2=100\sin 53.13°=80\ \mathrm{V}$$

求出电压表 V_2 的读数是 80 V.

练习题 5-40 用节点法求图 5-64 所示电路中的各支路电流相量$\dot{I}_1$，$\dot{I}_2$和$\dot{I}_3$.

解： 对节点 1 列节点方程，为

$$(0.05+j0.1-j0.125)\dot{U}_1=0.05\times 100$$

$$0.0559\angle -26.57^\circ\dot{U}_1=5$$

$$\dot{U}_1=\frac{5}{0.0559\angle -26.57^\circ}=89.44\angle 26.57^\circ \text{ V}$$

$$\dot{I}_1=-j0.125\dot{U}_1=-j0.125\times 89.44\angle 26.57^\circ$$

$$=11.2\angle -63.43^\circ \text{ A}$$

$$\dot{I}_2=j0.1\times 89.44\angle 26.57^\circ=8.94\angle 116.57^\circ \text{ A}$$

$$\dot{I}_3=\dot{I}_1+\dot{I}_2=-j0.125\dot{U}_1+j0.1\dot{U}_1=-j0.025\dot{U}_1$$

$$=0.025\times 89.44\angle 26.57^\circ-90^\circ$$

$$=2.236\angle -63.43^\circ \text{ A}$$

练习题 5-41 求图 5-69 所示相量模型的戴维南等效电路。

解： (1) 求开路电压相量 $\dot{U}_{oc}$，应用分压关系计算得出

$$\dot{U}_{oc}=\frac{j}{1+j}\times 1\angle 45^\circ=\frac{1}{\sqrt{2}}\angle 90^\circ \text{ V}$$

(2) 求戴维南等效阻抗 Z_0，将电压源模型置零后的相量模型有

$$Z_0=1+\frac{j}{1+j}=1.5+j0.5\ \Omega$$

练习题 5-42 试用叠加定理求解图 5-70 中的 $\dot{U}$.

解： (1) $12\angle 0^\circ$ V 电压源单独作用时，电流源开路，待求电压相量为 $\dot{U}'$. 列节点方程为

$$\left(\frac{1}{2}+\frac{1}{j2}+\frac{1}{2-j2}\right)\dot{U}'=\frac{12}{j2}$$

$$\left(\frac{3}{4}-j\frac{1}{4}\right)\dot{U}'=-j6$$

$$\dot{U}'=\frac{-j24}{3-j}=2.4-j7.2 \text{ V}$$

(2) $4\angle 0^\circ$ A 电流源单独作用时，电压源短路，待求电压相量为 $\dot{U}''$.

电阻与电感并联支路的阻抗为

$$Z=\frac{j2\times 2}{2+j2}=1+j\ \Omega$$

应用分流关系计算通过电感与电阻并联支路的电流相量，再乘以该并联支路阻抗 Z，得出 $\dot{U}''$ 为

$$\dot{U}''=(1+j)\frac{2}{2+(1+j)-j2}\times 4\angle 0^\circ$$

$$=\frac{8+j8}{3-j}=1.6+j3.2 \text{ V}$$

(3) 进行叠加，计算出 $\dot{U}$，即

$$\dot{U}=\dot{U}'+\dot{U}''=(2.4-j7.2)+(1.6+j3.2)$$
$$=4-j4=5.66\angle -45^\circ\ \text{V}$$

(三) 部分习题解答

习题五

4. 试把下列函数表为具有正振幅的正弦函数。

解： (1) $A\cos(\omega t-25^\circ)=A\sin(\omega t-25^\circ+90^\circ)$
$=A\sin(\omega t+65^\circ)$

(2) $-B\cos(\omega t+60^\circ)=B\sin(\omega t+60^\circ+90^\circ-180^\circ)$
$=B\sin(\omega t-30^\circ)$

(3) $-C\sin(\omega t-20^\circ)=C\sin(\omega t-20^\circ+180^\circ)$
$=C\sin(\omega t+160^\circ)$

7. 求下列电流的有效值：

解： (1) $i(t)=10\sin\omega t\ \text{A}$

有效值为 $I=\dfrac{10}{\sqrt{2}}=7.07\ \text{A}$

(2) $i(t)=10\sin\omega t+20\cos(\omega t+30^\circ)$
$=10\sin\omega t+20\sin(\omega t+120^\circ)\ \text{A}$

$i(t)$的相量 $\dot{I}=\dfrac{10}{\sqrt{2}}\angle 0^\circ+\dfrac{20}{\sqrt{2}}\angle 120^\circ=7.07-7.07+j12.247$
$=12.247\angle 90^\circ\ \text{A}$

有效值 $I=12.247$ A.

(3) $i(t)=\cos 2t+\sin 2t=\sin(2t+90^\circ)+\sin 2t\ \text{A}$

$$\dot{I}=\frac{1}{\sqrt{2}}\angle 90^\circ+\frac{1}{\sqrt{2}}\angle 0^\circ=\frac{1}{\sqrt{2}}(1+j)=1\angle 45^\circ\ \text{A}$$

有效值 $I=1$ A.

12. 已知 $(2-j)\dot{U}_1-j3\dot{U}_2=10$，$-j3\dot{U}_1+4\dot{U}_2=-6$ 以及 $\omega=1000$ rad/s。求 $u_1(t)$，$u_2(t)$ 及有效值 U_1 和 U_2.

解： 应用克拉姆法则解题：

$$\dot{U}_1=\frac{\begin{vmatrix}10 & -j3\\ -6 & 4\end{vmatrix}}{\begin{vmatrix}(2-j) & -j3\\ -j3 & 4\end{vmatrix}}=\frac{40-j18}{17-j4}=\frac{43.86\angle -24.23^\circ}{17.46\angle -13.24^\circ}=2.51\angle -11^\circ\ \text{V}$$

$U_1=2.51$ V

$$\dot{U}_2=\frac{\begin{vmatrix}(2-j) & 10\\ -j3 & -6\end{vmatrix}}{17-j4}=\frac{-12+j36}{17-j4}=\frac{37.95\angle 108.43^\circ}{17.46\angle -13.24^\circ}=2.17\angle 121.67^\circ\ \text{V}$$

$$U_2=2.17\ \text{V}$$

19. 已知元件 A 为电阻或电感或电容，若其两端电压、电流各为如下列情况所示，试确定元件的参数 R，L，C.

解： (3) $u(t)=300\sin(1000t+\frac{\pi}{4})$ V，$i(t)=60\sin(1000t+45^\circ)$ A

$$\dot{U}=\frac{300}{\sqrt{2}}\angle 45^\circ\ \text{V},\ \dot{I}=\frac{60}{\sqrt{2}}\angle 45^\circ\ \text{A},则$$

$$Z=\frac{\dot{U}}{\dot{I}}=\frac{300}{60}\angle 45^\circ-45^\circ=5\ \Omega$$

元件 A 是电阻，$R=5\ \Omega$.

(4) $u(t)=250\sin(200t+50^\circ)$ V，$i(t)=0.5\sin(200t+140^\circ)$ A

$$\dot{U}=\frac{250}{\sqrt{2}}\angle 50^\circ\ \text{V},\ \dot{I}=\frac{0.5}{\sqrt{2}}\angle 140^\circ\ \text{A},则$$

$$Z=\frac{\dot{U}}{\dot{I}}=\frac{250}{0.5}\angle 50^\circ-140^\circ=500\angle -90^\circ=-j500\ \Omega$$

元件 A 是电容，$C=\frac{1}{\omega X_C}=\frac{1}{200\times 500}=10\ \mu\text{F}$

27. 电路如图题 5-7 所示，已知 $i(t)=5\sin 10t$ A，$u_{ab}(t)=\sin(10t-53.1^\circ)$ V. (1)求 R 和 C；(2) 若电流源改为 $i(t)=5\sin 5t$ A，试求稳态电压 $u_{ab}(t)$.

解： (1) $Y=\frac{\dot{I}_m}{\dot{U}_{m\cdot ab}}=\frac{5\angle 10^\circ}{1\angle -53.13^\circ}=5\angle 53.130^\circ=3+j4\ \text{S}$

$$G=3\ \text{s},\ R=\frac{1}{G}=\frac{1}{3}\ \Omega,$$

$$B_C=\omega C,\ C=\frac{B_C}{\omega}=\frac{4}{10}=0.4\ \text{F}.$$

(2) 若 $\omega=5$ rad/s 时，$Y=3+j5\times 0.4=3+j2=3.6\angle 33.69^\circ$ S

$$\dot{U}_{m\cdot ab}=\frac{\dot{I}_m}{Y}=\frac{5\angle 0^\circ}{3.6\angle 33.69^\circ}=1.389\angle -33.69^\circ\ \text{V}$$

$$u_{ab}(t)=1.389\sin(5t-33.69^\circ)\ \text{V}$$

31. 求图题 5-10 所示电路中 3 Ω 电阻的电流。

解： 对于求 3 Ω 中电流而言，(2−j2)阻抗与 $24\angle 45^\circ$ V 电压源并联电路，只用$24\angle 45^\circ$ V 电压源代替即可。应用节点分析法解题，设 3 Ω 电阻上节点电压相量为 $\dot{U}$。列节点方程为

$$\left(\frac{1}{4}+\frac{1}{3}+\frac{1}{2+j2}\right)\dot{U}=\frac{24\angle 45^\circ}{4}$$

$$(0.833-\mathrm{j}0.25)\dot{U}=6\angle 45^\circ$$

$$(0.87\angle -16.7^\circ)\dot{U}=6\angle 45^\circ$$

$$\dot{U}=\frac{6\angle 45^\circ}{0.87\angle -16.7^\circ}=6.896\angle 61.7^\circ\ \mathrm{V}$$

$$\dot{I}=\frac{\dot{U}}{3}=2.3\angle 61.7^\circ\ \mathrm{A}$$

34. 电路如图 5-13 所示，试确定方框内最简单组合的元件值。

解： （d）$u=100\cos(10t-60^\circ)=100\sin(10t+30^\circ)$ V

$$i=20\sin(10t-60^\circ)\ \mathrm{A}$$

振幅相量：$\dot{U}_\mathrm{m}=100\angle 30^\circ$ V，$\dot{I}_\mathrm{m}=20\angle -60^\circ$ A

输入阻抗：$Z_\mathrm{i}=\dfrac{\dot{U}_\mathrm{m}}{\dot{I}_\mathrm{m}}=\dfrac{100\angle 30^\circ}{20\angle -60^\circ}=5\angle 90^\circ=\mathrm{j}5\ \Omega$

方框内的阻抗为

$$\begin{aligned}Z&=Z_\mathrm{i}-\mathrm{j}\omega L\\&=\mathrm{j}5-\mathrm{j}10\times 1=-\mathrm{j}5\ \Omega\end{aligned}$$

可见，方框内是电容元件，其值为

$$C=\frac{1}{\omega X_\mathrm{C}}=\frac{1}{10\times 5}=\frac{1}{50}=0.02\ \mathrm{F}$$

39. 正弦交流电路如图题 5-17 所示。(1) 求 u_1 与 u_2 的相位差；(2) 如要求该相位差为 90°，应满足什么条件？

解： 按分压关系求出 $\dot{U}_1$ 和 $\dot{U}_2$，$\dot{U}_\mathrm{s}=U_\mathrm{s}\angle\varphi_u$，得出

$$\dot{U}_1=\frac{-\mathrm{j}\dfrac{1}{\omega C_1}}{R_1-\mathrm{j}\dfrac{1}{\omega C_1}}\dot{U}_\mathrm{s}=\frac{\dot{U}_\mathrm{s}}{1+\mathrm{j}\omega C_1R_1}=\frac{U_\mathrm{s}}{\sqrt{1+(\omega C_1R_1)^2}}\angle\varphi_u-\mathrm{arctg}\omega C_1R_1$$

$$\dot{U}_2=\frac{R_2}{R_2-\mathrm{j}\dfrac{1}{\omega C_2}}\dot{U}_\mathrm{s}=\frac{\mathrm{j}\omega C_2R_2\dot{U}_\mathrm{s}}{1+\mathrm{j}\omega C_2R_2}=\frac{\omega C_2R_2\dot{U}_\mathrm{s}}{\sqrt{1+(\omega C_2R_2)^2}}\angle 90^\circ+\varphi_u-\mathrm{arctg}\omega C_2R_2$$

(1) u_2 与 u_1 的相位差为

$$\begin{aligned}\varphi&=\varphi_2-\varphi_1=(90^\circ+\varphi_u-\mathrm{arctg}\omega C_2R_2)-(\varphi_u-\mathrm{arctg}\omega C_1R_1)\\&=90^\circ-\mathrm{arctg}\omega C_2R_2+\mathrm{arctg}\omega C_1R_1\end{aligned}$$

(2) 当 $R_1C_1=R_2C_2$ 时，$\varphi=90^\circ$.

47. 电路相量模型如图 5-24 所示。用节点法求节点电压以及流过电容的电流。

解： 设电容元件左端节点电压相量为 $\dot{U}_1$，右端节点电压相量为 $\dot{U}_2$，电容电流相量 $\dot{I}_C$ 参考方向由左向右。列节点方程分别为

$$(1+\mathrm{j})\dot{U}_1-\mathrm{j}\dot{U}_2=10\angle 0^\circ$$

$$-\mathrm{j}\dot{U}_2+(1+\mathrm{j})\dot{U}_2=\mathrm{j}10$$

$$\dot{U}_1=\frac{\begin{vmatrix}10 & -j\\ j10 & (1+j)\end{vmatrix}}{\begin{vmatrix}(1+j) & -j\\ -j & (1+j)\end{vmatrix}}=\frac{j10}{1+j2}=4+j2\ \text{V}$$

$$\dot{U}_2=\frac{\begin{vmatrix}(1+j) & 10\\ -j & j10\end{vmatrix}}{1+j2}=\frac{-10+j20}{1+j2}=6+j8\ \text{V}$$

$$\dot{I}_C=\frac{\dot{U}_1-\dot{U}_2}{-j}=\frac{(4+j2)-(6+j8)}{-j}$$
$$=6-j2=6.32\angle\underline{18.43°}\ \text{A}$$

49. 图题 5-23 所示为常用于测量电路参数的交流电桥。试证明：当电桥平衡时，亦即 $\dot{U}_o=0$时，$Z_1Z_2=Z_3Z_4$；(2)若 L_4，R_4 为未知电感线圈的参数，试利用上述结果，导出电桥平衡时 L_4，R_4 分别与电桥其他参数的关系为

$$L_4=R_1R_2C \qquad R_4=\frac{R_1R_2}{R_3}$$

因此，已知 R_1，R_2，R_3 及 C 的数值，便可算出未知量 L_4 和 R_4.

解：(1)设 Z_2 上的电压相量为 $\dot{U}_2$，Z_4 上的电压相量为 $\dot{U}_4$. 由分压关系得出

$$\dot{U}_2=\frac{Z_2}{Z_2+Z_3}\dot{U}_s \qquad \dot{U}_4=\frac{Z_4}{Z_1+Z_4}\dot{U}_s$$

若 $\dot{U}_o=0$ 电桥达到平衡时，则有 $\dot{U}_2=\dot{U}_4$，即

$$\frac{Z_2}{Z_2+Z_3}=\frac{Z_4}{Z_1+Z_4}$$

$$Z_2(Z_1+Z_4)=Z_4(Z_2+Z_3)$$

得出

$$Z_1Z_2=Z_3Z_4$$

(2) 由上述结果，得出

$$Z_4=\frac{Z_1Z_2}{Z_3}=Z_1Z_2Y_3=R_1R_2\left(\frac{1}{R_3}+j\omega C\right)$$
$$=\frac{R_1R_2}{R_3}+jR_1R_2\omega C$$

即

$$R_4+j\omega L_4=\frac{R_1R_2}{R_3}+j\omega R_1R_2C$$

上式等号两边复数的实部与虚部分别对应相等，便得出计算未知量 R_4 和 L_4 的关系式为

$$R_4=\frac{R_1R_2}{R_3} \qquad L_4=R_1R_2C$$

51. 求图题 5-24 所示电路电容的电压。已知 $u_s(t)=5\sin 3t$ V，$i_s(t)=3\cos(4t+30°)$ A.

解：由于电路中两电源的频率不同，故不能直接用相量法计算 $\dot{U}_C$，而只能应用叠加定

理分别求解。

(1) 当 $u_s(t)$单独作用时，计算 $u_C'(t)$

$\dot{U}_{sm}=5\angle 0°$ V. 计算电容与电感支路并联阻抗为

$$Z'=\frac{-j\frac{2}{3}(1+j6)}{1+j6-j\frac{2}{3}}=\frac{12-j2}{3+j16}=0.0151-j0.773\ \Omega$$

应用分压关系计算得出 $\dot{U}_{cm}$，即

$$\dot{U}_{Cm}'=\frac{Z'}{1+Z'}\dot{U}_{sm}=\frac{0.0151-j0.773}{1.0156-j0.773}\times 5\angle 0°$$

$$=\frac{3.8656\angle -88.84°}{1.309\angle -36.2°}=2.953\angle -52.63°\ \text{V}$$

$$u_C'(t)=2.953\sin(3t-52.63°)\ \text{V}$$

(2) $i_s(t)$单独作用时，计算 $u_C''(t)$

$\dot{I}_{sm}=3\angle 30°$ V. 将有伴电流源支路变换为有伴电压源 1 Ω 电阻与电压源 $3\angle 30°$ V 串联支路。

计算电容与 1 Ω 电阻并联支路的阻抗为

$$Z''=\frac{-j\frac{1}{2}}{1-j\frac{1}{2}}=\frac{-j}{2-j}=\frac{1}{5}-j\frac{2}{5}\ \Omega$$

由分压关系计算得出 $\dot{U}_{Cm}''$，即

$$\dot{U}_{Cm}''=\frac{Z''}{(1+j4\times 2)+Z''}\times 3\angle 30°=\frac{1-j2}{6+j38}\times 3\angle 30°$$

$$=\frac{6.7\angle -33.43°}{38.4\angle 81.03°}=0.174\angle -114.46°\ \text{V}$$

$$u_C''(t)=0.174\cos(4t-114.46°)\ \text{V}$$

(3) $u_C(t)=u_C'(t)+u_C''(t)$

$$=2.953\sin(3t-52.63°)-0.174\cos(4t-114.46°)\ \text{V}$$

54. 设已知端接双口网络的 h 参数，求证

$$Z_i=\frac{h_{11}Y_L+\Delta h}{Y_L+h_{22}}\qquad A_u=\frac{-h_{21}Z_L}{h_{11}+Z_L\Delta h}$$

式中，$Y_L=\frac{1}{Z_L}$，$\Delta h=h_{11}h_{22}-h_{12}h_{21}$

解： 写出双口网络的 h 参数方程为

$$\dot{U}_1=h_{11}\dot{I}_1+h_{12}\dot{U}_2 \qquad ①$$

$$\dot{I}_2=h_{21}\dot{I}_1+h_{22}\dot{U}_2 \qquad ②$$

列出端接双口网络电源侧和负载侧的 KVL 方程为

$$\dot{U}_1=\dot{U}_s-Z_s\dot{I}_1 \qquad ③$$

$$\dot{U}_2=-Z_L\dot{I}_2 \qquad ④$$

（1）求证 $$Z_i=\frac{h_{11}Y_L+\Delta h}{Y_L+h_{22}}$$

将式④代入式②消去 $\dot{I}_2$，得出

$$-\frac{\dot{U}_2}{Z_L}=h_{21}\dot{I}_1+h_{22}\dot{U}_2$$

$$-(Y_L+h_{22})\dot{U}_2=h_{21}\dot{I}_1$$

$$\therefore \quad \frac{\dot{U}_2}{\dot{I}_1}=-\frac{h_{21}}{Y_L+h_{22}} \qquad ⑤$$

由式①得出双口网络的输入阻抗为

$$Z_i=\frac{\dot{U}_1}{\dot{I}_1}=h_{11}+h_{12}\frac{\dot{U}_2}{\dot{I}_1}$$

将式⑤代入上式，得出

$$\begin{aligned}Z_i&=h_{11}-\frac{h_{12}h_{21}}{Y_L+h_{22}}=\frac{h_{11}(Y_L+h_{22})-h_{12}h_{21}}{Y_L+h_{22}}\\&=\frac{h_{11}Y_L+(h_{11}h_{22}-h_{12}h_{21})}{Y_L+h_{22}}\\&=\frac{h_{11}Y_L+\Delta h}{Y_L+h_{22}}\end{aligned}$$ （证毕）

式中，$Y_L=\frac{1}{Z_L}$，$\Delta h=h_{11}h_{22}-h_{12}h_{21}$

（2）求证 $$A_u=\frac{-h_{21}Z_L}{h_{11}+Z_L\Delta h}$$

由式⑤得出

$$\dot{I}_1=\frac{-(Y_L+h_{22})}{h_{21}}\dot{U}_2$$

代入式①消去 $\dot{I}_1$，得出

$$\begin{aligned}\dot{U}_1&=\frac{-(Y_L+h_{22})h_{11}}{h_{21}}\dot{U}_2+h_{12}\dot{U}_2\\&=\frac{-Y_Lh_{11}-(h_{11}h_{22}-h_{12}h_{21})}{h_{21}}\dot{U}_2\\&=\frac{-Y_Lh_{11}-\Delta h}{h_{21}}\dot{U}_2\\&=\frac{-(h_{11}+Z_L\Delta h)}{h_{21}Z_L}\dot{U}_2\end{aligned}$$

移项后得出双口网络的转移电压为

$$A_u=\frac{\dot{U}_2}{\dot{U}_1}=\frac{-h_{21}Z_L}{h_{11}+Z_L\Delta h} \qquad \text{（证毕）}$$

四、教学媒体与作业

本章电视讲课共 12 讲，即从第 15 讲至第 26 讲。各讲的教学内容及作业分述如下。

第 15 讲：

第五章　正弦交流电路中的电压、电流　相量法

§5-1　正弦交流电压和电流

1. 波形图与瞬时值表示式

正弦量的三要素：$U_m(I_m);\omega,T,f;\theta$. 例 5-1。

2. 同频率正弦波的相位差

$$\varphi=\theta_1-\theta_2.\ \ \varphi>0,\ u_2 \text{ 滞后 } u_1;\ \ \varphi<0,\ u_2 \text{ 超前 } u_1.$$

3. 有效值

有效值的定义。$I=\frac{I_m}{\sqrt{2}}=0.707\dot{I}_m$，$U=\frac{U_m}{\sqrt{2}}=0.707U_m$。

作业：　习题五　1，2，3，4，5，6，7。

第 16 讲：

§5-2　相量

1. 复数　例 5-5（1），（2），（5）；例 5-6（1），（2），（4）。

2. 四则运算

3. 正弦量的相量表示

$$u=U_m\sin(\omega t+\theta)$$

振幅相量　$\dot{U}=U_m\angle\theta$；　　相量　$\dot{U}=U\angle\theta$

例 5-8，例 5-10（2），例 5-9（1）。

作业：习题五　8，9，10。

第 17 讲：

§5-2　相量（续）

4. 求同频率正弦量之和

正弦交流电路基本规律Ⅰ：若干个频率相同的正弦量以及若干个这类正弦量的任意阶导数的代数和仍为一同频率的正弦量。

正弦交流电路基本规律Ⅱ：以电压为例，若

$$u_1+u_2=u_3$$

则

$$\dot{U}_1+\dot{U}_2=\dot{U}_3$$

若

$$\sum_{k=1}^{n}u_k=0$$

则
$$\sum_{k=1}^{n}\dot{U}_k=0$$

作业： 习题五 11。

第 18 讲：

§5-3 基尔霍夫定律的相量形式

电流定律：$\sum\dot{I}_k=0$

电压定律：$\sum\dot{U}_k=0$

例 5-11

§5-4 电感元件和电容元件

1. 电感元件

伏安关系：
$$u=L\frac{\mathrm{d}i}{\mathrm{d}t}$$
$$i(t)=\frac{1}{L}\int_{-\infty}^{t}u(\xi)\mathrm{d}\xi$$
$$=i(t_0)+\frac{1}{L}\int_{t_0}^{t}u(\xi)\mathrm{d}\xi$$

储能
$$w_L(t)=\frac{1}{2}Li^2(t)$$

2. 电容元件

伏安关系：
$$i=C\frac{\mathrm{d}u_C}{\mathrm{d}t}$$
$$u(t)=\frac{1}{C}\int_{-\infty}^{t}i(\xi)\mathrm{d}\xi$$
$$=u(t_0)+\frac{1}{C}\int_{t_0}^{t}i(\xi)\mathrm{d}\xi$$

例 5-15

储能
$$w_C(t)=\frac{1}{2}Cu^2(t)$$

作业： 习题五 13，15，16，17。

第 19 讲：

§5-5 三种基本元件 VAR 的相量形式

1. 电阻元件 R

若 $i=\sqrt{2}I\sin(\omega t+\theta_i)$，$u=\sqrt{2}U\sin(\omega t+\theta_u)$
$$\dot{U}=R\dot{I},U=RI,\theta_u=\theta_i$$

例 5-16

2. 电感元件 L

$$\dot{U}=\mathrm{j}\omega L\dot{I}，U=\omega LI，\theta_u=90°+\theta_i$$

例 5-17

3. 电容元件 C

$$\dot{I}=\mathrm{j}\omega C\dot{U}，I=\omega CU，\theta_i=90°+\theta_u$$

作业： 习题五 18，19。

第 20 讲：

例 5-20

§5-6 统一的 VAR 相量形式

1. 阻抗的定义：元件两端电压相量与电流相量的比值，即

$$Z=\frac{\dot{U}}{\dot{I}}$$

统一 VAR 相量形式：$\dot{U}=Z\dot{I}$. $Z=R$，$Z=\mathrm{j}\omega L$，$Z=\frac{1}{\mathrm{j}\omega C}$.

导纳的定义：$Y=\frac{\dot{I}}{\dot{U}}$

另一种统一 VAR 相量形式：$\dot{I}=Y\dot{U}$. $Y=\frac{1}{Z}$. R：$Y=\frac{1}{R}=G$；L：$Y=\frac{1}{\mathrm{j}\omega L}$；C：$Y=\mathrm{j}\omega C$.

直流电阻电路：		正弦交流电路
KCL	$\sum i=0$	$\sum\dot{I}=0$
KVL	$\sum u=0$	$\sum\dot{U}=0$
R	$u=Ri$	基本元件 $\dot{U}=Z\dot{I}$

直流电阻电路中各定理、公式、计算方法中的 u 代之以 $\dot{U}$，i 代之以 $\dot{I}$，R 代之以 Z，G 代之以 Y，即成为正弦交流电路中用相量来表示的对应定理、公式、方法。

2. RLC 串联正弦交流电路用相量法解：

（1）$\dot{U}_s=U_s\angle\theta_u$；

（2）相量模型

$$Z=Z_R+Z_L+Z_C=R+\mathrm{j}\left(\omega L-\frac{1}{\omega C}\right)=|Z|\angle\theta_Z$$

$$\dot{I}=\frac{\dot{U}_s}{Z}=\frac{U_s}{|Z|}\angle\theta_u-\theta_Z$$

（3）$\dot{I}\rightarrow i=\sqrt{2}\frac{U_s}{|Z|}\sin(\omega t+\theta_u-\theta_Z)$

$\theta_Z=\mathrm{arctg}\frac{\omega L-\frac{1}{\omega C}}{R}$，阻抗角，即 u，i 之间的相位差角。

例 5-22

作业： 习题五 20，21，22，23。

第 21 讲：

例 5-22（续）

例 5-23

电路可能表现出电感性或电容性或纯电阻性，可由 Z 或 Y 的虚部或幅角判断。

	电 感 性	电 容 性	纯 电 阻 性
Im〔Z〕	+	−	0
θ_Z	>0	<0	0
Im〔Y〕	−	+	0
θ_Y	<0	>0	0

3. 电抗和电纳

电抗 $X=\text{Im}[Z]$

电感元件：$Z_L=\text{j}\omega L, \text{Im}[Z_L]=\omega L=X_L$ 感抗，

$Y_L=-\text{j}\dfrac{1}{\omega L}, \text{Im}[Y_L]=-\dfrac{1}{\omega L}=B_L$ 感纳；

电容元件：$Z_C=-\text{j}\dfrac{1}{\omega C}, \text{Im}[Z_C]=-\dfrac{1}{\omega C}=X_C$ 容抗，

$Y_C=\text{j}\omega C, \text{Im}[Y_C]=\omega C=B_C$ 容纳。

电感性，电流滞后；电容性，电流超前。

作业： 习题五 24，25，26。

第 22 讲：

§5-7 混联电路

求混联电路的阻抗与导纳。要点。

（1）$Z=\dfrac{1}{Y}$

（2）R：$Z_R=R$，$Y_R=G$；L：$Z_L=\text{j}\omega L$，$Y_L=\dfrac{1}{\text{j}\omega L}$；C：$Z_C=\dfrac{1}{\text{j}\omega C}$，$Y_C=\text{j}\omega C$.

（3）串联：$Z=\sum Z_R$

（4）并联：$Y=\sum Y_R$

例 5-24

§5-9 相量图法

根据相量图来解决问题，适用于求相位差，或只求有效值或定性解释。依据与相量解析法相同。通过 RC 串联电路求输入电压 u_s 与电阻电压 u_o 的相位关系来说明相量图法。

作业： 习题五 29，30，32，33。

第 23 讲：

例 5-27

例 5-28

例 5-30

作业： 习题五 39，40，41，43。

第 24 讲：

§5-8　等效相量模型

1. 等效（阻抗）相量模型

一无源二端网络，给定 ω 时，端口的输入阻抗为

$$Z=R+\mathrm{j}X$$

则它的等效相量模型是 R 与 $\mathrm{j}X$ 串联的模型，由虚部的正、负可确定是感性($+\mathrm{j}X$)或容性($-\mathrm{j}X$)。

例 5-22　RLC 串联电路，$Z=Z_R+Z_L+Z_C=2+\mathrm{j}4-\mathrm{j}2=2+\mathrm{j}2$（感性）。则 $\omega=2$ rad/s 时的等效相量模型是 2 Ω 电阻与 j2 Ω 感抗串联电路。

若 RLC 串联电路，$R=2\ \Omega$，$L=2$ H，$C=\frac{1}{4}$ F，如电源 u_s 的 $\omega=1$ rad/s 时，$Z=2+\mathrm{j}2-\mathrm{j}4=2-\mathrm{j}2\ \Omega$（容性）。$\omega=1$ rad/s 时的等效相量模型是 2 Ω 电阻与 $-\mathrm{j}4$ Ω 容抗串联电路。

例 5-25

2. 等效（导纳）相量模型

一无源二端网络，给定 ω 时，端口的输入导纳为

$$Y=G+\mathrm{j}B$$

则它的等效相量模型是电导 G 与电纳 $\mathrm{j}B$ 并联的模型，由虚部的正、负可确定是感性($-\mathrm{j}B$)或容性($+\mathrm{j}B$)。

例 5-23　RLC 并电路，$Y=Y_G+Y_C+Y_L=1+\mathrm{j}-\mathrm{j}\frac{1}{4}=1+\mathrm{j}0.75$（容性）。则 $\omega=2$ rad/s 时的等效相量模型是 1 S 的电导与 j0.75S 的容纳并联模型。

3. 两种等效相量模型的等效变换

（1）若已知 $Z=R+\mathrm{j}X$，则

$$Y=\frac{1}{Z}=G+\mathrm{j}B$$

$$G=\frac{R}{R^2+X^2},\ B=-\frac{X}{R^2+X^2}$$

（2）若已知 $Y=G+\mathrm{j}B$，则

$$Z=\frac{1}{Y}=R+\mathrm{j}X$$

$$R=\frac{G}{G^2+B^2},\ X=\frac{-B}{G^2+B^2}。$$

例已知 $Z=3+\mathrm{j}4$（感性），则

$$Y=\frac{1}{3+\mathrm{j}4}=\frac{3}{25}-\mathrm{j}\frac{4}{25}$$

等效导纳相量模型是电导 $\frac{3}{25}$ S 与感纳 $-\mathrm{j}\frac{4}{25}$S 的并联电路。

作业：　习题五　34，35，36，37。

第 25 讲：

§5-10　复杂正弦交流电路的分析

例 5-10　（网孔分析法）

例 5-32　（节点分析法）

例 5-34　（戴维南定理应用）

作业：　习题五　44，45，46。

第 26 讲：

§5-10　复杂正弦交流电路的分析（续）

对电源频率不同的正弦交流电路，只能用叠加定理来求解。

例 5-35

小结：

1. 变换方法的概念

2. 相量法要点

（1）变换和反变换

$$\sqrt{2}I\sin(\omega t+\theta)\Longleftrightarrow I\angle\theta$$

（2）Z 和 Y 的引入，$Z=\dfrac{\dot{U}}{\dot{I}}$，$Y=\dfrac{1}{Z}$

（3）元件 VAR 和 KVL，KCL 的相量形式

（4）交流分析方法与直流分析方法的类比——相量模型的引入，便于求解未知相量。

（5）只求有效值或只求相位差的问题，也需从相量入手，用解析算法或相量图法。

3. 电感、电容在正弦交流作用下的特点

如电感元件 L，$u=L\dfrac{di}{dt}$，u 取决于$\dfrac{di}{dt}$，而不是 i。①$\omega\uparrow\rightarrow\dfrac{di}{dt}\uparrow\rightarrow u\uparrow$，故 $U=\omega LI$；②$i=0$ 时，$\dfrac{di}{dt}$最大，i 最大值时$\dfrac{di}{dt}=0$，故 i 滞后 u 相位 90°；③$\dot{U}=j\omega L\dot{I}=\omega LI\angle 90°+\theta_i$，表明了①，②两个特点。

同理，电容元件 C：$\dot{I}=j\omega C\dot{U}$即 $I=\omega CU$，i 超前 u 相位 90°。

作业：　习题五　50，51。

本章自学内容：§5-11　双口网络

第六章　正弦交流电路的功率

一、基本要求

1. 熟练掌握电路中 R，L，C 元件的功率特性。能根据电阻电压和电流的有效值计算它们的平均功率。了解电感和电容元件的能量与外电路不断往返交换的特点，能根据电感和电容电压和电流的有效值计算它们的无功功率，掌握无功功率与储能平均值的关系。

2. 熟练掌握根据端口电压和电流的有效值和功率因数及无功因数计算二端网络的平均（有功）功率和无功功率。能运用平均功率守恒和无功功率守恒来计算二端网络的平均功率和无功功率。掌握功率因数和视在功率的计算。能利用功率三角形掌握 P，Q，S 和功率因数之间的关系。

3. 掌握二端网络无功功率与网络储能的关系。

4. 明确提高功率因数的意义，掌握提高功率因数问题的计算。

5. 能根据电压相量和电流相量计算复功率。运用复功率守恒处理多负载的功率分析问题。

6. 掌握正弦交流电路最大功率传输的条件，会运用共轭匹配和模匹配处理最大功率传输问题。

二、学习指导

单一频率正弦交流电路的功率与能量特性，是正弦交流电路分析的重要内容。本章的教学内容分如下三部分：

1. 三种基本元件（R，L，C）的功率与能量特点；

2. 二端网络功率的计算；

3. 最大功率传输的条件。

着重讨论正弦交流电路中平均（有功）功率、无功功率、视在功率及储能的概念，三种基本元件的功率与能量的特性，二端网络中的功率计算。也介绍复功率、功率因数的提高和最大功率传输条件。

现就教学内容中的几个问题分述如下。

（一）关于瞬时功率、平均功率、无功功率和视在功率的概念

由于正弦交流电路中，电压和电流是随时间变化的正弦函数，它们都有相位角。因此，交流电路中的功率比直流电阻电路中的功率要复杂得多。正弦交流电路有瞬时功率，更有平均功率、无功功率和视在功率，以及功率因数和平均储能等概念。我们首先必须明确这些功率及有关的概念。

若元件或二端网络端口关联参考方向的电压和电流分别为

$$u=\sqrt{2}U\sin(\omega t+\varphi_u) \qquad i=\sqrt{2}I\sin(\omega t+\varphi_i)$$

1. 瞬时功率 $p(t)$

$$\begin{aligned}p(t)&=u(t)\cdot i(t)=2UI\sin(\omega t+\varphi_u)\sin(\omega t+\varphi_i)\\&=UI[\cos(\varphi_u-\varphi_i)-\cos(2\omega t+\varphi_u+\varphi_i)]\\&=UI\cos(\varphi_u-\varphi_i)+UI[\cos(2\omega t+2\varphi_i)\cos(\varphi_u-\varphi_i)\\&\qquad-\sin(2\omega t+\varphi_i)\sin(\varphi_u-\varphi_i)]\\&=UI\cos(\varphi_u-\varphi_i)[1-\cos(2\omega t+2\varphi_i)]+UI\sin(\varphi_u-\varphi_i)\\&\qquad\times\sin(2\omega t+2\varphi_i)]=p_R(t)+p_X(t)\end{aligned}$$

上式导出应用的三角公式有

$$-2\sin\alpha\sin\beta=\cos(\alpha+\beta)-\cos(\alpha-\beta)$$

$$\cos(\alpha+\beta)=\cos\alpha\cos\beta-\sin\alpha\sin\beta$$

可见瞬时功率 $p(t)$包括两部分。前一项 $p_R(t)=UI\cos(\varphi_u-\varphi_i)[1-\cos(\omega t+2\varphi_i)]$，因 $\cos(2\omega t+2\varphi_i)\leqslant 1$，则$[1-\cos(2\omega t+2\varphi_i)]\geqslant 0$，即 $p_R(t)\geqslant 0$，故这一分量任何时刻都是被电路所吸收，为电阻元件发热消耗或转换为其他形式的能量(如通过电动机转换为机械能等)，故称为有功分量；而后一项$p_X(t)=UI\sin(\varphi_u-\varphi_i)\sin(2\omega t+2\varphi_i)$是以振幅为 $UI\sin(\varphi_u-\varphi_i)$，角频率为 2ω 变化的正弦函数，在一个周期内它的平均值为零，瞬时值半周为正值，另半周为负值。$p_X(t)>0$ 正值时，电路吸收电磁能量，储存在电感或电容中；$p_X(t)<0$ 负值时，电路向电源释放出电磁能量。如此往复循环，形成电路与电源之间的功率交换。这一分量的平均值为零，不是实际消耗的功率，故称为无功分量。

2. 平均功率(有功功率)P

定义为：一周期内瞬时功率 $p(t)$的平均值，即

$$\begin{aligned}P&=\frac{1}{T}\int_0^T p(t)\mathrm{d}t=UI\cos(\varphi_u-\varphi_i)\\&=UI\cos\varphi\end{aligned}$$

表明平均功率是正弦电压和电流有效值的乘积再乘以两者相位差角的余弦。$\cos\varphi$ 称为功率因数，只有电压与电流的相位差$\neq 90°$才有平均功率。 平均功率是电路中实际消耗的功率，又称有功功率，单位是瓦特(W)，可以用功率表(瓦特表)来测量。

3. 无功功率 Q

定义为：瞬时功率中无功分量 $p_X(t)$的最大值，用 Q 表示，即

$$\begin{aligned}Q&=UI\sin(\varphi_u-\varphi_i)\\&=UI\sin\varphi\end{aligned}$$

表明无功功率是电压与电流有效值的乘积，再乘以两者相位差角的正弦。$\sin\varphi$ 称为无功因数。无功功率不是电路中实际消耗的功率，而是电路与电源之间交换功率的最大速率，它的量纲与平均功率相同，但为了两者的区别，无功功率的单位为乏（var)。无功功率的数值可用无功功率表进行测量。

4. 视在功率 S

定义为：电压和电流有效值的乘积，即

$$S=UI$$

为了与平均功率和无功功率相区别，视在功率的单位定为伏安(VA). 在电工技术中，是以视在功率来定义电气设备的容量，即将额定电压 U_N 和额定电流 I_N 的乘积 $S_N=U_NI_N$ 为设备的额定容量。

（二）关于基本元件的功率与能量特性

在正弦交流电路中，基本元件 R，L，C 的功率与能量特性，是正弦交流电路功率分析计算的基础，从电路的理论和实际工程都具有重要意义。

1. 电阻元件 R

由于电阻元件两端的电压$\dot{U}$与通过它的电流$\dot{I}$同相，$\varphi_u=\varphi_i$，$\varphi=0$，则有：

（1）瞬时功率　$p(t)=UI[1-\cos(2\omega t+2\varphi_i)]=p_R(t)$表明电阻元件的瞬时功率只有有功分量，而无无功分量，反映了电阻元件的耗能性质。

（2）平均功率　由于 $\cos\varphi=1$，则

$$P=UI=I^2R=\frac{U^2}{R}$$

表明正弦交流电路中电阻元件的功率用正弦电压或正弦电流的有效值来计算，与直流电阻电路的计算是相同的。

（3）无功功率　因 $\sin\varphi=0$，则

$$Q=UI\sin\varphi=0$$

（4）电阻元件消耗的能量是有功功率 P 与时间 t 的乘积，即

$$W=Pt=I^2Rt\ [\text{单位焦耳 (J)}]$$

2. 电感元件 L

由于电感元件两端电压$\dot{U}_L$ 超前电流$\dot{I}_L$ 相位 90°，$\varphi_u=\varphi_i+90°$，即 $\varphi=90°$。则有：

（1）瞬时功率　$p_L(t)=U_LI_L\sin(2\omega t+2\varphi_i)=p_X(t)$，表明电感元件瞬时功率中只有无功分量 $p_X(t)$，它是 2ω 的正弦函数。当 $p_L(t)>0$ 的瞬时，电感元件吸收能量，储存于磁场中；当 $p_L(t)<0$ 的瞬时，电感元件释放出能量给外电路。

（2）有功功率　由于 $\varphi=90°$，$\cos\varphi=0$，故有功功率为

$$P_L=U_LI_L\cos\varphi=0$$

表明电感元件不消耗功率。

（3）无功功率　由于 $\varphi=90°$，$\sin\varphi=1$，故无功功率为

$$Q_L=U_LI_L\sin\varphi=U_LI_L=X_LI_L^2$$

表明电感元件与外电路功率交换的规模是电感电压与电流有效值的乘积，也等于感抗 X_L 乘以电流有效值的平方 I_L^2.

（4）储能特性　储能的瞬时值为

$$w_L(t)=\frac{1}{2}Li_L^2(t)=\frac{1}{2}LI_L^2[1-\cos(2\omega t+2\varphi_i)]$$

平均储能，是瞬时储能的平均值，即上式在一周期时间的积分，得出

$$W_L=\frac{1}{2}LI_L^2$$

无功功率 Q_L 与平均储能的关系：由于 $U_L=\omega LI_L$，则无功功率为

$$Q_L=U_LI_L=\omega LI_L^2=2\omega(\frac{1}{2}LI_L^2)=2\omega W_L$$

表明电感元件的平均储能是电感量乘电流有效值平方的一半；电感元件的无功功率是平均储能的 2ω 倍。

3. 电容元件 C

由于电容元件两端的电压$\dot{U}_C$ 滞后于电流$\dot{I}_C$ 相位 90°，$\varphi_u=\varphi_i-90°$，即 $\varphi=-90°$. 则有

（1）瞬时功率　$p_C(t)=-U_CI_C\sin(2\omega t+2\varphi_i)=p_X(t)$

表明电容元件瞬时功率中只有无功分量 $p_X(t)$,它是 2ω 的正弦函数。当 $p_C(t)>0$ 的瞬时,电容元件吸收能量,储存于电场中;当 $p_C(t)<0$ 的瞬时,电容元件释放出能量给外电路。

（2）有功功率　由于 $\varphi=-90°$，$\cos\varphi=0$，故有功功率为

$$P_C=U_CI_C\cos\varphi=0$$

表明电容元件不消耗功率。

（3）无功功率　由于 $\varphi=-90°$，$\sin\varphi=-1$，故无功功率为

$$Q_C=U_CI_C\sin\varphi=-U_CI_C=-X_CI_C^2$$

表明电容元件与外电路功率交换的规模是电容电压与电流有效值的乘积，也等于容抗 X_C 乘以电流有效值的平方 I_C^2，式中并冠以“－”号，表示在电容与电感元件在两端电压和电流及两者参考方向均为相同的情况下，电容中的无功功率与电感中的无功功率方向相反。

（4）储能特性　储能的瞬时值为

$$w_C(t)=\frac{1}{2}Cu_C^2(t)=\frac{1}{2}CU_C^2[1-\cos(2\omega t+2\varphi_i)]$$

平均储能是瞬时储能的平均值,即上式在一个周期时间的积分,得出

$$W_C=\frac{1}{2}CU_C^2$$

无功功率 Q_C 与平均储能的关系:由于 $I_C=\omega CU_C$,则无功功率为

$$Q_C=-U_CI_C=-U_C(\omega CU_C)=-2\omega(\frac{1}{2}CU_C^2)=-2\omega W_C$$

表明电容元件的平均储能是电容量乘电压有效值平方的一半，且冠以“－”号；电容元件的无功功率是平均储能的 2ω 倍。

（三）关于二端网络的功率计算

1. 根据二端网络端口的电压和电流有效值来计算功率

若已知二端网络端口的电压 $\dot{U}=U\angle\varphi_u$ 和电流 $\dot{I}=I\angle\varphi_i$，且它们为关联参考方向时，则网络中 P，Q，S 按如下公式进行计算：

有功功率 $P=UI\cos\varphi$

无功功率 $Q=UI\sin\varphi$

视在功率 $S=UI$

功率因数 $\lambda=\cos\varphi$

式中 $\varphi=\varphi_u-\varphi_i$，是二端网络的阻抗角。

2. 根据功率守恒原理来计算二端网络的功率

(1) 若二端网络中有多个电阻元件，它们消耗的功率分别为 P_1，P_2，…，P_n，则根据平均功率守恒原理，网络中消耗的总功率为

$$P=P_1+P_2+\cdots P_n=\sum P_k$$

(2) 若二端网络中，含有多个电感和电容元件，它们的无功功率分别为 Q_1，Q_2，…，Q_n，则根据无功功率守恒原理，网络中总的无功功率为

$$Q=Q_1+Q_2+\cdots+Q_n=\sum Q_k$$

(3) 二端网络无功功率与内部储能的关系为

$$Q=2\omega(\sum W_L-\sum W_C)$$

3. 利用功率三角形的关系来计算功率

已知正弦交流电路的功率三角形，则有

$$S=UI=\sqrt{P^2+Q^2}$$

$$P=S\cos\varphi$$

$$Q=S\sin\varphi$$

$$\varphi=\operatorname{arctg}\frac{Q}{P}$$

(四) 关于复功率及复功率守恒

1. 复功率的定义

二端网络端口或元件两端的电压相量 $\dot{U}$ 与电流相量 $\dot{I}$ 的共轭相量 $\overset{*}{I}$ 的乘积，即

$$\begin{aligned}\tilde{S}&=\dot{U}\overset{*}{I}=UI\angle\varphi_u-\varphi_i\\&=UI\cos(\varphi_u-\varphi_i)+\mathrm{j}UI\sin(\varphi_u-\varphi_i)\\&=P+\mathrm{j}Q\end{aligned}$$

表明复功率 $\tilde{S}$ 是一复数，它的实部是有功功率 P，虚部则是无功功率 Q，模是视在功率 S；幅角是二端网络或元件的阻抗角 $\varphi=\angle\varphi_u-\varphi_i$. $\tilde{S}$ 虽然是复数，但它不是正弦量的相量。因此，应加以区别。

2. 复功率与阻抗、导纳及电压、电流有效值的关系

$$\tilde{S}=P+\mathrm{j}Q=RI^2+\mathrm{j}XI^2=(R+\mathrm{j}X)I^2$$
$$=ZI^2$$

或 $$\tilde{S}=P+\mathrm{j}Q=GU^2+\mathrm{j}BU^2=(G+\mathrm{j}B)U^2$$
$$=\overset{*}{Y}U^2$$

式中 $\overset{*}{Y}$ 是 Y 的共轭导纳。

表明复功率是阻抗与电流有效值平方的乘积；或是共轭导纳与电压有效值平方的乘积。

3. 复功率守恒

KCL 的相量形式为：$\sum\dot{I}=0$，则 KCL 共轭相量形式为

$$\sum\overset{*}{I}=0$$

因此，如图 6-1 所示正弦交流电路的相量模型 KCL 共轭相量形式的方程为

$$\overset{*}{I}_1+\overset{*}{I}_2+\overset{*}{I}_3=0$$

上式乘以各支路两端的电压相量 $\dot{U}$，得出

$$\dot{U}\overset{*}{I}_1+\dot{U}\overset{*}{I}_2+\dot{U}\overset{*}{I}_3=0$$

即 $$\tilde{S}_1+\tilde{S}_2+\tilde{S}_3=0$$

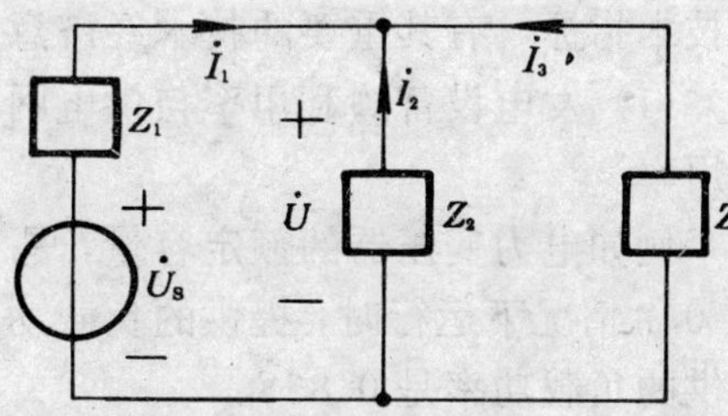

图 6-1 复功率守恒的说明电路模型

写为一般形式为

$$\sum\tilde{S}_k=0$$

设 $\tilde{S}_k=P_k+\mathrm{j}Q_k$，则上式可以写为

$$\sum\tilde{S}_k=\sum\tilde{P}_k+\mathrm{j}\sum\tilde{Q}_k=0$$

即 $$\sum P_k=0,\quad \sum Q_k=0$$

表明正弦交流电路中的复功率守恒，即同频率正弦交流电路中，各电源发生的复功率之和等于电路中各支路吸收的复功率之和。也表明正弦交流电路中平均功率守恒和无功功率守恒。

但是，应该指出，只有复功率、平均功率和无功功率的守恒，而无视在功率的守恒，即

$$S_1+S_2+S_3\neq 0$$

4. 复功率在正弦交流电路分析中的应用

复功率是正弦交流分析相量法中的一个辅助计算量，它实际上是功率三角形的复数表示式，用来分析计算正弦交流电路中的有功功率和无功功率。在工程实际中，如电力系统中电力网络的功率分布的分析计算，就是应用复功率来进行的。

（五）关于功率因数及负载功率因数的提高

1. 功率因数的定义

二端网络的平均功率 P 与视在功率 S 之比，定义为该网络的功率因数，用希腊字母 λ 来表示，即

$$\lambda=\frac{P}{S}=\cos(\varphi_u-\varphi_i)=\cos\varphi$$

网络的阻抗角 φ 决定功率因数 λ 的数值，称为功率因数角。对于负载的功率因数，决定于负载的阻抗角；对于电源的功率因数，则决定于电源端口外部电路的阻抗角。由于 $\cos(-\varphi)=\cos\varphi$，故不论 φ 是正值，还是负值，功率因数恒为正值。

2. 感性和容性负载的功率因数

由于无论负载阻抗角是正值还是负值，总有 $\cos\varphi>0$。因此，从功率因数 λ 的数值上分辨不出电路是感性负载还是容性负载。所以，我们对于这两种不同性质负载的功率因数，就应该加以注明。对于感性负载，是电流滞后于电压，故称为滞后功率因数，一般认为"$\cos\varphi$（滞后）"；对于容性负载，是电流超前电压，故称为超前功率因数，一般认为"$\cos\varphi$（超前）"。

3. 提高功率因数的意义

在电工技术中，功率因数 λ 是一个重要的导出参数。特别在电力系统中，功率因数是重要的技术指标，有其重要的技术经济意义。

(1) 发电设备的利用率与供电网络的功率因数有关。提高功率因数，能提高发电设备的利用率。

例如电力变压器的额定容量，是它的额定伏安数视在功率 $S_N=U_NI_N$. 如果它在功率因数 $\lambda=0.7$ 情况下运行时，提供的负载功率是 $0.7S_N$；如果它在功率因数 $\lambda=0.85$ 情况下运行时，提供的负载功率是 $0.85S_N$.

由此可见，在高功率因数运行时，能向负载提供较多的功率，从而提高发电设备的利用率。

(2) 电力输电线路上的功率损耗与功率因数有关。提高功率因数，能减少线路的损耗，提高输电的能力。

在电力系统中，发电厂发出的正弦交流电能，通过输电线路输送到用户，线路中的电流为

$$I=\frac{P}{U\cos\varphi}$$

可见，在同一输电电压 U 以及输送相同的功率 P 的条件下，若负载的功率因数越低，则输电电流 I 就越大，输电线路中的功率损耗就越大。因此，为了减少输电线路的功率损耗，就需要提高负载的功率因数。

同时，若在允许的输电线路的功率损耗范围内，在输电电压一定的情况下，提高负载的功率因数，就可以增大输电的能力。

由此可见，为了提高发电设备的利用率，减少输电线路的功率损耗，提高输电能力，就必须提高负载的功率因数。通常一般感性负载的功率因数都在 0.6 左右，要求提高到 0.9 以上。

4. 提高功率因数的措施

在供电系统中，提高负载的功率因数，就是在感性负载的两端并联电容器。负载所需的感性无功功率，由就地的并联电容器产生的容性无功功率进行补偿，从而减少了由电源通过输电线路传输的无功功率，使输电线路中的电流减少，并使感性负载电流滞后电压的相位减小，从而提高了负载的功率因数。这种提高功率因数的方法，称为无功补偿，并联的电容器则称为补偿电容。

设感性负载的平均功率为 P，功率因数为 $\cos\varphi_1$，工作电压为 U，电网的角频率 $\omega=$

314rad/s。为了提高功率因数到 $\cos\varphi_2$ 值，这时所需并联的补偿电容量为 C. 补偿前负载的复功率为

$$\tilde{S}_1 = P + jQ_1$$

现并联电容器的复功率为

$$\tilde{S}_C = -j|Q_C|$$

则补偿后的复功率为

$$\tilde{S}_2 = \tilde{S}_1 + \tilde{S}_C = P + j(Q_1 - |Q_C|) = P + jQ_2$$

这时 $Q_2 < Q_1$，而保持负载的平均功率 P 不变。

5. 补偿电容量 C 值的计算

$$Q_1 = P\mathrm{tg}\varphi_1, \qquad Q_2 = P\mathrm{tg}\varphi_2$$

则补偿无功功率为

$$\begin{aligned}|Q_C| &= Q_1 - Q_2 = P(\mathrm{tg}\varphi_1 - \mathrm{tg}\varphi_2)\\ &= \omega C U^2\end{aligned}$$

移项后得出补偿电容 C 值的计算公式为

$$C = \frac{P}{\omega U^2}(\mathrm{tg}\varphi_1 - \mathrm{tg}\varphi_2)$$

（六）关于负载获得最大功率的条件

在正弦交流电路中，已知电源电压 $\dot{U}_s$ 和内阻抗 $Z_s = R_s + jX_s$ 的情况下，负载 $Z_L = R_L \pm jX_L$ * 获得最大功率的条件是：

（1）若负载阻抗中 R_L 和 X_L 均可分别自由改变时，负载获得最大功率的条件是

$$Z_L = \overset{*}{Z}_s,\ 即\ Z_L = R_s - jX_s$$

满足这一条件，称为电路实现了共轭匹配。在共轭匹配时，负载获得的最大功率为

$$P_{L\cdot\max} = \frac{U_s^2}{4R_s}$$

（2）若负载阻抗 Z_L 中，R_L 和 X_L 可按比例改变，而保持阻抗角 φ_L 不变时，则 Z_L 获得最大功率的条件是 $|Z_L| = |Z_s|$， 即 $|Z_L| = \sqrt{R_s^2 + X_s^2}$

满足这一条件，称为电路实现了模匹配。在模匹配时的负载阻抗为 $Z_L = |Z_s|\angle\varphi_L$，并按此计算

$$P'_{L\cdot\max} = \frac{U_s^2}{(R_s + |Z_s|\cos\varphi_L)^2 + (X_s + |Z_s|\sin\varphi_L)^2} \times |Z_s|\cos\varphi_L$$

显然，模匹配时因受 φ_L 不能改变的限制，$P'_{L\cdot\max} < P_{L\cdot\max}$. 故共轭匹配时负载获得的 $P_{L\cdot\max}$，称为完全最大功率；而模匹配时负载获得的 $P'_{L\cdot\max}$，则称为部分最大功率。

本章学习的重点内容是，正弦交流电路中平均功率、无功功率和视在功率的概念，三种基本电路元件的功率和能量特性和二端网络功率的计算。

---

* X_L 表示负载电抗，而不是电感元件的感抗。

三、解题指导

（一）例题分析

〔**例 6-1**〕二端网络功率和平均储能的计算。如图 6-2 所示正弦交流电路，已知 $R_1=15\ \Omega$，$R_2=10\ \Omega$，$R_3=20\ \Omega$，$L_1=5$ H，$L_2=2$ H，$C=9983\ \mu$F，电源电压 $U=220$ V，$\omega=3.14$ rad/s；求（1）电路中的平均功率 P、无功功率 Q 和视在功率 S；（2）各储能元件的平均储能和二端网络的平均储能。

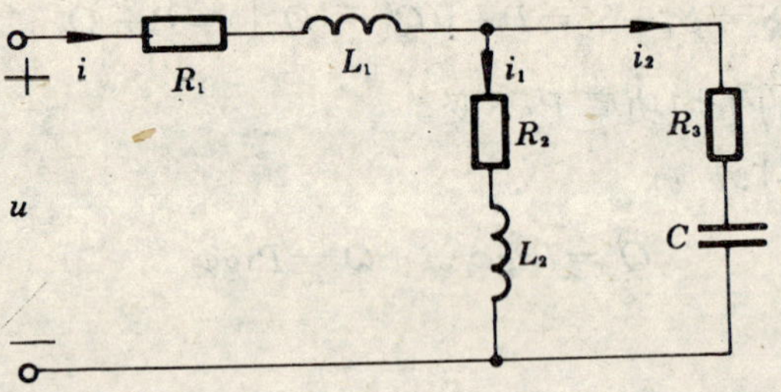

图 6-2　例 6-1 电路图

解：　〔解题思路〕　本题是二端网络功率的计算问题，要求计算二端网络的平均功率 P、无功功率 Q、视在功率 S 和电感元件、电容元件及二端网络的平均储能。计算二端网络的功率需计算出端口的输入电流的相量 $\dot{I}$，在已知输入电压的条件下，需计算出二端网络的总阻抗即可。二端网络的功率因数角就是该总阻抗角，从而便可计算出 P，Q 和 S。也可以各电阻元件的平均功率和各储能元件的无功功率按有功功率守恒和无功功率守恒计算出总平均功率和无功功率，这时必须先计算出各支路的电流；计算各储能元件的平均储能按公式计算得出，二端网络的平均储能可按各储能元件平均储能之和或通过无功功率 Q 来计算得出。

〔解题方法〕　（1）计算二端网络总阻抗

$$X_1=\omega L_1=3.14\times5=15.7\Omega$$

$$X_2=\omega L_2=3.14\times2=6.28\Omega$$

$$X_3=-\frac{1}{\omega C}=-\frac{1}{3.14\times9983\times10^{-6}}=-31.9\Omega$$

则二端网络的总阻抗为

$$Z=(R_1+jX_1)+\frac{(R_2+jX_2)(R_3-jX_3)}{(R_2+jX_2)+(R_3-jX_3)}$$

$$=(15+j15.7)+\frac{(10+j6.28)(20-j31.9)}{(10+j6.28)+(20-j31.9)}$$

$$=25.87+j18.61$$

$$=31.87\angle 35.7^\circ\ \Omega$$

可知二端网络的功率因数角为

$$\varphi=35.7^\circ$$

（2）计算总电流和各支路电流相量

$$\dot{I}=\frac{\dot{U}}{Z}=\frac{220\angle 0^\circ}{31.87\angle 35.7^\circ}=6.9\angle -35.7^\circ\text{A}$$

$$\dot{I}_1=\frac{R_3-jX_3}{(R_2+jX_2)+(R_3-jX_3)}\dot{I}=\frac{(20-j31.9)}{(10+j6.28)+(20-j31.9)}\times 6.9\angle -35.7^\circ$$
$$=6.6\angle -53.1^\circ \text{A}$$
$$\dot{I}_2=\frac{R_2+jX_2}{(R_2+jX_2)+(R_3-jX_3)}\dot{I}=\frac{10+j6.28}{(10+j6.28)+(20-j31.9)}\times 6.9\angle -35.7^\circ$$
$$=2.06\angle 36.9^\circ \text{ A}$$

(3)计算二端网络的功率

方法之一： 按端口电压和电流有效值和功率因数角进行计算。

平均功率 $P=UI\cos\varphi=220\times 6.9\cos 35.7^\circ=1234\ \text{W}$

无功功率 $Q=UI\sin\varphi=220\times 6.9\sin 35.7^\circ=885.8\ \text{var}$

视在功率 $S=UI=220\times 6.9=1518\ \text{VA}$

方法之二： 按有功功率和无功功率守恒计算功率。

(a)计算平均功率

电阻元件 R_1：$P_1=R_1I^2=15\times 6.9^2=714.15\ \text{W}$

电阻元件 R_2：$P_2=R_2I_1^2=10\times 6.6^2=435.6\ \text{W}$

电阻元件 R_3：$P_3=R_3I_2^2=20\times 2.06^2=84.8\ \text{W}$

总功率为 $P=P_1+P_2+P_3=714.15+435.6+84.8$
$=1234.6\ \text{W}$

(b)计算无功功率

电感元件 L_1：$Q_1=X_1I^2=15.7\times 6.9^2=747.48\ \text{var}$

电感元件 L_2：$Q_2=X_2I_1^2=6.28\times 6.6^2=273.56\ \text{var}$

电容元件 C：$Q_3=-X_3I_2^2=-31.9\times 2.06^2=-135.37\ \text{var}$

总无功功率 $Q=Q_1+Q_2+Q_3=747.48+273.56-135.37=885.6\ \text{var}$

(4)计算平均储能

电感元件 L_1： $W_{L1}=\frac{1}{2}L_1I^2=\frac{1}{2}\times 5\times 6.9^2=119.03\ \text{J}$

电感元件 L_2： $W_{L2}=\frac{1}{2}L_2I_1^2=\frac{1}{2}\times 2\times 6.6^2=43.56\ \text{J}$

电容元件 C： $U_C=X_3I_2=31.9\times 2.06=65.7\ \text{V}$

$$W_C=\frac{1}{2}CU_C^2=\frac{1}{2}\times 9983\times 10^{-6}\times 65.7^2$$
$$=21.55\ \text{J}$$

二端网络的平均储能为

$$W=W_{L1}+W_{L2}-W_C$$
$$=119.03+43.56-21.55=141.05\ \text{J}$$

或按无功功率与平均储能的关系来计算。因

$$Q=\frac{W}{2\omega}$$

则
$$W=\frac{Q}{2\omega}=\frac{885.6}{2\times 3.14}=141.02\ \text{J}$$

〔**例 6-2**〕 复功率的计算。试运用复功率计算上例中各支路及二端网络的平均功率和无功功率。

解：〔解题思路〕 由各支路的阻抗和电流的有效值计算出各支路的复功率$\tilde{S}=ZI^2$，因$\tilde{S}=P+\mathrm{j}Q$，故从复功率中直接得出各支路的有功功率和无功功率。按端口电压和电流的相量或按复功率守恒计算出二端网络的有功功率和无功功率。

〔解题方法〕 (1)引用上例中已计算出的总阻抗和各支路的电流相量分别为

$$Z=31.87\angle 35.7^\circ\ \Omega$$

$$\dot{I}=6.9\angle -35.7^\circ\ \mathrm{A}$$

$$\dot{I}_1=6.6\angle -53.1^\circ\ \mathrm{A}$$

$$\dot{I}_2=2.06\angle 36.9^\circ\ \mathrm{A}$$

(2)计算各支路的阻抗

$$Z_1=R_1+\mathrm{j}X_1=15+\mathrm{j}15.7=21.71\angle 46.3^\circ\ \Omega$$

$$Z_2=R_2+\mathrm{j}X_2=10+\mathrm{j}6.28=11.8\angle 32.13^\circ\ \Omega$$

$$Z_3=R_3+\mathrm{j}X_3=20-\mathrm{j}31.9=37.65\angle -57.9^\circ\ \Omega$$

(3)计算各支路的复功率

$$\tilde{S}_1=Z_1I^2=21.71\angle 46.3^\circ\times 6.9^2=1033.61\angle 46.3^\circ$$

$$=714.1+\mathrm{j}747.26\ \mathrm{VA}$$

得出 $P_1=714.1\ \mathrm{W}, Q_1=747.26\ \mathrm{var}$

$$\tilde{S}_2=Z_2I_1^2=11.8\angle 32.13^\circ\times 6.6^2=514\angle 32.13^\circ$$

$$=435.3+\mathrm{j}273.36\ \mathrm{VA}$$

得出 $P_2=435.3\ \mathrm{W}, Q_2=273.36\ \mathrm{var}$

$$\tilde{S}_3=Z_3I_2^2=37.65\angle -57.9^\circ\times 2.06^2=159.77\angle -57.9^\circ$$

$$=84.8-\mathrm{j}135.34\ \mathrm{VA}$$

得出 $P_3=84.8\ \mathrm{W}, Q_3=-135.34\ \mathrm{var}$

计算二端口网络的复功率为

$$\tilde{S}=\tilde{S}_1+\tilde{S}_2+\tilde{S}_3$$

$$=1234+\mathrm{j}885.28\ \mathrm{VA}$$

得出 $P=1234\ \mathrm{W}, Q=885.28\ \mathrm{var}$

按端口电压和电流相量计算

$$\tilde{S}=\dot{U}\overset{*}{I}=220\angle 0^\circ\times 6.9\angle 35.7^\circ=1518\angle 35.7^\circ$$

$$=1234+\mathrm{j}885.8\ \mathrm{VA}$$

结果相同。

从本例可以证明，在正弦交流电路中，复功率、平均功率和无功功率都守恒；可以看出复功率是单一频率正弦交流电路中应用相量法分析电路的辅助计算量，它本身没有物理意义。

〔**例 6-3**〕 提高负载功率因数问题的计算。有一由电力线路供电的感性负载，其额定功率$P_\mathrm{N}=2.64\ \mathrm{kW}$，功率因数$\cos\varphi=0.6$(滞后)，工作电压是工频正弦电压，为220V.(1)为提高负载的功率因数达$\cos\varphi=0.9$，求所需补偿电容器的电容量C；(2)计算补偿前后输电线路中的电流。

解：〔解题思路〕 计算提高感性负载功率因数并联电容器的电容量，首先需将补偿前后的功率因数角 φ 和 φ' 计算出来，然后按 $C=\frac{P}{\omega U^2}(\mathrm{tg}\varphi-\mathrm{tg}\varphi')$ 公式进行计算即可。根据补偿前后的功率因数，按有功功率 $P=UI\cos\varphi$ 公式便可计算出补偿前后输电线路中的电流。

〔解题方法〕 (1) 计算补偿电容器的电容量 C

补偿前 $\cos\varphi=0.6$，则 $\varphi=\arccos 0.6=53.13°$

补偿后 $\cos\varphi'=0.9$，则 $\varphi'=\arccos 0.9=25.84°$

故将功率因数从 0.6 提高到 0.9 所需补偿电容的电容量为

$$C=\frac{P}{\omega U^2}(\mathrm{tg}\varphi-\mathrm{tg}\varphi')$$
$$=\frac{2.64\times10^3}{2\pi\times50\times220^2}(\mathrm{tg}53.13°-\mathrm{tg}25.84°)$$
$$=147.84\ \mu\mathrm{F}$$

(2) 计算补偿前后输电线路中的电流

补偿前 $I_L=\frac{P}{U\cos\varphi}=\frac{2.64\times10^3}{220\times0.6}=20\ \mathrm{A}$

补偿后 $I_L'=\frac{P}{U\cos\varphi'}=\frac{2.64\times10^3}{220\times0.9}=10.11\ \mathrm{A}$

〔**例 6-4**〕 负载获得最大功率的计算。如图 6-3 所示正弦交流电路的相量模型。求负载 Z_L 获得最大功率的条件及最大功率值：(1) 负载阻抗角 φ_L 可以改变；(2) 阻抗角保持 $\varphi_L=36.87°$不变。

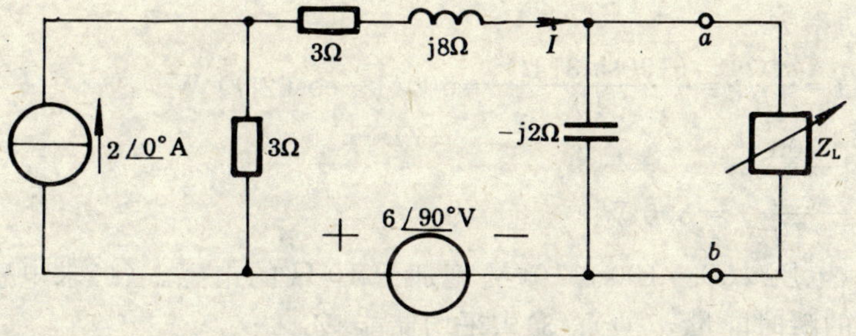

图 6-3 例 6-4 电路图

解：〔解题思路〕 首先求出将 Z_L 从 ab 端口断开后电路的戴维南等效电路模型，然后按两种情况来确定负获得最大功率的条件并计算最大功率值。若 Z_L 中的实部和虚部可以分别自由改变，即 φ_L 可以改变时，则按共轭匹配来确定负载获得最大功率的条件并计算负载最大功率值；若 Z_L 中的实部和虚部不能分别自由改变，即 φ_L 保持不变时，则按模匹配来确定负载获得最大功率的条件并计算最大功率值。

〔解题方法〕 (1) 求 Z_L 从 ab 端口断开后电路的戴维南等效电路。

求开路电压 $\dot{U}_{oc}$，列回路 KVL 方程，得出

$$(3+j8-j2)\dot{I}-6\angle90°+3(\dot{I}-2\angle0°)=0$$
$$(6+j6)\dot{I}=6\angle0°+6\angle90°=6+j6$$
$$\dot{I}=\frac{6+j6}{6+j6}=1\angle0°\ \mathrm{A}$$

故 $$\dot{U}_{oc}=-\mathrm{j}2\dot{I}=2\angle\underline{-90^{\circ}}\ \mathrm{V}$$

求ab端口的输入阻抗 Z_0. 将独立电源置零，则有

$$Z_0=\frac{(6+\mathrm{j}8)(-\mathrm{j}2)}{6+\mathrm{j}8-\mathrm{j}2}=\frac{1}{3}-\mathrm{j}\,\frac{7}{3}\ \Omega$$

(2) 若负载 Z_L 中实部和虚部均可分别自由改变，即负载阻抗角 φ_L 可以改变，则按共轭匹配来确定负载获得最大功率的条件为

$$Z_L=\overset{*}{Z}_0=\frac{1}{3}+\mathrm{j}\,\frac{7}{3}\ \Omega$$

这时负载 Z_L 所获得的最大功率为

$$P_{L\cdot\max}=\frac{U_s^2}{4R_0}=\frac{2^2}{4\times\frac{1}{3}}=3\ \mathrm{W}$$

(3) 若保持 $\varphi_L=36.87^{\circ}$不变时，按模匹配来确定，即负载获得最大功率的条件是

$$|Z_L|=|Z_0|=\sqrt{(\frac{1}{3})^2+(\frac{7}{3})^2}=2.357\ \Omega$$

这时负载阻抗为 $Z_L=2.357\angle\underline{36.87^{\circ}}=1.886+\mathrm{j}1.414\ \Omega$，因此，负载 Z_L 获得最大功率为

$$P'_{L\cdot\max}=R_LI^2=\frac{2^2}{(\frac{1}{3}+1.886)^2+(1.414-\frac{7}{3})^2}\times1.886=0.7\ \mathrm{W}$$

（二）部分练习题解答

练习题 6-1 电压 $u(t)=100\sin314t$ V 施加于 10 Ω 的电阻。(1)求电阻吸收的瞬时功率 $p(t)$；(2)求平均功率 P.

解： (1) $$p(t)=\frac{u^2(t)}{R}=\frac{(100\sin314t)^2}{10}=500(1-\cos628t)\ \mathrm{W}$$

(2) $$P=\frac{U^2}{R}=\frac{\left(\frac{100}{\sqrt{2}}\right)^2}{10}=500\ \mathrm{W}$$

练习题 6-3 电压 $u(t)=100\cos10t$ V 施加于 10 H 的电感。(1)求电感吸收的瞬时功率 $p_L(t)$；(2)求储存的瞬时能量 $w_L(t)$；(3)求平均储能 W_L.

解： (1) $$i_L(t)=\frac{1}{L}\int u_L(t)\mathrm{d}t=\sin10t\ \mathrm{A}$$

$$p_L(t)=u_L(t)\cdot i_L(t)=100\cos10t\cdot\sin10t=\frac{100}{2}\sin20t=50\sin20t\ \mathrm{W}$$

(2) $$w_L(t)=\frac{1}{2}Li_L^2(t)=\frac{1}{2}\times10(\sin10t)^2=5\cdot\frac{1}{2}(1-\cos20t)=2.5(1-\cos20t)\ \mathrm{J}$$

(3) $$W_L=\frac{1}{2}LI_L^2=\frac{1}{2}\times10\times(\frac{1}{\sqrt{2}})^2=2.5\ \mathrm{J}$$

练习题 6-5 电压 $u(t)=100\cos10t$ V 施加于 0.001 F 的电容。(1) 求电容吸收的瞬时功率 $p_C(t)$；(2) 求储存的瞬时能量 $w_C(t)$；(3) 求平均储能 W_C.

解： (1) $$i_C(t)=C\,\frac{\mathrm{d}u_C(t)}{\mathrm{d}t}=-0.001\times100\times10\sin10t$$

$$=-\sin 10t\ \text{A}$$

$$p_C(t)=u_C(t)\cdot i_C(t)=100\cos 10t\cdot(-\sin 10t)$$

$$=-\frac{100}{2}\sin 20t=-50\sin 20t\ \text{W}$$

(2) $w_C(t)=\frac{1}{2}Cu_C^2(t)=\frac{1}{2}\times 0.001\times(100\cos 10t)^2$

$$=5\cdot\frac{1}{2}(1+\cos 20t)=2.5(1+\cos 20t)\ \text{J}$$

(3) $W_C=\frac{1}{2}CU_C^2=\frac{1}{2}\times 0.001\times(\frac{100}{\sqrt{2}})^2=2.5\ \text{J}$

练习题 6-8 某网络的输入阻抗为 $Z=20\angle 60^\circ\ \Omega$，外施电压为 $\dot{U}=100\angle -30^\circ\ \text{V}$。求网络消耗的功率及功率因数。

解： $\dot{I}=\frac{\dot{U}}{Z}=\frac{100\angle -30^\circ}{20\angle 60^\circ}=5\angle -90^\circ\ \text{A}$

功率因数角 $\varphi=60^\circ$

$$P=UI\cos\varphi=100\times 5\times\cos 60^\circ=250\ \text{W}$$

$$\cos\varphi=\cos 60^\circ=0.5$$

练习题 6-11 已知某二端网络端口电压 $u(t)=75\sin\omega t\ \text{V}$，端口电流 $i(t)=10\sin(\omega t+30^\circ)\ \text{A}$，$u$ 和 i 为关联参考方向。求二端网络的 P，Q 和 λ。

解： 因二端网络的阻抗为

$$Z=\frac{\dot{U}_m}{\dot{I}_m}=\frac{75\angle 0^\circ}{10\angle 30^\circ}=7.5\angle -30^\circ\ \Omega$$

则　　功率因数角 $\varphi=-30^\circ$

$$P=UI\cos\varphi=(\frac{75}{\sqrt{2}})\cdot(\frac{10}{\sqrt{2}})\cos(-30^\circ)=324.76\ \text{W}$$

$$Q=UI\sin\varphi=(\frac{75}{\sqrt{2}})\cdot(\frac{10}{\sqrt{2}})\sin(-30^\circ)=-187.5\ \text{var}$$

$\cos\varphi=\cos(-30^\circ)=0.866$（超前）

练习题 6-12 试确定一 50kW 负载的无功功率及视在功率，若功率因数为 (1) 0.80（滞后）；(2)0.90(超前)。

解： (1)功率因数 $\lambda=0.80$（滞后）时

功率因数角　$\varphi=\arccos 0.8=36.87^\circ$

视在功率　$S=\frac{P}{\cos\varphi}=\frac{50\times 10^3}{0.8}=62.5\ \text{kVA}$

无功功率　$Q=S\sin\varphi=62.5\times 10^3\sin 36.87^\circ$

$$=37.5\ \text{kvar}$$

(2)若功率因数 $\lambda=0.90$（超前）时

功率因数角　$\varphi=-\arccos 0.9=-25.84^\circ$

视在功率　$S=\frac{P}{\cos\varphi}=\frac{50\times 10^3}{0.9}=55.55\ \text{kVA}$

无功功率　$Q=S\sin\varphi=55.55\times 10^3\sin(-25.84^\circ)$

$$=-24.21\ \text{kvar}$$

练习题 6-16 求二端网络的阻抗。若该网络在（1）电压为 230 V 时吸收的复功率为 $4600\angle 30°$ VA.

解：（1）计算电流相量$\dot{I}$

因 $\tilde{S}=\dot{U}\overset{*}{I}$

则 $\overset{*}{I}=\dfrac{\tilde{S}}{\dot{U}}=\dfrac{4600\angle 30°}{230\angle 0°}=20\angle 30°$ A

故得出 $\dot{I}=20\angle -30°$ A

（2）计算二端网络的阻抗

$$Z=\frac{\dot{U}}{\dot{I}}=\frac{230\angle 0°}{20\angle -30°}=11.5\angle -30°$$

$$=9.56-j5.75\ \Omega$$

（三）部分习题解答

习题六

2. 图题 6-1 所示电路中 $i_S(t)=10\cos 10^3 t$ mA，求每个电阻、电容及电源所吸收的平均功率。试就算得结果验证平均功率守恒。

解：（1）应用相量法按分流关系计算两支路电流相量

容抗为 $-jX_C=-j\dfrac{1}{\omega C}=-j\dfrac{1}{10^3\times 1\times 10^{-6}}=-j$ kΩ

纯电阻支路中电流相量为

$$\dot{I}_1=\frac{1-j}{1+1-j}\times\frac{10}{\sqrt{2}}\angle 0°=\frac{10\angle -45°}{2.236\angle -26.57°}=4.47\angle -18.43°\ \text{mA}$$

电容支路中的电流相量为

$$\dot{I}_2=\frac{1}{1+1-j}\times\frac{10}{\sqrt{2}}\angle 0°=\frac{7.07\angle 0°}{2.236\angle -26.57°}=3.16\angle 26.57°\ \text{mA}$$

（2）计算各元件吸收的平均功率

$\dot{I}_1$ 支路电阻元件 $P_1=1\times 10^3\times(4.47\times 10^{-3})^2=20$ mW

$\dot{I}_2$ 支路电阻元件 $P_2=1\times 10^3\times(3.16\times 10^{-3})^2=10$ mW

电容元件 $P_3=0$

电流源 $P_s=-4.47\times 7.07\times 10^{-3}\cos 18.43°$

$=-30$ mW

(3)验证平均功率守恒

$$P_1+P_2+P_3+P_s=20+10+0-30=0$$

即 $P_s=P_1+P_2+P_3$

表明电路中平均功率守恒。

5. 求图题 6-4 电路的功率。用下列两种方法：(1)由两电阻的平均功率求得；(2)由电源提供的平均功率求得。

解： (1)由两电阻的平均功率来求得

电容与电阻并联支路的阻抗为

$$\frac{-j4\times4}{4-j4}=\frac{4\angle-90^\circ}{\sqrt{2}\angle-45^\circ}=2.828\angle-45^\circ=2-j2\ \Omega$$

按分压关系计算元件两端的电压相量：

2 Ω 电阻元件两端的电压相量为

$$\dot{U}_1=\frac{2}{2+2-j2}\times12\angle60^\circ=\frac{12\angle60^\circ}{2.236\angle-26.57^\circ}=5.37\angle86.57^\circ\text{V}$$

电容与 4 Ω 电阻并联支路两端的电压相量为

$$\dot{U}_2=\frac{2-j2}{2+2-j2}\times12\angle60^\circ=\frac{\sqrt{2}\angle-45^\circ}{2.236\angle-26.57^\circ}\times12\angle60^\circ$$

$$=7.59\angle41.57^\circ\ \text{V}$$

计算两电阻元件吸收的平均功率：

$$P_1=\frac{U_1^2}{R_1}=\frac{5.37^2}{2}=14.42\ \text{W}$$

$$P_2=\frac{U_2^2}{R_2}=\frac{7.59^2}{4}=14.4\ \text{W}$$

$P_1+P_2=14.42+14.4=28.82$ W

(2)由电源提供的平均功率来求得

计算电路的总阻抗为

$$Z=2+2-j2=4-j2=4.47\angle-26.57^\circ\ \Omega$$

电压源输出电流相量为

$$\dot{I}=\frac{\dot{U}_s}{Z}=\frac{12\angle60^\circ}{4.47\angle-26.57^\circ}=2.685\angle86.57^\circ\ \text{A}$$

计算电压源提供的功率为

$$P_s=-U_sI\cos\varphi=-12\times2.685\cos(-26.57^\circ)$$

$$=-28.82\ \text{W}$$

可见，电路吸收的平均功率为 28.82 W.

10. 输电线的阻抗为 0.08＋j0.25 Ω，用来传送功率给负载。负载为电感性，其电压为 $220\angle0^\circ$ V，功率为 12kW。已知，输电线的功率损失为 560 W. 试求负载的功率因数角。

解： 由输电线的损耗可以计算出负载电流为

$$I=\sqrt{\frac{\Delta P}{R_L}}=\sqrt{\frac{560}{0.08}}=83.67\ \text{A}$$

负载中的电阻 R_L 为

$$R_L=\frac{P}{I^2}=\frac{12000}{83.67^2}=1.714\ \Omega$$

负载阻抗 Z_L 的模为

$$|Z|=\frac{U}{I}=\frac{220}{83.67}=2.629\ \Omega$$

负载阻抗 Z_L 中的电抗为

$$X_L=\sqrt{|Z|^2-R_L^2}=\sqrt{2.629^2-1.714^2}=1.994\ \Omega$$

负载的功率因数角为

$$\varphi=\text{arctg}\,\frac{X_L}{R_L}=\text{arctg}\,\frac{1.994}{1.714}=49.32°$$

功率因数为　$\lambda=\cos\varphi=\cos 49.32°=0.652$

13. 20 Ω 电阻与 0.1 H 和 10 Ω 的电感线圈并联，如图题 6-10 所示。已知，并联电路的总电流有效值为 10 A，$\omega=1000$ rad/s。试求并联电路的 P，Q 和 S.

解：　电感的感抗为　$X_L=\mathrm{j}\omega L=\mathrm{j}1000\times0.1=\mathrm{j}100\ \Omega$

电路的总阻抗为

$$Z=\frac{20\ (10+\mathrm{j}100)}{20+10+\mathrm{j}100}=\frac{20+\mathrm{j}200}{3+\mathrm{j}10}=18.9+\mathrm{j}3.67\ \Omega$$

则
$$P=RI^2=18.9\times10^2=1890\ \text{W}$$
$$Q=XI^2=3.67\times10^2=367\ \text{var}$$
$$S=\sqrt{P^2+Q^2}=\sqrt{1890^2+367^2}=1925\ \text{VA}$$

19. 试求具有下列特点负载的 P，Q 和 S.

解：　(1) $\dot I=2\angle 40°$ A，$\dot U=450\angle 70°$ V

$$\tilde S=\dot U\overset{*}{I}=450\angle 70°\times2\angle -40°=900\angle 30°$$
$$=779.4+\mathrm{j}450\ \text{VA}$$

可见 $P=779.4$ W，$Q=450$ var

(2) $\dot I=1.5\angle -20$ A，$Z=5000\angle 15°$ Ω

$$\tilde S=ZI^2=5000\angle 15°\times1.5^2=11250\angle 15°$$
$$=10866.67+\mathrm{j}2911.71\ \text{VA}$$

可见　$P=10866.67$ W，$Q=2911.71$ var

(3) $\dot U=200\angle 35°$ V，$Z=1500\angle -15°$ Ω，

$$\tilde S=ZI^2=Z\left(\frac{U}{|Z|}\right)^2=1500\angle -15°\times\left(\frac{200}{1500}\right)^2$$
$$=26.67\angle -15°=25.76-\mathrm{j}6.9\ \text{VA}$$

可见　$P=26.67$ W，$Q=-6.9$ var

22. 电路如图题 6-11 所示。(1) 为获得最大功率，Z_L 为何？最大功率是多少？(2) 若 Z_L 只能为纯电阻，则该电阻应为多少才能获得最大功率？此时功率为多少？

解：　(1) 求 Z_L 断开后电路的戴维南等效电路

求 U_{oc}：应用节点分析法，设三电感元件公共节点电压为 $\dot U$，则列节点方程为

$$\left(\frac{1}{9+\mathrm{j}6}+\frac{1}{\mathrm{j}6}+\frac{1}{\mathrm{j}12-\mathrm{j}6}\right)\dot U=\frac{\frac{36}{\sqrt2}\angle -60°}{9+\mathrm{j}6}$$

$$(0.07692-\mathrm{j}0.0513-\mathrm{j}0.1667-\mathrm{j}0.1667)\dot U=3.328\angle -93.69°$$

$$(0.07692-\mathrm{j}0.3846)\dot U=3.328\angle -93.69°$$

$$(0.3923\angle -78.69°)\dot U=2.35\angle -93.69°$$

$$\dot U=6\angle -15°\ \text{V}$$

按分压关系计算 $\dot{U}_{oc}$ 为

$$\dot{U}_{oc}=\frac{-j6}{j12-j6}\dot{U}=\frac{-j6}{j6}\times 6\angle -15^\circ$$
$$=6\angle 165^\circ \text{ V}$$

求 Z_0：将电压源置零，计算 Z_L 断开后电路的输入阻抗。应用阻抗串、并联求等效阻抗方法：

$$Z_1=\frac{(9+j6)(j6)}{9+j6+j6}=\frac{-36+j54}{9+j12}=1.44+j4.08\ \Omega$$
$$Z_2=Z_1+j12=1.44+j16.08\ \Omega$$
$$Z_0=\frac{-j6Z_2}{Z_2-j6}=\frac{(1.44+j16.08)(-j6)}{1.44+j10.08}=9.51\angle -87^\circ$$
$$=0.5-j9.5\ \Omega$$

(2) 若当 $Z_L=\overset{*}{Z}_0=0.5+j9.5\ \Omega$ 时，实现共轭匹配，负载 Z_L 获得最大功率为

$$P_{L\cdot max}=\frac{U_{oc}^2}{4R_0}=\frac{6^2}{4\times 0.5}=18\text{ W}$$

(3) 若当 Z_L 为纯电阻 R_L 时，即

$$Z_L=R_L=|Z_0|=\sqrt{0.5^2+0.95^2}=9.51\ \Omega$$

实现模匹配，负载 Z_L 获得最大功率为

$$P'_{L\cdot max}=I^2R_L=\left(\frac{U_{oc}}{\sqrt{(R_0+|Z_0|)^2+X_0^2}}\right)^2\times|Z_0|$$
$$=\frac{6^2}{(0.5+9.51)^2+9.5^2}\times 9.51=1.8\text{ W}$$

四、教学媒体与作业

本章电视讲课，共 4 讲，即从第 27 讲至 30 讲。各讲的教学内容及作业分述如下。

第 27 讲：

第六章　正弦交流电路的功率

§6-1　三种基本元件的功率、能量

1. 电阻元件 R（耗能元件）

瞬时功率　$p(t)=UI(1-\cos 2\omega t)\geqslant 0$

平均功率　$P=I^2R=\dfrac{U^2}{R}$

2. 电感元件 L(储能元件)

(1) 瞬时储能　$w_L=\dfrac{1}{2}Li^2$

若 i 按正弦变化，当 $|i|$ 增大时，w_L 增加，电感吸收能量；当 $|i|$ 减少时，w_L 减少，电感放出能量。能量往返于电源与电感之间。

若 $i=I_m\sin\omega t$，则 $w_L=\dfrac{1}{2}LI^2(1-\cos 2\omega t)$

(2) 平均储能　$W_L=\dfrac{1}{2}LI^2$

(3) 瞬时功率　$p=ui=UI\sin 2\omega t$

$p>0$ 时电感吸收能量；$p<0$ 时电感放出能量。吸收能量等于放出能量。

(4) 平均功率　$P=0$

(5) 无功功率　$Q_L=UI=2\omega W_L$

表明电源与电感能量交换的规模，单位为乏。

3. 电容元件 C（储能元件）

(1) 瞬时储能　$w_C=\frac{1}{2}Cu^2$

若 u 按正弦变化，当 $|u|$ 增加时，w_C 增加，电容吸收能量；当 $|u|$ 减少时，w_C 减少，电容放出能量。能量往返于电源与电容之间。

(2) 平均储能　$W_C=\frac{1}{2}CU^2$

(3) 瞬时功率　$p=ui=-UI\sin 2\omega t$

(4) 平均功率　$P=0$

(5) 无功功率　$Q_C=-UI=-2\omega W_C$

作业：　习题六　1，4。

第 28 讲：

§6-2　二端网络的平均功率　功率因数

通过教材图 6-6 电路进行分析。

二端网络 N，端口电压 $\dot{U}$、电流 $\dot{I}$，关联参考方向。则

平均功率　$P=UI\cos\varphi$

　只含 R，$\varphi=0$，$P=UI$

　只含 L 或 C，$\varphi=\pm 90°$，$P=0$

$\lambda=\cos\varphi$——功率因数。若 N 不含电源，则

$$Z=|Z|\angle\theta_Z$$

$$\varphi=\theta_Z$$

λ（滞后），指电流滞后。

视在功率　$S=UI$，单位为 VA。表明设备容量。

二端网络端口 $u=300\sqrt{2}\sin(\omega t+10°)$ V，$i=50\sqrt{2}\sin(\omega t-45°)$ A. $U=300$ V，$I=50$ A，$\varphi=10°-(-45°)=55°$. $\cos\varphi=0.574$（滞后），$P=UI\cos\varphi=8610$ W

例 6-7

作业：　习题六　5，6，7，8。

第 29 讲：

例 6-9

例 6-10

§6-3　二端网络的无功功率

如何反映二端网络与外电路的能量往返？通过 RLC 串联电路进行分析。作出电压和电流的相量图。则

$U_X=U_L-U_C$

$U_XI=U_LI-U_CI=Q_L+Q_C=2\omega(W_L-W_C)$

$U_X=U\sin\varphi$

$U_X I=UI\sin\varphi=Q_L+Q_C=2\omega(W_L-W_C)$

定义：二端网络无功功率　$Q=UI\sin\varphi$反映电源与网络的能量往返规模。

作业：　习题六　9，10，11。

第 30 讲：

二端网络功率的计算：

1. $P=UI\cos\varphi$，$\varphi=\theta_Z$，平均功率守恒 $P=\sum P_k=\sum I_k^2 R_k$.

2. $Q=UI\sin\varphi$，无功功率守恒 $Q=\sum Q_k=2\omega(\sum W_L-\sum W_C)$.

3. 功率三角形：$P=UI\cos\varphi$ W，$Q=UI\sin\varphi$ var，$S=\sqrt{P^2+Q^2}=UI$ VA.

例 6-13

功率因数 λ 的提高。例 6-14

§6-4　复功率

$\tilde{S}=\dot{U}\overset{*}{I}=P+jQ$

复功率守恒：若 $\tilde{S}_k=P_k+jQ_k$，则

$$\tilde{S}=\sum^n \tilde{S}_k=\sum^n P_k+j\sum^n Q_k$$

注意：$S\neq\sum S_k$

§6-5　最大功率传输

（1）$Z_s=R_s+jX_s$，$Z_L=R_L+jX$，R_L，X_L 可独立变化。

$$P_L=I^2R_L=\frac{U_s^2R_L}{(R_s+R_L)^2+(X_s+X_L)^2}$$

$X_L=-X_s$ 和 $R_L=R_s$ 时，P_L 为最大。

（2）$Z_L=R_L$，由$\frac{dP_L}{dR_L}=0$，可得

$$R_L=\sqrt{R_s^2+X_s^2}$$

时，P_L 为最大。

作业：　习题六　14，15，16，17，18，21。

第七章 三相电路

一、基本要求

1. 了解三相电源的产生和对称三相电压的含义，并能写出它们的相量和绘出相量图。掌握Y形和△形对称三相电源线电压与相电压的有效值及相位的关系。了解正相序与负相序的含义及对三相电源线电压与相电压的关系。

2. 掌握对称Y形连接负载线电压与相电压、线电流与相电流的有效值、相位的关系。会用“会离出一相、推知其它两相”的方法来计算对称Y—Y连接三相电路，和根据Y形或△形连接电源线电压（相量）计算对称Y形连接负载的电流和电压，并能绘出它们的相量图。

3. 掌握对称△形连接负载线电流与相电流与相电流、线电压与相电压的有效值、相位的关系。会根据电源线电压用“分离一相、推知其它两相”的方法计算对称△形连接负载的电流和电压，并能绘出它们的相量图。

4. 了解不对称三相电路的含义。掌握运用网孔法和节点法分析不对称三相电路的电流和电压。了解不对称Y—Y连接三相电路中中性线的作用，负载中点位移对用户的影响和相序对不对称负载的影响。

5. 了解对称三相负载的平均功率、无功率和视在功率。掌握$P=\sqrt{3}U_lI_l\cos\varphi_\mathrm{p}$计算对称三相电路负载的功率。了解对称三相电路总瞬时功率的恒定性，以及两功率表测量三相功率的方法。

二、学习指导

三相电路是一种在电气上和结构上具有特点的正弦交流电路，三相供电系统在国民经济各部门和城乡都获得广泛应用。因此，三相电路具有重要的实用意义。本章的教学内容可分为如下两个部分：

1. 对称三相电路；

2. 不对称三相电路。

着重讨论对称三相电路的分析计算，不对称三相电路的分析计算只介绍其特点。此外，还分析了不对称三相电路中性点的位移问题。最后介绍三相功率的测量。

现就教学内容中的几个问题分述如下。

（一）关于三相电源

1. 三相电源的概念

三相电源是由三个具有同频率而相位不同的正弦交流电压源，按特定方式连接而成的电源系统。其中每一个电压源称三相电源中的一相。实际的三相电源，一般都是对称三相电源，三相电压的大小相等，而相位相差120°。即

$$u_a = U_m \sin\omega t$$

$$u_b = U_m \sin(\omega t - 120°)$$

$$u_c = U_m \sin(\omega t + 120°)$$

它们的相量图如图 7-1 所示。

三相电源有 Y 形连接和△连接两种方式，分别如图 7-2 和图 7-3 所示。

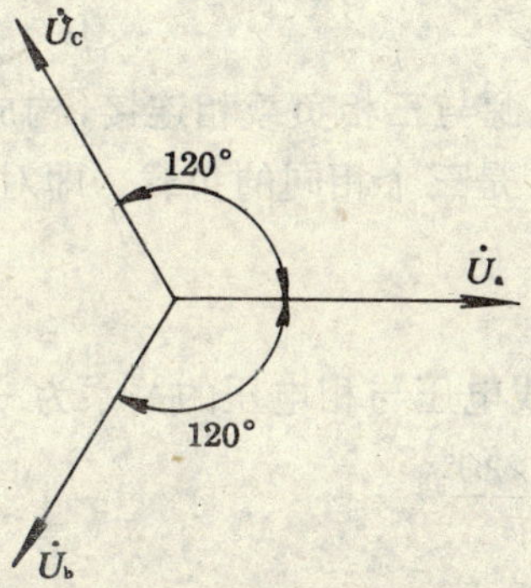

图 7-1　对称三相电压

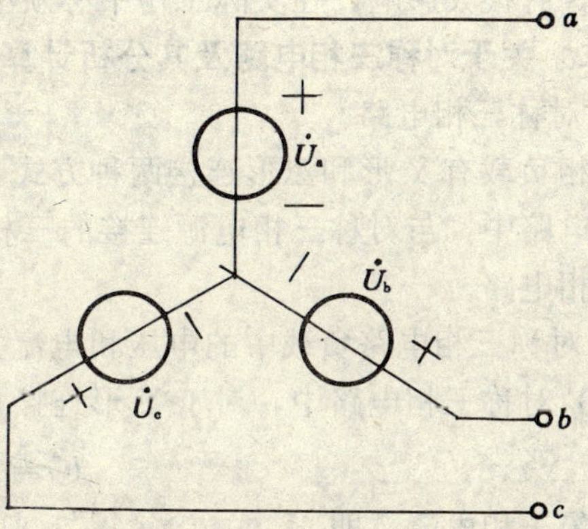

图 7-2　Y 形连接三相电源

2. Y 形连接三相电源的相电压与线电压

Y 形连接三相电源的相电压相量分别为

$$\dot{U}_a = U_p\angle 0°$$

$$\dot{U}_b = U_p\angle -120°$$

$$\dot{U}_c = U_p\angle 120°$$

式中，U_p 表示相电压有效值。三相线电压相量分别为

$$\dot{U}_{ab} = \dot{U}_a - \dot{U}_b = \sqrt{3}\,\dot{U}_a\angle 30°$$

$$\dot{U}_{bc} = \dot{U}_b - \dot{U}_c = \sqrt{3}\,\dot{U}_b\angle 30°$$

$$\dot{U}_{ca} = \dot{U}_c - \dot{U}_a = \sqrt{3}\,\dot{U}_c\angle 30°$$

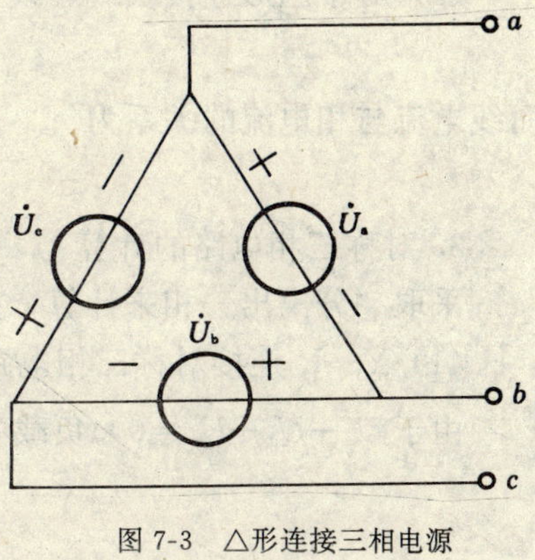

图 7-3　△形连接三相电源

若用 U_l 表示线电压有效值，则线电压与相电压之间的关系，一般可表示为

$$\dot{U}_l = \sqrt{3}\,\dot{U}_p\angle 30°$$

3. △形连接三相电源的线电压与相电压

△形连接三相电源，线电压等于相电压，即

$$\dot{U}_{ab} = \dot{U}_a$$

$$\dot{U}_{bc} = \dot{U}_b$$

$$\dot{U}_{ca} = \dot{U}_c$$

故线电压与相电压的关系，一般可表示为

$$\dot{U}_l = \dot{U}_p$$

4. 三相电源电压的相序

三相电压到达最大值的先后次序，称为相序。如果电压 u_a 超前 u_b，u_b 超前 u_c，则相序为 abc，称为正相序；如果电压 u_a 超前 u_c，u_c 超前 u_b，则相序为 acb，称为反相序。通常没有特别说明便是指正相序。

电力系统中各并列运行的三相电源电压的相序必须相同。电源电压的相序对所接负载，如电动机，有很大影响，在实际工作中必须注意。

（二）关于对称三相电路及其分析计算

1. 对称三相电路

三相负载有 Y 形和△形连接两种方式。三相电源与三相负载相连接，构成了三相电路。如果三相电路中，与对称三相电源连接的三相负载，是三个相同的负载，即对称负载，则称为对称三相电路。

2. 对称三相电路负载中的电压和电流关系

（1）对称三相电路中，对于 Y 形连接负载，线电压与相电压的关系为

$$\dot{U}_l=\sqrt{3}\dot{U}_p\angle 30^\circ$$

线电流等于相电流，即

$$\dot{I}_l=\dot{I}_p$$

（2）对于△形连接负载，线电压等于相电压，即

$$\dot{U}_l=\dot{U}_p$$

而线电流与相电流的关系为

$$\dot{I}_l=\sqrt{3}\dot{I}_p\angle -30^\circ$$

3. 对称三相电路的计算

采取“分离出一相来计算，推知其它两相”的方法进行三相电路的计算。

（1）Y—Y 连接对称三相电路的计算：已知每相负载阻抗为 $Z=|Z|\angle\varphi$，正相序。

由于 $\dot{U}_a+\dot{U}_b+\dot{U}_c=0$，负载中性点 n′与电源中性点 n 之间的电压为

$$\dot{U}_{n'n}=0$$

分离出 a 相进行计算，已知电源相电压为 $\dot{U}_a=U_p\angle 0^\circ$。则负载中 a 相的电流为

$$\dot{I}_a=\frac{\dot{U}_a}{Z}=\frac{U_p}{|Z|}\angle -\varphi$$

故可推知 b，c 两相电流为

$$\dot{I}_b=\dot{I}_a\angle -120^\circ=\frac{U_p}{|Z|}\angle -\varphi-120^\circ$$

$$\dot{I}_c=\dot{I}_a\angle 120^\circ=\frac{U_p}{|Z|}\angle -\varphi+120^\circ$$

三相负载中 a 相电压为

$$\dot{U}'_a=Z\dot{I}_a$$

推知

$$\dot{U}'_b=\dot{U}'_a\angle -120^\circ$$

$$\dot{U}'_c=\dot{U}'_a\angle 120^\circ$$

(2) △—Y 连接对称三相电路的计算：已知△形连接电源电压为 $\dot{U}_{ab}$，$\dot{U}_{bc}$和 $\dot{U}_{ca}$。负载每相阻抗为 $Z=|Z|\angle\varphi$。由于电源电压是对称的，故可以等效为对称 Y 形连接三相电源，各相电压相量分别为 $\dot{U}_a$，$\dot{U}_b$ 和 $\dot{U}_c$，即

$$\dot{U}_a=\frac{1}{\sqrt{3}}\dot{U}_{ab}\angle-30°$$

$$\dot{U}_b=\dot{U}_a\angle-120°$$

$$\dot{U}_c=\dot{U}_a\angle120°$$

于是，便得出 Y—Y 连接对称三相等效电路。Y 形连接负载中的电流和电压可按上式(1)中方法计算得出。

(3) △—△连接对称三相电路的计算：已知电源电压 $\dot{U}_{ab}$，$\dot{U}_{bc}$和 $\dot{U}_{ca}$和每相负载的阻抗 $Z=|Z|\angle\varphi$。先计算出负载中一相电流 $\dot{I}_{ab}$，若 $\dot{U}_{ab}$为参考相量，则

$$\dot{I}_{ab}=\frac{\dot{U}_{ab}}{|Z|\angle\varphi}=I_p\angle-\varphi$$

故推知

$$\dot{I}_{bc}=\dot{I}_{ab}\angle-120°=I_p\angle-\varphi-120°$$

$$\dot{I}_{ca}=\dot{I}_{ab}\angle120°=I_p\angle-\varphi+120°$$

计算一相的线电流为

$$\dot{I}_a=\sqrt{3}\,\dot{I}_{ab}\angle-30°=\sqrt{3}\,I_p\angle-\varphi-30°$$

推知

$$\dot{I}_b=\dot{I}_a\angle-120°=\sqrt{3}\,I_p\angle-\varphi-150°$$

$$\dot{I}_c=\dot{I}_a\angle120°=\sqrt{3}\,I_p\angle-\varphi+90°$$

在△连接负载中的相电压，即电源的相电压。

（三）关于位形相量图

在电视讲课时，应用了位形相量图（简称位形图）来说明问题。所以采用位形相量图，是因为它能清楚地表明三相电路中线电压与相电压的关系。位形图是一种特殊形式的电压相量图。作位形图时，电路中各元件的电压相量，是按电路元件在电路中连接的顺序排列的，位形图中各相量的起点和终点，与电路中相应的点是一一对应的，电路中的后一元件的电压相量与前一个元件的电压相量相衔接。

如对称三相的电压，可以作出如图 7-4 所示的位形图。选择电源 a 相电压 $\dot{U}_a=U_p\angle0°$为参考相量，在选定电压有效值比例尺后作出相量 $\dot{U}_a$，从而可以确定 a 点和 n 点。电压 $\dot{U}_b=\dot{U}_a\angle-120°$，作相量 $\dot{U}_b$ 起自 b 点，终于 n 点，滞后 $\dot{U}_a$ 相位 120°，从而确定了 b 点的位置。电压 $\dot{U}_c=\dot{U}_a\angle120°$，作相量 $\dot{U}_c$ 起自 c 点，终于 n 点，超前 $\dot{U}_a$ 相位 120°，从而确定了 c 点的位置。这样，电源各端点在位形图中的位置都被确定下来了。位形图中 a，b 两点的连线就是线电压 $\dot{U}_{ab}$，相量是由 a 指向 b. 同理，作 b，c 两点和 c，a 两点连线，便可以作出电压 $\dot{U}_{bc}$和 $\dot{U}_{ca}$相量。它们构成一个正三角形，*n* 点就是正三角形的中心。

根据位形图就可以方便地分析三相电路中各电压的关系。在位形图中，清楚地表示了电

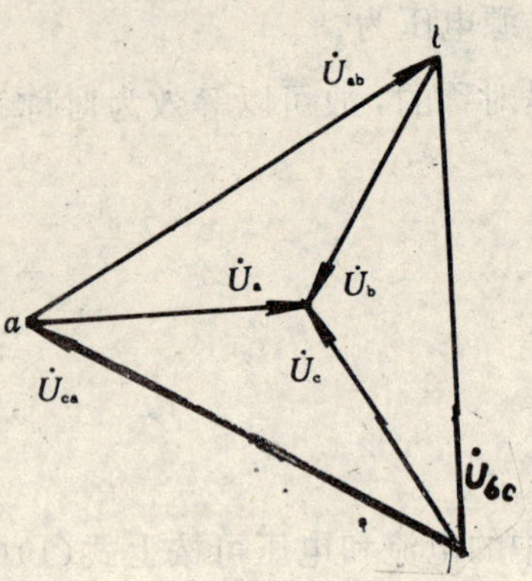

图 7-4 Y—Y 连接对称三相电路的位形图

压$\dot{U}_{ab}$超前$\dot{U}_a$相位 30°，其有效值是$\dot{U}_a$的$\sqrt{3}$倍；电压$\dot{U}_{bc}$和$\dot{U}_{ca}$分别超前$\dot{U}_b$和$\dot{U}_c$相位 30°，有效值分别是$\dot{U}_b$和$\dot{U}_c$的$\sqrt{3}$倍，三个线电压构成一个闭合三角形，即三个线电压之和为零，这符合基尔霍夫定律。

（四）关于不对称三相电路的计算

1. 不对称三相电路及其计算方法

不对称三相电路，通常是指三相负载不对称，而三相电源则是对称的电路，它是一种具有三个电源的正弦交流电路。这类电路的分析计算，可以应用网孔法或节点法来进行。如果是不对Y—Y连接三相电路，可以先计算出负载中性点 n′ 与电源中性点 n 之间的电压$\dot{U}_{n'n}$，然后按 KVL 和元件 VAR 进行计算。如果遇到不对称△形连接负载，可以将△形连接负载等效变换为 Y 连接负载，便可按上述不对称 Y—Y 连接三相电路进行计算，从而求出线电流后，再按 KCL 求出负载中各相的电流。

2. 不对称 Y—Y 连接三相电路的中性点位移

若不对称 Y—Y 连接三相电路中，三相电源相电压为$\dot{U}_a$，$\dot{U}_b$和$\dot{U}_c$，线电压为$\dot{U}_{ab}$，$\dot{U}_{bc}$，和$\dot{U}_{ca}$，三相负载阻抗分别为Z_a，Z_b和Z_c及中性线阻抗为Z_n. 由于负载不对称，则负载中性点 n′ 和电源中性点 n 之间的电压$\dot{U}_{n'n}$不为零，应用弥尔曼定理计算得出

$$\dot{U}_{n'n}=\frac{\frac{1}{Z_a}\dot{U}_a+\frac{1}{Z_b}\dot{U}_b+\frac{1}{Z_c}\dot{U}_c}{\frac{1}{Z_a}+\frac{1}{Z_b}+\frac{1}{Z_c}+\frac{1}{Z_n}}\neq 0$$

由于三相电源电压是对称的，故电源端的三个线电压$\dot{U}_{ab}$，$\dot{U}_{bc}$和$\dot{U}_{ca}$构成的位形图是一个正三角形，如图 7-5 所示。其中电源中性点 n 在正三角形的中心，负载中性点 n′ 和电源中性点 n 之间有电位差，n′ 与 n 不重合，这种现象称为中性点位移。显然，中性点位移，使负载各相电压不对称。如 a 相和 b 相电压$U_{an'}$，$U_{bn'}$升高，c 相电压$U_{cn'}$降低，这将影响负载的正常工作。

（五）关于三相电路的功率及功率的测量

1. 三相电路的平均功率

三相电路电源发出或负载吸收的平均功率，是各相平均功率之和，即

$$P=P_a+P_b+P_c$$

式中：$P_a=U_aI_a\cos\varphi_a$，$P_b=U_bI_b\cos\varphi_b$，$P_c=U_cI_c\cos\varphi_c$.

若对称三相电路，其平均功率（有功功率）为

$$P=\sqrt{3}\,U_lI_l\cos\varphi_p$$

必须指出：(1) 不管对称三相电路的连接方式如何，三相电路的平均功率都是相同的；

(2)在对称三相电路平均功率 P 的计算式中，电压 U_l 和电流 I_l 分别是线电压和线电流的有效值，而功率因数角 φ_p 是相电压与相电流的相位差角，也就是负载的阻抗角。

2. 对称三电路的瞬时总功率

对称三相电路的瞬时总功率 p 是一个不随时间变化的恒定值，即

$$p=p_a+p_b+p_c=3U_pI_p\cos\varphi_p=\text{定值}$$

表明对称三相的总瞬时功率对时间而言，是一个常数。因此，三相发电机和三相电动机在运行时，形成恒定的作用转矩，使运转平稳，这是对称三相制的重要优点之一。由于对称三相电路总瞬时功率的上述性质，习惯上又称对称三相电路为平衡三相制。

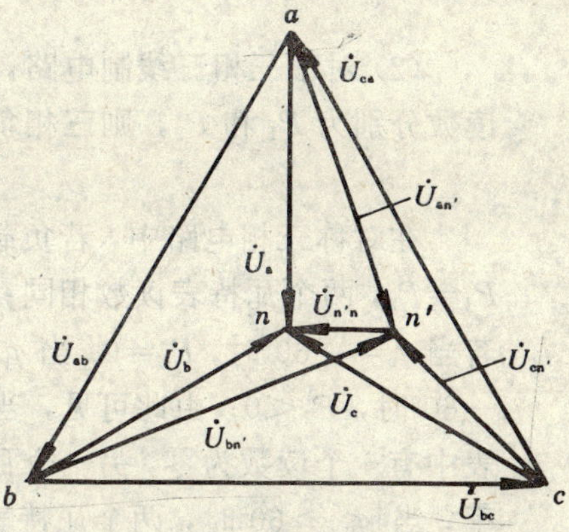

图 7-5　不对称三相电路的位形图

3. 三相电路的无功功率和视在功率

(1) 三相电路的无功功率等于各相无功功率之和，即

$$Q=Q_a+Q_b+Q_c$$

式中：$Q_a=U_aI_a\sin\varphi_a$，$Q_b=U_bI_b\sin\varphi_b$ 和 $Q_c=U_cI_c\sin\varphi_c$.

若对称三相电路，无功功率则为

$$Q=\sqrt{3}U_lI_l\sin\varphi_p$$

(2) 三相电路的视在功率为

$$S=\sqrt{P^2+Q^2}$$

若对称三相电路，其视在功率则为 $S=\sqrt{3}U_lI_l$

4. 三相功率的测量

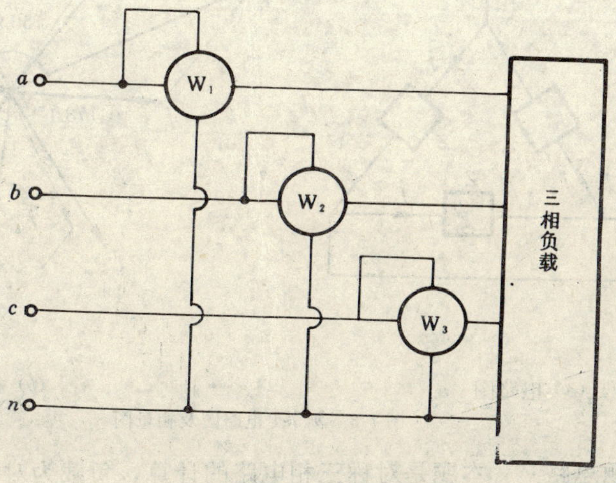

图 7-6　三相四线制功率的测量

(1) 在三相四线制电路中，一般是用三个瓦特表法来测量三相功率，如图 7-6 所示。若三个瓦特表的读数分别为 P_1，P_2 和 P_3，则三相负载的功率为

$$P=P_1+P_2+P_3$$

(2) 对于三相三线制电路，采用两个瓦特表来测量三相功率，如图 7-7 所示。若瓦特表的读数分别为 P_1 和 P_2，则三相负载的功率为

$$P=P_1+P_2$$

在对称三相电路中，若负载为纯电阻时，$\varphi_p=0$，则 $P_1=P_2$，两个瓦特表读数相同；若当 $\varphi_p=60°$时，$P_2=0$；若当 $\varphi_p=-60°$时，$P_1=0$；当 $\varphi_p>60°$时，$P_2<0$；当 $\varphi_p<-60°$时，$P_1<0$；由此可见，当 $|\varphi_p|=60°$时，两个瓦特表中有一个读数为零，另一个瓦特表的读数就是三相功率；当 $|\varphi_p|>60°$时，两个瓦特表中的读数为负值，其指针反转，这时应该将瓦特表的电流线圈的两个端子接头换接，从而得到读数，但是这时的瓦特数应取为负值。即三相功率是两瓦特表读数的差值。

本章学习的重点，是对称三相电路的分析计算。

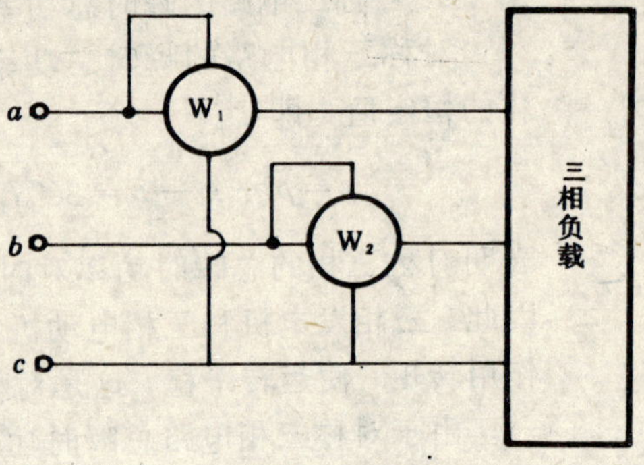

图 7-7　三相三线制功率的测量

三、解 题 指 导

（一）例题分析

〔例 7-1〕 对称三相电路的计算。如图 7-8 (*a*) 所示负载为△形连接的对称三相电路。每相负载阻抗 $Z=20\angle 53.1°$ Ω，对称三相电源电压中 $\dot{U}_{ab}=220\angle 0°$ V，正相序。试计算相电流 $\dot{I}_{ab}$，$\dot{I}_{bc}$和 $\dot{I}_{ca}$，线电流 $\dot{I}_a$，$\dot{I}_b$ 和 $\dot{I}_c$，并绘电压和电流的相量图。

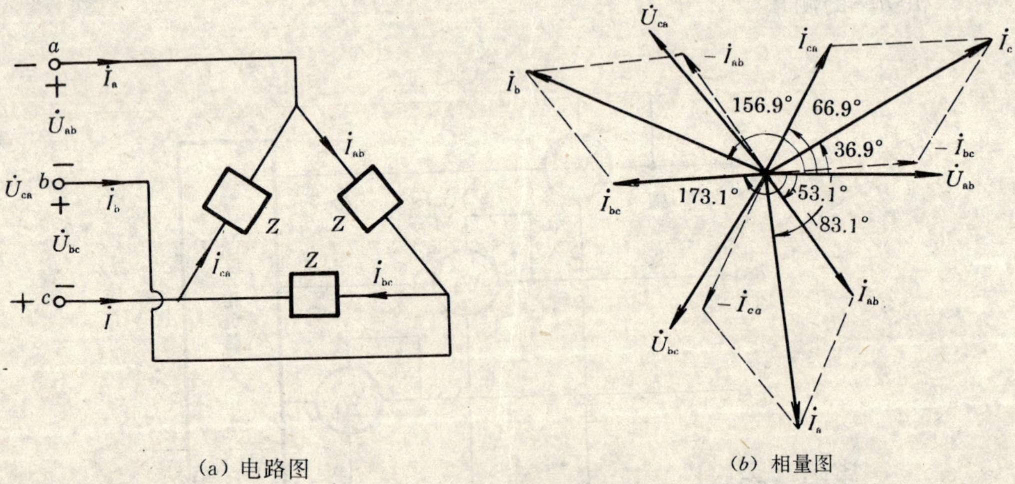

(a) 电路图　　(*b*) 相量图

图 7-8　例 7-1 电路图及相量图

解： 〔解题思路〕 本题是对称三相电路的计算，负载为对称△形连接，给定电源的线电压 $\dot{U}_{ab}=220\angle 0°$ V. 按“先分离出一相计算，推知其它两相”的方法，先计算出 $\dot{I}_{ab}$，则可推知 $\dot{I}_{bc}$和 $\dot{I}_{ca}$；根据对称△形连接线电流与相电流的关系，先计算出线电流 $\dot{I}_a$，则可推知 $\dot{I}_b$

和 $\dot{I}_c$. 最后，根据计算结果绘出相量图。绘相量图时，先绘电压$\dot{U}_{ab}$，$\dot{U}_{bc}$和$\dot{U}_{ca}$相量，再绘出相电流$\dot{I}_{ab}$，$\dot{I}_{bc}$，和$\dot{I}_{ca}$，相量，最后绘出线电流$\dot{I}_a$，$\dot{I}_b$和$\dot{I}_c$的相量。

〔解题方法〕　(1) 计算三相负载中各相的电流。先计算出一相电流$\dot{I}_{ab}$为

$$\dot{I}_{ab}=\frac{\dot{U}_{ab}}{Z}=\frac{220\angle 0^\circ}{20\angle 53.1}=11\angle -53.1^\circ\ \text{A}$$

可推知

$$\dot{I}_{bc}=\dot{I}_{ab}\angle -120^\circ=11\angle -173.1^\circ\ \text{A}$$

$$\dot{I}_{ca}=\dot{I}_{ab}\angle -120^\circ=11\angle 66.9^\circ\ \text{A}$$

(2) 计算各相的线电流

按△形连线电流与相电流的一般关系式

$$\dot{I}_l=\sqrt{3}\,\dot{I}_p\angle -30^\circ$$

先计算出线电流$\dot{I}_a$为

$$\begin{aligned}\dot{I}_a&=\sqrt{3}\,\dot{I}_{ab}\angle -30^\circ=\sqrt{3}\times 11\angle -53.1^\circ-30^\circ\\&=19.05\angle -83.1^\circ\ \text{A}\end{aligned}$$

可推知

$$\begin{aligned}\dot{I}_b&=\dot{I}_a\angle -120^\circ=19.05\angle -203.1^\circ\\&=19.05\angle 156.9^\circ\ \text{A}\end{aligned}$$

$$\dot{I}_c=\dot{I}_a\angle 120^\circ=19.05\angle 36.9^\circ\ \text{A}$$

(3) 根据电源电压和计算结果，绘出电压和电流的相量图，如图 7-8 (*b*) 所示。

〔**例 7-2**〕　计入连接导线阻抗Z_l时，对称三相电路的计算。如图 7-9 所示的△形连接负载中，每相的阻抗$Z=15+\text{j}12\ \Omega$，输电线路每相阻抗$Z_l=3+\text{j}4\ \Omega$，电源的线电压为 380 V 的对称三相电源，正相序。求负载中每相的电压和电流，以及三相电路的平均功率和负载消耗的功率。

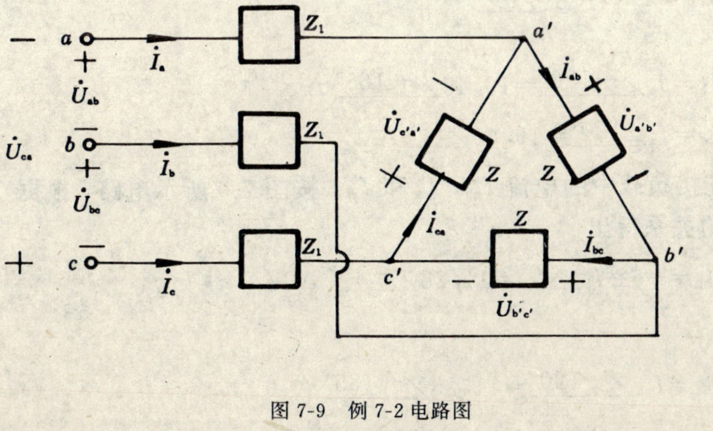

图 7-9　例 7-2 电路图

解：　〔解题思路〕　本题是对称△形连接负载电流和电压的计算，由于计及负载与电源之间的连接导线的阻抗，与例题 7-1 相比，就不能直接计算负载中每相的电流，而需要先计

算出线电流 $\dot{I}_a$，$\dot{I}_b$ 和 $\dot{I}_c$，为此，可将负载△形连接阻抗等效变换为Y形连接阻抗，这便成为Y—Y连接对称三相电路。由于对称Y—Y连接三相电路，负载中性点n′与电源中性点n之间的电压 $\dot{U}_{n'n}=0$，故可以"先分离出一相进行计算，推知其它两相"的方法计算出线电流 $\dot{I}_a$，$\dot{I}_b$ 和 $\dot{I}_c$，再按△形连接对称三相负载线电流与相电流的关系，计算出各相的相电流 $\dot{I}_{ab}$，$\dot{I}_{bc}$和 $\dot{I}_{ca}$，最后按伏安关系计算出各相负载两端的电压 $\dot{U}_{a'b'}$，$\dot{U}_{b'c'}$和 $\dot{U}_{c'a'}$。计算三相电路的平均功率，按式 $P=\sqrt{3}U_lI_l\cos\varphi_p$ 来进行。其中计算三相电路总的平均功率时，U_l 是电源端线电压的有效值，φ_p 是电路一相总阻抗的阻抗角；计算三相负载消耗的平均功率时，U_l 是负载端线电压的有效值，φ_p 是负载阻抗 Z 的阻抗角。

〔解题方法〕 (1) 计算线电流 $\dot{I}_a$，$\dot{I}_b$ 和 $\dot{I}_c$. 需将△形连接负载等效变换为Y形连接负载，构成Y—Y连接对称三相电路。

电源相电压有效值为

$$U_a=U_b=U_c=\frac{220}{\sqrt{3}}=220\ \text{V}$$

将负载△形连接阻抗 Z，等效变换为Y形连接阻抗 Z_Y. 按第二章中Y—△连接电阻网络等效变换的公式，该公式中的电阻，用相应的阻抗代替，便可得出：

$$Z_Y=\frac{Z\cdot Z}{Z+Z+Z}=\frac{1}{3}Z$$

$$=\frac{1}{3}(15+\text{j}12)=5+\text{j}4\ \Omega$$

于是，电路变换为计算线电流的Y—Y连接对称三相等效电路。每相的总阻抗为

$$Z_\Sigma=Z_l+Z_Y=(3+\text{j}4)+(5+\text{j}4)$$

$$=8+\text{j}8=11.31\angle 45^\circ\ \Omega$$

对于Y—Y连接三相电路。可以采用"分离出一相进行计算，推知其它两相"的方法，进行a相线电流 $\dot{I}_a$ 的计算。取a相电压 $\dot{U}_a=220\angle 0^\circ$ V 为参考相量，则

$$\dot{I}_a=\frac{\dot{U}_a}{Z_\Sigma}=\frac{220\angle 0^\circ}{11.31\angle 45^\circ}=19.45\angle -45^\circ\ \text{A}$$

推知

$$\dot{I}_b=\dot{I}_a\angle -120^\circ=19.45\angle -165^\circ\ \text{A}$$

$$\dot{I}_c=\dot{I}_a\angle 120^\circ=19.45\angle 75^\circ\ \text{A}$$

(2) 计算△形连接负载中的电流 $\dot{I}_{ab}$，$\dot{I}_{bc}$和 $\dot{I}_{ca}$. 按图7-9所示电路，根据△形连接负载线电流与相电流之间的关系得出

$$\dot{I}_{ab}=\frac{1}{\sqrt{3}}\dot{I}_a\angle 30^\circ=11.23\angle -15^\circ\ \text{A}$$

推知

$$\dot{I}_{bc}=\dot{I}_{ab}\angle -120^\circ=11.23\angle -135^\circ\ \text{A}$$

$$\dot{I}_{ca}=\dot{I}_{ab}\angle 120^\circ=11.23\angle 105^\circ\ \text{A}$$

(3) 计算负载端电压 $\dot{U}_{a'b'}$，$\dot{U}_{b'c'}$，和 $\dot{U}_{c'a'}$. 根据每相阻抗元件的VAR得出

$$\dot{U}_{a'b'}=\dot{I}_{ab}Z=(11.23\angle -15^\circ)(15+j12)$$
$$=(11.23\angle -15^\circ)(19.21\angle 38.66^\circ)$$
$$=215.73\angle 23.66^\circ \text{ V}$$

推知

$$\dot{U}_{b'c'}=\dot{U}_{a'b'}\angle -120^\circ=215.73\angle 96.34^\circ \text{ V}$$

$$\dot{U}_{c'a'}=\dot{U}_{a'b'}\angle 120^\circ=215.73\angle 143.66^\circ \text{ V}$$

(4) 计算三相电路的功率

三相电路的平均功率为

$$P_\Sigma=\sqrt{3}\times 380\times 19.45\cos 45^\circ$$
$$=9051.82 \text{ W}$$

三相负载吸收的平均功率为

$$P=\sqrt{3}\times 215.73\times 19.45\cos 38.66^\circ$$
$$=5675 \text{ W}$$

〔**例 7-3**〕　不对称三相电路的分析计算。如图 7-10(*a*)所示电路，是一种测定三相电路相序的指示器。若$\frac{1}{\omega C}=R$，试分析说明在三相电源电压对称情况下，如何根据灯泡所承受的电压不同来测定电源相序。

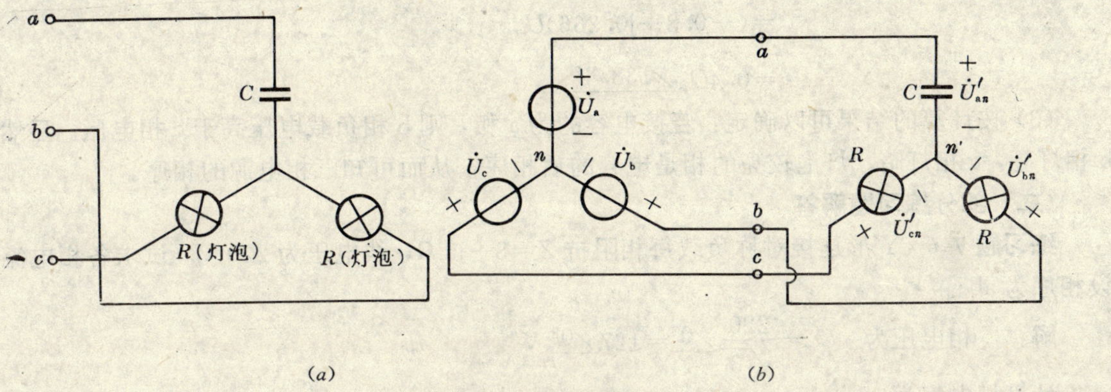

图 7-10　例 7-3 电路图

解：　〔解题思路〕　本题是一个不对称三相电路的分析计算问题。由于三相负载不对称，Y—Y 连接不对称三相电路中，$\dot{U}_{n'n}\neq 0$，中性点发生位移。应用弥尔曼定理计算出$\dot{U}_{n'n}$后，则负载的三相电压分别为

$$\dot{U}_{an'}=\dot{U}_a-\dot{U}_{n'n}$$

$$\dot{U}_{bn'}=\dot{U}_b-\dot{U}_{n'n}$$

$$\dot{U}_{cn'}=\dot{U}_c-\dot{U}_{n'n}$$

从计算结果根据电压的高低，便可以判定按这个相序指示器接入不明相序的对称三相电源时，指示出电源电压的相序。

〔解题方法〕　(1) 计算电压$\dot{U}_{n'n}$. 假定电源为 Y 连接电路，如图 7-10(*b*)所示，选定$\dot{U}_a$

$=U_p\angle 0^\circ$为参考电压。根据弥尔曼定理得出

$$\dot{U}_{n'n}=\frac{j\omega C\dot{U}_a+\frac{1}{R}\dot{U}_b+\frac{1}{R}\dot{U}_c}{j\omega C+\frac{1}{R}+\frac{1}{R}}$$

因$\frac{1}{\omega C}=R$，则上式为

$$\dot{U}_{n'n}=\frac{j\frac{\dot{U}_a}{R}+\frac{\dot{U}_b}{R}+\frac{\dot{U}_c}{R}}{j\frac{1}{R}+\frac{1}{R}+\frac{1}{R}}=\frac{j\dot{U}_a+\dot{U}_b+\dot{U}_c}{2+j}$$

$$=\frac{jU_p+U_p\angle -120^\circ+U_p\angle 120^\circ}{2+j}=(-0.2+j0.6)U_p$$

(2) 计算b，c两相负载电压

b相负载电压为

$$\dot{U}_{bn'}=\dot{U}_b-\dot{U}_{n'n}=U_p\angle -120^\circ-(-0.2+j0.6)U_p$$

$$=(-0.3-j1.47)U_p=1.5U_p\angle -105.5^\circ$$

c相负载电压为

$$\dot{U}_{cn'}=\dot{U}_c-\dot{U}_{n'n}=U_p\angle 120^\circ-(-0.2+j0.6)U_p$$

$$=(-0.3+j0.266)\dot{U}_p$$

$$=0.4U_p\angle 138.4^\circ$$

(3) 按计算的结果可以确定：若接电容的为a相，则b相负载电压高于c相电压。显然，b相灯亮，c相灯暗。灯泡较亮的相是电容的后相序，从而可知三相电源的相序。

（二）部分练习题解答

练习题7-6 Y形连接对称负载每相阻抗$Z=8+j6\ \Omega$，线电压为220 V. 试求各相电流。设相序为abc。

解： 相电压为 $\dot{U}_a=\frac{220}{\sqrt{3}}\angle 0^\circ=127\angle 0^\circ$ V

计算相电流为

$$\dot{I}_a=\frac{\dot{U}_a}{Z}=\frac{127\angle 0^\circ}{8+j6}=\frac{127\angle 0^\circ}{10\angle 36.87^\circ}=12.7\angle -36.87^\circ\ \text{A}$$

由于正相序abc，则可推知

$$\dot{I}_b=\dot{I}_a\angle -120^\circ=12.7\angle -156.87^\circ\ \text{A}$$

$$\dot{I}_c=\dot{I}_a\angle 120^\circ=12.7\angle 81.13^\circ\ \text{A}$$

练习题7-11 正序三相对称Y连接电源向对称△形负载供电。每相阻抗为$12+j8\ \Omega$。若负载相电流$\dot{I}_a=14.42\angle 86.31^\circ$A。试求线电流及电源相电压。

解： 三角形负载两端电压(即电源线电压)为

$$\dot{U}_{ab}=Z\dot{I}_a=(12+j8)\times(14.42\angle 86.31^\circ)$$

$$=(14.42\angle 33.69^\circ)\times(14.42\angle 86.31^\circ)$$

$=208\angle 120^\circ$ V

计算线电流为

$$I_l=\sqrt{3}\times 14.42=25 \text{ A}$$

电源相电压为

$$U_p=\frac{208}{\sqrt{3}}=120 \text{ V}$$

练习题 7-12 若已知对称△形连接负载的相电流为 $\dot{I}_{ab}=10\angle -40^\circ$ A 和 $\dot{I}_{bc}=10\angle 80^\circ$ A. 问相序为何？

解： $\dot{I}_{ab}=10\angle -40^\circ$ A

$$\dot{I}_{bc}=10\angle 80^\circ=\dot{I}_{ab}\angle 120^\circ \text{ A}$$

由于对称三相电路，$\dot{I}_{ab}+\dot{I}_{bc}+\dot{I}_{ca}=0$，故有

$$\begin{aligned}\dot{I}_{ca}&=-(\dot{I}_{ab}+\dot{I}_{bc})=-[(10\angle -40^\circ)+(10\angle 80^\circ)]\\&=-[(7.66-j6.43)+(1.736+j9.85)]\\&=-(9.396+j3.42)=-10\angle 20^\circ\\&=10\angle 200^\circ=10\angle -160^\circ\\&=\dot{I}_{ab}\angle -120^\circ \text{ A}\end{aligned}$$

故相序为 acb，即负相序。

练习题 7-14 三相电动机的输出功率为 3.7 kW，效率 80%，$\lambda=0.8$，线电压为 220 V. 求电流。

解： 输入功率为 $P_1=\dfrac{P_2}{\eta}=\dfrac{3.7}{0.8}=4.625$ kW

因 $P_1=\sqrt{3}U_lI_l\cos\varphi$

故电流

$$I_l=\frac{P_1}{\sqrt{3}U_l\cos\varphi}=\frac{4.625\times 10^3}{\sqrt{3}\times 220\times 0.8}=\frac{4625}{304.83}=15.17 \text{ A}$$

练习题 7-15 对称 Y—Y 三相电路，线电压为 208 V，负载吸收的平均功率为 12 kW，$\lambda=0.8$（滞后）。试求负载每相的阻抗。

解： 每相负载阻抗功率为 $P=4$ kW

每相电压为

$$U_p=\frac{208}{\sqrt{3}}=120 \text{ V}$$

每相负载中的电流为

$$I_p=\frac{P}{U_p\cos\varphi}=\frac{4\times 10^3}{120\times 0.8}=41.67 \text{ A}$$

每相负载阻抗的模为

$$|Z|=\frac{U_p}{I_p}=\frac{120}{41.67}=2.88\ \Omega$$

阻抗角 $\varphi=\arccos 0.8=36.87^\circ$

故每相负载阻抗为

$Z=|Z|\angle\varphi=2.88\angle 36.87^\circ\ \Omega$

（三）部分习题解答

习题七

2. 三相 Y 连接电源为正相序，已知相电压 $\dot{U}_b=220\angle 40^\circ$ V. 试求线电压 $\dot{U}_{ab}$，$\dot{U}_{bc}$和 $\dot{U}_{ca}$。

解： 因 $\dot{U}_b=220\angle 40^\circ$ V，且正相序，则

$$\dot{U}_{bc}=\sqrt{3}\dot{U}_b\angle 30^\circ=\sqrt{3}\times 220\angle 40^\circ\angle 30^\circ$$
$$=380\angle 70^\circ\ \text{V}$$

推知 $\dot{U}_{ab}=\dot{U}_{bc}\angle 120^\circ=380\angle 190^\circ$ V

$\dot{U}_{ca}=\dot{U}_{bc}\angle -120^\circ=380\angle -50^\circ$ V

12. 重解第 7 题，不用△—Y 等效变换，并求负载电流。

解： （1）计算电源线电压，即△形负载每相两端的电压为

$$\dot{U}_{ab}=\sqrt{3}\dot{U}_a\angle 30^\circ=\sqrt{3}\times 120\angle -20^\circ\angle 30^\circ=207.84\angle 10^\circ\ \text{V}$$

推知 $\dot{U}_{bc}=\dot{U}_{ab}\angle -120^\circ=207.84\angle -110^\circ$ V

$\dot{U}_{ca}=\dot{U}_{ab}\angle 120^\circ=207.84\angle 130^\circ$ V

（2）计算负载中的相电流

$$\dot{I}_{ab}=\frac{\dot{U}_{ab}}{Z}=\frac{207.84\angle 10^\circ}{50+\text{j}20}=\frac{207.84\angle 10^\circ}{53.85\angle 21.8^\circ}=3.86\angle -11.8^\circ\ \text{A}$$

推知 $\dot{I}_{bc}=\dot{I}_{ab}\angle -120^\circ=3.86\angle -131.8^\circ$ A

$\dot{I}_{ca}=\dot{I}_{ab}\angle 120^\circ=3.86\angle 108.2^\circ$ A

（3）计算线电流

$$\dot{I}_a=\dot{I}_{ab}-\dot{I}_{ca}=3.86\angle -11.8^\circ-3.86\angle 108.2^\circ$$
$$=6.68\angle -41.74^\circ\ \text{A}$$

推知 $\dot{I}_b=\dot{I}_a\angle -120^\circ=6.68\angle -161.74^\circ$ A

$\dot{I}_c=\dot{I}_a\angle 120^\circ=6.68\angle 78.2^\circ$ A

16. 试用节点分析法求解例 7-10 取消中线后的 $\dot{U}_{n'n}$。

解： 已知 $\dot{U}_a=254\angle 0^\circ$ V，$\dot{U}_b=254\angle 120^\circ$ V，$\dot{U}_c=254\angle -120^\circ$ V；$Z_1=10\angle 30^\circ\ \Omega$，$Z_2=20\angle 60^\circ\ \Omega$，$Z_3=15\angle -45^\circ\ \Omega$. 应用节点分析法，对于只有一对节点的电路，应用弥尔曼定理得出：

$$\dot{U}_{n'n}=\frac{\dfrac{\dot{U}_a}{Z_1}+\dfrac{\dot{U}_b}{Z_2}+\dfrac{\dot{U}_c}{Z_3}}{\dfrac{1}{Z_1}+\dfrac{1}{Z_2}+\dfrac{1}{Z_3}}=\frac{\dfrac{254\angle 0^\circ}{10\angle 30^\circ}+\dfrac{254\angle 120^\circ}{20\angle 60^\circ}+\dfrac{254\angle -120^\circ}{15\angle -45^\circ}}{\dfrac{1}{10\angle 30^\circ}+\dfrac{1}{20\angle 60^\circ}+\dfrac{1}{15\angle -45^\circ}}$$

$$=\frac{25.4\angle -30^\circ+12.7\angle 60^\circ+16.93\angle -75^\circ}{0.1\angle -30^\circ+0.05\angle -60^\circ+0.067\angle 45^\circ}$$

$$=\frac{32.73-j18.05}{0.159-j0.046}=\frac{37.38\angle -28.86^\circ}{0.165\angle -16.1^\circ}$$

$$=226.54\angle -12.76^\circ\ \text{V}$$

19. 对称△—△三相电路，输电线阻抗为 0.1＋j0.2 Ω（每相），电源为正序，$\dot{U}_{ab}=208\angle 20^\circ$ V，负载每相阻抗为 9＋j6 Ω。试求线电流以及电源提供的功率。

解： （1）将△连接负载等效变换为 Y 连接负载，即

$$Z_Y=\frac{Z_\triangle Z_\triangle}{3Z_\triangle}=\frac{1}{3}Z_\triangle=\frac{1}{3}(9+j6)=3+j2\ \Omega$$

则负载相电压为

$$\dot{U}_a=\frac{\dot{U}_{ab}}{\sqrt{3}}\angle -30^\circ=120\angle -10^\circ\ \text{V}$$

（2）分离出一相计算线电流

$$\dot{I}_a=\frac{\dot{U}_a}{Z_l+Z_Y}=\frac{120\angle -10^\circ}{(0.1+j0.2)+(3+j2)}$$

$$=\frac{120\angle -10^\circ}{3.8\angle 35.36^\circ}=31.58\angle -45.36^\circ\ \text{A}$$

推知其它两相线电流为

$$\dot{I}_b=\dot{I}_a\angle -120^\circ=31.58\angle -165.36^\circ\ \text{A}$$

$$\dot{I}_c=\dot{I}_a\angle 120^\circ=31.58\angle 74.64^\circ\ \text{A}$$

（3）计算电源向三相负载提供的功率为

$$P=\sqrt{3}U_lI_l\cos\varphi_p=\sqrt{3}\times 208\times 31.58\cos 35.36^\circ$$

$$=9278.21\ \text{W}$$

20. 对称 Y—Y 三相电路，线电压为 208 V，线电流为 6 A，负载吸收的功率为 1800 W。试求每相阻抗。

解： 阻抗模为 $|Z|=\frac{U_p}{I_p}=\frac{208/\sqrt{3}}{6}=20\ \Omega$

阻抗角为 $\varphi=\arccos\left(\frac{P}{\sqrt{3}U_lI_l}\right)=\arccos\left(\frac{1800}{\sqrt{3}\times 208\times 6}\right)$

$$=\arccos(0.8327)=33.62^\circ$$

故解得每相负载阻抗为

$$Z=|Z|\angle\varphi=20\angle 33.62^\circ\ \Omega$$

四、教学媒体与作业

本章电视讲课，共有 4.5 讲，即从第 31 讲至第 35 讲。各讲的教学内容及作业分述如下。

第 31 讲：

第七章　三相电路

§7-1　三相电源

1. 三相电源的产生

介绍三相交流发电机剖面结构示意图。a，b，c——绕组始端，a′，b′，c′——绕组末端。

$$u_{aa'}=U_{pm}\sin\omega t$$

$$u_{bb'}=U_{pm}\sin(\omega t-120°)$$

$$u_{cc'}=U_{pm}\sin(\omega t+120°)$$

是一组对称三相电压。(1)振幅相同；(2)频率相同；(3)相位依次相差 120°。

对称三相电压相量为

$$\dot{U}_{aa'}=\dot{U}_a=\dot{U}_p\angle 0°$$

$$\dot{U}_{bb'}=\dot{U}_b=\dot{U}_p\angle -120°$$

$$\dot{U}_{cc'}=\dot{U}_c=\dot{U}_p\angle 120°$$

对称三相电压的特点：

$$\dot{U}_a+\dot{U}_b+\dot{U}_c=0$$

亦即，在任一瞬间， $\dot{u}_{aa'}+\dot{u}_{bb'}+\dot{u}_{cc'}=0$

2. 三相电源的 Y 形连接

相电压　u_a，u_b，u_c

线电压　u_{ab}，u_{bc}，u_{ca}

$u_{ab}=u_a-u_b$ 等

$$U_l(\text{线电压})=\sqrt{3}\,U_p(\text{相电压})$$

3. 三相电源的△形连接

$$U_l=U_p$$

4. 相序

三相电压到达最大值的先后次序。逆时针方向旋转 abc，正序；顺时针方向旋转 acb，负序。

例 7-1

作业：　习题七　1，2，3，4。

第 32 讲：

§7-2　负载对称 Y 形连接

对称 Y—Y 三相电路，每相负载相同。

由于　$\dot{U}_a+\dot{U}_b+\dot{U}_c=0$

故中性电压　$\dot{U}_{nn'}=0$

$$\dot{I}_a=\dot{U}_a/Z=\dot{U}_a/|Z|\angle\varphi=I_p\angle -\varphi$$

相序为 abc，则可推知其它两相

$$\dot{I}_b=\dot{I}_p\angle -\varphi-120°$$

$$\dot{I}_c=\dot{I}_p\angle -\varphi+120°$$

即孤立一相进行计算；根据相序推知其它两相。由于　$\dot{I}_a+\dot{I}_b+\dot{I}_c=0$

中线电流为零，中线可以取消。

例 7-5

例 7-6

例 7-7

作业： 习题七 5，6，7，8。

第 33 讲

§7-3 负载为对称△形连接的三相电路

相电流 $\dot{I}_{ab}$，$\dot{I}_{bc}$，$\dot{I}_{ca}$

线电流 $\dot{I}_{a}$，$\dot{I}_{b}$，$\dot{I}_{c}$

$$\dot{I}_{a}=\dot{I}_{ab}-\dot{I}_{ca}$$

$$\dot{I}_{b}=\dot{I}_{bc}-\dot{I}_{ca}$$

$$\dot{I}_{c}=\dot{I}_{ca}-\dot{I}_{ab}$$

$$I_l(\text{线电流})=\sqrt{3}I_p(\text{相电流})$$

例 7-8

例 7-9

§7-4 不对称三相电路

电源对称，负载不对称（每相阻抗不同）。按复杂交流电路处理。

例 7-10

作业： 习题七 9，10，11，13。

第 34 讲：

例 7-10（续），取消中线后可用网孔法求解。

中性点位移：有中线时，$\dot{U}_{n'n}=0$，无中线时，$\dot{U}_{n'n}\neq 0$，中性点位移。中性点位移的后果：导致三相负载电压不对称，可能超过负载的额定电压。

作位形图分析中性点位移。

§7-5 三相功率及其测量

1. 对称三相负载的平均功率

$$P=\sqrt{3}U_lI_l\cos\varphi$$

φ 为 $\dot{U}_p$，$\dot{I}_p$ 的位差

$$Q=\sqrt{3}U_lI_l\sin\varphi$$

$$S=\sqrt{P^2+Q^2}=\sqrt{3}U_lI_l$$

例 7-14

2. 对称三相负载的总瞬时功率

$$p_a+p_b+p_c=3U_pI_p\cos\varphi=P\ (\text{定值})$$

3. 三相功率的测量

（1）如果可触及三相负载内部，用一个功率表即可测量三相功率，对称负载一相读数乘

3 即可；负载不对称，逐相测量，相加得出三相总功率。

作业：　习题七　14，15，16，17。

第 35 讲（半讲）：

三相功率的测量（续）

（2）负载内部不可能触及时，三相功率测量——两功率表法。不论负载是否对称，三相总功率都是两表 W_1、W_2 读数的代数和。

例 7-16

作业：　习题七　18，19，20。

第八章　含互感电路的分析

一、基 本 要 求

1. 明确耦合电感元件的性质、电路符号和表征参数。掌握同名端的概念。能正确列写出耦合电感元件两侧端口的伏安关系，特别是根据端口电压电流参考方向和同名端的位置正确确定在 VAR 方程中互感电压的极性。了解耦合电感元件的储能特性。

2. 掌握含耦合电感元件正弦交流电路的分析计算方法。包括将互感电压用电流控制电压源代替，作等效电路分析法；含空心变压器电路应用反映阻抗概念作等效回路分析法；以及耦合电感的去耦等效电路分析法。

3. 明确理想变压器的性质、电路符号和表征参数。掌握理想变压器两侧端口间的电压方程和电流方程，及阻抗变换特性。了解全耦合变压器的概念。

4. 掌握含理想变压器的正弦交流电路的分析计算方法。特别是关于理想变压器阻抗变换性质的应用。

二、学 习 指 导

耦合电感元件和理想变压器，是两种重要的电路元件，含互感正弦交流电路的分析计算是本课程的重要内容。本章的教学内容可分为如下三部分：

1. 耦合电感元件的互感电压与同名端；

2. 含耦合电感元件正弦交流电路的分析方法；

3. 理想变压器及含理想变压器电路的分析方法。

着重讨论耦合电感元件的互感电压、同名端的概念，端口伏安关系的列写方法，含耦合电感元件正弦交流电路的分析方法，以及理想变压器元件的性质和变换电压、电流、阻抗的作用。

现就教学内容中的几个问题分述如下。

（一）关于耦合电感元件的互感电压与同名端的概念

耦合电感元件是一种双端口(或多端口)磁耦合的理想电路元件，电路符号如图 8-1 所示，用自感系数 L_1，L_2 和互感系 M 三个参数来表征，带“·”号的端钮称为“同名端”。所谓同名端，是指耦合电感元件各绕组绕向对应相同的端钮。如图 8-2 所示，绕组 N_1 端钮 1 输入电流 i，在铁心中产生磁通 Φ，穿过 N_1，N_2 和 N_3 三个绕组。根据电磁感应定律，在 N_1 中感生自感电压 $u_L=L_1\dfrac{\mathrm{d}i}{\mathrm{d}t}$，在 N_2 和 N_3 感生互感电压。当 $N_2=N_3$ 时，互感电压均为 $u_M=M\dfrac{\mathrm{d}i}{\mathrm{d}t}$. 自感电压和互感电压的极性，按楞次定律来确定。当电流 i 作增长变化时，磁通 Φ 亦随之作增长变化，这时自感电压与互感电压在该绕组回路中产生的电流是力图反对磁通 Φ 增长的。故 u_L

和 u_M 的极性如图 8-2 中所示，端钮 1，4，5 为相同极性，称为“同名端”，用“·”号表示。

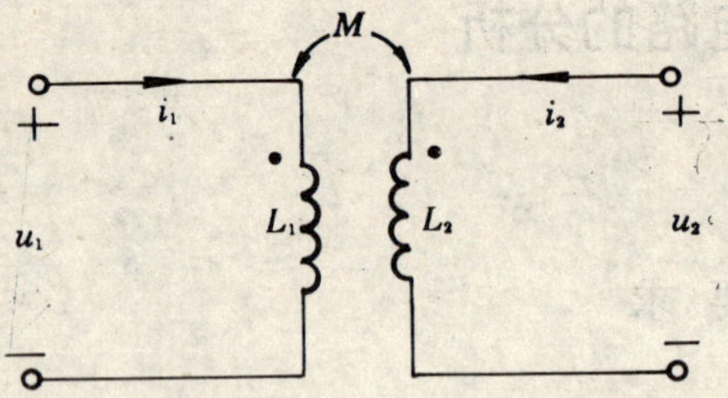

图 8-1　耦合电感元件的电路符号及表征参数

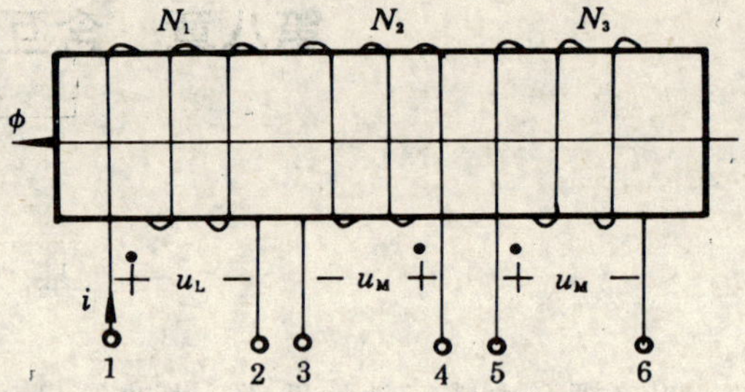

图 8-2　耦合电感元件的互感电压与同名端

由此可见，耦合电感元件，若一侧绕组电流方向指向同名端输入绕组时，另一侧绕组互感电压在同名端为正极性。也就是说，电流输入端钮和互感电压正极性端钮为同名端。同名端的定义，可以简洁表述为：电流与互感电压参考方向对同名端一致。

（二）关于耦合电感元件两侧端口的伏安关系

1. 耦合电感元件两侧端口的伏安关系

由于电路中的电流和电压是同频率的正弦量。因此，耦合电感元件任一绕组通过电流时，便产生交变磁通，通过本绕组并耦合到另一绕组。于是，本绕组感应产生自感电压 $L_1\dfrac{di_1}{dt}$，$L_2\dfrac{di_2}{dt}$，在另一绕组感应产生互感电压 $M\dfrac{di_2}{dt}$，$M\dfrac{di_1}{dt}$. 在图 8-1 所示的端口电压电流参考方向下，两侧端口的伏安关系分别为

$$u_1=L_1\frac{di_1}{dt}+M\frac{di_2}{dt}$$

$$u_2=L_2\frac{di_2}{dt}+M\frac{di_1}{dt}$$

由上两式可见，耦合电感元件端口的伏安关系是微分方程，它包含自感电压和互感电压。互感电压反映了 L_1 和 L_2 两个电感元件的耦合性质。由于耦合电感元件的伏安关系是微分方程，故它是一种动态元件，储能元件。

2. 耦合电感元件 VAR 方程中自感电压和互感电压的极性

列写耦合电感元件端口 VAR 方程中，确定自感电压和互感电压的极性，即正、负号，是重要的问题。自感电压的极性，取决于该侧端口电压与电流的参考方向，与同名端无关。若端口电压电流是关联参考方向，则自感电压为正值；若端口电压电流为非关联参考考方向，则自感电压为负值。

至于互感电压的极性，则取决于同名端和端口电压与电流的参考方向。也就是说，互感电压在端口 VAR 方程中的正、负号，由两层关系来确定。即

(1) 根据一侧绕组的同名端和电流的参考方向，确定另一侧绕组同名端互感电压的极性。若电流指向同名端流入绕组时，则另一侧绕组同名端互感电压为正极性。反之，为负极性。

(2) 再根据耦合电感元件端口电压的参考方向和该绕组同名端的位置，确定端口 VAR 中互感电压的极性。若端口电压参考方向的正极性端与该绕组同名端一致，且互感电压同名端为正时，则端口 VAR 中互感电压为正；若端口电压参考方向正极性端与该绕组同名端不一

致，且互感电压同名端为正时，则端口 VAR 中互感电压为负。

确定耦合电感元件互感电压端口 VAR 中的极性，是本章学习中的一个难点，应予深刻理解和掌握。

3. 耦合电感元件端口 VAR 的相量形式

在含耦合电感元件正弦交流电路的分析中，需应用相量法写出它端口 VAR 的相量形式。如图 8-3（a）所示耦合电感元件端口的 VAR 为

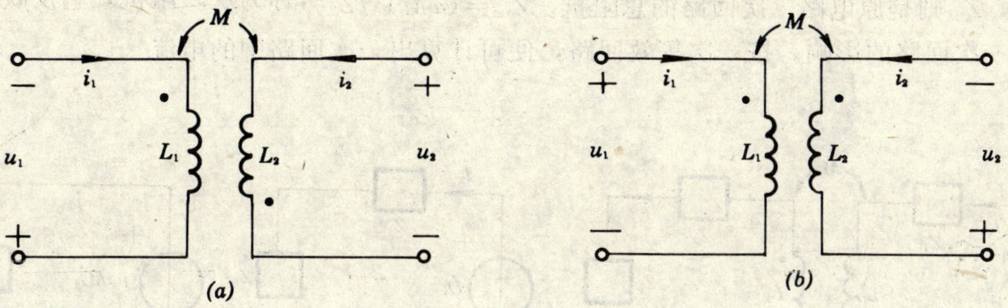

图 8-3　耦合电感元件举例

$$u_1=-L_1\frac{\mathrm{d}i_1}{\mathrm{d}t}+M\frac{\mathrm{d}i_2}{\mathrm{d}t}$$

$$u_2=L_2\frac{\mathrm{d}i_2}{\mathrm{d}t}-M\frac{\mathrm{d}i_1}{\mathrm{d}t}$$

则它们的相量形式为

$$\dot{U}_1=-\mathrm{j}\omega L_1\dot{I}_1+\mathrm{j}\omega M\dot{I}_2$$

$$\dot{U}_2=\mathrm{j}\omega L_2\dot{I}_2-\mathrm{j}\omega M\dot{I}_1$$

又如图 8-3(b)所示耦合电感元件端口的 VAR 为

$$u_1=L_1\frac{\mathrm{d}i_1}{\mathrm{d}t}+M\frac{\mathrm{d}i_2}{\mathrm{d}t}$$

$$u_2=-L_2\frac{\mathrm{d}i_2}{\mathrm{d}t}-M\frac{\mathrm{d}i_2}{\mathrm{d}t}$$

则它们的相量形式为

$$\dot{U}_1=\mathrm{j}\omega L_1\dot{I}_1+\mathrm{j}\omega M\dot{I}_2$$

$$\dot{U}_2=-\mathrm{j}\omega L_2\dot{I}_2-\mathrm{j}\omega M\dot{I}_1$$

（三）关于含耦合电感元件正弦交流电路的分析方法

含耦合电感元件正弦交流电路的分析，与一般复杂正弦交流电路的分析方法相同。不过，其特点是在列写电路方程时，必须考虑互感电压，分析方法涉及互感电压的处理。一般有三种方式。

1. 把互感电压看作电流控制电压源作等效电路法

把耦合电感元件的互感电压用电流控制电压源代替，作等效电路。作等效电路时，应根据耦合电感元件电流的参考方向和同名端的位置，确定互感电压在回路中的极性。正弦交流电路分析中，将含电流控制电压源等效电路变换为相量模型后，应用相量法按一般的正弦交

流电路进行分析计算。

2. 含空心变压器电路应用反映阻抗概念的等效回路法

所谓空心变压器，就是线性耦合电感元件。含空心变压器电路，就是如图 8-4（*a*）所示，电源经线性耦合电感元件接入负载的双回路电路。这一类含互感电路，为了简化分析计算，通常引入“反映阻抗”概念，将双回电路变换为等效的单回路来进行计算。为了计算电源侧一次回路的电流电压，作出如图 8-4（*b*）所示的一次等效回路。回路中 Z_{11} 是原电路一次回路的总阻抗，Z_{22} 则是原电路二次回路的总阻抗。$Z_{ref}=(\omega M)^2/Z_{22}$，称为反映阻抗，它反映了二次回路对一次回路的影响。按一次等效回路，便可计算出一次回路中的电流

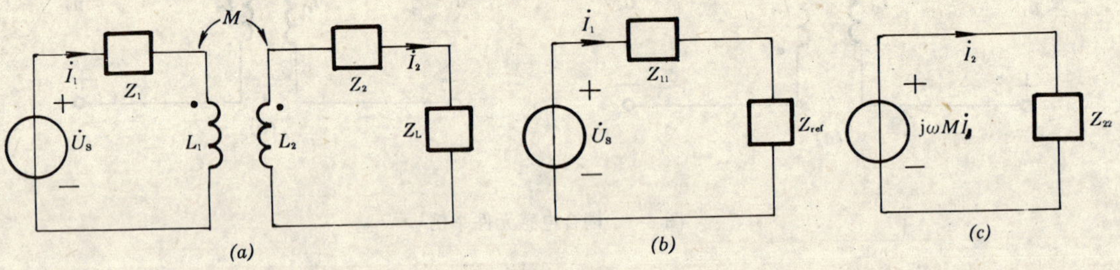

图 8-4　含空心变压器电路及其一次、二次等效回路

$$\dot{I}_1=\frac{\dot{U}_s}{Z_{11}+Z_{ref}}$$

为了分析计算二次回路的电流电压，可以作出如图 8-4(*c*)所示的二次等效回路，回路中的电源电压就是互感电压 $j\omega M\dot{I}_1$，它的参考方向与一次回路中的电流的参考方向和耦合电感元件同名端的位置有关。按二次等效回路，便可计算出二次回路中的电流为

$$\dot{I}_2=\frac{j\omega M\dot{I}_1}{Z_{22}}$$

或

$$\dot{I}_2=\frac{j\omega M\dot{U}_s}{Z_{22}(Z_{11}+Z_{ref})}$$

3. 去耦等效电路法

对于耦合电感元件两个互感支路有公共节点的电路，可以将含耦合电感元件变换为无耦等效电路来进行分析计算。这种方法是将耦合电感元件用它的“去耦等效电路”来代替，故称为去耦等效电路法，或称为互感化无法。去耦等效电路有两种基本形式。如图 8-5（*a*）所示耦合电感元件的去耦等效电路为如图 8-5（*b*）所示的 T 形电路；又如图 8-6（*a*）所示的耦合电感元件的去耦等效电路为如图 8-6（*b*）所示的 T 形电路。这两种去耦等效电路的区别，就在于由耦合电感元件两绕组的同名端位置的不同而引起的。

对于去耦等效电路，从概念上应明确如下几点：

（1）作去耦等效电路只适用于线性耦合电感元件。如果是非线性耦合电感元件，去耦等效电路不能用。

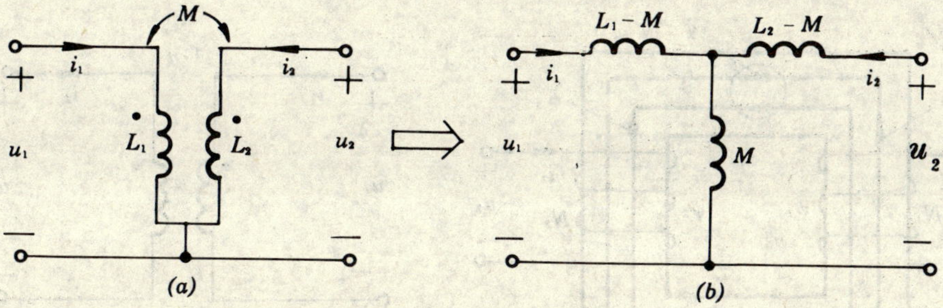

图 8-5　耦合电感元件及其去耦等效电路之一

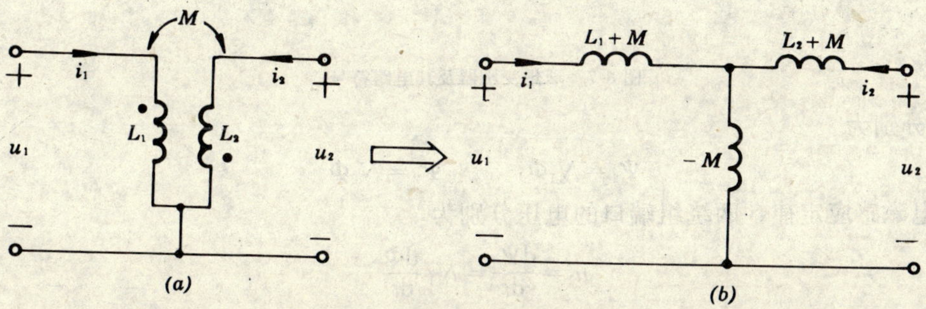

图 8-6　耦合电感元件及其去耦等效电路之二

(2) 耦合电感元件两个互感支路应有公共节点。

(3) 去耦等效电路只是对元件端口外部电路等效，而内部不等效。因此，它只能用来分析计算耦合电感元件端口外部电路的电流电压。

(4) 在去耦等效电路的参数中出现$-M$，它本身没有实际的物理意义，而只是等效电路中参数的量值具有代数的含义，意味着电路的 KVL 方程中可能出现负电压项。

(四) 关于理想变压器及其特性

1. 理想变压器元件

理想变压器是一种理想化的电路元件，是实际变压器的理想化模型，是无损耗、全耦合双端口（或多端口）的磁耦合元件。它的结构原理图如图 8-7（a）所示，在铁心上绕有匝数为 N_1，N_2 的一次和二次两个绕组，电路符号如图 8-7（b）所示，表征参数是唯一的匝数比：$n=\dfrac{N_2}{N_1}$. 其理想化的条件如下：

(1) 理想变压器没有功率损耗。包括绕组导线的电阻为零和铁心也没有损耗；

(2) 全耦合，即没有漏磁通。其耦合系数 $k=M\Big/\sqrt{L_1L_2}=1$，铁心的磁导率 $\mu=\infty$；

(3) 一次与二次绕组的自感 L_1 和 L_2 均为无限大。但是，它们的比值却是常量。

符合以上三个理想化条件的磁耦合元件，称为理想变压器。它就是自感 L_1，L_2 为无限大和耦合系数 $k=1$ 极限情况时的耦合电感元件。

2. 理想变压器两侧端口的电压关系

在图 8-7（a）所示理想变压器电压电流参考方向下，由于全耦合，没有漏磁通，所以，i_1 和 i_2 分别产生磁通 Φ_1 和 Φ_2，而铁心中的综合磁通 $\Phi=\Phi_1+\Phi_2$，穿过绕组 N_1 和 N_2。这时 N_1 和

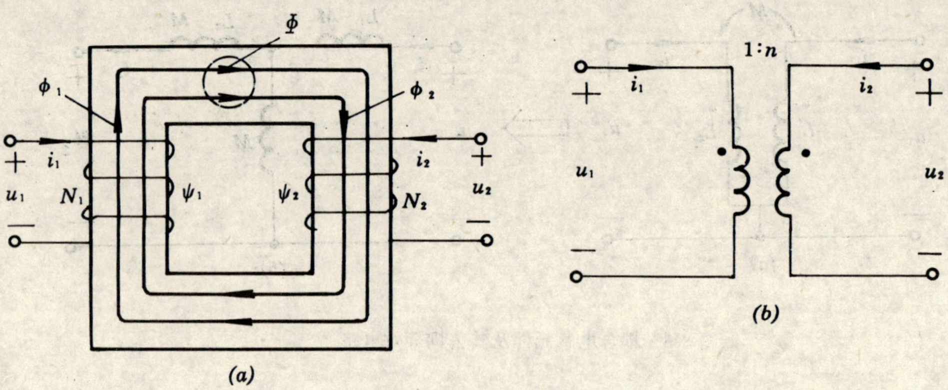

图 8-7　理想变压器及其电路符号

N_2 的磁链分别为

$$\Psi_1=N_1\Phi,\qquad \Psi_2=N_2\Phi$$

根据电磁感应定律，两绕组端口的电压分别为

$$u_1=\frac{\mathrm{d}\Psi_1}{\mathrm{d}t}=N_1\frac{\mathrm{d}\Phi}{\mathrm{d}t}$$

$$u_2=\frac{\mathrm{d}\Psi_2}{\mathrm{d}t}=N_2\frac{\mathrm{d}\Phi}{\mathrm{d}t}$$

上两式之比，便得出理想变压器两侧端口电压之间关系重要的电压方程为

$$\frac{u_1}{u_2}=\frac{N_1}{N_2}=\frac{1}{n}$$

用相量形式表示为

$$\frac{\dot{U}_1}{\dot{U}_2}=\frac{1}{n}$$

由电压方程表明，理想变压器两侧端口电压之比是一常数，说明理想变压器具有变换电压的作用。

应该指出的是，上述电压方程，是在图 8-7（b）所示电压电流参考方向和同名端位置条件下得出的，且我们定义匝数比 $n=N_2/N_1$（当然也可以定义为 $n=N_1/N_2$. 本课程是按 $n=N_2/N_1$ 定义的）。如果绕组同名端位置或电流、电压参考方向改变，方程中的常数项的正负号亦作相应改变。

3. 理想变压器两侧绕组电流的关系

因为铁心中的磁动势 $F_m=N_1i_1+N_2i_2$. 根据磁路的欧姆定律* 有

$$F_m=N_1i_1+N_2i_2=R_m\Phi$$

由于铁心的磁导率 $\mu=\infty$，则磁阻 $R_m=0$. 因此，上式便可以写为

$$N_1i_1+N_2i_2=0$$

故得出理想变压器两侧绕组电流之间的关系，重要的电流方程，为

* 有关磁动势、磁阻和磁路的欧姆定律，在第九章中介绍。

$$\frac{i_1}{i_2}=-\frac{N_2}{N_1}=-n$$

用相量形式表示为

$$\frac{\dot{I}_1}{\dot{I}_2}=-n$$

上式所示电流方程，是在如图 8-7（b）所示电流参考方向和同名端位置条件下得出的。如果改变同名端的位置或电流的参考方向，电流方程中常数项 n 的正负号亦作相应的改变。

电流方程表明，理想变压器具有变换电流的作用。

4．理想变压器的阻抗变换特性

由上述可知，表征理想变压器的唯一参数是匝数比 n。所以，理想变压器在电路中实质上是一个变量器，可以用来改变电压或改变电流，只要改变匝数比 n 的数值，就可以得到。同时，在不同的 n 值时，两侧电压和电流的量值关系就会改变，从而起到改变阻抗的作用。因此，理想变压器具有重要的阻抗变换的性质。

（1）如图 8-8（a）所示，在理想变压器二次端接阻抗 Z_2，则变换到（或称"折合到"）一次侧的阻抗为 Z_2'。由两侧间的电压和电流方程可以得出

$$Z_2'=\frac{\dot{U}_1}{\dot{I}_1}=\frac{\dot{U}_2/n}{-n\dot{I}_2}=\frac{1}{n^2}\frac{-Z_2\dot{I}_2}{-\dot{I}_2}$$

$$=\frac{1}{n^2}Z_2$$

由此可见，理想变压器将二次侧阻抗变换到一次侧的阻抗，是原来阻抗的 $\frac{1}{n^2}$ 倍。

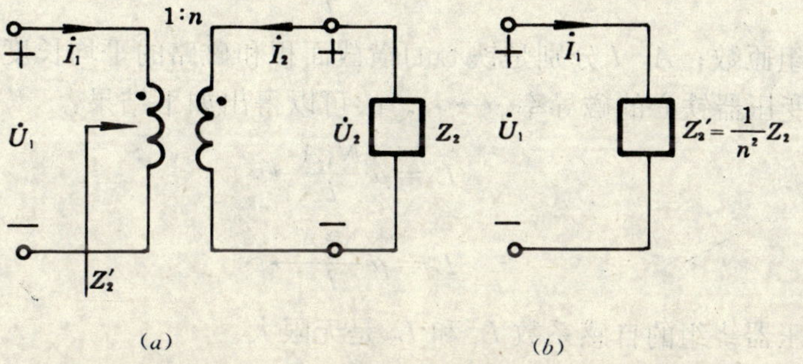

图 8-8　理想变压器将二次阻抗 Z_2 变换为一次阻抗 Z_2' 图示

（2）如图 8-9（a）所示，在理想变压器一次端接阻抗 Z_1，则变换到二次侧阻抗为 Z_1'. 由两侧间的电压和电流方程可以得出

$$Z_1'=\frac{\dot{U}_2}{\dot{I}_2}=\frac{n\dot{U}_2}{-\frac{1}{n}\dot{I}_2}=n^2\frac{-Z_1\dot{I}_1}{-\dot{I}_1}=n^2Z_1$$

由此可见，理想变压器将一次侧阻抗变换到二次的阻抗，是原来阻抗的 n^2 倍。

5．理想变压器的几个基本性质

（1）由于表征理想变压器唯一的参数 n，是一个与时间 t 无关的常数。所以，理想变压器电压和电流方程，都是线性代数方程。因此，它是线性非时变元件，在电路中是一个变量

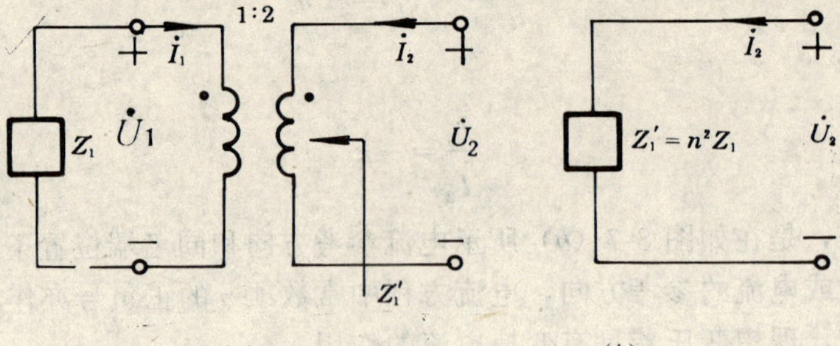

图 8-9 理想变压器将一次阻抗 Z_1 变换为二次阻抗 Z_1' 图示

器，具有变电压、变电流和变阻抗的作用。

(2) 从理想变压器的电压和电流方程可知，u_1 与 u_2 是线性关系，而与 i_1，i_2 无关；i_1 与 i_2 也是线性关系，而与 u_1，u_2 无关。这反映了第三个理想化条件“理想变压器两绕组的自感 L_1，L_2 为无限大，而它们的比值却是一个常数”的必然结果。

因为，当理想变压器二次侧端口开路时，即 $i_2=0$，在一次侧端口外加电压 u_1，并假定一次绕组的自感系数为 L_1，则有

$$u_1=L_1\frac{\mathrm{d}i_1}{\mathrm{d}t}$$

由电流方程可知，当 $i_2=0$ 时，则必然 $i_1=0$。但是，这时 u_1 又是一个有限值，这就要求 $L_1=\infty$。所以，理想变压器两绕组的自感系数 L_1 和 L_2 均为无限大。关于这一问题，我们还可以这样来解释：根据环形铁心螺管线圈的电感公式

$$L=\mu\frac{N^2A}{l}\ ^*$$

式中：N 是绕组匝数；A，l 分别是铁心的横截面积和磁路的平均长度。

由于理想变压器铁心的磁导率 $\mu\to\infty$。故可以得出如下结果：

$$L_1=\mu\frac{N_1^2A}{l}\to\infty$$

$$L_2=\mu\frac{N_2^2A}{l}\to\infty$$

这表明理想变压器绕组的自感系数 L_1 和 L_2 是无限大。

不禁要问，既然 L_1 和 L_2 均为无限大，为什么它们的比值却为常量呢？

因为，磁通 Φ_1 和 Φ_2 分别与电流 i_1 和 i_2 成正比，即

$$\Phi_1=\alpha N_1i_1$$

$$\Phi_2=\alpha N_2i_2$$

式中，α 是比例系数。且因 N_1，N_2 绕组的自感磁链分别为

$$\Psi_1=N_1\Phi_1=\alpha N_1^2i_1$$

* 因 $L=\frac{\Psi}{i}=\frac{N\Phi}{i}$，$i=\frac{Hl}{N}$，且螺管线圈的磁链 $N\Phi=NAB$. 故 $L=\frac{N\Phi}{i}=\frac{BN^2A}{Hl}=\mu\frac{N^2A}{l}$。式中：$B$——磁感应强度；$H$——磁场强度；磁导系数 $\mu=\frac{B}{H}$.

$$\Psi_2 = N_2\Phi_2 = \alpha N_2^2 i_2$$

按定义有

$$\Psi_1 = L_1 i_1$$

$$\Psi_2 = L_2 i_2$$

比较上两组关系式便可以得出

$$L_1 i_1 = \alpha N_1^2 i_1$$

$$L_2 i_2 = \alpha N_2^2 i_2$$

将上两式相比，便可得出

$$\frac{L_2}{L_1} = \frac{N_2^2}{N_1^2} = n^2$$

由此可见，理想变压器一次与二次绕组的自感系数 L_2 与 L_1 之比为一常量，等于匝数比 n 的平方。

(3) 根据理想变压器的电压方程和电流方程，图 8-7 (b) 所示理想变压器任何时刻吸收的功率为零，即

$$\begin{aligned} p &= u_1 i_1 + u_2 i_2 \\ &= u_1 i_1 + n u_1 \left(-\frac{1}{n} i_1\right) = 0 \end{aligned}$$

且储能为

$$w = \int_0^t p \mathrm{d}\xi = 0$$

表明理想压器不消耗功率，也不储存能量。因此，它是一种无记忆作用的非动态元件。

(五) 关于全耦合变压器的概念

实际变压器的耦合系数 $k<1$，自感系数 L_1 和 L_2 并非是无限大。故一个理想变压器不能精确摸拟实际的铁心变压器。为了得出含理想变压器元件组成的实际变压器模型，引出全耦合变压器的概念。

所谓全耦合变压器，就是只满足理想变压器无损耗和全耦合(即耦合系数 $k=1$)条件，而自感 L_1，L_2 和互感 M 均为有限值时的耦合电感元件。如图 8-10 (a) 所示，其一次侧端口的 VAR 方程为

$$u_1 = L_1 \frac{\mathrm{d}i_1}{\mathrm{d}t} + M \frac{\mathrm{d}i_2}{\mathrm{d}t}$$

$$\frac{u_1}{L_1} = \frac{\mathrm{d}i_1}{\mathrm{d}t} + \frac{M}{L_1}\frac{\mathrm{d}i_2}{\mathrm{d}t}$$

由于耦合系数 $k=1$，即

$$k = |M| / \sqrt{L_1 L_2} = 1$$

则

$$M = \sqrt{L_1 L_2}$$

代入上式得出

$$\frac{\mathrm{d}i_1}{\mathrm{d}t} = \frac{u_1}{L_1} - \frac{\sqrt{L_1 L_2}}{L_1}\frac{\mathrm{d}i_2}{\mathrm{d}t}$$

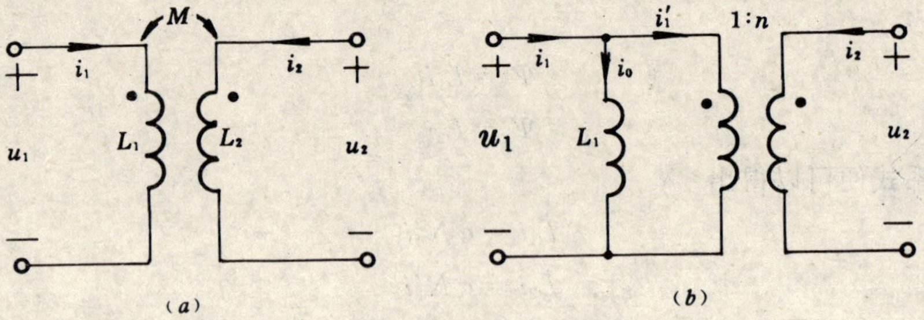

图 8-10　全耦合变压器模型

(a) $k=1$ 的耦合电感元件　　(b) 全耦合变压器模型

$$=\frac{u_1}{L_1}-\sqrt{\frac{L_2}{L_1}}\frac{di_2}{dt}$$

将上式从 $0\to t$ 积分，且 $i_1(0)=0, i_2(0)=0$，可得

$$i_1(t)=\frac{1}{L_1}\int_0^t u_1(\xi)d\xi-\sqrt{\frac{L_2}{L_1}}i_2(t)$$

$$=i_0-\sqrt{\frac{L_2}{L_1}}i_2(t)$$

上式中

$$i_0=\frac{1}{L_1}\int_0^t u_1(\xi)d\xi$$

表示二次侧开路时变压器原边的空载电流。

由于 $k=1$，$\frac{L_2}{L_1}=n^2$，故

$$n=\sqrt{\frac{L_2}{L_1}}$$

代入上式得出

$$i_1=i_0-ni_2$$

上式中 i_2，用理想变压器电流方程折合到一次回路电流 $i_1'=-ni_2$ 代入，得出

$$i_1=i_0+i_1'$$

由于 $i_1'=-ni_2$ 是一匝数比为 n 的理想变压器的电流方程。因此，i_1' 与 i_2 的关系可以用一个理想变压器来表示。于是，便得出如图 8-10 (b) 所示含理想变压器构成的全耦合变压器模型。

由此可见，全耦合变压器，虽然 $\frac{u_1}{u_2}=\frac{N_1}{N_2}$ 能成立。但是，$\frac{i_1}{i_2}=\frac{N_2}{N_1}$ 关系不能成立，即

$$\frac{i_1}{i_2}\neq\frac{N_2}{N_1}$$

（六）关于含理想变压器正弦交流电路的分析方法

含有理想变压器的正弦交流电路，一般可按如下两种基本方法进行分析计算。

1. 用受控源表示电压和电流方程法

根据理想变压器的电压方程和电流方程，将其一侧端口看作电压控制电压源，另一侧端

口看作电流控制电流源，作出等效电路，然后按电路一般分析方法进行分析计算。

2. 应用理想变压器变量器作用分析法

应用理想变压器的电压、电流和阻抗变换性质，将理想变压器一侧电路的参数变换到另一侧，作出等效电路，然后按电路一般分析方法进行计算。

本章学习内容的重点是，耦合电感元件的同名端、互感电压和端口 VAR 方程的列写，含互感电路的分析方法，以及理想变压器的电压、电流和阻抗变换的性质。

三、解 题 指 导

（一）例题分析

〔例 8-1〕 含耦合电感元件正弦交流电路的分析计算。如图 8-11（*a*）所示电路，已知耦合电感元件的参数 $L_1=2.5\ \mathrm{H}$，$L_2=5\ \mathrm{H}$，$M=2.83\ \mathrm{H}$。求电流 i_2.

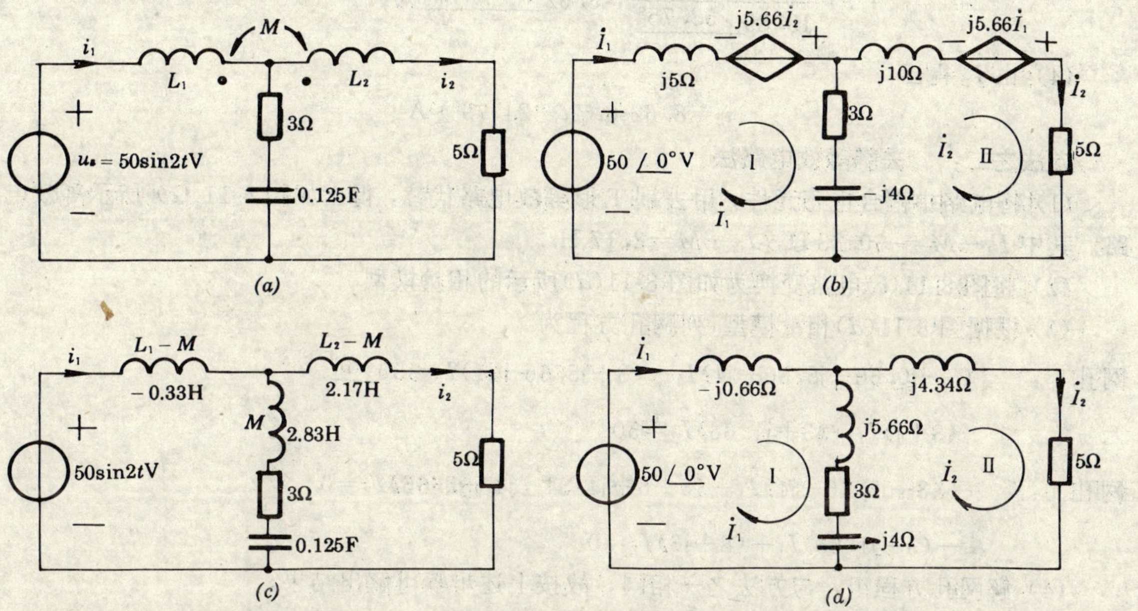

图 8-11　例 8-1 电路图

解：　〔解题思路〕　本题是含耦合电感元件正弦交流电路的分析计算，电路中耦合电感元件两互感支路有公共节点，故可以应用两种方法进行计算。方法之一，是互感电压用电流控制电压源表示，作出等效相量模型后，用网孔分析法进行计算。在作等效相量模型时，应注意电流的参考方向和同名端的位置，正确确定互感电压的极性。方法之二，是将耦合电感元件去耦等效电路代替，变换为相量模型后，应用网孔分析法进行计算。作去耦等效 T 形电路时，耦合电感元件两绕组同名端的位置与图 8-5（*a*）相同，故去耦等效电路如图 8-5（*b*）所示。

〔解题方法〕　方法之一：　将互感电压用电流控制电压源表示的等效电路分析法。

（1）因正弦交流电源角频率 $\omega=2\ \mathrm{rad/s}$，电感 L_1，L_2 和电容 C 用它的阻抗表示，互感电压用电流控制电压源表示并变换为相量形式，得出如图 8-11（*b*）所示互感电压用电流控制电压源表示的相量模型。电源电压相量用振幅相量。

(2) 用网孔法解题。根据图 8-11 (b) 电路模型，列网孔方程为

网孔Ⅰ： $(3+j)\dot{I}_1-j5.66\dot{I}_2-(3-j4)\dot{I}_2=50\angle 0^\circ$

$(3+j)\dot{I}_1-(3+j1.66)\dot{I}_2=50$

网孔Ⅱ： $-(3-j4)\dot{I}_1+(8+j6)\dot{I}_2-j5.66\dot{I}_1=0$

$-(3+j1.66)\dot{I}_1+(8+j6)\dot{I}_2=0$

(3)应用克拉姆法则解以上网孔方程组，得

$$\dot{I}_2=\frac{\begin{vmatrix}(3+j) & 50\\ -(3+j1.66) & 0\end{vmatrix}}{\begin{vmatrix}(3+j) & -(3+j1.66)\\ -(3+j1.66) & (8+j6)\end{vmatrix}}=\frac{150+j83}{11.76+j16.04}$$

$$=\frac{171.43\angle 28.96^\circ}{19.89\angle 53.75^\circ}=8.62\angle -24.79^\circ \text{ A}$$

(4) 由 $\dot{I}_2$ 得出

$$i_2=8.62\sin(2t-24.79^\circ)\text{ A}$$

方法之二： 去耦等效电路法。

(1) 将电路中耦合电感元件，用去耦 T 形等效电路代替，得出如图 8-11 (c) 所示等效电路。其中 $L_1-M=-0.33$ H，$L_2-M=2.17$ H.

(2) 将图 8-11(c)电路变换为如图 8-11(d)所示的相量模型。

(3) 根据图 8-11(d)相量模型，列网孔方程为

网孔Ⅰ： $(3-j0.66+j5.66-j4)\dot{I}_1-(3+j5.66-j4)\dot{I}_2=50\angle 0^\circ$

$(3+j)\dot{I}_1-(3+j1.66)\dot{I}_2=50$

网孔Ⅱ： $-(3+j5.66-j4)\dot{I}_1+(3+5+j4.34-j4+j5.66)\dot{I}_2=0$

$-(3+j1.66)\dot{I}_1+(8+j6)\dot{I}_2=0$

(4) 解网孔方程组，与方法之一相同，故按上述步骤可解出结果。

〔**例 8-2**〕 含空心变压器正弦交流电路的分析计算。如图 8-12 所示电路，已知 $u_s=30\sin 5t$ V，$R_1=3\ \Omega$，$L_1=1$ H，$L_2=2$ H，$M_1=0.8$ H，$R_2=3\ \Omega$，$C=0.05$ F，$Z_L=3+j2\ \Omega$. 求电流 i_1 和 i_2.

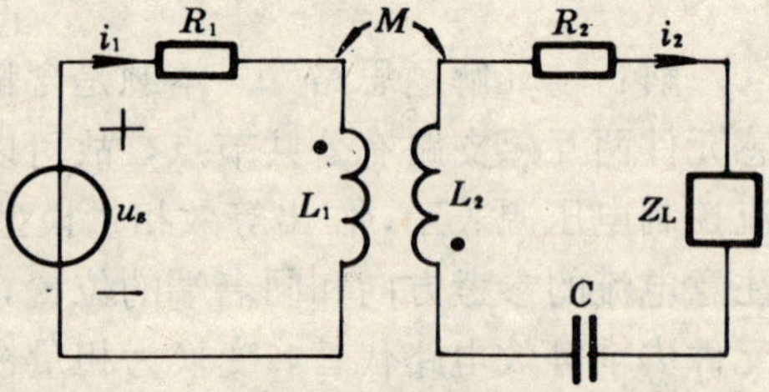

图 8-12 例 8-2 电路图

解： 〔解题思路〕 本题是含是含空心变压器正弦交流电路的分析计算。应用反映阻抗的概念，作出一次等效回路和二次等效回路的方法进行计算。分析计算的步骤为：(1)计算出 Z_{11}，Z_{22}和 Z_{ref}；(2) 作出一次等效回路的相量模型，计算出 $\dot{I}_1$；(3) 作二次等效回路相量模型，计算出 $\dot{I}_2$. 应注意耦合电感元件电流参考方向与同名端的位置，正确确定二次回路互感电压 $j\omega M\dot{I}_1$ 的极性；(4) 按 $\dot{I}_1$，$\dot{I}_2$ 变换 i_1 和 i_2.

〔解题方法〕　(1) 计算 Z_{11}，Z_{22}和 Z_{ref}

$$Z_{11}=R_1+j\omega L_1=3+j5\times1=3+j5\ \Omega$$

$$Z_{22}=R_2+j\omega L_2+Z_L-j\frac{1}{\omega C}$$

$$=3+j5\times2+(3+j2)-j\frac{1}{5\times0.05}$$

$$=6+j8=10\angle 53.13^\circ\ \Omega$$

$$Z_{ref}=\frac{(\omega M)^2}{Z_{22}}=\frac{(5\times0.8)^2}{10\angle 53.13^\circ}=1.6\angle -15.13^\circ\ \Omega$$

$$=0.96-j1.28\ \Omega$$

(2) 作一次等效回路相量模型如图 8-4 (b) 所示。则

$$\dot{I}_1=\frac{\dot{U}_s}{Z_{11}+Z_{ref}}=\frac{30\angle 0^\circ}{(3+j5)+(0.96-j1.28)}$$

$$=\frac{30\angle 0^\circ}{5.43\angle 43.21^\circ}=5.52\angle -43.21^\circ\ A$$

(3) 作二次等效回路相量模型，如图 8-4 (c) 所示，但互感电压为$-j\omega M\dot{I}_1$，则

$$\dot{I}_2=\frac{-j\omega M\dot{I}_1}{Z_{22}}=\frac{-5\times0.8\times5.52\angle -43.21^\circ}{10\angle 53.13^\circ}$$

$$=2.208\angle 173.66^\circ\ A$$

或直接计算得出

$$\dot{I}_2=\frac{-j\omega M\dot{U}_s}{Z_{22}(Z_{11}+Z_{ref})}=\frac{-j5\times0.8\times30\angle 0^\circ}{(10\angle 53.13^\circ)(5.43\angle 43.21^\circ)}$$

$$=2.208\angle 173.66^\circ\ A$$

(4) 根据 $\dot{I}_1$ 和 $\dot{I}_2$ 得出

$$i_1=5.52\sin(5t-43.21^\circ)\ A$$

$$i_2=2.208\sin(5t+173.66^\circ)\ A$$

本题解题分析计算中，$\dot{U}_s$ 是最大值相量。

〔**例 8-3**〕　含理想变压器耦合正弦交流电路的分析计算。如图 8-13 (a) 所示电路，求电流 i_1 和 i_2。

解：　〔解题思路〕　本题是含理想变压器正弦交流电路的分析计算，可以应用两种方法解题。方法之一是根据理想变压器的电流方程和电压方程，一侧用电流控制电流表示，另一侧用电压控制电压源表示，作出相量模型后，分别列两回路的 KVL 方程来解出；方法之二是利用理想变压器变量器的性质，作出将一侧电路元件参数变换到另一侧电路后的相量模型，按网孔分析法来求解。

分析计算时，受控源按独立电源处理。

〔解题方法〕　方法之一：　理想变压器两侧分别用电流控制电流源和电压控制电压源代替，等效电路法。

(1) 作出等效电路相量模型，如图 8-13(b)所示。其中

电感元件的感抗为

$$jX_L = j10^3 \times 4 \times 10^{-3} = j4\ \Omega$$

电容元件的容抗为

$$jX_C = -j\frac{1}{10^3 \times 125 \times 10^{-6}} = -j8\ \Omega$$

理想变压器的匝数比 $n=2$，则电流和电压方程分别为

$$\dot{I}_2' = 2\dot{I}_2$$

$$\dot{U}_2 = 2\dot{U}_1$$

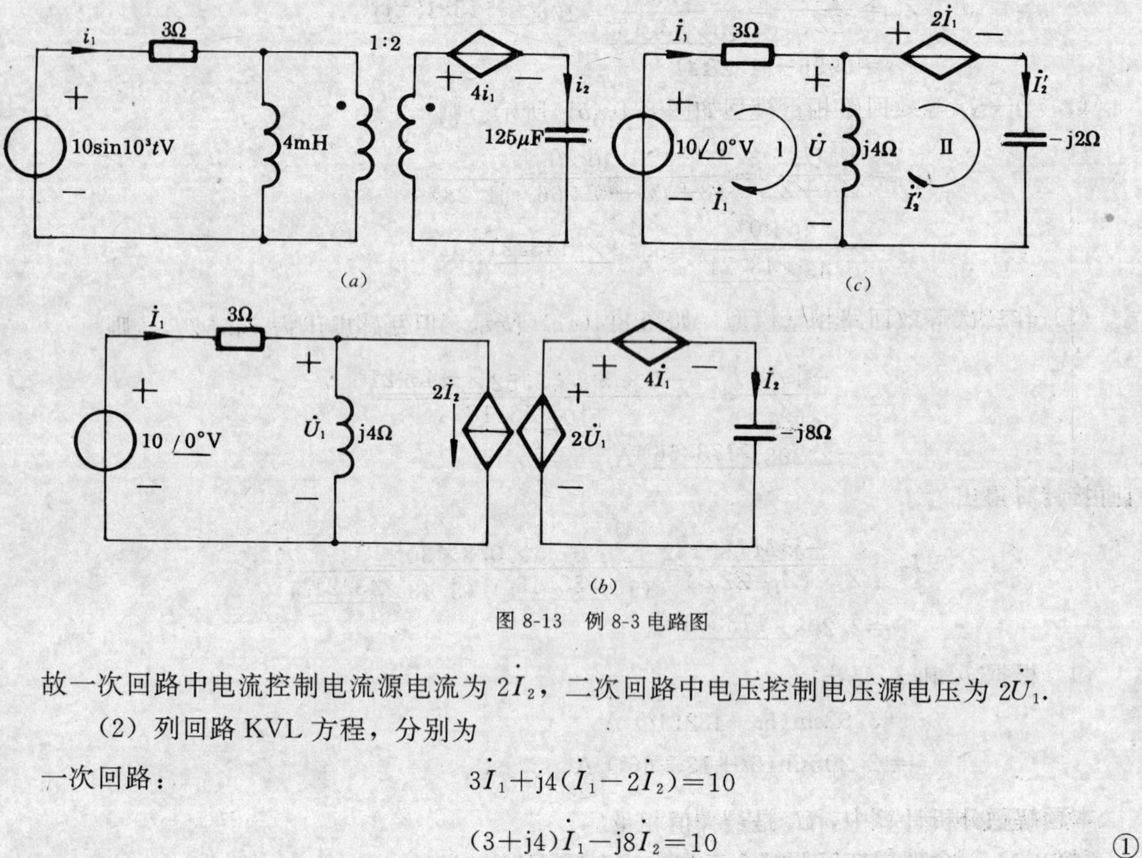

图 8-13　例 8-3 电路图

故一次回路中电流控制电流源电流为 $2\dot{I}_2$，二次回路中电压控制电压源电压为 $2\dot{U}_1$.

（2）列回路 KVL 方程，分别为

一次回路：

$$3\dot{I}_1 + j4(\dot{I}_1 - 2\dot{I}_2) = 10$$

$$(3+j4)\dot{I}_1 - j8\dot{I}_2 = 10 \qquad ①$$

二次回路：

$$-2\dot{U}_1 + 4\dot{I}_1 - j8\dot{I}_2 = 0$$

$$-2\times j4(\dot{I}_1 - 2\dot{I}_2) + 4\dot{I}_1 - j8\dot{I}_2 = 0$$

$$(4-j8)\dot{I}_1 + j8\dot{I}_2 = 0 \qquad ②$$

（3）应用克拉姆法则解以上联立网孔方程组，可得

$$\Delta = \begin{vmatrix} (3+j4) & -j8 \\ (4-j8) & j8 \end{vmatrix} = 32 + j56 = 64.5\angle 60.25^\circ$$

$$\Delta_1 = \begin{vmatrix} 10 & -j8 \\ 0 & j8 \end{vmatrix} = j80 = 80\angle 90^\circ$$

$$\Delta_2 = \begin{vmatrix} (3+j4) & 10 \\ (4-j8) & 0 \end{vmatrix} = -40 + j80 = 89.44\angle 116.75^\circ$$

故得出

$$\dot{I}_1=\frac{\Delta_1}{\Delta}=\frac{80\angle 90^\circ}{64.5\angle 60.25^\circ}=1.24\angle 29.75^\circ\ \text{A}$$

$$\dot{I}_2=\frac{\Delta_2}{\Delta}=\frac{89.44\angle 116.75^\circ}{64.5\angle 60.25^\circ}=1.387\angle 56.5^\circ\ \text{A}$$

(4) 由于电源电压相量是最大值相量，故根据 $\dot{I}_1$ 和 $\dot{I}_2$ 得出

$$i_1=1.24\sin(10^3t+29.75^\circ)\ \text{A}$$

$$i_2=1.387\sin(10^3t+56.5^\circ)\ \text{A}$$

方法之二：　应用理想变压器变换电压、电流和阻抗作用，作等效电路法。

(1) 作出将二次回路元件参数变换到一次回路等效电路的相量模型，如图 8-13 (c) 所示。其中

容抗：$\frac{1}{n^2}(-\text{j}X_C)=\frac{1}{2^2}(-\text{j}8)=-\text{j}2\ \Omega$

$4i_1$ 受控电压源：$\frac{1}{n}(4\dot{I}_1)=\frac{1}{2}(4\dot{I}_1)=2\dot{I}_1$

i_2 变换到一次回路：$\dot{I}'_2=n\dot{I}_2=2\dot{I}_2$

(2) 应用网孔法解题。列网孔方程为

网孔Ⅰ：　$(3+\text{j}4)\dot{I}_1-\text{j}4\dot{I}'_2=10\angle 0^\circ$　①

网孔Ⅱ：　$-\text{j}4\dot{I}_1+2\dot{I}_1+(\text{j}4-\text{j}2)\dot{I}'_2=0$

$(2-\text{j}4)\dot{I}_1+\text{j}2\dot{I}'_2=0$　②

(3) 应用克拉姆法则解以上网孔方程组，得出

$$\Delta=\begin{vmatrix}(3+\text{j}4) & -\text{j}4\\(2-\text{j}4) & \text{j}2\end{vmatrix}=8+\text{j}14=16.12\angle 60.25^\circ$$

$$\Delta_1=\begin{vmatrix}10 & -\text{j}4\\0 & \text{j}2\end{vmatrix}=\text{j}20=20\angle 90^\circ$$

$$\Delta_2=\begin{vmatrix}(3+\text{j}4) & 10\\(2-\text{j}4) & 0\end{vmatrix}=-20+\text{j}40=44.92\angle 116.75^\circ$$

故得出一次回路的电流为

$$\dot{I}_1=\frac{\Delta_1}{\Delta}=\frac{20\angle 90^\circ}{16.12\angle 60.25^\circ}=1.24\angle 29.75^\circ\text{A}$$

$$\dot{I}'_2=\frac{\Delta_2}{\Delta}=\frac{44.92\angle 116.75^\circ}{16.12\angle 60.25^\circ}=2.775\angle 56.5^\circ\ \text{A}$$

二次回路的电流则为

$$\dot{I}_2=\frac{1}{n}\dot{I}'_2=\frac{1}{2}(2.775\angle 56.5^\circ)=1.387\angle 56.5^\circ\ \text{A}$$

(4) 最后得出

$$i_1=1.24\sin(10^3t+29.75^\circ)\ \text{A}$$

$$i_2=1.387\sin(10^3t+56.5^\circ)\ \text{A}$$

〔**例 8-4**〕　电路匹配的计算。一个等效电压源电压为 $u_s=12\sin500t$ V 和内阻为 72 Ω 的放大器，要接一个电阻为 8 Ω 的扬声器负载。问 (1) 电路匹配时，负载经理想变压器接入电源，则理想变压器的匝数比 n 为多少？(2) 电路未匹配时和匹配后，负载所获得的功率各为多少瓦？

解： 〔解题思路〕 在电子技术中，往往利用理想变压器的阻抗变换性质，进行电路的匹配，满足接入电源的负载电阻等于电源内阻的条件，使负载获得最大的功率。如图 8-14（a）所示，负载电阻 R_L 经理想变压器接入内阻为 R_s 的电压源 U_s，将 R_L 变换到电源侧回路的电阻为

$$R'_L=\frac{1}{n^2}R_L$$

由于 $R_L\neq R_s$，为了使负载获得最大功率，应按 $R'_L=R_s$ 的条件实现电路的匹配。这时理想变压器匝数比 n 应选择为

$$\frac{1}{n^2}R_L=R_s$$

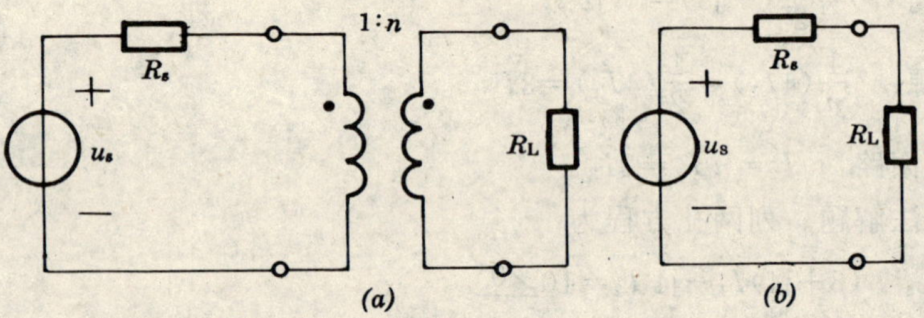

图 8-14 例 8-4 电路

（a）匹配电路 （b）未匹配电路

即
$$n=\sqrt{\frac{R_L}{R_s}}$$

这时负载吸收的功率为

$$P_{L\cdot\max}=\left(\frac{U_s}{R_s+R'_L}\right)^2R'_L\Bigg|_{R'_L=R_s}=\frac{U_s^2}{4R_s}$$

〔解题方法〕 （1）电路实现匹配时，理想变压器的匝数比为

$$n=\sqrt{\frac{8}{72}}=\frac{1}{3}$$

即
$$N_2=nN_1=3N_1$$

（2）电路匹配时负载吸收的最大功率为

$$P_{L\cdot\max}=\frac{U_s^2}{4R_s}=\frac{(\frac{12}{\sqrt{2}})^2}{4\times72}=0.25\ \text{W}$$

（3）若如图 8-14（b）所示，负载 R_L 直接接于放大器的输出端钮，没有进行匹配时，负载所吸收的功率为

$$P_L=(\frac{U_s}{R_s+R_L})^2R_L=\frac{(\frac{12}{\sqrt{2}})^2}{(72+8)^2}\times8=0.09\ \text{W}$$

显然，负载经理想变压器接入放大器，电路实现匹配时所获得的功率远大于未配匹时的数值。

（二）部分练习题解答

练习题 8-3 电路如图 8-11(a)所示。已知图中 $i(t)$ 的波形如图 8-11(b)所示。求电压源电压 $u_{ac}(t)$ 和线圈电压 $u_{de}(t)$.

解：(1)0～1 s 期间：
$$i(t)=10t$$
$$\frac{di(t)}{dt}=\frac{10-0}{1-0}=10$$

故电压源电压为
$$u_{ac}(t)=R_1 i(t)+L\frac{di(t)}{dt}=10\times 10t+5\times 10=50+100t\ \text{V}$$

线圈电压为
$$u_{de}(t)=M\frac{di(t)}{dt}=3\times 10=30\ \text{V}$$

(2)1～2 s 期间：
$$i(t)=20-10t$$
$$\frac{di(t)}{dt}=-10$$

故电压源电压为
$$u_{ac}(t)=R_1 i(t)+L\frac{di(t)}{dt}=10(20-10t)+5(-10)=150-100t\ \text{V}$$

线圈电压为
$$u_{de}(t)=M\frac{di(t)}{dt}=3\times(-10)=-30\ \text{V}$$

练习题 8-6 已知一耦合电感的参数为 $L_1=6$ H，$L_2=4$ H，$M=3$ H. 试计算此耦合电感中两线圈串联或并联后形式的二端网络的等效电感值。

解： 只解答两线圈串联的情况：

(1) 若串联的耦合电感元件两线圈是非同名端联接时，如教材图 8-14(a)所示。则端口的 VAR 方程为
$$u(t)=L_1\frac{di(t)}{dt}+L_2\frac{di(t)}{dt}+M\frac{di(t)}{dt}+M\frac{di(t)}{dt}=(L_1+L_2+2M)\frac{di(t)}{dt}=L\frac{di(t)}{dt}$$

等效电感为 $L=L_1+L_2+2M=6+4+2\times 3=16$ H

(2) 若串联的耦合电感元件两线圈是同名端相连接时，如教材图 8-15 (a) 所示。则端口的 VAR 方程为
$$u(t)=L_1\frac{di(t)}{dt}+L_2\frac{di(t)}{dt}-M\frac{di(t)}{dt}-M\frac{di(t)}{dt}=(L_1+L_2-2M)\frac{di(t)}{dt}=L\frac{di(t)}{dt}$$

等效电感为 $L=L_1+L_2-2M=6+4-2\times 3=4$ H

练习题 8-10 电路如图 8-28 所示，为使负载阻抗获得最大功率，求 Z_L. 已知 Z_L 的电阻和电抗分量皆可以调整。

解： 求 Z_L 断开后电路的戴维南等效阻抗 Z_0。由于是含空心变压器电路，应用反映阻抗概念来求解。
$$Z_{11}=10\times 10^3+\text{j}10\times 10^3=10\sqrt{2}\times 10^3\angle 45^\circ\ \Omega$$
$$Z_{22}=\text{j}10\text{k}\Omega$$

因 $\quad j\omega M = j2\times10^3 \quad$ 故得出 $\omega M = 2\times10^3$

原边对副边的反映阻抗为

$$Z_{ref}=\frac{(\omega M)^2}{Z_{11}}=\frac{(2\times10^3)^2}{10\sqrt{2}\times10^3\angle 45^\circ}$$
$$=0.2828\times10^3\angle -45^\circ=0.2-j0.2\ \Omega$$

从负载两端含空心变压器电路的输入阻抗为

$$Z_0=Z_{ref}+Z_{22}=0.2-j0.2+j10=0.2+j9.8\ k\Omega$$

故按共轭匹配条件，Z_L 获得最大功率时为

$$Z_L=Z_0=0.2-j9.8\ \Omega$$

练习题 8-11 求图 8-33 所示电路的输入阻抗。工作角频率为 ω.

解： 将图 8-33 电路中耦合电感元件作去耦等效电路，如图 8-15 所示。则输入阻抗为

$$Z_i=j\omega(L_1+M)+\frac{j\omega(L_2+M)(R_2-j\omega M)}{(R_2-j\omega M)+j\omega(L_2+M)}$$
$$=j\omega(L_1+M)+\frac{\omega^2M(L_2+M)+j\omega(L_2+M)R_2}{R_2+j\omega L_2}$$
$$=\frac{j\omega(L_1+M)(R_2+j\omega L_2)+j\omega(L_2+M)R_2+\omega^2ML_2+(\omega M)^2}{R_2+j\omega L_2}$$
$$=\frac{j\omega(L_1+L_2+2M)R_2-\omega^2L_1L_2-\omega^2ML_2+\omega^2(M^2-L_1L_2)+\omega^2ML_2}{R_2+j\omega L_2}$$
$$=\frac{\omega^2(M^2-L_1L_2)+j\omega(L_1+L_2+2M)R_2}{R_2+j\omega L_2}$$

练习题 8-15 求图 8-47 所示电路的输入电阻。(1) 当 a 与 a' 相连时；(2) 当 a 与 a' 不相连时。

解： 将理想变压器原边绕组用受控电流源表示，副边绕组用受控电压源表示，得出如图 8-16 所示等效电路。

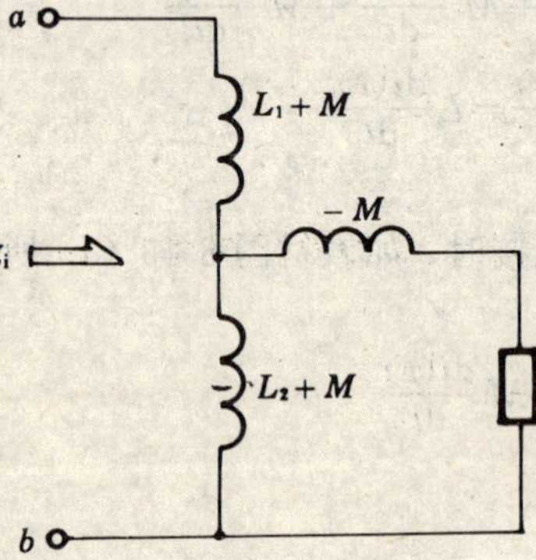

图 8-15 练习题 8-11 去耦等效电路

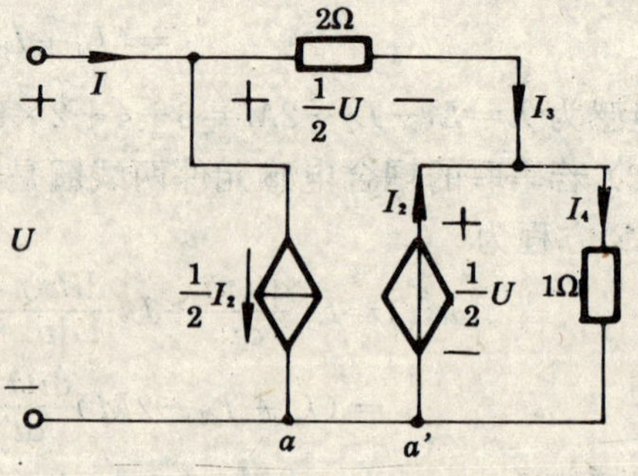

图 8-16 练习题 8-15 等效电路

(1) 当 a 与 a' 相连时，则有

$$I_3=\frac{\frac{1}{2}U}{2}=\frac{1}{4}U$$

$$I_4=\frac{1}{2}U$$

$$I_2=I_4-I_3=\frac{1}{2}U-\frac{1}{4}U=\frac{1}{4}U$$

故输入电流为

$$I=\frac{1}{2}I_2+I_3=\frac{1}{2}I_2+\frac{1}{4}U$$
$$=\frac{1}{2}(\frac{1}{4}U)+\frac{1}{4}U$$
$$=\frac{3}{8}U$$

移项得出输入电阻为

$$R_i=\frac{U}{I}=\frac{8}{3}\ \Omega$$

(2) 当 a 与 a' 不相连时,则有

$$I_2=\frac{1}{2}U$$
$$I=\frac{1}{2}I_2=\frac{1}{2}(\frac{1}{2}U)=\frac{1}{4}U$$

故输入电阻为

$$R_i'=\frac{U}{I}=4\ \Omega$$

(三) 部分习题解答

习题八

2. 电路如图题 8-2 所示。试求 $u_{ac}(t)$,$u_{ab}(t)$和 $u_{bc}(t)$.

解:

$$u_{ac}(t)=3\frac{d}{dt}(2e^{-4t})=-24e^{-4t}\ V$$
$$u_{ab}(t)=2\frac{d}{dt}(2e^{-4t})=-16e^{-4t}\ V$$
$$u_{bc}(t)=-2\frac{d}{dt}(2e^{-4t})+3\frac{d}{dt}(2e^{-4t})$$
$$=16e^{-4t}-24e^{-4t}$$
$$=-8e^{-4t}\ V$$

4. 试利用耦合电感的伏安关系,证明耦合电感的储能为:$w_m=\frac{1}{2}L_1 i_1{}^2+\frac{1}{2}L_1 i_2{}^2\pm Mi_1i_2$.

解: 如教材中图 8-5(a)所示参考方向下,耦合电感元件的 VAR 为

$$u_1=L_1\frac{di_1}{dt}+M\frac{di_2}{dt}$$
$$u_2=L_2\frac{di_2}{dt}+M\frac{di_1}{dt}$$

耦合电感元件的储能为

$$w_m=\int_0^t(u_1i_1+u_2i_2)dt$$
$$=\int_0^t(L_1i_1\frac{di_1}{dt}+Mi_1\frac{di_2}{dt}+L_2i_2\frac{di_2}{dt}+Mi_2\frac{di_1}{dt})dt$$
$$=\int_0^t[L_1i_1\frac{di_1}{dt}+M(i_1\frac{di_2}{dt}+i_2\frac{di_1}{dt})+L_2i_2\frac{di_2}{dt}]dt$$

若初始值 $i_1(0)=0, i_2(0)=0$. 则上式积分的结果为

$$w_m=\frac{1}{2}L_1 i_1{}^2+\frac{1}{2}L_2 i_2{}^2+Mi_1i_2$$

7. 求图题 8-7 所示二端网络的戴维南等效电路。

解： (1) 求开路电压 $\dot{U}_{oc}$

先计算闭合回路中的电流为

$$\dot{I}=\frac{6\angle 0^\circ}{6+6+j10}=\frac{6}{12+j10}\ \text{A}$$

故开路电压为

$$\dot{U}_{oc}=6\dot{I}+j5\dot{I}=(6+j5)\dot{I}$$

$$=\frac{6+j5}{12+j10}\times 6=3\angle 0^\circ\ \text{V}$$

(2) 求等效内阻抗 Z_0

将电压源置零，端口外接电压源电压 $\dot{U}$，输入电流 $\dot{I}$。电路模型如图 8-17 所示。列网孔方程，绕行方向与网孔电流 $\dot{I}_1$ 和 $\dot{I}$方向相同。则网孔方程为

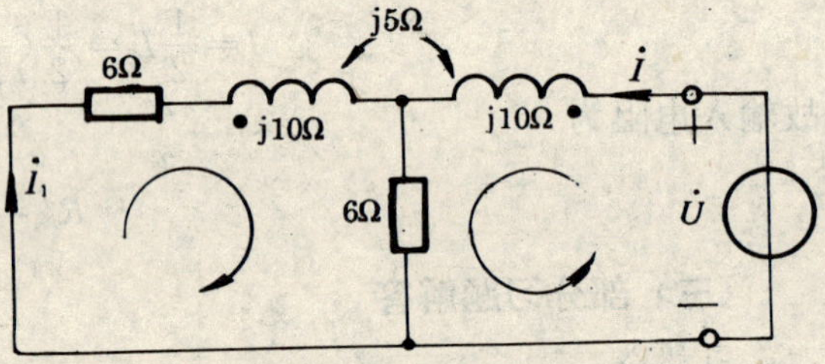

图 8-17 习题八第 7 题求 Z_0 电路

$$(12+j10)\dot{I}_1+6\dot{I}+j5\dot{I}=0$$

$$(12+j10)\dot{I}_1+(6+j5)\dot{I}=0 \quad ①$$

$$6\dot{I}_1+(6+j10)\dot{I}+j5\dot{I}_1=\dot{U}$$

$$(6+j5)\dot{I}_1+(6+j10)\dot{I}=\dot{U} \quad ②$$

由式①得出

$$\dot{I}_1=\frac{-(6+j5)\dot{I}}{12+j10}=-\frac{1}{2}\dot{I}$$

代入式②得出

$$\dot{U}=(6+j5)(-\frac{1}{2}\dot{I})+(6+j10)\dot{I}$$

$$=(3+j7.5)\dot{I}$$

故

$$Z_0=\frac{\dot{U}}{\dot{I}}=3+j7.5\ \Omega$$

12. 电路如图题 8-12 所示。试求 I_2 为最大值时的 k 值，并求 I_2 最大值为多少？k 为耦合系数。

解： (1) 计算原、副边阻抗及反映阻抗

$$Z_{11}=-j100+2+j100=2\ \Omega$$

$$Z_{22}=j100+2-j100=2\ \Omega$$

$$Z_{ref}=\frac{(\omega M)^2}{Z_{22}}=\frac{(\omega M)^2}{2}$$

(2) 若使 I_2 为最大值的条件是

$$Z_{ref}=Z_{11}$$

即
$$\frac{(\omega M)^2}{2}=2$$
$$(\omega M)^2=4$$

由耦合系数可得

$$k=\frac{M}{\sqrt{L_1L_2}}$$
$$k^2=\frac{M^2}{L_1L_2}=\frac{\omega^2M^2}{(\omega L_1)(\omega L_2)}=\frac{4}{(100)(100)}=\frac{1}{2500}$$

故得出
$$k=\sqrt{\frac{1}{2500}}=\frac{1}{50}$$

(3)I_2 的最大值为

因
$$\dot{I}_1=\frac{\dot{U}_s}{Z_{11}+Z_{ref}}=\frac{\sqrt{2}\angle 0°}{2+2}=\frac{\sqrt{2}}{4}\angle 0°=0.25\sqrt{2}\angle 0°\ \mathrm{A}$$

则
$$\dot{I}_2=\frac{\mathrm{j}\omega M\dot{I}_1}{Z_{22}}=\frac{\mathrm{j}2(0.25\sqrt{2}\angle 0°)}{2}=0.25\sqrt{2}\angle 90°\ \mathrm{A}$$

故
$$I_2=0.25\sqrt{2}\ \mathrm{A}$$

17. 电路如图题 8-17 所示，为使 10Ω 电阻能获得最大功率。试确定理想变压器的变比 n 及最大功率值。

解： (1) 理想变压器前电路的戴维南等效电路为

$$\dot{I}_{oc}=\frac{1}{2}(40\angle 0°)=20\angle 0°\ \mathrm{V}$$
$$R_0=50\ \Omega$$

(2) 10 Ω 电阻获得最大功率时

$$R_L'=\frac{1}{n^2}R_L=\frac{1}{n^2}\times 10=R_0=50$$

故变比为
$$n=\sqrt{\frac{10}{50}}=0.447$$

(3) 负载电阻获得最大功率值为

$$P_{L\cdot max}=\frac{U_{oc}^2}{4R_o}=\frac{20^2}{4\times 50}=\frac{400}{200}=2\ \mathrm{W}$$

四、教学媒体与作业

本章电视讲课，共 4 讲，从第 35 讲至第 39 讲。各讲的教学内容及作业分述如下。

第 35 讲(半讲)：

第八章　含互感电路的分析

§8-1　互感电压

1. 互感电压及同名端

在一个铁心上绕有三个线圈 N_1、N_2 和 N_3. 若在 N_1 输入正弦交流电流 i 时，在 N_1 感生自感电压 $L_1\frac{\mathrm{d}i}{\mathrm{d}t}$，在 N_2 和 N_3 中分别产生互感电压 $M\frac{\mathrm{d}i}{\mathrm{d}t}$. 自感电压和互感电压极性相同的端钮，

称为同名端，用带"·"号标示。同名端取决于线圈的绕向和相互位置。当一侧线圈电流方向指向同名端输入线圈，则另一侧线圈互感电压同名端为正极性。称为 i 与 u_M 参考方向对同名端一致。

作业： 习题八 1。

第 36 讲：§8-1 互感电压(续)

关于耦合电感元件同名端的测定。

2. 耦合电感元件的伏安关系

举例列出耦合电感元件 VAR 的微分方程形式；相量形式。

§8-2 含耦合电感的正弦交流电路的分析

作电压源表示互感电压的等效电路法

例 8-3

例 8-4

例 8-5

作业： 习题八 5，6，8。

第 37 讲：

§8-3 空心变压器

空心变压器就是线性耦合电感元件，原边接正弦交流电源，副边接负载，以传输能量，称含空心变压器电路。应用反映阻抗概念作一次等效回路和二次等效电路来计算一次回路电流和二次回路电流。

计算一次回路阻抗 Z_{11} 和二次回路阻抗 Z_{22}。反映阻抗 Z_{ref}，副边对原边的影响。

$$Z_{ref}=\frac{\omega^2M^2}{Z_{22}}$$

故一次回路电流为

$$\dot{I}_1=\frac{\dot{U}_s}{Z_{11}+Z_{ref}}$$

二次回路电流为

$$\dot{I}_2=\frac{j\omega M\dot{U}_s}{(Z_{11}+Z_{ref})Z_{22}}=\frac{j\omega M\dot{I}_1}{Z_{22}}$$

互感电压 $j\omega M\dot{I}_1$ 的极性与同名端位置有关。

含空心变压器电路的分析应用反映阻抗的概念，称为反映阻抗法，副边无电源时应用。否则可应用网孔分析法进行计算。

例 8-6

求含空心变压器电路的戴维南等效电路。

(1)求负载断开后端口的开路电压 $\dot{U}_{oc}$：

$$\dot{U}_{oc}=j\omega M\dot{I}_1$$

$$\dot{I}_1=\frac{\dot{U}_s}{Z_{11}}$$

故

$$\dot{U}_{oc}=\frac{j\omega M\dot{U}_s}{Z_{11}}$$

(2)求 Z_0： 利用反映阻抗，则有

$$Z_0=(R_2+j\omega L_2)+\frac{(\omega M)^2}{Z_{11}}$$

作业： 习题八 11，10。

第 38 讲：

§8-4 理想变压器

1. 理想变压器是耦合电感的极限情况：

(1) 无漏磁通，全耦合，即 $k=1$。则得出两侧电压之间的关系为

$$\frac{u_1}{u_2}=\frac{N_1}{N_2}=\frac{1}{n}$$

式中，匝数比 $n=\frac{N_2}{N_1}$.

(2) L_1，L_2，M 均为极大，但 L_1/L_2 为有限值。

教材图 8-8 电路，则有

$$\dot{U}_1=j\omega L_1\dot{I}_1+j\omega M\dot{I}_2$$

$$\dot{I}_1=\frac{\dot{U}_1}{j\omega L_1}-\frac{M}{L_1}\dot{I}_2$$

$$=\frac{\dot{U}_1}{j\omega L_1}-\sqrt{\frac{L_2}{L_1}}\dot{I}_2$$

若 $L_1\to\infty$，但 $\sqrt{\frac{L_2}{L_1}}=n$，便得出两侧绕组电流之间的关系为

$$\frac{\dot{I}_1}{\dot{I}_2}=-n$$

即 $$i_1=-ni_2,\qquad n=\sqrt{\frac{L_2}{L_1}}=\frac{N_2}{N_1}.$$

故若全耦合和 L_1，L_2，$M\to\infty$，则

$$\frac{u_1}{u_2}=\frac{N_1}{N_2}=\frac{1}{n}$$

$$\frac{i_1}{i_2}=-\frac{N_2}{N_1}=-n$$

成为理想变压器。为实现理想变压器条件，采用铁心，线圈紧密耦合，在变比不变的条件下，尽量增加匝数。

2. 理想变压器的特点

(1) 无损耗

$$p=u_1i_1+u_2i_2=u_1i_2+nu_1(-\frac{1}{n}i_1)=0$$

(2) 阻抗变换

副边阻抗 Z_L，变换为原边阻抗为 $\frac{1}{n^2}Z_L$；原边阻抗 Z_1 变换为副边阻抗为 n^2Z_1.

例 8-10

(3) 如果只满足全耦合条件，则$\frac{u_1}{u_2}=\frac{N_1}{N_2}$仍能成立，但$\frac{i_1}{i_2}\neq\frac{N_2}{N_1}$.

3. 全耦合变压器

只满足全耦合条件，即 $k=1$，但 L_1，L_2，M 均为有限值。则

$$\dot{I}_1=\frac{\dot{U}_1}{\mathrm{j}\omega L_1}-\sqrt{\frac{L_2}{L_1}}\dot{I}_2=\dot{I}_0-n\dot{I}_2$$

全耦合变压器$\dot{I}_0$是空载电流。

作业： 习题八 15，16。

第 39 讲：（半讲）

理想变压器阻抗变换性质。

例 8-11

小结：

(1) 自感电压：$\dot{I}$，$\dot{U}_L$ 参考方向一致，则 $\dot{U}_L=+\mathrm{j}\omega L\dot{I}$.

(2) 互感电压：$\dot{I}$，$\dot{U}_M$ 对同名端参考方向一致，则互感电压 $\dot{U}_m=+\mathrm{j}\omega M\dot{I}$.

(3) 耦合电感元件：教材图 8-13（a），（b）。

(4) 空心变压器电路：(1) 网孔分析法；(2) 反映阻抗法。由 $Z_{\mathrm{ref}}=\frac{\omega^2M^2}{Z_{22}}$得原边等效电路，求$\dot{I}_1$；由 $\mathrm{j}\omega M\dot{I}$得副边等效电路，求得 $\dot{I}_2$.

(5) 若 (1) 全耦合；(2) $L_1,L_2,M\to\infty$，耦合电感成为理想变压器。$\dot{U}_2=n\dot{U}_1$，$\dot{I}_2=-\frac{1}{n}\dot{I}_1$，$Z_1=\frac{1}{n^2}Z_2$.

(6) 若 L_1，L_2，M 为有限值——全耦合变压器，

则： $\dot{I}_1=\dot{I}_0-n\dot{I}_2$.

作业： 练习题 8-13，8-14，8-16。

本章自学内容： §8-4 耦合电感的去耦等效电路分析法。

第九章　磁路与铁心线圈

一、基 本 要 求

1. 明确磁路的基本概念。掌握磁路问题中的基本物理量：磁通 Φ、磁通密度 B、磁动势 F_m 和磁场强度 H，以及它们的单位。明确磁路分析的基本问题之一是研究具体磁路中磁动势 F_m 与磁通 Φ 的关系和磁路问题分析的基本假设。

2. 了解铁磁物质磁化的概念，明确它们的磁化曲线，即 $B-H$ 曲线，磁滞回线和基本磁化曲线。理解铁磁物质的性质是由 B 与 H 表示的非线性饱和特性。掌握磁介质的磁导率 μ 和真空磁导率 μ_0 的意义及它们的量纲，相对磁导率 μ_r 的定义。

3. 掌握磁阻和磁导的概念和磁路的基本定律，包括磁路的欧姆定律、磁路的基尔霍夫磁压定律和基尔霍夫磁通定律。会计算线性磁路。了解磁路与电路的比较。

4. 掌握恒定磁通无分支及对称分支通路的计算方法，包括已知磁通求磁动势和已知磁动势求磁通两类问题。明确磁路中空气隙磁通的边缘效应。一般了解有分支不对称恒定磁通磁路的计算方法。

5. 明确交变磁通磁路中线圈电压与磁通的量值关系，磁饱和对线圈中电流波形的影响。

6. 明确交变磁通磁路中的铁心损耗，包括磁滞损耗和涡流损耗，以及它们的计算方法。

7. 了解铁心线圈的电路模型和等值相量图。

二、学 习 指 导

磁路与铁心线圈，是本课程的重要组成部分，目的是研究磁与电的关系，掌握磁路的基本规律和基本计算方法。本章的教学内容可以分为如下四部分：

1. 磁路的基本概念；

2. 铁磁物质的磁特性；

3. 恒定磁通磁路的计算；

4. 交变磁通磁路。

着重讨论磁路的基本概念，铁磁物质的磁特性，磁路的基本定律，恒定磁通无分支及对称分支磁路的计算。也讨论交变磁通磁路中线圈电压与磁通的关系及磁饱和对电流波形的影响，铁心损失，励磁电流中磁化电流与铁损电流的计算。最后介绍铁心线圈的电路模型。

现就教学内容中的几个问题分述如下。

（一）关于磁路的基本概念

关于磁路的基本概念应明确如下几个问题。

1. 磁场与磁路的概念

通有电流的导体周围，对磁针和运动电荷具有磁力的作用，这种存在磁力作用的空间，称为磁场。因此，电流是产生磁场的根源。从物理学中可知，在磁场中可以画出若干条互不相交、首尾相连的磁感应强度线，即磁力线，来描述磁场，磁力线上任一点的切线方向，就是该点磁场的方向，磁力线的疏密表示磁场的强弱。如图 9-1 所示就是空心线圈的磁场。在工程上，为了得到较强的磁场，广泛利用铁磁物质的高磁导性能，做成一定形状的铁心，人为地造成把电流产生的磁场基本上局限于磁导体内，形成磁力线的路径。如图 9-2 所示铁心线圈的

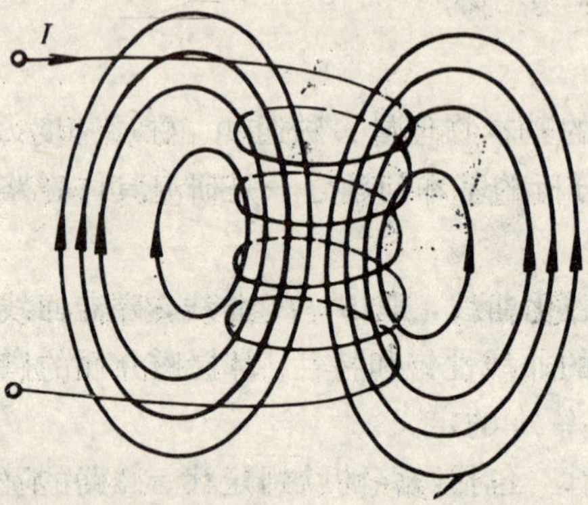

图 9-1　空心线圈的磁场

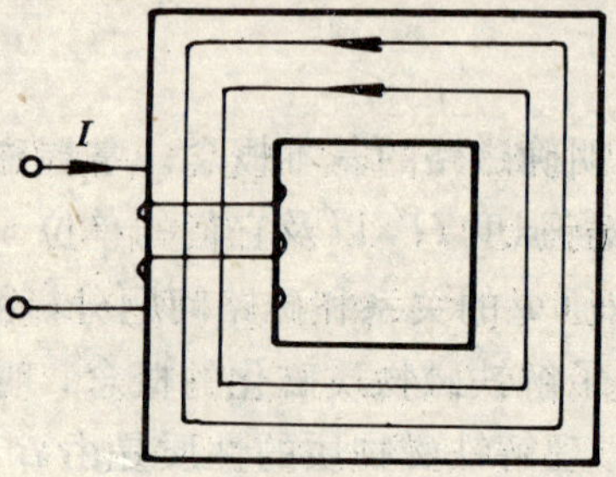

图 9-2　铁心线圈的磁场

磁场，磁力线主要在磁导体铁心中闭合，铁心周围是导磁能力极差的空气而磁力线很少。这种磁力线的路径，就称为磁路。于是，这种铁心线圈的磁路，就把弥漫在电流周围整个空间的磁场计算问题，简化为局限在一定范围内的磁路计算问题了。

2. 磁路问题中的基本物理量。

磁路问题中常用的基本物理量，有如下四个量：

(1) 磁感应强度 B　引入磁场中的磁针和运动电荷受磁力作用的性质，用磁感应强度 B 这一物理量来描述。它是空间的点函数，用矢量表示，即表征磁场中各点的磁场强弱和方向。磁针和运动电荷受力的大小表示磁场的强弱，而磁针的指向就是该点磁场的方向。

如果是均匀磁场，磁场中各点的磁感应强度的量值和方向都是相同的，则磁感应强度 B，又称为磁通密度。磁感应强度 B 与磁介质的性质有关。

磁感应强度 B 的单位，在国际单位制（SI）中是“特斯拉”（T），即 $1\ \mathrm{T}=1\ \mathrm{Wb/m^2}$. 1 T 表示在磁场中，1 C 的电荷以 1 m/s 速度与磁场方向垂直运动时受到 1 N 的力。

(2) 磁通 Φ　垂直穿过一面积为 A 的磁感应强度 B 的通量，称为磁通量，简称为磁通。它的定义为

$$\Phi=\int_A B\cdot \mathrm{d}A$$

在均匀磁场中，若截面积 A 与磁通密度 B 垂直，则上式变成为

$$\Phi=BA$$

即穿过截面积 A 的磁通 Φ，等于磁通密度 B 与截面积 A 的乘积。

磁通的单位，在国际单位制(SI)中，是伏·秒(V·s)，称为韦伯(Wb).

(3) 磁动势 F_m　磁场是由电流产生的，但取决于电流与线圈匝数的乘积 Ni. 磁动势是磁路中产生磁通 Φ 的“推动力”。它的单位，在国际单位制(SI)中是安培(A).

(4) 磁场强度 H　为了表征磁场与产生它的宏观电流之间的关系，而引入磁场强度这一

物理量，它由安培环路定律确定。磁场强度的大小与产生磁场的电流大小有关，而与磁介质无关。

对于粗细均匀的磁路而言，若磁路的平均长度为l，则磁场强H是磁力线路径每单位长度的磁动势。即

$$H=\frac{Ni}{l}$$

磁场强度的单位，在国际单位制（SI）中是安/米（A/m）。

以上磁路中四个基本物理量的法定单位是SI制，鉴于过去采用的是电磁单位（cgs）制，虽已废除，但有时仍可能遇到，故读者对它还应有所了解。现将两种单位制列表如下：

物 理 量	SI 制 单 位	cgs 制 单 位	换 算 关 系
磁通 Φ	韦伯 Wb	马克斯威尔 Mx	1 Wb$=10^8$ Mx
磁通密度 B	特斯拉 T	高斯 Gs	1 T$=10^4$ Gs
磁动势 F_m	安培 A	吉尔伯 Gi	1 A$=1.26$ Gi
磁场强度 H	安培/米 A/m	奥斯特 Oe	1 A/m$=1.26\times10^{-2}$ Oe

3．磁场的基本性质

由于磁路是局限在一定范围内的磁场。因此，磁场的基本性质也就是磁路中磁通的基本性质。

（1）磁通连续性原理

磁通连续性原理是磁场的基本性质之一。所谓磁通的连续性，就是穿过任意闭合面上的磁通恒等于零。即穿进某一闭合面磁通恒等于穿出该闭合面的磁通。由此可见，磁路中磁力线总是闭合的，它们是一簇不相交的闭合曲线。

（2）安培环路定律

安培环路定律是磁场的另一个基本性质。这一定律反映了磁场强度与产生它的电流之间的关系，是

$$\oint_l \boldsymbol{H}\cdot\mathbf{d}l=\sum_{k=1}^{n} i_k$$

也就是说，磁场强度矢量$\boldsymbol{H}$沿任何闭合路径的线积分等于穿过该路径所包围的全部电流的代数和。电流的正负要看它的方向与所选路径的方向是否符合右手螺旋定则而定。符合时取正，不符合时取负。

如果当沿闭合路径上各点的磁场强度H均相等，其方向均与路径切线方向（即$\boldsymbol{H}$与$\mathrm{d}l$方向相同），且所包围的电流i通过匝数为N的线圈时，因电流i重复穿入该回路N次，故上式便可简化为

$$\oint_l H\cdot \mathrm{d}l=Hl=Ni$$

由此便得出在均匀磁路中，磁场强度H与电流i的关系为

$$H=\frac{Ni}{l}$$

上式中磁场强度H与闭合路径平均长度l的乘积Hl，与电路中的电压相似，称为磁压或磁压

降，它在磁路分析计算中是常用的物理量。

4. 磁介质的磁导率

(1) 物质的磁导率 μ

在磁路问题分析中，遇到各种电磁设备中的磁介质。用来表征物质导磁能力大小的物理量，称为磁导系数，或称为磁导率，用 μ 表示。磁导率的大小决定于磁介质的材料。它与磁场强度 H 的乘积等于磁感应强度 B，即

$$B=\mu H$$

上式是磁介质重要的性能方程，在磁路问题的分析计算中具有重要意义。

在国际单位制(SI)中，μ 的单位是亨/米(H/m)。

(2) 真空磁导率 μ_0

在真空中的磁导率 μ_0，是一个常数，即

$$\mu_0=4\pi\times10^{-7}\ \mathrm{H/m}$$

由于非铁磁物质的 μ 都与 μ_0 相差无几，故在工程上一般把非铁磁物质的磁导率都当作真空磁导率 μ_0 来计算。

(3) 相对磁导率 μ_r

通常各种物质的导磁能力，用相对磁导率 μ_r 来表示，相对磁导率的定义为：实际磁导率 μ 与真空磁导率 μ_0 的比值。即

$$\mu_r=\frac{\mu}{\mu_0}$$

相对磁导率是无量纲的系数。

(二) 关于铁磁物质的磁化曲线

由于铁磁物质（如铁、镍、钴及其合金）的导磁能力很强，μ 值很高，往往是 μ_0 的数十倍、数百倍、数千倍乃至数万倍。因此，工程上利用铁磁物质的高导磁性能，使磁通尽量地被约束在铁心有限的范围之内，以提高电磁设备的效率。由于铁磁物质的 μ 不是常数，故它们的磁特性，可以用磁化曲线或 $B-H$ 曲线来表示，通过做实验来得出。

1. 起始磁化曲线

如图 9-3 所示，曲线 1 为起始磁化曲线。将消磁后的铁磁材料，从 $B=0$，$H=0$ 开始磁化，在外磁场较小情况下，如图中 $H<H_a$ 段，材料中的 B 随 H 增加而增加为曲线 1 的 oa 段，但并不显著。继之，随着外磁场的继续增大，从 H_a 到 H_b，材料中的 B 急剧增加，如图中曲线 1 的 ab 段，在这一范围内铁磁材料的磁导率 μ 比 μ_0 大得多，表现出高导磁能力。所以，通常要求电磁设备工作在材料的 b 点附近。当外磁场继续增大，$H>H_b$ 时，铁磁材料中 B 的增长高反而减小，如图中曲线 1 的 bc 段，出现磁饱和现象。

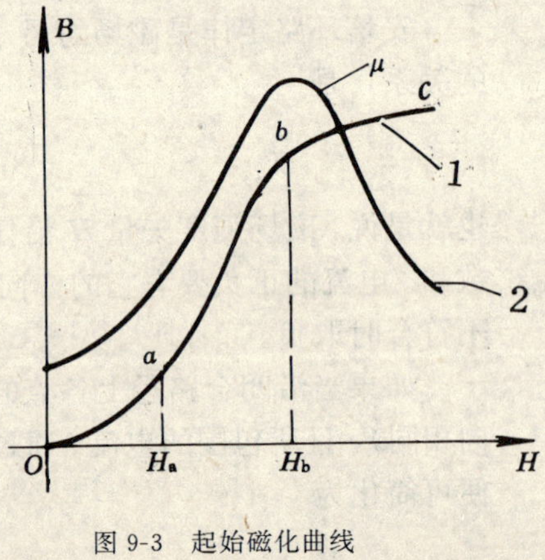

图 9-3 起始磁化曲线

图 9-3 中曲线 2，是铁磁材 μ 与 H 之间的关系曲线。在起始段和进入饱和后，μ 值都不大，但在 $H=H_b$ 附近时，μ 值达最大值。由此可见，铁磁材料在磁化过程中，它的磁导率 μ 是随 H 而变化的变量。

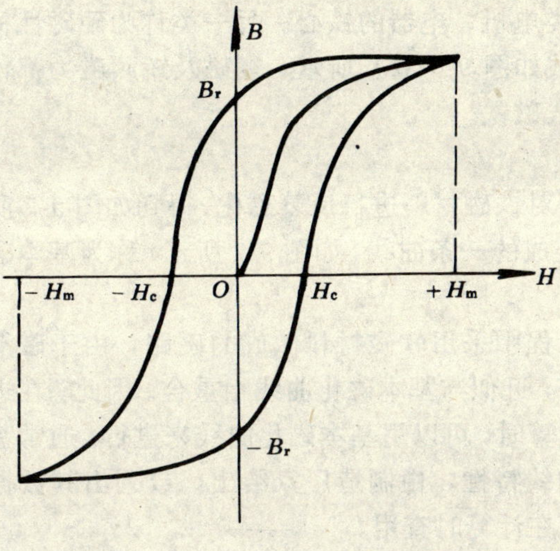

图 9-4　磁滞回线图

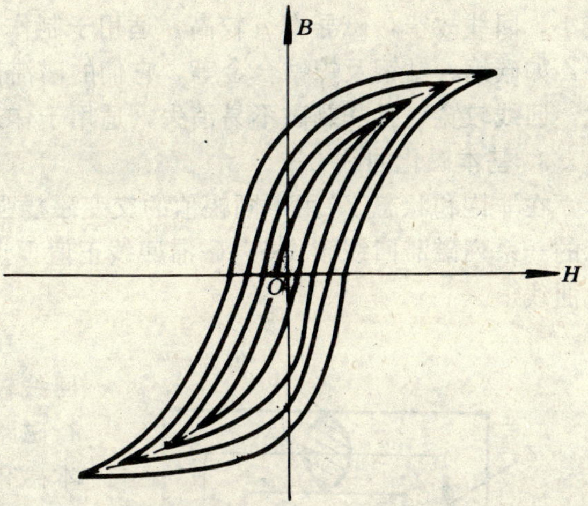

9-5　磁滞回线簇

2. 磁滞回线

如图 9-4 所示，把磁场强度 H 由零增加到某一 $+H_m$ 值，对应的磁感强度 $B=B_m$（B_m 不超过饱和点），而后 H 减小，这时铁磁物质的 B 值将沿着比起始磁化曲线稍高的曲线减小。当 $H=0$ 时，$B=B_r$ 不为零，再把 H 减小为 $-H_m$ 时，$B=-B_m$；然后把 H 从 $-H_m$ 增加到 $+H_m$，

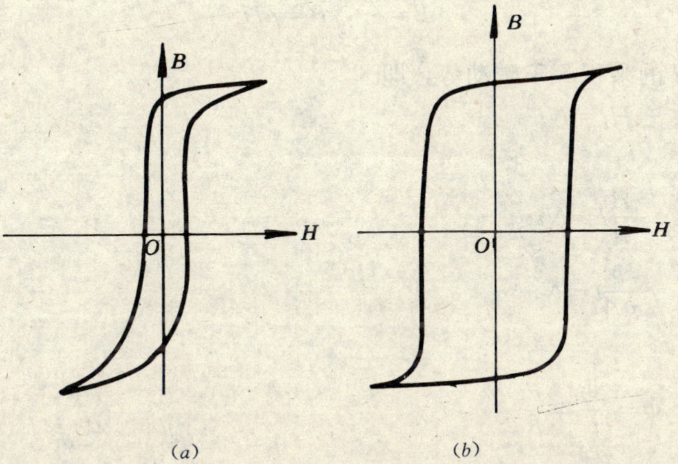

图 9-6　两类铁磁材料的磁滞回线图

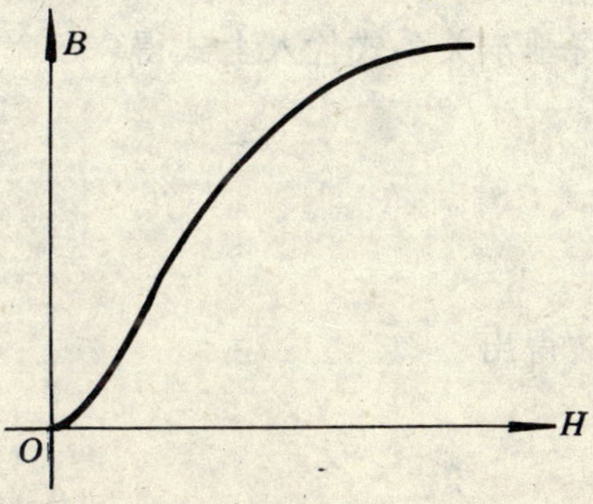

9-7　基本磁化曲线

$B=B_m$，完成一个循环。可见磁场作正负变化，铁磁物质反复磁化过程中，磁感应强度 B 的变化总是落后于磁场强度 H 的变化，这种现象称为磁滞现象。铁磁材料反复磁化若干循环后，便得到如图 9-4 所示的一个对称于原点的闭合回线，称为磁滞回线。磁滞回线中的 $\pm B_r$ 是 $H=0$ 时的磁感应强度，称为剩余磁感应；$H=\pm H_c$ 时，$B=0$，$\pm H_c$ 称为矫顽磁力。若取不同的 $\pm H_m$ 值，将铁磁材料反复磁化，便得到如图 9-5 所示的磁滞回线簇。

铁磁材料按其磁滞回线的不同，可分为两类。一类称为软磁材料，如纯铁、铸铁、铸钢、电工钢、铁淦氧磁体及坡莫合金等，它们的磁滞回线如图 9-6（a）所示，剩磁及矫顽磁力都较小，回线故窄，磁导率 μ 较高。适用于制作各类电机、电器的铁心。另一类称为硬磁性材料，如碳钢、钴钢及镍钴合金等，它们的磁滞回线如图 9-6（b）所示，剩磁及矫顽磁力都较大，回线较宽，且其剩磁不易消失，适用于作永久磁铁。

3. 基本磁化曲线

在非饱和状态下，用不同幅值的交变磁场强度对铁磁材料进行反复磁化，得到如图 9-5 所示的一系列磁滞回线簇。将各磁滞回线正值顶点连成的一条曲线，如图 9-7 所示，称为基本磁化曲线。

在工程中采用软磁材料做成的磁路，由于磁滞回线较窄，近似与基本磁化曲线相重合。因此，在进行磁路计算时，可以用基本磁化曲线来进行。通常基本磁化曲线特性，由制造厂家给出，或列出其数据表，以便在计算时查用。

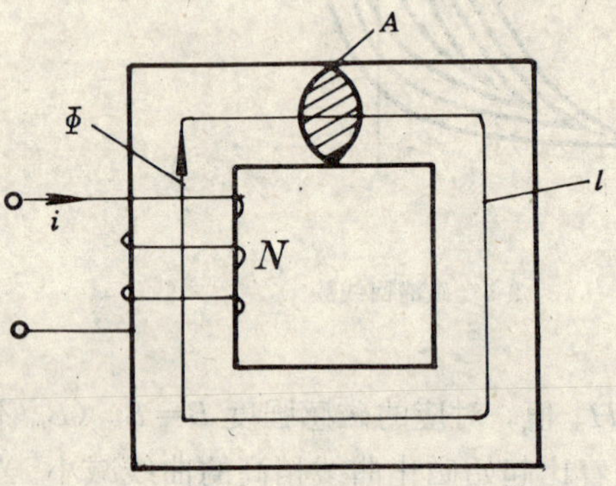

图 9-8　环形铁心磁路

（三）关于磁路的基本定律

1. 磁阻的概念与磁路的欧姆定律

如图 9-8 所示，是磁导率为 μ 的铁磁材料构成的环形均匀磁路，它的横截面为 A，平均长度为 l，磁通为 Φ，磁通密度为 B，磁场强度为 H，磁动势为 Ni. 基本关系式有

$$B=\frac{\Phi}{A},\quad B=\mu H$$

由于磁场强度 H 与整个磁路长度 l 的乘积等于磁动势，即

$$Hl=Ni$$

将基本关系式代入上式得

$$\frac{B}{\mu}l=Ni$$

$$\frac{\Phi}{\mu A}l=Ni$$

故得出

$$\Phi=\frac{Ni}{\dfrac{l}{\mu A}}=\frac{F_m}{R_m}$$

上式中的分母

$$R_m=\frac{l}{\mu A}$$

称为磁阻，它只与磁路的尺寸和铁磁材料的磁导率 μ 有关。磁阻的单位在国际单位制（SI）中是$\frac{1}{亨}\left(\frac{1}{\mathrm{H}}\right)$. 磁阻 R_m 的倒数称为磁导，用 Λ 表示，即

$$\Lambda=\frac{\mu A}{l}$$

它的单位是亨(H).

因磁路中的磁通 Φ 对应于电路中的电流 i；磁动势 F_m 对应于电路中的电源电压 U_s 或电

动势 E_s；磁阻 R_m 对应于直流电阻中的电阻 R，故式 $\Phi = F_m/R_m$ 与电路中的欧姆定律相似。因此，称为磁路的欧姆定律。

但是，由于铁磁材料的磁导率 μ 不是常数，使用磁阻来计算磁路问题并不方便。一般是用 $Hl=Ni$ 关系，结合材料的 $B-H$ 曲线来进行计算。

2. 关于基尔霍夫磁通定律

如图 9-9 所示的有分支磁路，任意取一闭合面 S，根据磁通连续性原理，穿过闭合面 S 磁通的代数和恒等于零，也就是进入闭合面的磁通等于离开该闭合面的磁通。故有

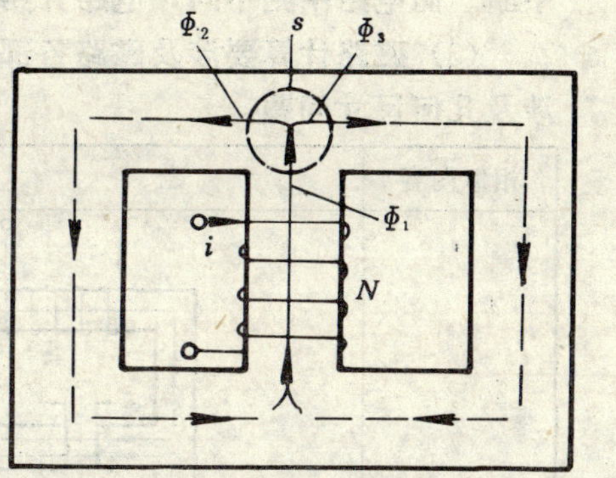

图 9-9 有分支磁路

$$\Phi_1 = \Phi_2 + \Phi_3$$
$$\Phi_1 - \Phi_2 - \Phi_3 = 0$$

即

$$\sum \Phi = 0$$

上式与电路中的基尔霍夫电流定律相似，故称为基尔霍夫磁通定律，也称为磁路的 KCL 定律。

3. 关于基尔霍夫磁压定律

如图 9-10 所示是由三段不同材料构成的环形磁路。它们的横截面积分为 A_1，A_2 和 A_3，平均长度分别为 l_1，l_2 和 l_3，且各段磁路中磁通都是均匀分布，即每一段的 B 和 H 都相同。现设各段的磁场强度分别为 H_1，H_2 和 H_3。根据安培环路定律得出

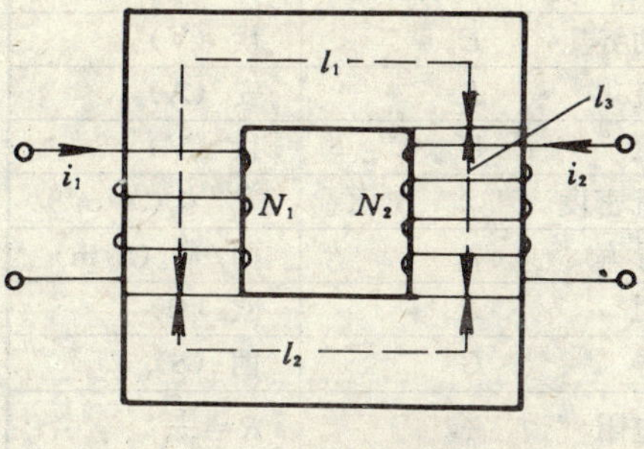

图 9-10 不同材料构成的环形磁路

$$H_1 l_1 + H_2 l_2 + H_3 l_3 = N_1 i_1 + N_2 i_2$$

即

$$\sum (Hl) = \sum (Ni)$$

或写为

$$\sum U_m = \sum F_m$$

上式中，某段的 H 参考方向与绕行方向一致时，则该段 Hl 在方程中取正号，反之则取负号，当电流 i 参考方向与回路绕行方向之间符合右手螺旋定则时取正号，反之则取负号。因每一段的 Hl 称为该段的磁压降 $U_m = Hl$，磁动势 $F_m = Ni$。因为与电路中的基尔霍夫电压定律相似，故称为基尔霍夫磁压定律，或称磁路的 KVL 定律。表述为：磁路中沿任意闭合回路磁压的代数和恒等于磁动势的代数和。

4. 关于磁路与电路的比较

由上述的分析可知，磁路中的几个物理量，磁路的基本定律与电路中的几个物理量、电路的基本定律，有许多相似之处。现在以恒定磁通磁路与直流电阻电路相比较，归纳如下表所示。

磁路与电路之间有许多相似之外，也还有本质的不同之处。如：

(1) 在恒定磁通磁路中没有功率损耗，而在电路中，有电流通过电阻元件，就有功率损耗。

(2) 磁路中有磁动势就有磁通，即使是空气隙中也有磁通通过。因此，磁路中磁通不会

中断。而电路中则不同，电路开路时，电流就中断。

（3）磁路计算要涉及磁路各部分的几何尺寸，而电路的计算，是根据电路模型，一般不涉及几何尺寸问题。

相似内容	磁	路		电	路	
磁路与电路	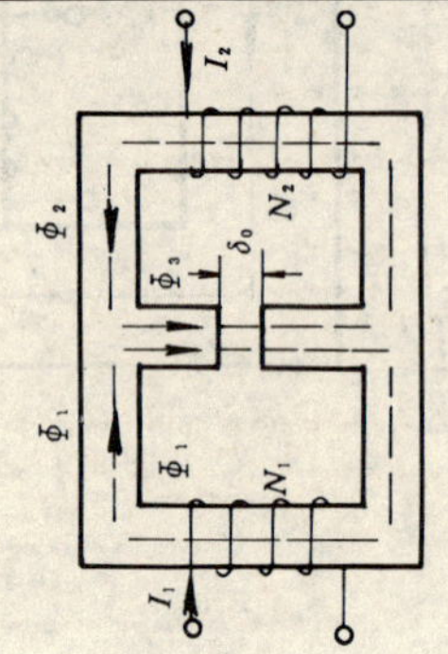 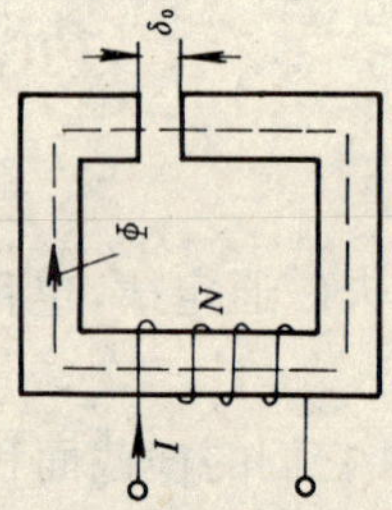			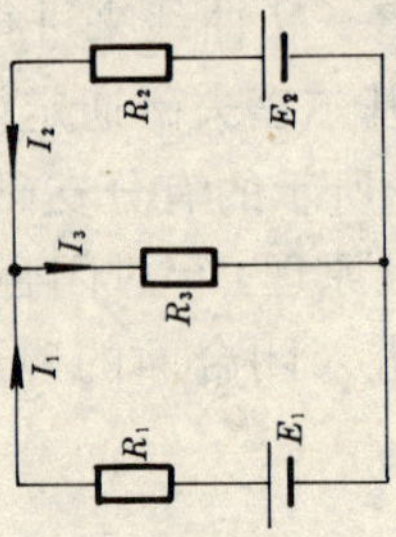 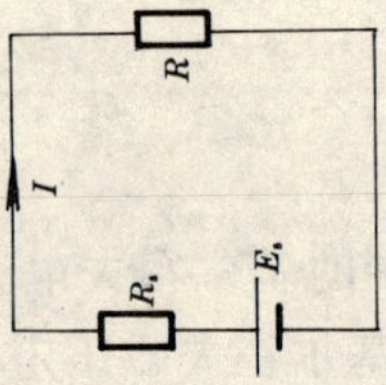		
基本物理量	物 理 量	符 号	SI 制单位	物 理 量	符 号	SI 制单位
	磁动势	F_m	安（A）	电动势	E	伏（V）
	磁通	Φ	韦（Wb）	电流	I	安（A）
	磁压	U_m	安（A）	电压	U	伏（V）
	磁通密度	B	特（T）	电流密度	J	安/米（A/m^2）
	磁导率	μ	亨/米（H/m）	电导率	γ	西/米（S/m）
	磁阻	R_m	1/亨（H^{-1}）	电阻	R	欧（Ω）
	磁导	Λ	亨（H）	电导	G	西（S）
基本定律与规律	磁阻		$R_m=\frac{l}{\mu A}$	电阻		$R=\frac{l}{\gamma A}$
	磁路欧姆定律		$U_m=R_m\Phi$	欧姆定律		$U=RI$
	基尔霍夫磁通定律		$\sum\Phi=0$	基尔霍夫电流定律		$\sum I=0$
	基尔霍夫磁压定律		$\sum U_m=\sum F_m$	基尔霍夫电压定律		$\sum U=\sum E$
	对铁磁材料磁阻可由 $B-H$ 曲线反映			对非线性电阻可由 $U-I$ 曲线反映		

（四）关于无分支及对称分支恒定磁通磁路的计算

1．基本假设

（1）磁通集中在磁路内，漏磁通忽略不计；

（2）磁场在磁路截面分布均匀。

2．已知磁通 Φ 求磁动势 F_m

正面问题。计算步骤如下：

（1）将磁路按材料和截面积分成若干段。

(2) 按磁路的几何尺寸计算各段磁路的截面积分别为 A_1，A_2，…，A_n. 当铁心是由涂有绝缘漆的薄硅钢片叠成时，需扣除漆层厚度和装配间隙。所以，铁心的视在截面积 A' 大于它的有效截面积 A。即

$$A=K_{Fe}A'$$

K_{Fe}称为叠装系数。它总是小于 1，一般为 0.9～0.96，视硅钢片的厚度、表层漆层厚度及叠装的松紧程度而定。

关于空气隙的边沿效应。当磁路中有空气隙时，磁通经气隙向外，如图 9-11 所示，增大了气隙有效面积，称为边沿效应。当有边沿效应存在的情况下，有效截面积增大，磁通 Φ 一定时，空气隙的磁通密度减小。有效截面积近似计算如下：

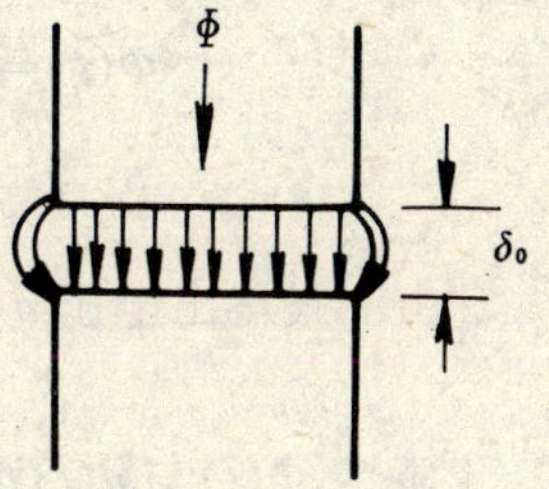

图 9-11 气隙磁通的边沿效应

对于矩形铁心截面积为 $A=a\times b$ 时，则气隙有效截面积为

$$A_0=(a+\delta_0)(b+\delta_0)\approx ab+(a+b)\delta_0$$

对于半径为 r 的圆形铁心的气隙有效截面积为

$$A_0=\pi\ (r+\delta_0)^2\approx\pi r^2+2\pi r\delta_0$$

确定各段磁路的平均长度，是沿其中心线测出，分别为 l_1，l_2，…，l_n.

(3) 根据已知磁通 Φ 求各段磁路的磁通密度分别为

$$B_1=\frac{\Phi}{A_1},\ B_2=\frac{\Phi}{A_2},\ \cdots,\ B_n=\frac{\Phi}{A_n}$$

空气隙磁通密度则为

$$B_0=\frac{\Phi}{A_0}$$

(4) 按各段磁路的磁通密度，求相应各段磁路的磁场强度 H_1，H_2，…，H_n. 对于不同铁心材料可按它们的 $B-H$ 曲线或磁化数据表查出。对于空气隙则可按下式计算得出，即

$$H_0=\frac{B_0}{\mu_0}=\frac{B_0}{4\pi\times10^{-7}}\approx\frac{B_0}{1.25\times10^{-6}}$$

(5) 计算各段磁路的磁压降分别为 H_1l_1，H_2l_2，…，H_nl_n 及 $H_0\delta_0$.

(6) 按基尔霍夫磁压定律计算出磁路需要的磁动势，即

$$F_m=NI=\sum Hl=H_1l_1+H_2l_2+\cdots+H_nl_n$$

上述计算步骤的程序为

$$\Phi\longrightarrow B\longrightarrow H\longrightarrow Hl\longrightarrow F_m$$

3. 已知磁动势 F_m 求磁通 Φ

反面问题。由于磁路的非线性特性，各段磁路的磁阻与磁通的数值有关，在没有求出各段磁路的磁通之前，不能计算出各段的磁压降。因此，应采用试探法来进行计算。即先假定一个磁通值，按上述已知磁通 Φ 求磁动势 F_m 的步骤进行计算，将计算得出的磁动势与已知磁动势相比较，修正第一次的假定磁能值；再进行第二次计算，再比较修正；反复进行几次，直到所假定的磁通计算出的磁动势与已知磁动势相近为止。

4. 对称分支恒定磁通磁路的计算

只要取对称轴的一侧磁路，按上述无分支恒定磁通磁路进行计算即可。

（五）关于交流磁通磁路中磁通与线圈外施电压的关系

交流磁通磁路（下称交流磁路），仍然是研究 Ni 与 Φ 的关系问题，应掌握交流磁路的特点。所谓特点就是在直流磁路中没有的现象。特点之一，就是线圈电压 $u(t)$ 与磁路中的磁通 $\Phi(t)$ 有一定的关系，而直流磁路中却没有这种关系。

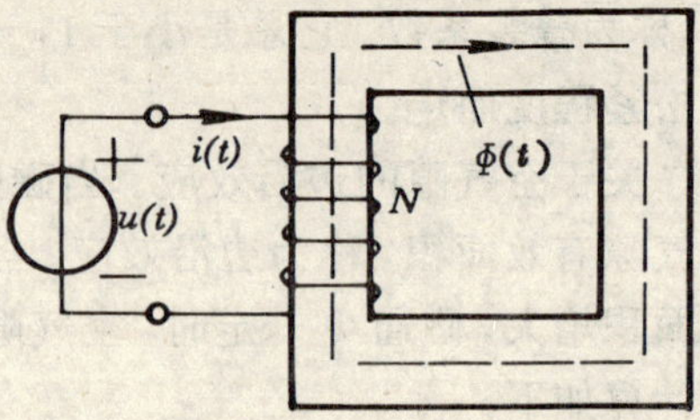

图 9-12　交流磁路

如图 9-12 所示的交流磁路中，$u(t)=U_m\sin\omega t$，$\Phi(t)$ 仍然由 $i(t)$ 产生。但在忽略线圈电阻情况下，有

$$u(t)=N\frac{\mathrm{d}\Phi(t)}{\mathrm{d}t}$$

便得出

$$\Phi(t)=\Phi_m\sin(\omega t-90°)$$

$$\Phi_m=\frac{U_m}{N\omega}$$

由上式得出电压 $u(t)$ 有效值与磁通 $\Phi(t)$ 的关系为

$$U=4.44fN\Phi_m$$

显然，$\Phi(t)$ 与 $u(t)$ 都是同频率的正弦量，只不过是磁通滞后电压相位 90°；电压的有效值是磁通最大值的 $4.44fN$ 倍。

由此可以得出结论：在电源频率 f 和线圈匝数 N 一定的情况下，线圈电压 $u(t)$ 不变，则磁通 $\Phi(t)$ 也不变，电压有效值 U 改变时，磁通 Φ_m 与 U 成比例变化。

（六）关于交流磁路的铁心损失

交流磁路的第二个特点是，磁路中有铁心损失，而直流磁路则没有这种损失。交流磁路中铁心损失来源于磁滞和涡流。

1．磁滞损失

由于铁心在交变磁化过程中，其内部磁畴不断翻转摩擦产生的能量损耗，称为磁滞损失。这部分能量损失由外加电源提供，转化为热能，从而使铁心温度升高。磁滞损失 P_h 与电源频率、铁心体积和磁滞回线所包围的面积成正比。对于同一个铁心材料而言，磁滞回线的面积，随磁通密度的峰值 B_m 增大而增大。因此，磁滞损失与 B_m 有关。工程上按如下经验公式来计算磁滞损失。即

$$P_h=k_hfB_m^n$$

式中：k_h——比例系数。取决于铁心材料和选用单位，可由实验确定。

　　n——指数。当 $B_m<1$ T 时，取 1.6；当 $B_m>1$ T 时，取 2。

为了减少交流磁路中的磁滞损失，常采用磁滞回线窄小的铁磁物质，如电工硅钢片。特别是冷轧硅钢片最好。

2．涡流损失

由于交变磁通在铁心中感应产生电流，称为涡流。涡流在铁心磁路中，一方面造成铁心的附加磁动势，在线圈中引入附加电流分量，对线圈电流的波形有一定的影响；另一方面，由于涡流回路有电阻，产生与 i^2R 同样的功率损耗，使铁心发热。因铁心中的感应电势与频率 f 和磁通密度最大值 B_m 有关，而功率损耗又与感应电势或感应电流的平方成正比。所以，涡流损失 P_e 与 f 和 B_m 的平方成正比及与铁心体积 V 成正比。即按如下公式进行计算。

$$P_e=k_ef^2B_m^2V$$

式中：k_e——比例系数。它与铁心材料的导电率 γ 和叠片的厚度有关。

减少涡流损失的措施是：（1）减小铁心材料的导电率（即增大材料的电阻率），如采用含硅1%～5%的电工硅钢片为铁心材料；（2）把铁心用许多互相绝缘的硅钢薄片叠装而成，以减少涡流的数值。在高频时，通常是采用铁粉心或铁淦氧磁体，这些材料的导电率更小。

3. 铁心损失

铁心损失 P_c，是磁滞损失与涡流损失之和，即

$$P_c = P_h + P_e$$

铁心损失一般并不需要按上述 P_h 与 P_e 两公式来计算。而从这两个公式中可知，铁心损失主要与 f 和 B_m 有关。故可以根据生产厂家提供的 P_{co}—B_m 曲线来计算。P_{co}是铁磁材料单位重量的损失，即

$$P_{co} = \frac{P_c}{G} \quad (\text{W/g})$$

式中 G 是铁心的总重量，P_{co}称为“比损失”。某一种铁磁材料的 B_m—P_{co}曲线，是在某种频率 f 下的比损失 P_{co}与磁通密度最大值 B_m 的曲线。只要已知交流磁路的工作频率，计算出磁路中的 B_m，便可在 P_{co}—B_m 曲线上查出 P_{co}. 然后按铁心的总重量 G，即可计算出铁心损失 P_c.

（七）关于铁心线圈的励磁电流

1. 铁心线圈的磁化电流 i_φ

如图 9-12 所示交流磁路，如果铁心材料由电工硅钢片叠成，其磁滞回线窄小，可近似基本磁化曲线，且铁心中的涡流也很小，这时可以在忽略铁心损失 P_c 不计的情况下来讨论交流磁路中饱和对线圈电流波形的影响。

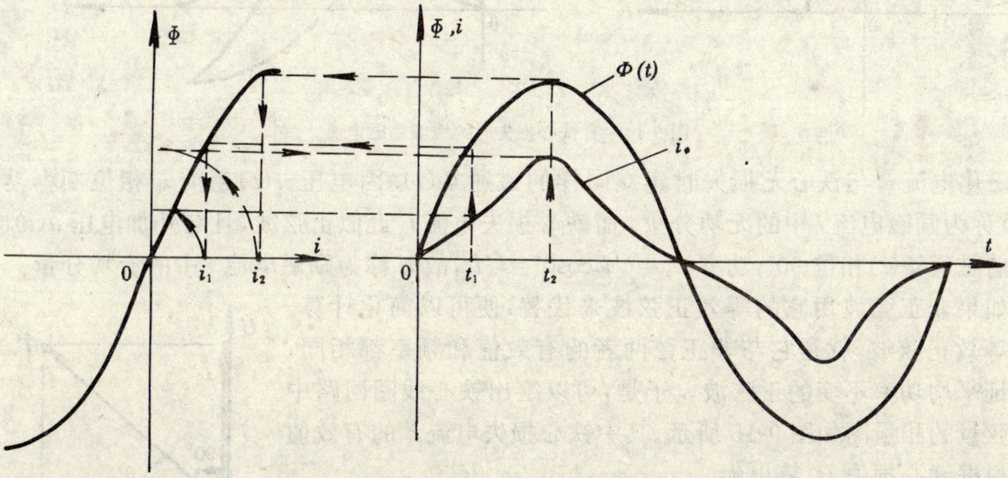

图 9-13　不计铁心损失时线圈中磁化电流的波形

已知 $\Phi(t)=\Phi_m \sin\omega t$，产生 $\Phi(t)$的电流为 i_φ. 由上述电压与磁通的波形关系可知，电压为正弦波时，磁通也是正弦波，只是磁通滞后电压相位 90°。由铁磁材料的基本磁化曲线(Φ—i 曲线)和磁通 $\Phi(t)$正弦波曲线逐点对应作出如图 9-13 所示的电流 i_φ 的波形图，它是尖顶非正弦波。这是由于磁化曲线非线性饱和特性所致的波形畸变。当外加线圈电压越高，铁心饱和越严重，则电流 i_φ 波形的畸变越陡峭。

由于 i_φ 与 $\Phi(t)$ 同相，$u(t)$ 超前 $\Phi(t)$ 和 i_φ 相位 90°. 故功率为

$$P=UI_\varphi\cos 90°=0$$

说明 i_φ 不用来提供功率，而只是用来产生磁通，故称为磁化电流。关于磁化电流由上述分析，可以得出两点结论：

(1)当 $u(t)$ 和 $\Phi(t)$ 是正弦波时，则磁化电流 i_φ 是非正弦波。如果输入线圈的电流是正弦波时，则磁通和电压的波形要发生畸变为非正弦波。

(2)磁化电流 i_φ 只用来产生磁通。因此，在铁心损失不计，即 $P_c=0$ 情况下，线圈的励磁电流 i 就是磁化电流 i_φ.

2. 铁心线圈 中的励磁电流

如果计入铁心损失 P_c 时，因铁心处于交变磁化过程，分析时磁化曲线(Φ—i 曲线)应为回线，如图 9-14 所示。这时在励磁电流 i 中，应包含产生磁通的磁化电流 i_φ 和提供铁心损失的电流 i_c，即励磁电流为

$$i=i_\varphi+i_c$$

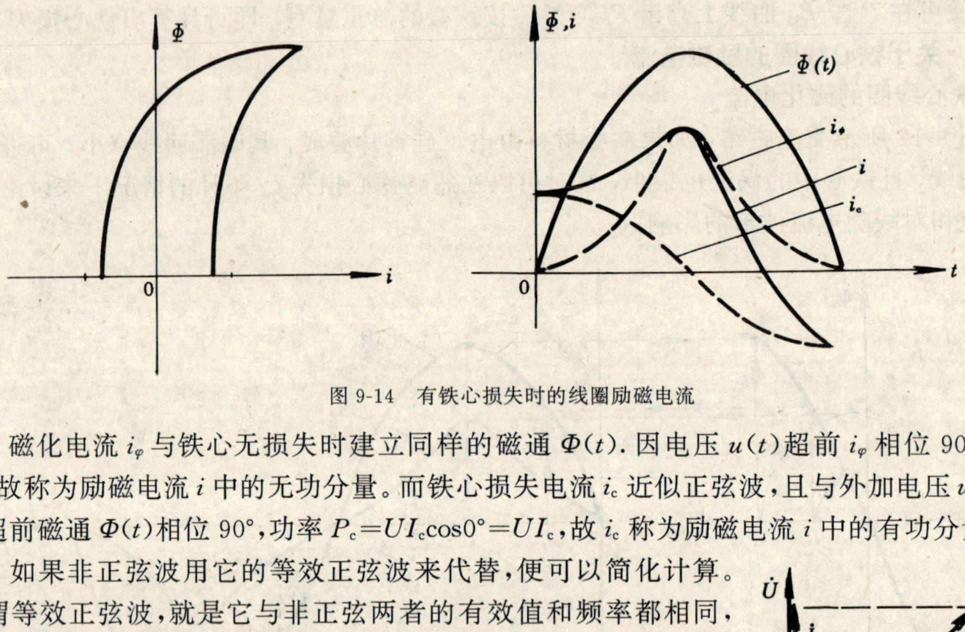

图 9-14 有铁心损失时的线圈励磁电流

磁化电流 i_φ 与铁心无损失时建立同样的磁通 $\Phi(t)$. 因电压 $u(t)$ 超前 i_φ 相位 90°，功率为零，故称为励磁电流 i 中的无功分量。而铁心损失电流 i_c 近似正弦波，且与外加电压 $u(t)$ 同相，即超前磁通 $\Phi(t)$ 相位 90°，功率 $P_c=UI_c\cos 0°=UI_c$，故 i_c 称为励磁电流 i 中的有功分量。

如果非正弦波用它的等效正弦波来代替，便可以简化计算。所谓等效正弦波，就是它与非正弦两者的有效值和频率都相同，且保证平均功率不变的正弦波。于是，可以绘出铁心线圈回路中各正弦量的相量图如图 9-15 所示。其中铁心损失电流 i_c 的有效值可以根据铁心损失 P_c 算出为

$$I_c=\frac{P_c}{U}$$

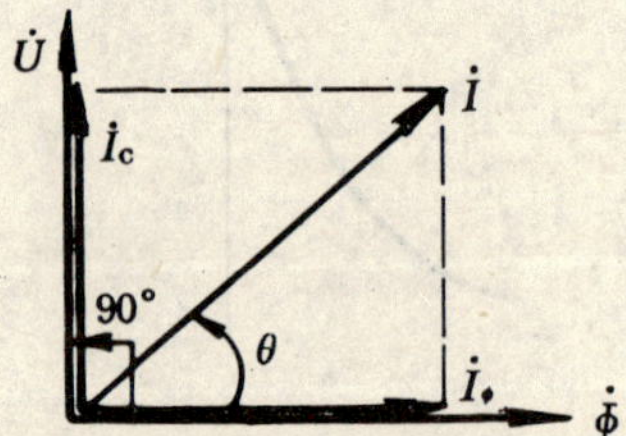

图 9-15 交流磁路各正弦量的相量图

磁化电流有效值 I_φ，可以根据交流磁化曲线，由 B_m 查出对应的 H 后，由 $NI_\varphi=\sum Hl$ 求出。交流磁化曲线是在交流条件下测得的基本磁化曲线，即 B_m—H 曲线，B_m 是磁通密度的最大值，H 是磁场强度的有效值，由生产厂家给出。

(八) 关于交流磁路中 NI 与 Φ 关系的分析

1. 交流磁路由 U 和 Φ_m 计算 NI 的基本程序

(1) 铁心线圈外加正弦电压 $u(t)=U_m\sin\omega t$，则磁路中的交流磁通为 $\Phi(t)=\Phi_m\sin(\omega t-90°)$，$\Phi_m=U_m/N\omega$. U 与 Φ_m 的关系为

$$U=4.44fN\Phi_m$$

(2)按 $B_m=\Phi_m/A$ 关系，由 Φ_m 计算 B_m.

(3) 由 B_m 按"比损失曲线"查出 P_{co}，再根据铁心重量 G，计算出铁心损失 P_c，并按 $I_c=P_c/U$ 计算出铁损电流 I_c.

(4) 由 B_m 按交流磁化曲线查出有效值 H，进而按 $\sum Hl=NI_\varphi$ 计算出磁化电流 I_φ.

(5) 按式 $I=\sqrt{I_\varphi^2+I_c^2}$ 计算出励磁电流 I. 最后便可得磁动势 $F_m=NI$.

以上计算程序可以归纳为

$$\left.\begin{array}{l} U\leftrightarrows\Phi_m\rightarrow B_m\rightarrow P_c\rightarrow \dfrac{P_c}{U}\rightarrow I_c \\ \quad\quad\quad\quad\;\; \hookrightarrow H\rightarrow \sum Hl\rightarrow NI_\varphi \end{array}\right\}\rightarrow I\rightarrow NI$$

2. 按基本磁化曲线及修正系数 ξ 计算 I_φ 的方法

上述是由 B_m 按交流磁化曲线即 B_m-H 曲线查出 H 来计算磁化电流 I_φ 的方法。而在教材《电路及磁路》(中央广播电视大学出版社)中，则是应用基本磁化曲线和修正系数 ξ 来计算 I_φ. 即由 B_m 按基本磁化曲线查出对应的 H_m，再按 $\sum H_ml=NI_{\varphi m}$ 的关系来求出 $I_{\varphi m}$.

由于 $I_{\varphi m}$ 是非正弦尖顶波的磁化电流 i_φ 等效正弦波的最大值。因此，非正弦波磁化电流 i_φ 的有效值 I_φ 与等效正弦波最大值之间引入一个修正系数 ξ，即

$$I_\varphi=\frac{I_{\varphi m}}{\xi\sqrt{2}}$$

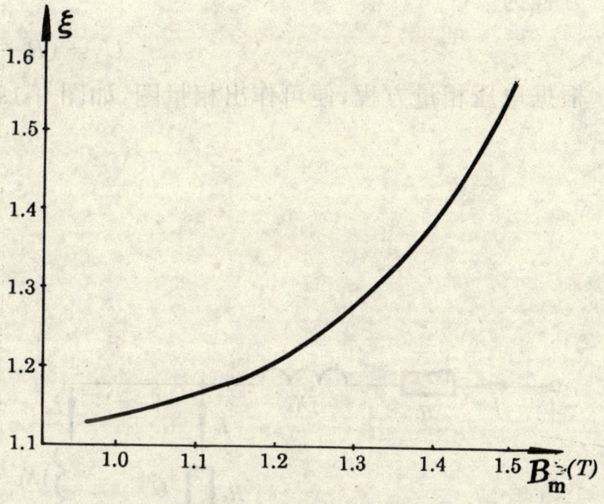

图 9-16 修正系数曲线

修正系数 ξ 与铁心的饱和程度有关。当 B_m 较小时，铁心未饱和，i_φ 接近于正弦波，则可认为 ξ 近于为1。若 B_m 较大时，则 ξ 值也增大，ξ 就大于1，一般热轧硅钢片的修正系数 ξ 与 B_m 的关系曲线如图9-16所示。

因此，由 B_m 根据铁心材料在 $B_m-\xi$ 曲线上查出修正系数 ξ，再由 $I_{\varphi m}$ 与 ξ 计算出 I_φ.

(九) 关于铁心线圈的电路模型

在电路分析中，对于含有铁心线圈的电路，要研究电路中电压 u 与电流 i 的关系，需要作出铁心线圈的电路模型，这就涉及到磁路分析的问题。有三种情况分述如下。

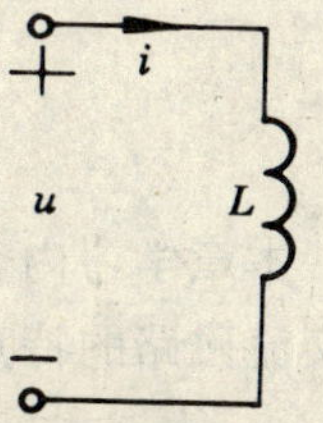

图 9-17 忽略铁心损失和漏磁时铁心线圈的电路模型

1. 忽略铁心损失和漏磁通时铁心线圈的电路模型

按定义有

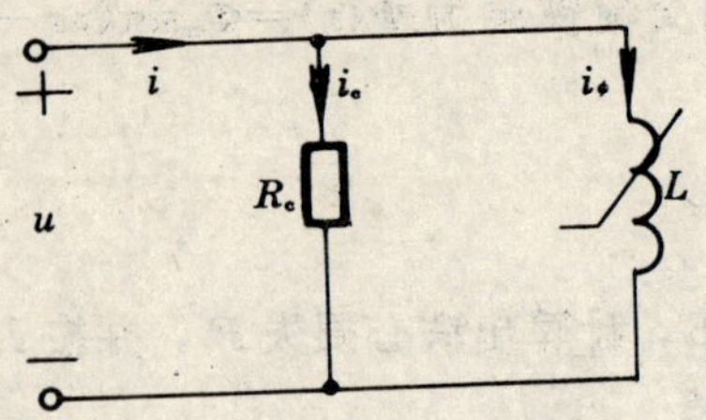

图 9-18　计入铁心损失时铁心线圈的电路模型

$$L=\frac{N\Phi}{i}$$

将 $\Phi=Ni/R_m$ 和 $R_m=l/\mu A$ 代入上式得出

$$L=\frac{N^2\mu A}{l}$$

这时铁心线圈的电路模型是一电感 L，如图 9-17 所示。若 μ 为常数时，L 是线性电感元件；μ 为非常数时，L 是非线性电感元件。

2. 考虑铁心损失时铁心线圈的电路模型

这时励磁电流 $i=i_c+i_\varphi$. 铁心损失电流 i_c 支路，由铁损电阻 R_c 来模拟，磁化电流支路由非线性电感 L 来表示。则计入铁心损失的铁心线圈电路模型如图 9-18 所示。

3. 考虑线圈电阻及漏磁通时铁心线圈的电路模型

在计入线圈的导线电阻和漏磁电抗 L_s 后，铁心线圈的电路模型以相量形式表示为如图 9-19(*a*)所示。其中 R 和 L_s 都可认为是线性元件，电抗 $X_L=\omega L$，$X_s=\omega L_s$. 列出相量形式的 KVL 方程为

$$\dot{U}_1=(R+jX_s)\dot{I}+\dot{U}$$

根据电压相量方程，便可作出相量图，如图 9-19(*b*)所示。

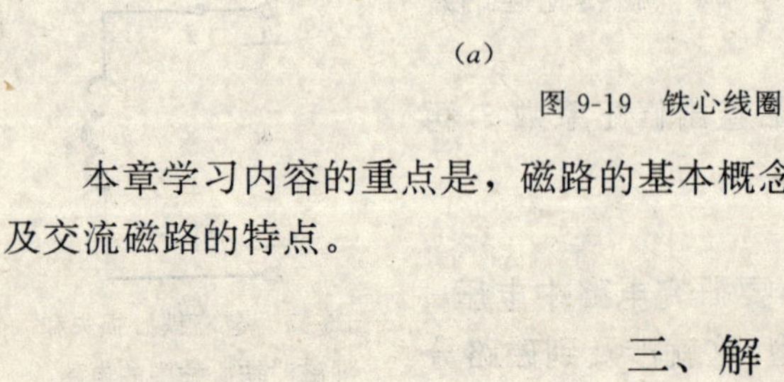

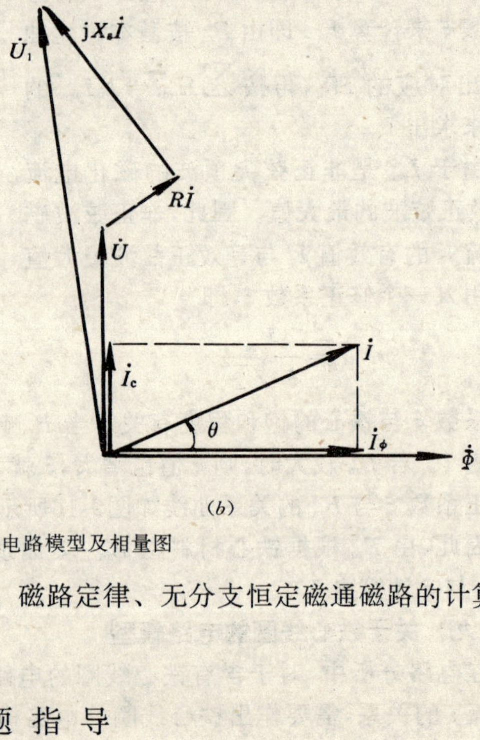

图 9-19　铁心线圈的电路模型及相量图

本章学习内容的重点是，磁路的基本概念、磁路定律、无分支恒定磁通磁路的计算，以及交流磁路的特点。

三、解 题 指 导

（一）例题分析

〔**例 9-1**〕　恒定磁路无分支磁路的计算：图 9-20 所示铁心线圈匝数 $N=220$ 匝，铁心尺

寸已在图中标出，单位为mm，是用厚度为0.5mm的DR530－50（D22）硅钢片叠装而成，叠装系数$K_{Fe}=0.91$. 现要求在铁心中建立磁通$\Phi=3\times10^{-3}$ Wb，问需要励磁电流多少安？

解：〔解题思路〕 本题是恒定磁通无分支磁路的计算，是已知磁通求磁动势问题。磁路的尺寸已经给定。在计算出各段磁路载面积A和平均长度l后，按$B=\Phi/A$关系，计算出各磁路的磁场强度H，再根据基尔霍夫磁压定律$F_m=NI=\sum Hl$计算出所需磁动势。最后，按$I=F_m/N$计算出励磁电流I。

〔解题方法〕 （1）将磁路分为三段，各段平匀长度为l_1，l_2和l_0，其值分别为

$$l_1=(250-\frac{40}{2}-\frac{40}{2})+2(200-\frac{40}{2}-\frac{60}{2})$$

$$=510\ \text{mm}=0.51\ \text{m}$$

$$l_2=(250-\frac{40}{2}-\frac{40}{2}-1)=209\ \text{mm}=0.209\ \text{m}$$

$$l_0=1\ \text{mm}=0.001\ \text{m}$$

（2）计算各段磁路的截面积

$$A_1=(0.91\times5.5\times4)=20\ \text{cm}^2=2\times10^{-3}\text{m}^2$$

$$A_2=(0.91\times5.5\times6)=30\ \text{cm}^2=3\times10^{-3}\text{m}^2$$

$$A_0=(5.5+0.1)(6+0.1)=34.16\ \text{cm}^2=3.416\times10^{-3}\text{m}^2$$

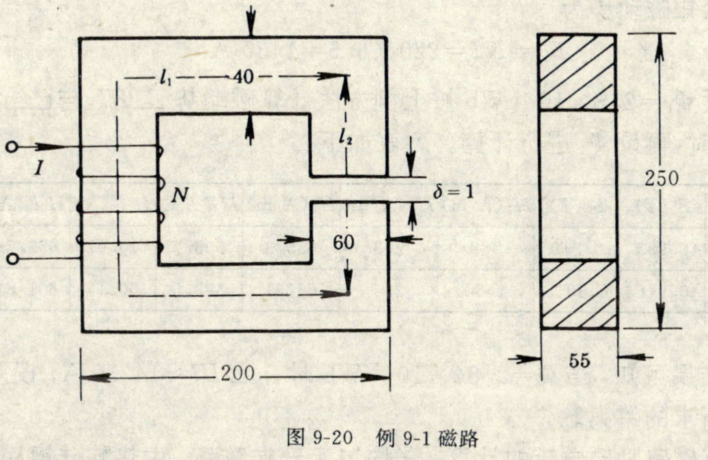

图 9-20 例 9-1 磁路

（3）计算各段磁路的磁通密度

$$B_1=\frac{\Phi}{A_1}=\frac{3\times10^{-3}}{2\times10^{-3}}=1.5\ \text{T}$$

$$B_2=\frac{\Phi}{A_2}=\frac{3\times10^{-3}}{3\times10^{-3}}=1.0\ \text{T}$$

$$B_0=\frac{\Phi}{A_0}=\frac{3\times10^{-3}}{3.416\times10^{-3}}=0.88\ \text{T}$$

（4）根据“D22”硅钢的磁化曲线查出各段磁路的磁场强度分别为

$$H_1=1800\ \text{A/m}$$

$$H_2=280\ \text{A/m}$$

$$H_0=\frac{B_0}{\mu_0}=\frac{0.88}{12.566\times10^{-7}}=0.07003\times10^7=700300\ \text{A/m}$$

(5)根据基尔霍夫磁压定律求磁动势

$$F_m = NI = H_1 l_1 + H_2 l_2 + H_0 l_0$$
$$= 1800 \times 0.51 + 280 \times 0.209 + 700300 \times 0.001$$
$$= 1676.82 \text{ A}$$

$$I = \frac{F_m}{N} = \frac{1676.82}{220} = 7.62 \text{ A}$$

从本题中可见，磁路中空气隙和铁心饱和段占用磁动势安匝的绝大部分。

〔**例 9-2**〕 上例中若线圈输入励磁电流为 6.5 A 时，问磁路中的磁通为多少？

解：〔解题思路〕 这是已知磁动势 NI，求磁通，属反面问题，宜采用试探法来求解。从上例中可以看出，当线圈励磁电流为 7.62 A 时，磁路中的磁通为 3×10^{-3} Wb。若电流减小为 6.5 A 时，磁路的磁通必将减少。由于磁路中含有长度很小的空气隙，气隙的磁导率比铁心的磁导率小得多，故其磁阻很大，很大一部分磁动势的安匝数降落在空气隙内。因此，第一次试探法，假设磁通 Φ_1，可认为全部磁动势的安匝数都作用在空气隙中。即

$$\Phi = \Phi_0 \frac{6.5}{7.62} = 3 \times 10^{-3} \frac{6.5}{7.62} = 2.56 \times 10^{-3} \text{ Wb}$$

由于电流减小，铁心的饱和程度降低，铁心中各段磁路的磁导率可能增加。所以，磁路中实际的磁通应比上面计算的 $\Phi = 2.56 \times 10^{-3}$ Wb 大，而比 3×10^{-3} Wb 小。

〔解题方法〕 已知磁动势为

$$F_m = NI = 220 \times 6.5 = 1430 \text{ A}$$

第一次试探假设 $\Phi_1 = 2.8 \times 10^{-3}$ Wb 按上例方法计算磁动势 $\sum Hl$，与已给的磁动势 1430 A 相比较，两者不符时，再设 Φ_2 进行计算。列表如下：

试探次	Φ(Wb)	B_1(T)	B_2(T)	B_0(T)	H_1(A/m)	H_2(A/m)	H_0(A/m)	$H_1 l_1$(A)	$H_2 l_2$(A)	$H_0 l_0$(A)	$\sum Hl$(A)	误差
1	2.8×10^{-3}	1.4	0.933	0.819	988	2.3	65573	503.7	40.07	655.73	1199.47	8.38%
2	2.84×10^{-3}	1.42	0.946	0.8313	1430	2.4	66161	688.5	50.16	601.61	1441.07	0.77%

由上表计算的结果可知，当 $\Phi = 2.84 \times 10^{-3}$ Wb 时，$\sum Hl \approx 14.30$ A，误差在 10%以下，故此结果可认为是所求的答案。

〔**例 9-3**〕 交流磁路励磁电流的计算：一均匀无分支磁路，由热轧硅钢片 DR530—50 构成，有效截面积 $A = 6 \text{ cm}^2$，平均磁路长度 $l = 30$ cm，线圈匝数 $N = 1000$，已知磁路中磁通是正弦变化的，其最大值为 $\Phi_m = 8.2 \times 10^{-4}$Wb，$f = 50$ Hz. 求线圈中的电流 i 有效值和磁通的相位差。

〔**解**〕：　〔解题思路〕 本题是正弦交流电路铁心线圈励磁电流的计算，要求计算出励磁电流 I 的磁化电流分量 I_φ 和铁损电流分量 I_c，涉及交流磁路的计算问题。

求磁化电流 I_φ，由已知磁通 Φ_m 和铁心截面积 A，计算出 B_m，再由磁化曲线查出当 B_m 值时的磁场强度 H_m. 由于交流磁路，应考虑波顶修正系数 ξ，ξ 可从教材中 B_m—ξ 曲线查得。已知磁路的平均长度，便可从 $I_\varphi N = H_\varphi l$ 关系计算出磁化电流 I_φ.

求铁损电流 I_c，需找出铁损 P_c，它是单位重量铁损 P_{co}(W/kg)与铁心密度 D(g/cm³)及铁心体积极 V 三者的乘积。P_{co}可以在该种铁心材料的"比损失曲线 P_{co}—B_m"上查出，并查出该材

料的密度 D^*。再按 $E_\varphi=4.44fN\Phi_m$ 计算出 E_φ，则铁损电流 $I_c=P_c/E_\varphi$．最后按 $I=\sqrt{I_\varphi^2+I_c^2}$ 计算出的励磁电流有效值。由于磁通 Φ_m 与磁化电流 $\dot{I}_\varphi$ 同相，故激励电流 $\dot{I}$ 与 Φ 之间的相位差，可按 $\theta=\mathrm{arctg}\dfrac{I_c}{I_\varphi}$ 计算得出。

〔解题方法〕 (1)计算磁化电流 I_φ

①计算磁感强度

$$B_m=\frac{\Phi_m}{A}=\frac{8.2\times10^{-4}}{6\times10^{-4}}=1.367\ \mathrm{T}$$

②查 DR530－50 硅钢磁化曲线或数据表得出，当 $B_m=1.367$ T 时，$H_m=700$ A/m.

③查波顶修正系数 B_m—ξ 曲线，得出当 $B_m=1.367$ T 时，$\xi=1.28$.

④计算出

$$H_\varphi=\frac{H_m}{\xi\sqrt{2}}=\frac{700}{1.28\sqrt{2}}=386.74\ \mathrm{A/m}$$

⑤计算磁化电流为

$$I_\varphi=\frac{H_\varphi l}{N}=\frac{386.74\times30\times10^{-2}}{1000}=0.116\ \mathrm{A}$$

(2)计算铁损电流 I_c

①查 DR530－50 硅钢的比损失曲线，得出当 $B_m=1.367$ T 时，$P_{co}=4.9$ W/kg。

由于 DR530－50 硅钢的密度 $D=7.7\times10^{-3}\ \mathrm{kg/cm^3}$ 故计算出铁损为

$$P_c=P_{co}\times D\times V=4.9\times7.7\times10^{-3}\times6\times30=6.79\ \mathrm{W}$$

②计算出感应电动势有效值为

$$E_\varphi=4.44\times50\times1000\times8.2\times10^{-4}=182\ \mathrm{V}$$

③计算出铁损电流为

$$I_c=\frac{P_c}{E_\varphi}=\frac{6.79}{182}=0.0373\ \mathrm{A}$$

(3)计算励磁电流 I 及其与 Φ 的相位差 θ

$$I=\sqrt{I_\varphi^2+I_c^2}=\sqrt{(0.116)^2+(0.0373)^2}=0.122\ \mathrm{A}$$

$$\theta=\mathrm{arctg}\frac{I_c}{I_\varphi}=\mathrm{arctg}\frac{0.0373}{0.116}=17.82°$$

(二)部分练习题解答

练习题 9-1 图 9-4 为一无限长直导线，其中电流 $I=4$ A．求下列情况下距该导线 0.5 m 处的磁场强度和磁感应强度。当：(1)介质为真空时；(2)介质为 $\mu_r=10\ 000$ 的磁性物质时。

解：(1) 介质为真空时，根据安培环路定律有

$$H=\frac{I}{2\pi r}=\frac{4}{2\pi\times0.5}=1.273\ \mathrm{A/m}$$

则 $$B=\mu_0H=4\pi\times10^{-7}\times1.273=1.6\times10^{-6}\ \mathrm{T}$$

---

* $D_{21},D_{22},D_{23},D_{24}:D=7.7\ \mathrm{g/cm^3}$；$D_{31},D_{32}:D=7.65\ \mathrm{g/cm^3}$；$D_{41},D_{42},D_{43},D_{44}:D=7.55\ \mathrm{g/cm^3}$.

见朱承高主编《电子及电工技术手册》(高教出版社)。

（2）介质为磁性物质时，根按安培环路定律有

$$H=\frac{I}{2\pi r}=\frac{4}{2\pi\times0.5}=1.273\ \text{A/m}$$

则 $$B=\mu_r\mu_0H=10\ 000\times4\pi\times10^{-7}\times1.273=1.6\times10^{-2}\ \text{T}$$

练习题 9-5 磁路如图 9-9 所示，其中 $\Phi_1=10\times10^{-3}$ Wb，Φ_2 通过的铁心截面 $A_2=6\ \text{cm}^2$，磁感应强度 $B_2=1$ T，Φ_3 所通过的铁心截面积 $A_3=5\ \text{cm}^2$，求 B_3.

解：

$$\Phi_2=B_2A_2=1\times6\times10^{-4}=6\times10^{-4}\ \text{Wb}$$

$$\Phi_3=\Phi_1-\Phi_2=10\times10^{-4}-6\times10^{-4}=4\times10^{-4}\ \text{Wb}$$

故 $$B_3=\frac{\Phi_3}{A_3}=\frac{4\times10^{-4}}{5\times10^{-4}}=0.8\ \text{T}$$

练习题 9-6 图 9-10 所示为一由铁磁材料制成螺线环。已知平均半径 $r=15$ cm，电流 $i_1=0.1$ A，$i_2=0.2$ A，线圈匝数 $N_1=500$，$N_2=200$. 求环中磁场强度 $\boldsymbol{H}$ 的大小和方向。如果 i_1 的方向反过来，再求 $\boldsymbol{H}$ 的大小和方向。

解： （1） $$F_m=N_1i_1+N_2i_2=500\times0.1+200\times0.2=90\ \text{A}$$

$$l=2\pi r=2\times3.1416\times15\times10^{-2}=94.2\times10^{-2}\ \text{m}$$

故 $$H=\frac{F_m}{l}=\frac{90}{94.2\times10^{-2}}=95.45\ \text{A/m}$$

H 的方向，是沿环中心线 l 顺时针切线的方向。

（2） $$F_m'=N_1i_1-N_2i_2=50-40=10\ \text{A}$$

故 $$H'=\frac{F_m'}{l}=\frac{10}{94.2\times10^{-2}}=10.61\ \text{A/m}$$

H'方向与上述 H 方向相同。

练习题 9-8 图 9-14 所示磁路是一个对称磁路，中间柱的截面积 A_3，是两边柱截面积 A_1 或 A_2 的 2 倍，并且 $N_1I_1=N_2I_2$. 试判断三个柱中的磁通 Φ_1，Φ_2 和 Φ_3 的大小关系，以及三个柱中磁感应强度 B_1，B_2 和 B_3 的大小关系。

解：（1）将铁心中间柱从中心线分开后成为两个相同的铁心线圈。分别计算出磁通为

$$\Phi_1=\frac{N_1I_1}{R_{m1}},\qquad \Phi_2=\frac{N_2I_2}{R_{m1}}$$

因为 $$N_1I_1=N_2I_2,\qquad R_{m2}=R_{m1}$$

故 $$\Phi_1=\Phi_2$$

（2）计算磁感强度为

$$B_1=\frac{\Phi_1}{A_1},\ B_2=\frac{\Phi_2}{A_2}$$

因为 $$\Phi_1=\Phi_2,\ A_1=A_2$$

故 $$B_1=B_2$$

（3）中间柱铁心中

$$\Phi_3=\Phi_1+\Phi_2=2\Phi_1\ （或\ 2\Phi_2）$$

$$A_3=2A_1\ （或\ 2A_2）$$

$$B_3=\frac{\Phi_3}{A_3}=\frac{2\Phi_1}{2A_1}=B_1$$

(4) 故得出 Φ_1，Φ_2 与 Φ_3 的大小关系为

$$\Phi_1=\Phi_2,\ \Phi_3=2\Phi_1=2\Phi_2$$

B_1，B_2 和 B_3 的大小关系为

$$B_1=B_2=B_3$$

练习题 9-11 磁路如图 9-31 所示，图中尺寸皆为 cm。除气隙外，磁路皆由电工钢 DR490－50 构成，叠装系数 $K_{Fe}=0.95$. 若要求气隙磁通为 8.4×10^{-2}Wb，求线圈磁势。

解：(1) 计算各段磁路的平均长度

π 形铁心的平均长度

$$l_1=(80-20)+2(40-10)=120\ \text{cm}=120\times10^{-2}\text{m}$$

一字形铁心的平均长度

$$l_2=80-20+20=80\ \text{cm}=80\times10^{-2}\ \text{m}$$

铁心磁路总平均长度为

$$l=l_1+l_2=120+80=200\ \text{cm}=200\times10^{-2}\ \text{m}$$

气隙平均长度

$$l_0=2\delta=2\times0.3=0.6\ \text{cm}=0.6\times10^{-2}\ \text{m}$$

(2) 计算各段磁路的有效截面积

铁磁材料磁路：
$$A=a\cdot b\times K_{Fe}=20\times30\times0.95=570\ \text{cm}^2=570\times10^{-2}\ \text{m}^2$$

空气隙：
$$A_0=(a+\delta)(b+\delta)=(20+0.3)(30+0.3)=6.15\times10^{-2}\ \text{m}^2$$

(3) 计算各段磁路中的磁感强度

铁心中：
$$B=\frac{\Phi}{A}=\frac{8.4\times10^{-2}}{5.7\times10^{-2}}=1.474\ \text{T}$$

气隙中：
$$B_0=\frac{\Phi}{A_0}=\frac{8.4\times10^{-2}}{6.15\times10^{-2}}=1.366\ \text{T}$$

(4) 求各段磁路中的磁场强度

查 DR490－50 的磁化曲线得出，当 $B=1.474$ T 时 $H=1057.14$ A/m。

$$H_0=\frac{B_0}{\mu_0}=\frac{1.366}{4\pi\times10^{-7}}=1.087\times10^6\ \text{A/m}$$

(5) 计算总磁势

$$F_m=Hl+H_0l_0=1057.14\times2+1.087\times10^6\times0.6\times10^{-2}=8636.28\ \text{A}$$

练习题 9-16 见本章的例 9-3 详解。

练习题 9-17 一铁心线圈如图 9-47 所示，在闭合铁心中开一气隙，已知铁心磁路的平均长度为 l_c，截面积为 A，气隙长度为 l_0，线圈匝数 N，假定铁心导磁率看成线性，磁导率为 μ，忽略漏磁通和空气隙的散磁效应。求此铁心线圈的电感。

解： 设线圈中的电流为 i，铁心中的磁通为 Φ. 则磁链为

$$\Psi=N\Phi$$

根据安培环路定律，有

$$Ni=H_cl_c+H_0l_0$$

$$=\frac{Bl_c}{\mu}+\frac{Bl_0}{\mu_0}=\frac{\Phi}{\mu A}l_c+\frac{\Phi}{\mu_0 A}l_0$$

$$=\frac{\Psi}{\mu AN}l_c+\frac{\Psi}{\mu_0 AN}l_0$$

$$=\frac{\Psi}{NA}\left(\frac{l_c}{\mu}+\frac{l_0}{\mu_0}\right)$$

移项得出

$$\Psi=\left(\frac{N^2A}{\dfrac{l_c}{\mu_0}+\dfrac{l_0}{\mu_0}}\right)i$$

故按电感的定义为

$$L=\frac{\Psi}{i}=\frac{N^2A}{\dfrac{l_c}{\mu}+\dfrac{l_0}{\mu_0}}$$

以 μ_0/l 乘上式右边的分子和分母，得出

$$L=\frac{N^2A\mu_0}{l_0}\left(\frac{1}{1+\dfrac{\mu_0 l_c}{\mu l_0}}\right)$$

练习题 9-18 一个铁心线圈当端钮加一电压有效值为 $U=10$ kV 时，电流有效值 $I_o=0.285$ A，测得其消耗功率 $P_o=195$ W。假定其线圈电阻和漏磁电抗可以忽略，求此时铁心线圈模型中的 R_c 和 X_φ。

解： 忽略线圈电阻和漏磁电抗时，铁心线圈的电路模型是反映铁损电阻 R_c 与激励电抗 X_φ 并联电路，它们的参数分别计算如下。

（1）输入阻抗的模为

$$|Z|=\frac{U}{I_o}=\frac{10\times10^3}{0.285}=35.088\ \text{k}\Omega$$

$$R_c=\frac{U^2}{P_c}=\frac{(10\times10^3)^2}{195}=512.82\ \text{k}\Omega$$

（2）端口的输入阻抗为

$$Z=\frac{\text{j}R_cX_\varphi}{R_c+\text{j}X_\varphi}=\frac{R_cX_\varphi}{\sqrt{R_c^2+X_\varphi^2}}\angle 90^\circ-\text{arctg}\frac{X_\varphi}{R_c}$$

故

$$|Z|=\frac{R_cX_\varphi}{\sqrt{R_c{}^2+X_\varphi{}^2}}$$

$$|Z|^2=\frac{R_c^2X_\varphi^2}{R_c^2+X_\varphi^2}$$

移项得出

$$X_\varphi^2=\frac{R_c^2|Z|^2}{R_c^2-|Z|^2}$$

故有

$$X_\varphi=\frac{R_c|Z|}{\sqrt{R_c^2-|Z|^2}}=\frac{512.82\times10^3\times35.088\times10^3}{\sqrt{(512.82\times10^3)^2-(35.088\times10^3)^2}}$$

$$=\frac{17993.83\times10^6}{511.62\times10^3}=35.17\times10^3=35.17\ \text{k}\Omega$$

（三）部分习题解答

习题九

3. 图题 9-2 所示对称磁路含 1，2，3 三个部分，这们尺寸和材料分别为：截面积 $A_1=4\ \text{cm}^2$，$A_2=A_3=2\ \text{cm}^2$，平均磁路长度 $l_1=5$ cm，$l_2=l_3=10$ cm，相对磁导率 $\mu_{r1}=1200$，$\mu_{r2}=1000$，$\mu_{r3}=900$，线圈匝数 $N=1000$，电流 $I=1$ A。求各分支磁通。

解：(1) 计算磁动势

$$F_m=NI=1000\times1=1000\ \text{A}$$

(2) 计算各段磁路的磁阻

第 1 段：$A_1=4\ \text{cm}^2$，$l_1=5\ \text{cm}$，$\mu_{r1}=1200$

$$R_{m1}=\frac{l_1}{\mu_{r1}\mu_0A_1}=\frac{5\times10^{-2}}{1200\times4\pi\times10^{-7}\times4\times10^{-4}}=0.829\times10^5\ 1/\text{H}$$

第 2 段：$A_2=2\ \text{cm}^2$，$l_2=10\ \text{cm}$，$\mu_{r1}=1000$

$$R_{m2}=\frac{l_1}{\mu_{r2}\mu_0A_2}=\frac{10\times10^{-2}}{1000\times4\pi\times10^{-7}\times2\times10^{-4}}=3.979\times10^5\ 1/\text{H}$$

第 3 段：$A_3=2\ \text{cm}^2$，$l_3=10\ \text{cm}$，$\mu_{r3}=900$

$$R_{m3}=\frac{l_3}{\mu_{r3}\mu_0A_3}=\frac{10\times10^{-2}}{900\times4\pi\times10^{-7}\times2\times10^{-4}}=4.44\times10^5\ 1/\text{H}$$

(3) 计算各段磁路中的磁通

$$\Phi_1=\frac{F_m}{R_{m1}+R_{m2}/\!/R_{m3}}=\frac{1000}{0.829\times10^5+\dfrac{3.979\times10^5\times4.44\times10^5}{3.979\times10^5+4.44\times10^5}}=3.416\times10^{-3}\ \text{Wb}$$

$$\Phi_2=\frac{R_{m3}}{R_{m2}+R_{m3}}\Phi_1=\frac{4.44\times10^5}{3.979\times10^5+4.44\times10^5}\times3.416\times10^{-3}$$

$$=1.801\times10^{-3}\ \text{Wb}$$

$$\Phi_3=\Phi_1-\Phi_2=3.416\times10^{-3}-1.801\times10^{-3}=1.614\times10^{-3}\ \text{Wb}$$

6. 铸钢制成的一个均匀无分支磁路。长度 $l=73.6$ cm，截面积 $A=4.5\ \text{cm}^2$，线圈匝数 $N=500$. (1) 若要求磁路中产生 $\Phi=6\times10^{-4}$ Wb 的磁通，求线圈电流 I；(2) 若线圈电流 $I=2$A，求磁路中的磁通 Φ.

解 1. 求线圈中的电流 I

(1) $B=\dfrac{\Phi}{A}=\dfrac{6\times10^{-4}}{4.5\times10^{-4}}=1.33$ T

(2) 查铸钢的 $B-H$ 曲线得出，当 $B=1.33$ T 时

$H=1740$ A/m.

(3) $I=\dfrac{Hl}{N}=\dfrac{1740\times73.6\times10^{-2}}{500}=2.56$ A

2. 计算当 $I=2$ A 时的 Φ

采用试探法，计算列表如下：

项目 / 次数	Φ (Wb)	B (T)	H (A/m)	Hl (A)	I (A)
1	5.8×10^{-4}	1.29	1580	1162.88	2.33
2	5.6×10^{-4}	1.24	1360	1000.96	2.00

计算结果得出，当 $I=2$ A 时，$\Phi=5.6\times10^{-4}$ Wb.

11. 一变压器的铁心截面积是均匀的，$A=5\ \text{cm}^2$，原边绕组匝数为 $N=2420$，副边开路。今原边绕组接上 220 V，50 Hz 正弦交流电源，试求铁心中的磁通密度的最大值 B_m.（假定线圈电阻和漏磁通皆可忽略）.

解　由于 $E=4.44fN_1\Phi_m$

则
$$\Phi_m=\frac{E}{4.44fN_1}=\frac{220}{4.44\times50\times2420}=4.095\times10^{-4}\ \text{Wb}$$

故
$$B_m=\frac{\Phi_m}{A}=\frac{4.095\times10^{-4}}{5\times10^{-4}}=0.819\ \text{T}$$

15. 有一由 DR490—50 热轧硅钢片叠装而成的闭合铁心，截面均匀，有效截面积为 $A=22.5\ \text{cm}^2$，平均磁路长度 $l=50$ cm，线圈匝数 $N=200$，铁心中磁通是正弦的，其最大值 $\Phi_m=2.7\times10^{-3}$ Wb，频率 $f=50$ Hz，考虑铁损，求线圈电流的有效值。

解　（1）计算磁感应强度最大值

$$B_m=\frac{\Phi_m}{A}=\frac{2.7\times10^{-3}}{2.25\times10^{-4}}=12\ \text{T}$$

（2）查 DR490—50 的 $B-H$ 曲线，当 $B_m=12$ T 时，

$$H_m=270\ \text{A/m}$$

查修正系数 $B_m-\xi$ 曲线得出，$\xi=1.12$

故
$$H_\varphi=\frac{H_m}{\xi\sqrt{2}}=\frac{270}{1.12\sqrt{2}}=170.886\ \text{A/m}$$

（3）求磁化电流有效值

$$I_\varphi=\frac{H_\varphi l}{N}=\frac{170.886\times5\times10^{-2}}{200}=0.427\ \text{A}$$

（4）求铁损电流

查 DR490—50 的比损失曲线得出，

$$P_{co}=3.7\ \text{W/kg}$$

其密度为
$$D=7.7\ \text{g/cm}^3$$

体积为
$$V=22.5\times50=1125\ \text{cm}^3$$

铁心重量
$$G=DV=7.7\times1125=8.66\ \text{kg}$$

故铁损为
$$P_c=P_{co}G=3.7\times8.66=32.04\ \text{W}$$

铁损电流为
$$I_c=\frac{P_c}{4.44fN\Phi_m}=\frac{32.04}{4.44\times50\times200\times2.7\times10^{-3}}=0.267\ \text{A}$$

（5）计算励磁电流有效值为

$$I=\sqrt{I_\varphi^2+I_c^2}=\sqrt{0.427^2+0.267^2}=0.503\ \text{A}$$

四、教学媒体与作业

本章电视讲课，共有 6.5 讲，即从第 39 讲至 45 讲。各讲的教学内容及作业分述如下。

第 39 讲（半讲）

第九章　磁路与铁心线圈

§9-1　磁路的基本概念

磁路

基本假设：（1）磁场集中在磁路内，没有漏磁通；（2）磁场在磁路截面分布均匀。

磁路的基本物理量：

（1）磁通 Φ

（2）磁通密度 $B=\dfrac{\Phi}{A}$

（3）磁动势 $F_m=Ni$

（4）磁场强度 $H=\dfrac{Ni}{l}$

磁路问题：Ni 与 Φ 的关系。但铁磁物质则表现为 B 与 H 的关系。

第 40 讲

§9-1　磁路的基本概念（续）

磁路基本物理量的单位（SI）

磁通 Φ	韦伯 Wb
磁密 B	特斯拉（T）
磁势 Ni	安（A）
磁强 H	安/米（A/m）

磁路与电路的类比：

电路：	磁路：
电流 I	磁通 Φ
电压源 U_s	磁动势 NI
电流密度 J	磁通密度 B
电场强度 E	磁场强度 H

§9-2　铁磁物质的磁特性

铁磁物质——铁、镍、钴及其合金。

磁畴理论。

磁滞回线：饱和磁密 B_s，饱和磁强 H_s；剩余磁密 B_r，矫顽磁强 H_c. 软磁材料的磁滞回线和硬磁材料的磁滞回线。

基本磁化曲线。

磁导率 $\mu=\dfrac{\mathrm{d}B}{\mathrm{d}H}$. 一般不是常数，故磁路是非线性磁路。

§9-3　磁阻

电导率 σ，$J=\sigma E$. 铜的 σ 约为 6×10^7 S/m

电阻 $R=\dfrac{l}{\sigma A}$ Ω

磁导率 μ，$B=\mu H$. 铁的 μ 约为 $12\pi\times10^{-4}$ H/m

磁阻 $R_m=\dfrac{l}{\mu A}$ 1/H

电阻 R 一般为常数，常用于电路计算，磁阻 R_m 一般非常数，常用于定性说明。

物质的磁导率：

$$\mu=\mu_r\mu_0$$

式中：　μ_r——相对磁导率；

μ_0——空气磁导率，其值为 $4\pi\times10^{-7}$ H/m

磁路的漏磁现象远比电路的漏电现象严重。磁路只是一种很近似的概念。

作业 习题九 1，4。

第 41 讲

§9-4 恒定磁通磁路的计算

例 9-1

串联磁路 KVL

$NI=\sum\Phi R_m$（磁压降）

例 9-3

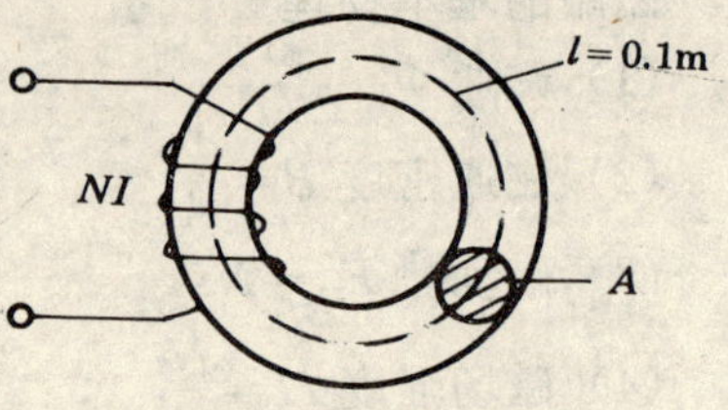

图 9-21 补 9-1 磁路

由于 $\Phi R_m=BA(l/\mu A)=(\frac{B}{\mu})l=Hl$

故由 B 查得 H 后，不必求 μ，由 Hl 即可得出磁压降 ΦR_m. 常用计算程序简化为：

$$\Phi\longrightarrow B\xrightarrow{\text{查曲线}}H\longrightarrow Hl\longrightarrow NI$$

串联磁路 KVL 可表为：

$$NI=\sum Hl$$

作业 习题九 2。

补充题 补 9-1 如图 9-21 所示环形铁心线圈，已知 $NI=400$ A，材料系铸铁，横截面直径为 11.3 cm。求 Φ。

第 42 讲

§9-4 恒定磁通磁路的计算（续）

例 9-5

无分支磁路由多段磁路构成则

$$\sum Hl=NI$$

(1) 由 Φ 求 NI 时（正面问题）：

$$\Phi\rightarrow\left\{\begin{matrix}B_1\rightarrow H_1\rightarrow H_1l_1\\ B_2\rightarrow H_2\rightarrow H_2l_2\rightarrow\end{matrix}\right\}\sum Hl=NI$$

(2) 由 NI 求 Φ 时（反面问题）

用试探法，先假设 Φ 值，按 $\Phi\rightarrow NI$ 求解，看 NI 是否与给定值基本相符。

(例 9-6)

§9-6 交变磁通磁路

仍研究 Ni 与 Φ 的关系。先研究交变磁通磁路的特点。交流磁路的两个特点：

1. 铁心线圈外加电压 $u=U_m\sin\omega t$ 则

$$\Phi=\Phi_m\sin(\omega t-90°)$$

$$\Phi_m=\frac{U_m}{N\omega}$$

即

$$U=4.44fN\Phi_m$$

磁通由电源电压和频率确定。磁通仍由电流产生，$\Phi-NI$ 仍为磁路问题。

结论：(1) Φ 滞后 U 相位 90°；

(2) $U=4.44fN\Phi_m$.

直流中，U 与 Φ 没有直接联系。

作业 习题九 8，9，13。

第 43 讲

§9-6 交变磁通磁路（续）

2. 铁心损失

交变磁通作用下，铁心有能量损失，电源需负担这一损失。铁心损失来源于涡流和磁滞。涡流是交变磁通在铁心里产生的感应电流。

涡流损失 $P_e=K_e f^2 B_m^2 V$，K_e 与材料叠片厚度有关。

磁滞损失 反复磁化时，磁畴摩擦引起的能量损失。$P_h=K_h f B_m^\alpha V$，$\alpha=1.5\sim2.5$，与材料和 B_m 有关。

铁心损失 $P_c=P_e+P_h$。可由实验测定或查比损失曲线得出。比损失曲线，由厂家提供，它是 $P_{co}-B_m$ 曲线。$P_{co}=\dfrac{P_c}{G}$（W/kg）单位重量的铁心损失。

小结 交流磁路的两个特点：

(1) $U=4.44fNB_mA$，B_m 与外施电压直接有关。

(2) P_c(铁损)，外施电源应提供这部分损失。

交流磁路的励磁电流的特点：

(1) 先假定 $P_c=0$，已知 $\Phi=\Phi_m\sin\omega t$，求电流。

由基本磁化曲线 $\Phi-i$ 曲线，得出 i_φ 曲线。因 u 超前 Φ 相位 90°，故 u 超前 i_φ 相位 90°. $P=UI_\varphi\cos90°=0$，i_φ 不提供功率，仅负责产生磁通。

结论：Φ 为正弦，i_φ 为非正弦，仅为产生 Φ 所需，故称磁化电流。

(2) 考虑 $P_c\neq0$，励磁电流中除 i_φ 外还必需增添提供铁损 P_c 所需电流 i_c. 因此，励磁电流

$$i=i_\varphi+i_c$$

作业 习题九 12，14。

第 44 讲

§9-6 交变磁通磁路（续）

励磁电流 $i=i_\varphi+i_c$

(1) i_φ 磁化电流，为非正弦波。如何求 I_φ? 回顾直流磁路 $\Phi\rightarrow B\rightarrow H\rightarrow NI$，需 $\sum Hl=NI$. 交流磁路，思路相同，但需用交流磁化曲线，即 B_m-H 曲线。B_m 是磁通密度最大值，H 是磁场强度有效值。计算程序为：$\Phi_m\rightarrow B_m\rightarrow H\rightarrow NI_\varphi$。$H$，$I_\varphi$ 均为有效值。教材中的计算程序为：$B_m\rightarrow H_m\rightarrow I_{\varphi m}$，用通常的磁化曲线。$\sum H_m l=NI_{\varphi m}$.

$$I_\varphi=\frac{I_{\varphi m}}{\xi\sqrt{2}}$$

ξ 修正系数，由 $B_m-\xi$ 曲线查得。

(2) i_c 铁损电流，近似正弦波。如何求 I_c? 按 $B_m\rightarrow P_{co}\rightarrow P_c\rightarrow I_c$ 程序计算。需用比损失曲线，即 B_m-P_{co}曲线。$P_c=P_{co}G$. 由 $P_C=UI_C$ 求得 I_c.

整个计算程序为

$$B_m \begin{cases} P_c \to I_c \\ H \to I_\varphi \end{cases}$$

$$I=\sqrt{I_\varphi^2+I_c^2}$$

作业 习题九 16。

第 45 讲

§9-7 铁心线圈的模型

研究 u 与 i 的关系。因 $u \to \Phi \to i$，涉及磁路分析问题。分三种情况讨论：

1. 忽略铁心损失

铁心线圈的模型为一电感 L.

$$L=\frac{N^2 \mu A}{l}$$

μ 为常数，是线性电感；μ 非常数，则为非线性电感。

2. 考虑铁心损失

由于励磁电流 $i=i_\varphi+i_c$. 所以，铁心线圈的电路模型是 R_c 与非线性电感 L 的并联电路。R_c 是铁损的等效电阻，$R_c=U/I_c$.

3. 考虑线圈电阻和漏磁通

铁心线圈的电路模型是，在 R_c 与非线性电感 L 并联支路前加线圈电阻 R 与漏磁电感 L_s 的串联支路。R 和 L_s 均可认为是线性元件。

作业 习题九 17。

小结：

磁路问题是：$\Phi \leftrightarrows NI$. 正面问题 $\Phi \to NI$ 是本章的主题。基本思路是：$\Phi \to B \to H \to NI$.

对交流磁路，除产生 Φ 需要磁化电流 I_φ 外，还需要铁损电流 I_c。励磁电流 $I=\sqrt{I_\varphi^2+I_c^2}$。

交流磁路，研究铁心线圈 U 与 I 的关系，涉及磁路问题。$U=4.44fN\Phi_m$，$U \to \Phi \to I$。所需资料有：(1) 基本磁化曲线（$B-H$ 曲线）；(2) 交流磁化曲线(B_m-H 曲线)或 $B_m-\xi$ 曲线；(3)比损失曲线(B_m-P_{co}曲线)。

第十章 正弦交流电路的频率响应及谐振

一、基 本 要 求

1. 明确正弦交流电路稳态响应是激励频率函数的概念。了解网络函数的意义及与频率响应分析的关系。

2. 掌握 RC 一阶电路的频率响应，能绘出低通、高通电路的幅频特性曲线和相频特性曲线。明确半功率点频率、通频带的含义，滤波和移相作用。

3. 了解 RLC 串联二阶带通电路的幅频特性曲线和相频特性曲线，明确它的中心频率，上、下半功率点频率和通频带，会计算电路的品质因数。

4. 掌握 RLC 电路谐振的概念，串联谐振和并联谐振的电路条件和电路的谐振角频率，谐振时的电流和电压及功率与能量特性。明确电路谐振的分析方法，以及RLC电路的选频作用。

二、学 习 指 导

正弦交流电路的频率响应分析，是电路分析的一个重要内容。本章教学内容可以分为如下三部分：

1. 频率响应的概念与网络函数；

2. 典型一阶、二阶电路的频率响应；

3. 串联谐振与并联谐振。

主要讨论频率响应的概念，网络函数；RC 一阶电路的频率响应，并从其低通、高通特性引出滤波与移相的概念；介绍 RLC 串联二阶带通电路的频率响应特性，及着重讨论串联谐振和并联谐振的条件和表现，以及选频作用。

现将教学内容中的几个问题分述如下。

（一）关于频率响应的概念及其意义

正弦交流电路的分析中，有两大类问题。一类是单一频率正弦激励下不同电路的稳态响应分析计算，这时响应与激励是同频率的正弦量。所以，整个分析计算中频率是单一量值。另一类是同一电路在不同频率的正弦激励下，电路响应特性的分析。由于电路中阻抗与导纳是角频率 ω 的函数，所以，响应是随激励频率不同而变化的。也就是说，同一电路响应是随正弦激励的不同频率而变化，即响应是正弦激励频率的函数，故称为频率响应。电路的这种性质，又称为频率特性。

利用电路的频率响应，得到滤波、移相、选频和谐振等重要特性，在无线电通信、电视广播、自动控制和信号检测等各个工程技术领域中都得到极为广泛的应用。由此可见，电路的频率响应特性具有重要意义。

（二）关于电路的频率响应与网络函数

电路的频率响应，是电路指定输入与输出的频率特性。因此，频率响应的研究是通过正弦交流电路的网络函数来进行的。因为网络函数描述了电路在不同频率正弦激励下，指定端口上的响应(即输入)与激励(即输入)之间的关系。网络函数的定义为：响应相量与激励相量之比。如图 10-1 所示双口网络 N 的网络函数有如下两类。

1. 策动点函数

响应与激励都属同一端口。有两种策动点函数，即

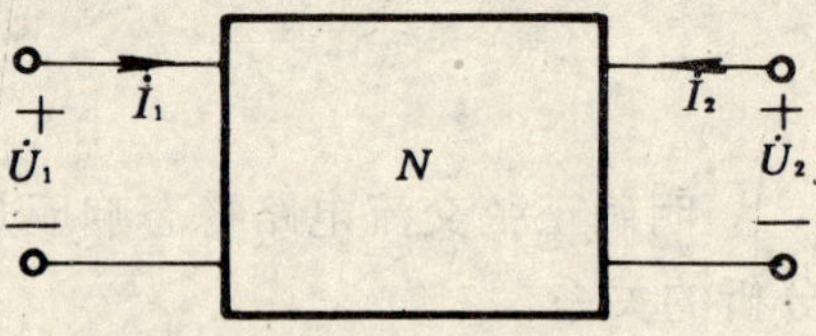

图 10-1　双口网络

(1) 策动点阻抗：$Z_{\mathrm{D}}=\dfrac{\dot{U}_1}{\dot{I}_1}$

(2) 策动点导纳：$Y_{\mathrm{D}}=\dfrac{\dot{I}_1}{\dot{U}_1}$

2. 转移函数

响应与激励不在同一端口。有四种转移函数，即

(1) 转移电压比：$A_u=\dfrac{\dot{U}_2}{\dot{U}_1}$

(2) 转移电流比：$A_i=\dfrac{\dot{I}_2}{\dot{I}_1}$

(3) 转移阻抗：$Z_{\mathrm{T}}=\dfrac{\dot{U}_2}{\dot{I}_1}$

(4) 转移导纳：$Y_{\mathrm{T}}=\dfrac{\dot{I}_2}{\dot{U}_1}$

网络函数一般都是激励频率的函数，随着正弦激励频率 ω 的改变而变化。网络函数作为频率的函数，以 $N(\mathrm{j}\omega)$表示，一般情况下它是一个复数，即

$$N(\mathrm{j}\omega)=|N(\mathrm{j}\omega)|\angle\theta(\omega)$$

式中$|N(\mathrm{j}\omega)|$等于响应与激励幅值之比，是 ω 的函数，它是 $N(\mathrm{j}\omega)$的模，称为幅频特性，据此便可作出幅频特性曲线。$\theta(\omega)$是 $N(\mathrm{j}\omega)$的相位角，等于响应与激励的相位差，也是 ω 的函数，称为相频特性，据此作出相频特性曲线。

由于网络函数是电路指定端口的响应与激励的相量之比。所以，若已知电路的网络函数 $N(\mathrm{j}\omega)$和激励 $\dot{F}(\omega)$条件下，则响应就是 $N(\mathrm{j}\omega)\cdot\dot{F}(\omega)$了。

由此可见，电路在正弦激励下频率响应的研究，就是给定电路指定端口对之间的网络函数的频率特性。

（三）关于典型电路的频率响应

通过典型的 RC 一阶电路和 RLC 串联二阶电路频率响应的分析，以理解和掌握频率响应的基本内容和分析方法。

1. RC 一阶低通电路的频率响应

RC 串联电路，输出电压从电容两端取出，便构成 RC 一阶低通电路。其网络函数转移电压比为

$$A_u=\frac{1}{\sqrt{1+(\omega RC)^2}}\angle -\mathrm{arctg}\,\omega RC$$

（1）幅频特性：$|A_u|=\frac{1}{\sqrt{1+(\omega RC)^2}}$，据此作出幅频特性曲线。当 $\omega=0$ 时，$|A_u|=1$；当 $\omega\to\infty$ 时，$|A_u|\to 0$.

（2）半功率点频率 ω_C：当 $\omega=\omega_C=\frac{1}{\tau}$ 时，$|A_u|=\frac{1}{\sqrt{2}}$，$\tau=RC$ 是电路的时间常数。由于功率是与电压平方成正比，当 $\omega=\frac{1}{\tau}$ 时，功率为 $\omega=0$ 时的 $(\frac{1}{\sqrt{2}})^2=\frac{1}{2}$. 因此，$\omega_C$ 称为半功率点频率。

（3）低通特性：从幅频特性曲线可以看出，输出电压主要是直流信号和低频率信号，而输入信号中的高频信号被滤除。

（4）通频带：人为规定 ω_C 为截止频率。RC 低通电路的通频带 BW 为 $0\sim\omega_C$ 的频率范围。

（5）相频特性与滞后网络：$\theta(\omega)=-\mathrm{arctg}\,\omega RC$. 由于 $\theta(\omega)$ 为负值输出电压 $\dot{U}_2$ 总是滞后于输入电压 $\dot{U}_1$. 故 RC 低通电路称为滞后网络，滞后移相范围为 0°～90°.

2. RC 一阶高通电路的频率响应

RC 串联电路，输出电压从电阻元件两端取出，便构成 RC 一阶高通电路。其网络函数转移电压比为

$$A_u=\frac{1}{\sqrt{1+\frac{1}{(\omega RC)^2}}}\angle \mathrm{arctg}\,\frac{1}{\omega RC}$$

（1）幅频特性：$|A_u|=\frac{1}{\sqrt{1+\frac{1}{(\omega RC)^2}}}$. 当 $\omega=0$ 时，$|A_u|=0$；当 $\omega\to\infty$ 时，$|A_u|\to 1$. 据此作出幅频特性曲线。

（2）高通特性：从幅频特性曲线可以看出，输出电压主要是高频信号，而输入电压中的低频信号被滤除。

（3）通频带：BW 为 $\omega_C\sim\infty$ 的频率范围。

（4）相频特性与超前网络：$\theta(\omega)=\mathrm{arctg}\,\frac{1}{\omega RC}$. 由于 $\theta(\omega)$ 为正值，输出电压 $\dot{U}_2$ 总是超前输入电压 $\dot{U}_1$. 故 RC 高通电路，称为超前网络，超前移相范围为 0°～90°.

3. RLC 串联二阶带通电路的频率响应

RLC 串联电路，输出电压从电阻元件两端取出，构成二阶带通电路。其网络函数转移电压比为

$$A_u=\frac{\omega RC}{\sqrt{(\omega RC)^2+(1-\omega^2 LC)^2}}\angle 90^\circ-\mathrm{arctg}\,\frac{\omega RC}{1-\omega^2 LC}$$

（1）幅频特性、中心频率与带通特性：幅频特性 $|A_u|=\omega RC\ /\ \sqrt{(\omega RC)^2+(1-\omega^2 LC)^2}$，

$\omega_0=\dfrac{1}{\sqrt{LC}}$，称为中心频率。当 $\omega=\omega_0$，$|A_u|=1$，为最大值。当 ω 从中心频率 ω_0 向趋于 0 和向趋于∞变化时，$|A_u|$ 随之从 1 向两边趋于 0 变化，幅频特性曲线以 ω_0 为中心呈尖峰状的带通特性。

(2)上、下半功率点频率 ω_2 和 ω_1：是对应于幅频特性曲线上 $|A_u|=\dfrac{1}{\sqrt{2}}$ 的两个频率，即

$$\omega_2=\frac{R}{2L}+\sqrt{(\frac{R}{2L})^2+\frac{1}{LC}}$$

$$\omega_1=-\frac{R}{2L}+\sqrt{(\frac{R}{2L})^2+\frac{1}{LC}}$$

(3)通频带：ω_2 与 ω_1 之差值，即

$$\mathrm{BW}=\omega_2-\omega_1=\frac{R}{L}$$

(4)品质因数 Q：衡量幅频特性是否陡峭，看中心频率 ω_0 与通频带 BW 之比值为何？这一比值是电路的品质因数：

$$Q=\frac{\omega_0}{\omega_2-\omega_1}=\frac{\omega_0 L}{R}=\frac{1}{\omega_0 RC}=\frac{1}{R}\sqrt{\frac{L}{C}}$$

电路中的电阻 R 值越小，品质因数 Q 值越高，幅频特性越陡峭，选频特性就越好。

(5)相频特性：$\theta(\omega)=\angle 90°-\mathrm{arctg}\dfrac{\omega RC}{1-\omega^2 LC}$. 当 $\omega<\omega_0$ 时，$\theta(\omega)$ 为正值，输出电压 $\dot{U}_2$ 超前输入电压 $\dot{U}_1$，电器呈电容性；当 $\omega=\omega_0$ 时，$\theta(\omega)=0°$，输出电压与输入电压同相，电路呈电阻性；当 $\omega>\omega_0$ 时，$\theta(\omega)$ 为负值，输出电压滞后输入电压，电路呈电感性。

4. RLC 串联二阶低通电路和高通电路

RLC 串联电路，输出电压从电容元件两端取出，便构成二阶低通电路，其幅频特性是低通特性，相频特性是滞后移相范围为 0°～180°。若输出电压从电感元件两端取出，便构成二阶高通电路，其幅频特性是高通特性，相频特性是超前移相范围为 0°～180°. 关于这两种典型二阶电路的频率响应，读者可以阅读教材自行进行分析。

（四）关于电路的谐振特性

谐振是电路频率特性的重要概念，在工程技术中有很多应用。如高频或低频信号源的振荡器、电视和收音机中的选频电路、产生大电流试验装置中的振荡回路以及高频载波通信中的阻波器等。

1. 电路谐振及发生谐振的条件

一个含 L，C 元件的无源二端网络，接入正弦交流电源时，若端电压与输入电流同相，电路呈电阻性，这时电路的工作状态，称为谐振。电路发生谐振的条件是，端口的输入阻抗或输入导纳的虚部为零，即

$$\mathrm{Im}[Z_i(\mathrm{j}\omega)]=0,\text{或}\quad \mathrm{Im}[Y_i(\mathrm{j}\omega)]=0$$

(1) RLC 串联谐振电路：由 $\mathrm{Im}[Z_i(\mathrm{j}\omega)]=0$，得出电路的谐振角频率为

$$\omega_0=\frac{1}{\sqrt{LC}}$$

当外加正弦交流电源角频率 ω 与电路的谐振角频率 ω_0 相等时，即 $\omega=\omega_0$，电路中就发生了谐振；或者正弦交流电源的角频 ω 为定值时，为使电路发生谐振，可以改变电路中 L 或 C 的数值，即调整电路的谐振角频率 ω_0 等于电源角频率 ω，即 $\omega_0=\omega$，使电路发生谐振。这种方式使电路发生谐振称为调谐，或选频。

RLC 串联电路发生的谐振称为串联谐振。

(2) RL 与 C 并联谐振电路：如图 10-2 所示是电感线圈 (R,L) 与电容 C 并联的电路。由 $\mathrm{Im}[Y_i(j\omega)]=0$，得出电路的谐振角频率为

$$\omega_0=\frac{1}{\sqrt{LC}}\sqrt{1-\frac{CR^2}{L}}$$

且
$$R<\sqrt{\frac{L}{C}}$$

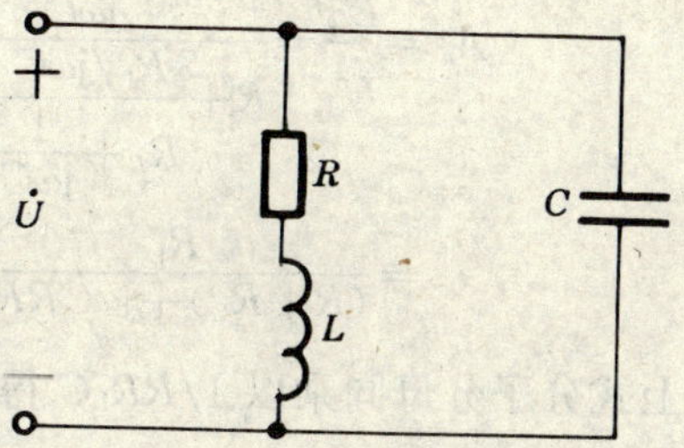

图 10-2　RL 与 C 并联谐振电路

当外加正弦电源的角频率 ω 等于电路的谐振频率 ω_0 时，电路便发生谐振；或者正弦交流电源的角频率 ω 为定值时，可以对电路进行调谐使电路的谐振角频率 ω_0 等于电源角频率 ω，使电路发生谐振。并联谐振电路发生的谐振称为并联谐振。

2. 谐振时电路中的电压和电流

(1) 串联谐振时，电路的输入阻抗值最小，在输入电压为定值条件下，谐振电流值最大，且与输入端电压同相。电感电压与电容电压大小相等相位相反，但它们的有效值可以大于输入端电压。故串联谐振又称为电压谐振。

(2) 并联谐振时，电路的输入阻抗值最大，若输入电压为定值时，输入谐振电流值最小，且与端电压同相。电感支路的电流与电容支路电流近似相等，相位近似相反，但它们的有效值可能大于输入总电流。故并联谐振又称为电流谐振。

3. 谐振时电路的功率与能量特性

两类电路谐振时，电源只向电路提供有功功率，消耗于电阻中，而不向电路提供无功功率。然而电感中的无功功率和电容中的无功功率大小相等互为异号，相互补偿。也就是说，谐振时，电源与电路之间没有功率交换，而只有电路中电感元件的磁场能量与电容中的电场能量之间的交换，形成电磁振。振荡时全电路的电场能量与磁场能量的总和为恒定值保持不变。

实际电路中，为了维持谐振电路中的电磁振荡，电源必须不断供给能量，以补偿电路中电阻元件消耗的功率。

本章学习的重点内容是，频率响应的概念，RC 一阶电路频率响应和谐振电路的分析。

三、解 题 指 导

（一）例题分析

〔**例 10-1**〕　RC 一阶电路频率特性的分析。如图 10-3 所示 RC 一阶低通电路，接有负载

R_L 时，试分析 R_L 对电路频率响应特性的影响。

解 〔解题思路〕 本题的分析，是要求出 RC 一阶电路接有负载 R_L 时的网络函数转移电压比 A_u 表达式。用从 A_u 表达式来分析 R_L 对电路频率响应特性的影响。

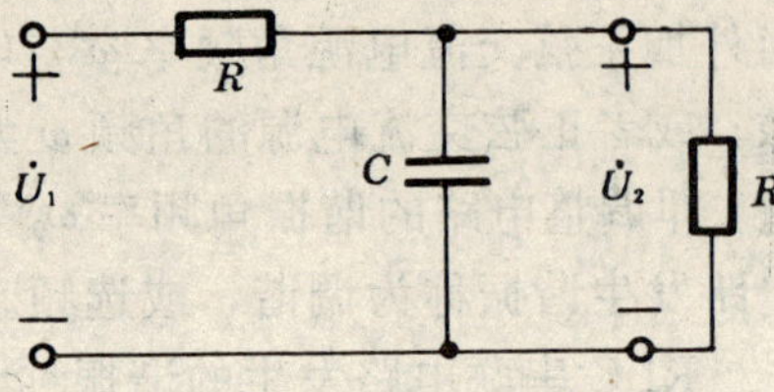

图 10-3 例 10-1 电路

〔解题方法〕 电路的网络函数转移电压比为

$$A_u=\frac{\dot{U}_2}{\dot{U}_1}=\frac{\dfrac{R_L/j\omega C}{R_L+\dfrac{1}{j\omega C}}}{R+\dfrac{R_L/j\omega C}{R_L+\dfrac{1}{j\omega C}}}=\frac{\dfrac{R_L}{1+j\omega CR_L}}{R+\dfrac{R_L}{1+j\omega CR_L}}$$

$$=\frac{R_L}{(R+R_L)+j\omega CRR_L}$$

上式分子分母同乘以 $1/RR_LC$ 得出

$$A_u=\frac{\dfrac{1}{RC}}{(\dfrac{1}{R}+\dfrac{1}{R_L})\dfrac{1}{C}+j\omega}=\frac{\dfrac{1}{RC}}{\dfrac{1}{\dfrac{RR_L}{R+R_L}C}+j\omega}$$

令 $\omega_C=\dfrac{1}{RC}$，$\omega_1=1/\dfrac{RR_L}{R+R_L}C$。则上式为

$$A_u=\frac{\omega_C}{\omega_1+j\omega}=\frac{1}{\dfrac{\omega_1}{\omega_C}+j\dfrac{\omega}{\omega_C}}$$

$$=\frac{1}{\sqrt{(\dfrac{\omega_1}{\omega_C})^2+(\dfrac{\omega}{\omega_C})^2}}\angle-\mathrm{arctg}\frac{\omega}{\omega_1}$$

取 ω_1 和 ω_C 的一定比例关系绘出幅频特性曲线，如图 10-4 所示。

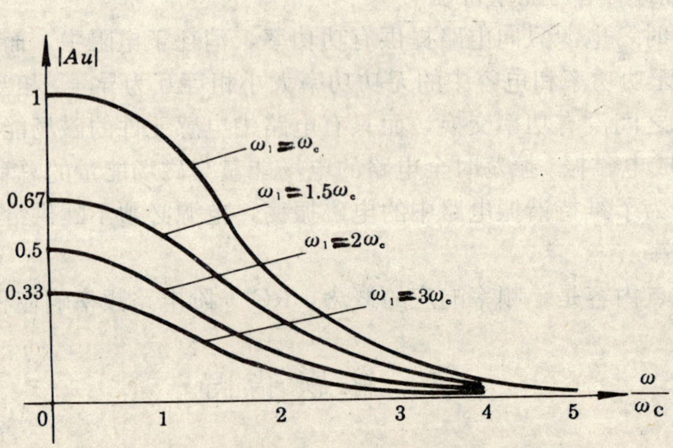

图 10-4 例 10-1 幅频特性曲线

从幅频特性曲线可以看出，当输入电压$\dot{U}_1$不变时，若负载电阻R_L减小，即ω_1增大，则$|A_u|$将减小，且R_L减小越多，$|A_u|$将显著减小。也就是说，输出电压中的直流分量和低频分量显著减小，且网络的通频带变宽，滤除高频信号的作用变坏，使更多输入的高频信号通过网络传送到负载中去。因此，RC一阶低通电路，作为高频滤波器时，其所接负载电阻R_L，其值不宜过小。

〔**例 10-2**〕 RLC 串联二阶带通电路的计算。已知 RLC 串联带通电路中$R=10\ \Omega$，$L=250\ \text{mH}$，$C=0.1\ \mu\text{F}$. (1)求中心频率ω_0，上、下半功率点频率ω_2和ω_1，通频带BW和电路的品质因数Q；(2)当电路发生谐振时，若输入电压$U=1$ V. 问谐振电流I_0、电压U_L和U_C各为多少？

解 〔解题思路〕 本题计算RLC带通电路幅频特性曲线的特征量中心频率ω_0，上、下半功点频率ω_2和ω_1，通频带BW和电路的品质因数Q. 这些特征量，可按各量的公式进行计算，也可以先计算出ω_0，ω_2和ω_1后，再按$\text{BW}=\omega_2-\omega_1$及$Q=\dfrac{\omega_0 L}{R}$进行计算；对于电路谐振时的电流$I_0$和电压$U_L$和$U_C$，可先按串联谐振电路谐振时具有电阻性的特点，直接由$I_0=\dfrac{U}{R}$得出，U_L和U_C则按$\omega_0 L I_0$或QU得出。

〔解题方法〕 (1)计算幅频特性曲线的几个特征量：

中心频率：$\omega_0=\dfrac{1}{\sqrt{LC}}=\dfrac{1}{\sqrt{250\times10^{-3}\times0.1\times10^{-6}}}=2\times10^3\ \text{rad/s}$

上、下半功率点频率：

$$\omega_2=\frac{R}{2L}+\sqrt{(\frac{R}{2L})^2+\frac{1}{LC}}$$
$$=\frac{10}{2\times250\times10^{-3}}+\sqrt{(\frac{10}{2\times250\times10^{-3}})^2+\frac{1}{250\times10^{-3}\times0.1\times10^{-6}}}$$
$$=2020.1\ \text{rad/s}$$

$$\omega_1=-\frac{R}{2L}+\sqrt{(\frac{R}{2L})^2+\frac{1}{LC}}$$
$$=-\frac{10}{2\times250\times10^{-3}}+\sqrt{(\frac{10}{2\times250\times10^{-3}})^2+\frac{1}{250\times10^{-3}\times0.1\times10^{-6}}}$$
$$=1980.1\ \text{rad/s}$$

通频带：$\text{BW}=\omega_2-\omega_1=2020.1-1980.1=40\ \text{rad/s}$

或 $\text{BW}=\dfrac{R}{L}=\dfrac{10}{250\times10^{-3}}=40\ \text{rad/s}$

品质因数：$Q=\dfrac{\omega_0 L}{R}=\dfrac{2\times10^3\times250\times10^{-3}}{10}=50$

(2)电路谐振时电流电压的计算

谐振电流：$I_0=\dfrac{U}{R}=\dfrac{1}{10}=0.1\ \text{A}$

电感元件和电容元件两端的电压值：

$$U_L=\omega_0 L I_0=2\times10^3\times250\times10^{-3}\times0.1=50\ \text{V}$$

或　　　　　　$U_L=QU=50\times1=50\ \text{V}$

故　　　　　　$U_C=U_L=50\ \text{V}$

〔**例 10-3**〕 利用电路的谐振特性测量计算电路的参数。如图 10-2 所示电路。R,L 是被测电感线圈的电阻和电感,并联电容 C 表示为测量电感线圈并联的电容元件。当所接正弦交流电源电压保持不变,调节电容 C 的电容量,使输入电流值最小。测出输入电流 $I_0=0.04\ \text{A}$,电容支路电流 $I_C=1.6\ \text{A}$,电源电压 $U=220\ \text{V}$,频率 $f=50\ \text{H}_z$. 求电路各元件的参数。

解 〔解题思路〕 当电源电压值保持不变时,调节电容 C 使输入电流值最小,这时电路中发生并联谐振,电路的输入阻抗 $Z(\omega_0)=R_0$ 呈最大值,其值按 $R_0=\dfrac{U}{I_0}$ 计算得出。已知 f,便可计算出 ω_0,已测出 $I_C=1.6\ \text{A}$,便可按式 $I_C=\omega CU$ 计算电容 C 的电容量值。由于计算电感支路的参数 R 和 L 值,需知道其品质因数 Q 值,而按式 $I_C=QI_0$ 关系便可计算出 Q 值。于是按式 $R_0=Q^2R$ 关系便可计算出 R 值,再按 $Q=\dfrac{\omega_0 L}{R}$ 关系计算出电感值 L.

〔解题方法〕 (1) 计算并联谐振电路阻抗 $Z(\omega_0)=R_0$ 和 ω_0

$$Z(\omega_0)=R_0=\frac{U}{I_0}=\frac{220}{0.04}=5500\ \Omega$$

$$\omega_0=2\pi f=2\pi\times50=314.16\ \text{rad/s}$$

(2)计算电容 C

$$C=\frac{I_C}{\omega_0 U}=\frac{0.04}{314.16\times220}=0.578\ \mu\text{F}$$

(3) 计算 Q 和 R 值

$$Q=\frac{I_C}{I_0}=\frac{1.6}{0.04}=40$$

故电感支路的串联电阻为

$$R=\frac{R_0}{Q^2}=\frac{5500}{40^2}=3.4375\ \Omega$$

(4) 计算电感 L

按 $Q=\dfrac{\omega_0 L}{R}$

则
$$L=\frac{QR}{\omega_0}=\frac{40\times3.4375}{314.16}=0.438\ \text{H}$$

(二) 部分练习题解答

练习题 10-3 求图 10-4 (a) 中电路的转移电压比 $A_u=\dot{U}_2/\dot{U}_1$,确定它是低通电路还是高通电路。

解
$$A_u=\frac{\dot{U}_2}{\dot{U}_1}=\frac{R_2}{(R_1+R_2)+\dfrac{1}{\text{j}\omega C}}=\frac{\text{j}\omega CR_2}{1+j\omega C(R_1+R_2)}$$

$$=\frac{\omega CR_2}{\sqrt{1+\omega^2C^2(R_1+R_2)^2}}\angle 90^\circ-\text{arctg}\omega C(R_1+R_2)$$

从幅频特性可见，它是高通电路。

练习题 10-4 求图 10-15 所示电路的转移电压比 $A_u=\dot{U}_2/\dot{U}_1$.

解 将图 10-15 用它的相量模型表示，应用网孔分析法解题，网孔电流 $\dot{I}_1$，$\dot{I}_2$ 及绕行方向，均为顺时针方向。列网孔方程为

$$\left(1+\frac{1}{j\omega}\right)\dot{I}_1-\dot{I}_2=\dot{U}_1 \qquad ①$$

$$-\dot{I}_1+\left(1+\frac{1}{j\omega}\right)\dot{I}_2=0 \qquad ②$$

应用克拉姆法则解网孔方程组为

$$\dot{I}_2=\frac{\begin{vmatrix}\left(1+\frac{1}{j\omega}\right) & \dot{U}_1\\ -1 & 0\end{vmatrix}}{\begin{vmatrix}\left(1+\frac{1}{j\omega}\right) & -1\\ -1 & \left(1+\frac{1}{j\omega}\right)\end{vmatrix}}=\frac{\dot{U}_1}{\left(1+\frac{1}{j\omega}\right)^2-1}$$

输出电压 $\dot{U}_2$ 为

$$\dot{U}_2=1\times\dot{I}_2=\frac{\dot{U}_1}{\left(1+\frac{1}{j\omega}\right)^2-1}$$

故得出转移电压比为

$$A_u=\frac{\dot{U}_2}{\dot{U}_1}=\frac{1}{\left(1+\frac{1}{j\omega}\right)^2-1}=\frac{-1}{\frac{1}{\omega^2}+j\frac{2}{\omega}}=\frac{-\omega^2}{1+j2\omega}$$

$$=\frac{\omega^2}{\sqrt{1+(2\omega)^2}}\angle 180°-63.43°$$

$$=\frac{\omega^2}{\sqrt{1+(2\omega)^2}}\angle 116.67°$$

练习题 10-5 已知 RLC 串联带通电路，$R=10\ \Omega$，$L=0.2$ mH，$C=5$ nF. 计算 ω_0，BW 和 Q.

解

$$\omega_0=\frac{1}{\sqrt{LC}}=\frac{1}{\sqrt{0.2\times10^{-3}\times5\times10^{-9}}}=10^6\text{rad/s}$$

$$\text{BW}=\frac{R}{L}=\frac{10}{0.2\times10^{-3}}=5\times10^4\ \text{rad/s}$$

$$Q=\frac{\omega_0L}{R}=\frac{10^6\times0.2\times10^{-3}}{10}=20$$

练习题 8-8 RLC 串联电路，$R=17\ \Omega$，$L=200$ mH，外加电源电压为 $u=110\sqrt{2}\sin3140t$ V. 求电路发生谐振时的电容值、电流 I_0 和 U_L,U_C 及品质因数 Q.

解 当电路的谐振角频率 ω_0 等于电源角频率 3140 rad/s 时，电路发生串联谐振。则

$$C=\frac{1}{\omega_0^2L}=\frac{1}{3140^2\times200\times10^{-3}}=0.507\ \mu\text{F}$$

谐振电流为

$$I_0=\frac{U}{R}=\frac{110}{17}=6.47\ \text{A}$$

谐振时电感和电容两端的电压分别为

$$U_L=\omega_0 L I_0=3140\times 200\times 10^{-3}\times 6.47=4063.16\ \text{V}$$

$$U_C=\frac{I_0}{\omega_0 C}=\frac{6.47}{3140\times 0.507\times 10^{-6}}=4063.16\ \text{V}$$

可见，串联谐振时，$U_C=U_L$，且 U_L 和 U_C 大大超过电源电压 110 V，故电感和电容元件两端产生过电压。

电路的品质因数为

$$Q=\frac{\omega_0 L}{R}=\frac{3140\times 0.2}{17}=36.94$$

（三）部分习题解答

习题十

2. 求图题 10-2 所示电路网络函数转移电压比 $A_u=\dot{U}_2/\dot{U}_1$.

解 并联支路阻抗为

$$\frac{\frac{10}{j\omega}}{10+\frac{1}{j\omega}}=\frac{10}{1+j10\omega}=\frac{1}{0.1+j\omega}$$

转移电压比为

$$A_u=\frac{\dot{U}_2}{\dot{U}_1}=\frac{\frac{1}{0.1+j\omega}}{(0.1+j\omega)+\frac{1}{0.1+j\omega}}=\frac{1}{(0.1+j\omega)^2+1}$$

$$=\frac{1}{1.01-\omega^2+j0.2\omega}=\frac{1}{\sqrt{(1.01-\omega)^2+(0.2\omega)^2}}\angle -\operatorname{arctg}\frac{0.2\omega}{1.01-\omega^2}$$

$$=\frac{1}{\sqrt{1.02-1.98\omega^2+\omega^4}}\angle -\operatorname{arctg}\frac{0.2\omega}{1.01-\omega^2}$$

9. 如图题 10-6所示，为串联谐振电路。求谐振时电路的频率 f_0 为何值?

解

$$Z(j\omega)=j\omega L+\frac{R}{1+j\omega RC}$$

$$=\frac{R}{1+(\omega RC)^2}+j\left[\omega L-\frac{\omega R^2 C}{1+(\omega RC)^2}\right]$$

当谐振时 $\omega=\omega_0$，上式虚部为零，即

$$\omega_0 L-\frac{\omega_0 R^2 C}{1+(\omega_0 RC)^2}=0$$

$$\omega_0=\frac{1}{\sqrt{LC}}\sqrt{1-\frac{L}{R^2 C}}$$

$$f_0=\frac{1}{2\pi\sqrt{LC}}\sqrt{1-\frac{L}{R^2C}}$$

$$=\frac{1}{2\pi\sqrt{0.1\times10\times10^{-6}}}\sqrt{1-\frac{0.1}{10^6\times10\times10^{-6}}}$$

$$=157.64\ \text{Hz}$$

11. 如图题 10-8所示电路，电压源电压 $U=12$ V，角频率 $\omega=6000$ rad/s. 调节电容 C，使电路中的电流 I 达最大值，且 $I=300$ mA，这时电容两端电压 $U_C=720$ V，求电路参数 R，L，C 之值及电路的品质因数 Q.

解 由电流 I 为最大值，即电路发生串联谐振，电路阻抗是 R，故有

$$R=\frac{U}{I}=\frac{12}{300\times10^{-3}}=40\ \Omega$$

电路的品质因数为

$$Q=\frac{U_C}{U}=\frac{720}{12}=60$$

电感和电容的参数分别为

$$L=\frac{QR}{\omega}=\frac{60\times40}{6000}=0.4\ \text{H}$$

$$C=\frac{1}{\omega^2L}=\frac{1}{6000^2\times0.4}=0.0694\ \mu\text{F}$$

13. 如图题 10-10所示并联电路。试求电路的谐振角频率 ω_0.

解 $$Y(\mathrm{j}\omega)=\frac{1}{R_L+\mathrm{j}\omega L}+\frac{1}{R_C+\frac{1}{\mathrm{j}\omega C}}=\frac{R_L-\mathrm{j}\omega L}{R_L^2+(\omega L)^2}+\frac{R_C+\mathrm{j}\left(\frac{1}{\omega C}\right)}{R_C^2+\left(\frac{1}{\omega C}\right)^2}$$

$$=\left[\frac{R_L}{R_L^2+(\omega L)^2}+\frac{R_C}{R_C^2+\left(\frac{1}{\omega C^2}\right)^2}\right]+\mathrm{j}\left[\frac{-\omega L}{R_L^2+(\omega L)^2}+\frac{\left(\frac{1}{\omega C}\right)}{R_C^2+\left(\frac{1}{\omega C}\right)^2}\right]$$

谐振时 $Y(\mathrm{j}\omega)$虚部为零，即

$$\frac{\omega_0L}{R_L^2+(\omega_0L)^2}=\frac{\frac{1}{\omega_0C}}{R_C^2+\left(\frac{1}{\omega_0C}\right)^2}$$

$$\omega_0L\left(R_C^2+\frac{1}{\omega_0^2C^2}\right)=\frac{R_L^2+\omega_0^2L^2}{\omega_0C}$$

$$\omega_0^2LC\left(R_C^2+\frac{1}{\omega_0^2C^2}\right)=R_L^2+\omega_0^2L^2$$

$$\omega_0^2LC\left(R_C^2-\frac{L}{C}\right)+\frac{L}{C}=R_L^2$$

$$\omega_0^2LC=\frac{R_L^2-\frac{L}{C}}{R_C^2-\frac{L}{C}}$$

故得出电路的谐振角频率为

$$\omega_0=\frac{1}{\sqrt{LC}}\sqrt{\frac{R_L^2-\frac{L}{C}}{R_C^2-\frac{L}{C}}}$$

14. 求图题 10-11 所示电路成为对一切频率均呈电阻性的恒谐振网络的条件。

解 谐振时电路呈电阻性，即

$$R=\frac{\dot{U}}{\dot{I}}$$

$$=\frac{R\cdot \mathrm{j}\omega L}{R+\mathrm{j}\omega L}+\frac{\frac{R}{\mathrm{j}\omega C}}{R+\frac{1}{\mathrm{j}\omega C}}$$

$$=\left[\frac{(\omega L)^2R}{R^2+(\omega L)^2}+\frac{R}{1+(\omega RC)^2}\right]+\mathrm{j}\left[\frac{\omega LR^2}{R^2+(\omega L)^2}-\frac{\omega CR^2}{1+(\omega CR)^2}\right]$$

上式虚部为零，即

$$\frac{\omega LR^2}{R^2+(\omega L)^2}=\frac{\omega CR^2}{1+(\omega CR)^2}$$

$$\frac{1}{1+(\omega CR)^2}=\frac{L}{C}\frac{1}{R^2+(\omega L)^2} \quad ①$$

再有

$$\frac{R(\omega L)^2}{R^2+(\omega L)^2}+\frac{R}{1+(\omega CR)^2}=R$$

$$\frac{(\omega L)^2}{R^2+(\omega L)^2}+\frac{1}{1+(\omega CR)^2}=1 \quad ②$$

将式①代入式②得出

$$\frac{(\omega L)^2}{R^2+(\omega L)^2}+\frac{L}{C}\frac{1}{R^2+(\omega L)^2}=1$$

$$(\omega L)^2+\frac{L}{C}=R^2(\omega L)^2$$

由上式得出

$$R^2=\frac{L}{C}$$

$$R=\sqrt{\frac{L}{C}}$$

表明：当满足 $R=\sqrt{L/C}$ 条件时，电路对一切频率都呈电阻性。

四、教学媒体与作业

本章电视讲课共有 5 讲，即从第 63 讲至第 68 讲，各讲教学内容及作业分述如下。

第 63 讲

第十章　正弦交流电路的频率响应及谐振

动态电路对不同频率的正弦激励产生不同的响应。本章研究响应与频率的关系。

§10-1 频率响应 网络函数

1. 再论阻抗和导纳

教材图 10-1 电路，输入阻抗为

$$Z(j\omega)=R+j\omega L=\sqrt{R^2+(\omega L)^2}\angle \arctan\frac{\omega L}{R}$$
$$=|Z(j\omega)|\angle\theta_Z(\omega)=\frac{U}{I}\angle\varphi_u-\varphi_i$$

$\frac{U}{I}=|Z(j\omega)|$阻抗的模，表明端口电压有效值与端口电流有效值比值随频率变化的关系。$|Z(j\omega)|-\omega$ 曲线，即幅频特性曲线。

$\theta_Z(\omega)=\varphi_u-\varphi_i$ 阻抗的幅角，表明端口电压与端口电流的相位差随频率变化的关系。θ_Z(即 $\varphi_u-\varphi_i$)—ω 曲线，即相频特性曲线。

频率响应：幅频特性（曲线），相频特性（曲线）。

2. 网络函数 $N(j\omega)$

$$N(j\omega)=\frac{\text{响应相量}}{\text{激励相量}}$$

(1)用来研究响应与激励都在同一端口时的频率响应。单口网络的 $Z(j\omega)$ 和 $Y(j\omega)$ 都属网络函数，称为策动点函数。

策动点阻抗$=\frac{\dot{U}}{\dot{I}}=Z(j\omega)$

策动点导纳$=\frac{\dot{I}}{\dot{U}}=Y(j\omega)$

(2) 响应和激励常不在同一端口，这时可用转移函数来研究频率响应。转移函数也属网络函数。

转移阻抗$=\frac{\dot{U}_2}{\dot{I}_1}$

转移导纳$=\frac{\dot{I}_2}{\dot{U}_1}$

转移电压比$=\frac{\dot{U}_2}{\dot{U}_1}$

转移电流比$=\frac{\dot{I}_2}{\dot{I}_1}$

因此，网络函数 $N(j\omega)$ 可分为策动点函数（两种）和转移函数（四种）。求得 $N(j\omega)$ 后，即可求得

$$\text{响应相量}=N(j\omega)\times\text{激励相量}$$

求得 $N(j\omega)$ 后，即可求得网络的幅频特性 $|N(j\omega)|$ 和相频特性 $\theta(\omega)$. 如何求 $N(j\omega)$？在明确响应和激励后，用网孔法、节点法、分压分流关系或求输入阻抗（导纳）即可解决。

作业　习题十　1，4。

第 64 讲

例 10-1

§10-2　RC 电路的频率响应

1. RC 低通网络的频率响应

2. RC 高通网络的频率响应

3. RL 高通、低通网络

作业　习题十　5，3。

第 65 讲

例 10-4　分析相频特性

作相量图来分析，相量模型如图 10-5（a）所示。

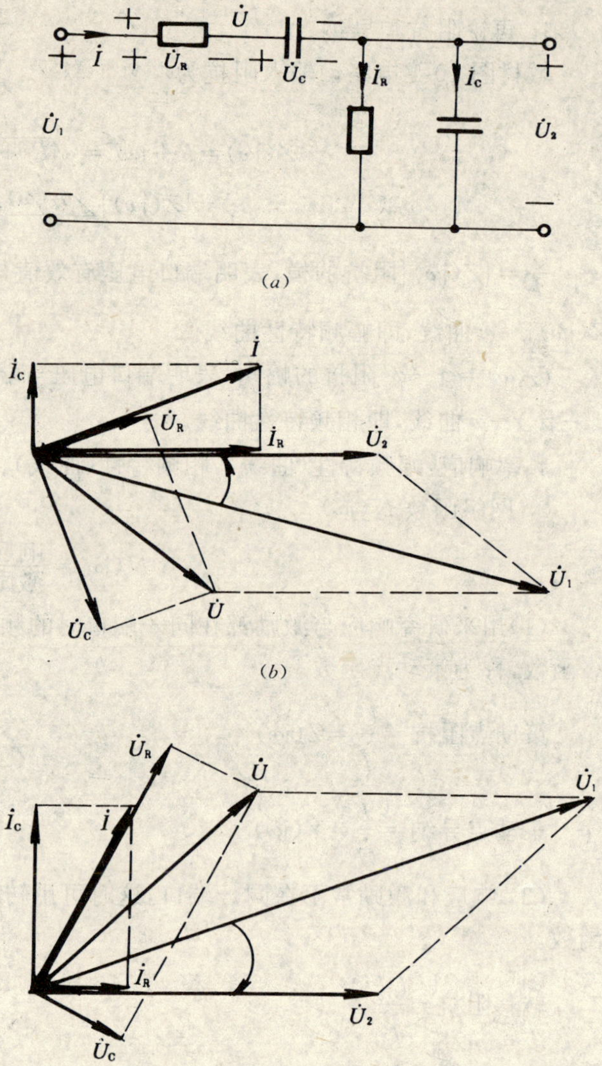

图 10-5　例 10-4 相量图

低频时，由于容抗较大，则 $I_C<I_R$，$U_C>U_R$，作出相量图如图 10-5（b）所示。从相量图中可以看出 $\dot{U}_2$ 超前 $\dot{U}_1$.

频率很高时，由于容抗很小，则 $I_C>I_R$，$U_C<U_R$，作出相量图如图 10-5（c）所示，从相量图中可以看出 $\dot{U}_2$ 滞后 $\dot{U}_1$.

由于 ω 低时，$\dot{U}_2$ 超前；ω 高时，$\dot{U}_2$ 滞后。因此，例 10-4 电路称为超前滞后网络。就此必然在某一频率时，输出与输入同相，这一频率为 $\omega=\omega_C=\dfrac{1}{RC}$.

§10-3　RLC 电路的频率响应

特点：带通，低通，高通，谐振。

1. 串联谐振

$\dot{I}=\dot{U}_1/Z$，$Z=R+\mathrm{j}(\omega L-\dfrac{1}{\omega C})$. 若 $\omega L=1/\omega C$，即 $\omega=1/\sqrt{LC}$时，$\dot{I}=\dot{U}/Z$，电流 I 值最大，$\dot{I}$与外施电压 $\dot{U}_1$ 同相，称为串联谐振，谐振频率 $\omega_0=1/\sqrt{LC}$. 作出 I—ω 曲线，称谐振曲线。在 ω_0 处 I 值最大，曲线具有带通特点。

2. 带通性质　输出取自电阻 R. 其

转移电压比　$A_u=\dfrac{\dot{U}_2}{\dot{U}_1}=\dfrac{R\dot{I}}{\dot{U}_1}$

幅频特性　$|A_u|=RI/U_1$，作出$|A_u|$—ω 曲线，具有带通特性。

通频带　$\mathrm{BW}=\omega_2-\omega_1$. ω_1，ω_2 为$|A_u|=1/\sqrt{2}$时的频率。即

$$\omega_2=\frac{R}{2L}+\sqrt{\left(\frac{R}{2L}\right)^2+\frac{1}{LC}}$$

$$\omega_1=-\frac{R}{2L}+\sqrt{\left(\frac{R}{2L}\right)^2+\frac{1}{LC}}$$

品质因数 $Q=\frac{\omega_0}{\mathrm{BW}}=\frac{\omega_0 L}{R}$

作业 习题十 6。

第 66 讲

§10-3 RLC 串联电路的频率响应（续）

带通特性。若 $\omega<\omega_0$，电容性，电流超前电压，亦即$\dot{U}_2$超前$\dot{U}_1$，$\theta>0$.

若 $\omega>\omega_0$，电感性，电流滞后电压，亦即$\dot{U}_2$滞后$\dot{U}_1$，$\theta<0$.

作出相频特性曲线 $\theta(\omega)$—ω 曲线：$\omega=0$ 时，$\theta=90°$；$\omega=\omega_0$ 时，$\theta=0°$；$\omega\to\infty$时，$\theta\to-90°$.

3. 输出取自电容时，具有低通性质。

4. 输出取自电感时，具有高通性质。

§10-4 串联谐振时的超高电压

RLC 串联电路，谐振时输入阻抗为

$$Z(\mathrm{j}\omega)=R+\mathrm{j}\left(\omega L-\frac{1}{\omega C}\right)=R$$

$$\dot{I}=\frac{\dot{U}}{Z}=\frac{\dot{U}}{R}$$

$\dot{U}$为外施电压

$\dot{U}_R=R\dot{I}=\dot{U}$

$\dot{U}_L=\mathrm{j}\omega_0 L\dot{I}=\mathrm{j}\omega_0 L\dot{U}/R=\mathrm{j}Q\dot{U}$

$Q=\omega_0 L/R$ 品质因数

$U_L=QU$ $\qquad U_C=U_L=QU$

通常 $Q\gg1$，故 $U_L=U_C\gg U$，超高电压。串联谐振又称电压谐振。

例 10-7

作业 习题十 11，12。

第 67 讲

例 10-8

§10-5 并联谐振

1. RLC 并联电路[教材图 10-26(a)]

$$Y=\frac{1}{R}+\mathrm{j}\left(\omega C-\frac{1}{\omega L}\right)$$

谐振时，$\omega_0 C=\frac{1}{\omega_0 L}$，$\omega_0=1/\sqrt{LC}$。$Y=1/R$ 最小。

在一定大小电流作用下，谐振时电压最大，且与电流同相。电感、电容电流均能超过外施电流，称电流谐振。

2. RL 与 C 并联电路[教材图 10-26(b)]

$$Y(\mathrm{j}\omega)=\frac{1}{R+\mathrm{j}\omega L}+\mathrm{j}\omega C$$
$$=\frac{R}{R^2+(\omega L)^2}+\mathrm{j}\left[\omega C-\frac{\omega L}{R^2+(\omega L)^2}\right]$$

谐振时，端口$\dot{U}$与$\dot{I}$同相，上式虚部为零，得出谐振角频率为

$$\omega_0=\frac{1}{\sqrt{LC}}\sqrt{1-\frac{CR^2}{L}}$$

这种端口$\dot{U}$与$\dot{I}$同相的谐振，称同相谐振。同相谐振时，$Y=(\mathrm{j}\omega_0)=CR/L$ 并非最小，电压并非最大。

同相谐振时，输入阻抗为

$$Z(\mathrm{j}\omega_0)=\frac{L}{CR}=\frac{\omega_0 L}{R}\cdot\frac{R}{\omega_0 RC}=Q^2R=R_0$$

由于 Q 值很大，同相谐振时 $Z=R_0$ 仍然很大。

若外施电压为$\dot{U}$，谐振时

$$\dot{I}=\dot{U}/R_0$$
$$\dot{I}_L=\dot{U}/(R+\mathrm{j}\omega_0 L)=(1-\mathrm{j}Q)\dot{I}_0\approx-\mathrm{j}Q\dot{I}_0$$
$$\dot{I}_C=\mathrm{j}\omega_0 C\dot{U}=\mathrm{j}Q\dot{I}_0$$

可见并联谐振时出现高电流。

频率响应：

$$Z(\mathrm{j}\omega)=\frac{(R+\mathrm{j}\omega L)\left(-\mathrm{j}\frac{1}{\omega C}\right)}{R+\mathrm{j}\left(\omega L-\frac{1}{\omega C}\right)}$$

当 $\omega L/R\gg1$ 时，上式为

$$Z(\mathrm{j}\omega)=\frac{L}{C}\frac{1}{R+\mathrm{j}\left(\omega L-\frac{1}{\omega C}\right)}$$

若 $\omega_0 L=\frac{1}{\omega_0 C}$，即 $\omega_0=1/\sqrt{LC}$时，上式为

$$Z(\mathrm{j}\omega_0)=\frac{L}{CR}\quad 最大$$

作出$|Z(\mathrm{j}\omega)|$—ω 幅频特性曲线，如教材图 10-28 所示。在 ω_0 处$|Z(\mathrm{j}\omega_0)|=R_0$，频率特性曲线出现峰值。

例 10-10

作业 习题十 7，8，9。

第 68 讲

§10-5　并联谐振（续）

RL与C并联电路，同相谐振 u 与 i 同相，条件是

$$\omega_0=\sqrt{\frac{1}{LC}-\frac{R^2}{L^2}}$$

表现为

$$Z(\mathrm{j}\omega_0)=\frac{L}{RC}=Q^2R$$

通常

$$R^2\ll\frac{L}{C}$$

则

$$\omega_0=\sqrt{\frac{1}{LC}-\frac{R^2}{L}}\approx\frac{1}{\sqrt{LC}}$$

同相谐振时，$|Z|$并非最大，即$|Y|$并非最小，$|Z|$最大时的频率 ω_m 与 ω_0 不一致；但当 $R^2\ll\frac{L}{C}$时，$\omega_m\approx1/\sqrt{LC}$.

例10-9

小结

(1) $N(\mathrm{j}\omega)=|N(\mathrm{j}\omega)|\angle\theta(\omega)$

$|N(\mathrm{j}\omega)|$　幅频特性

$\theta(\omega)$　相频特性

(2) 响应有效值$=|N(\mathrm{j}\omega)|\times$激励有效值

响应对激励相位差$=\theta(\omega)$

(3) $|N(\mathrm{j}\omega)|$可表现为低通、高通、带通等特点。用为滤波或选频(窄带通)。可以从$|Z_L|=\omega L$和$|Z_C|=\frac{1}{\omega C}$来理解。

$\theta(\omega)$可表现为响应对激励的相位超前、滞后、同相等特点。用为校正或选频(通常利用同相)。可以从:L电流滞后电压90°,C电流超前电压90°,结合相量图来理解。

(4) 作定量分析,需 $N(\mathrm{j}\omega)$的解析式,由分压或分流关系或网孔法、节点法来求得。

(5) 谐振

R,L,C串联谐振:$\omega_0=1/\sqrt{LC}$,$Z=R$最小。$U_L=U_C$,可能大于U. $\mathrm{BW}=\frac{R}{L}$,$Q=\omega_0L/R$.

R,L,C并联谐振:$\omega_0=1/\sqrt{LC}$,$Y=G$最小。$I_L=I_C$,可能大于I.

RL,C并联谐振:当 $R^2\ll\frac{L}{C}$时,$\omega_0\approx1/\sqrt{LC}$,$Z=L/RC$.

作业　习题十　10、14

本章自学的内容

(1) RLC电路低通和高通特性;

(2) 串联谐振时的功率和能量;

(3) 并联谐振时的功率和能量。

第十一章　非正弦交流电路

一、基本要求

1. 建立几个频率为整数倍的正弦波可以合成为一非正弦周期波的概念。明确一个非正弦周期波可以分解为一系列频率为整数倍正弦波之和的概念（即谐波分析）、谐波中的基波与高次谐波的含义。了解谐波分析中傅里叶级数的应用。

2. 掌握波形对称性与所含谐波分量的关系。能根据波形的特点判断所含谐波的情况。了解波形原点选择对所含谐波的影响。

3. 掌握非正弦周期电压和电流的平均值（即直流分量）和有效值的计算。能根据给定波形计算出直流分量。能根据非正弦周期波的直流分量和各次谐波分量，计算出它的有效值。

4. 掌握运用叠加定理和谐波分析计算非正弦交流电路中的电压和电流的方法。

5. 建立同频率的正弦电压和电流才能形成平均功率的概念。掌握运用叠加定理和谐波分量计算非正弦交流电路中的平均功率。

二、学习指导

在电工技术中，电路除了激励和响应是直流和正弦交流电的情况外，也还遇到有非正弦周期函数电量的情况。如当电路中有几个不同频率的正弦量激励时，响应是非正弦周期函数；含有非线性元件的电路中，正弦激励下的响应也是非线性的；在电子、计算机等电路中应用的脉冲信号波形，都是非正弦周期函数。因此，研究非正弦交流电路的分析，具有重要的理论和实际意义。

本章的教学内容可分为如下三部分：

1. 非正弦周期波由谐波合成的概念；

2. 非正弦周期波的谐波分析；

3. 非正弦交流电路的计算。

着重讨论非正弦周期波谐波分析的概念，非正弦周期量的有效值和运用叠加定理计算非正弦交流电路的方法。

现就教学内容中的几个问题分述如下。

（一）关于非正弦周期波谐波的概念

非正弦周期波是随时间作周期性变化的非正弦函数。如周期性变化的方波、三角波等。这类波形，与正弦波相比，都有变化的周期 T 和频率 f，不同的是波形而已。

几个频率为整数倍的正弦波，合成是一个非正弦波。反之，一个非正弦周期波 $f(t)$，可以分解为含直流分量（或不含直流分量）和一系列频率为整数倍的正弦波。这些一系列频率为整数倍的正弦波，就称为非正弦周期波的谐波。其中频率与非正弦周期波相同的正弦波，称为基波或一次谐波；频率是基波频率 2 倍的正弦，就称为二次谐波；频率是基波频率 3 倍的正弦波，称为三次谐波；频率是基波频率 k 倍的正弦波，称为 k 次谐波，k 是正整数。

人们通常将二次及二次以上的谐波，统称为高次谐波。

（二）关于谐波分析的方法

在电路分析中，将非正弦周期波的分解，应用傅里叶级数展开的方法，分解为直流分量（或不含有）和频率为整数倍的一系列正弦波之和，称为傅里叶分析，又称为谐波分析。

一个周期为 T 的函数 $f(t)$，如果满足狄里赫利条件*，则 $f(t)$ 可以展开为如下三角级数：

$$f(t)=A_0+\sum_{k=1}^{\infty}(A_k\cos k\omega t+B_k\sin k\omega t)$$

这是一个无穷级数，由法国人傅里叶(*Fourier*)提出来的，故称为傅里叶级数。式中 A_0, A_k, B_k 称为傅里叶系数，由如下公式计算得出：

$$A_0=\frac{1}{T}\int_0^T f(t)\mathrm{d}t \qquad \text{（直流分量）}$$

$$A_k=\frac{2}{T}\int_0^T f(t)\cos k\omega t\mathrm{d}t$$

$$B_k=\frac{2}{T}\int_0^T f(t)\sin k\omega t\mathrm{d}t$$

A_0 是 $f(t)$ 一周期时间内的平均值，称直流分量。$k=1$ 的正弦波，称为基波；$k=2$ 的正弦波，称为二次谐波；$k=n$ 的正弦波，称为 n 次谐波。当 k 为奇数时，称为奇次谐波；k 为偶数时，称为偶次谐波。

非正弦周期波的傅里叶级数展开，关键是计算傅里叶系数的问题。

在电工技术中，遇到的非正弦周期波，都满足狄里赫利条件的，均可展开为傅里叶级数。常见的非正弦周期波的傅里叶级数展开式，已在手册及教材中列出，如下表所示，以供查用。

常见非正弦周期波的傅里叶级数展开式

$f(t)$波　形　图	$f(t)$的傅里叶级数展开式
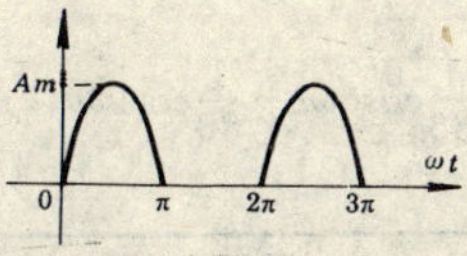	$f(t)=\frac{A_m}{\pi}(1+\frac{\pi}{2}\sin\omega t-\frac{2}{3}\cos 2\omega t-\frac{2}{15}\cos 4\omega t-\cdots)$

* 狄里赫利条件：$f(t)$ 在 $[-\frac{T}{2},\frac{T}{2}]$ 或 $[0,T]$ 区间，(1)除有限个第一类间断点外，其余各点连续；(2)只有有限个极点。

续表

$f(t)$波　形　图	$f(t)$的傅里叶级数展开式
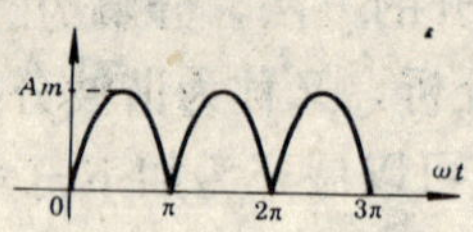	$f(t)=\frac{2}{\pi}A_m(1-\frac{2}{3}\cos2\omega t-\frac{2}{15}\cos4\omega t-\frac{2}{35}\cos6\omega t-\cdots)$
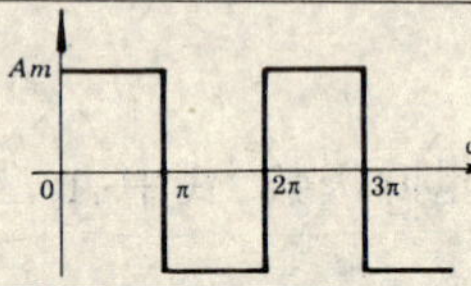	$f(t)=\frac{4}{\pi}A_m(\sin\omega t+\frac{1}{3}\sin3\omega t+\frac{1}{5}\sin5\omega t+\cdots)$
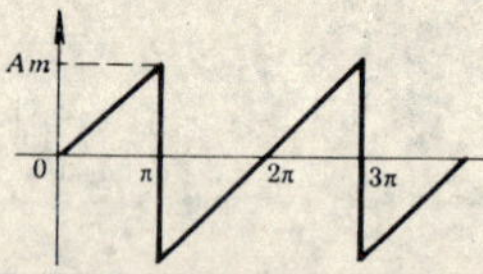	$f(t)=\frac{2}{\pi}A_m(\sin\omega t-\frac{1}{2}\sin2\omega t+\frac{1}{3}\sin3\omega t-\cdots)$
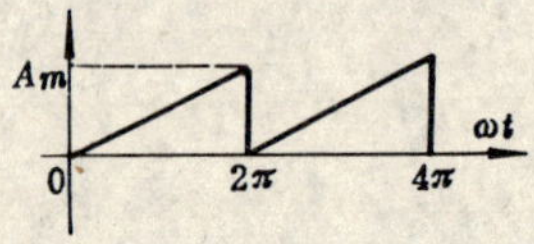	$f(t)=A_m[\frac{1}{2}-\frac{1}{\pi}(\sin\omega t+\frac{1}{2}\sin2\omega t+\frac{1}{3}\sin3\omega t+\cdots)]$
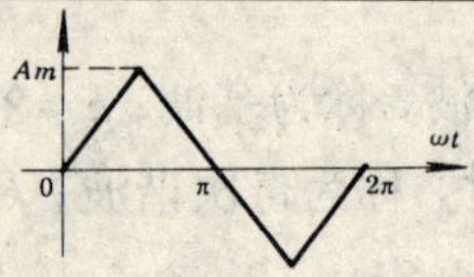	$f(t)=\frac{8}{\pi^2}A_m(\sin\omega t-\frac{1}{9}\sin3\omega t+\frac{1}{25}\sin5\omega t-\cdots)$
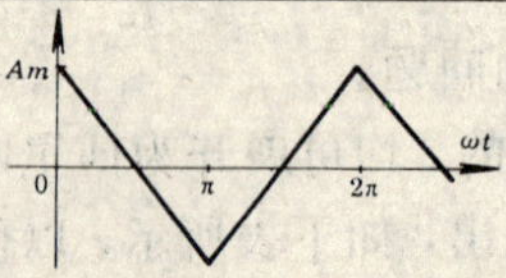	$f(t)=\frac{8}{\pi^2}A_m(\cos\omega t+\frac{1}{9}\cos3\omega t+\frac{1}{25}\cos5\omega t+\cdots)$
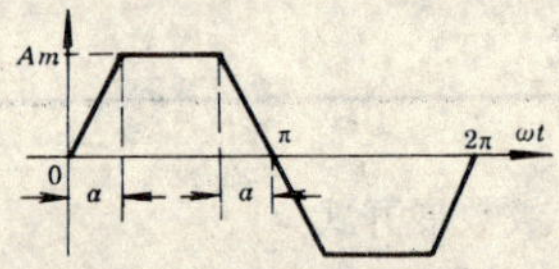	$f(t)=\frac{4}{\alpha\pi}A_m(\sin\alpha\sin\omega t+\frac{1}{9}\sin3\alpha\sin3\omega t+\frac{1}{25}\sin5\alpha\sin5\omega t+\cdots)$
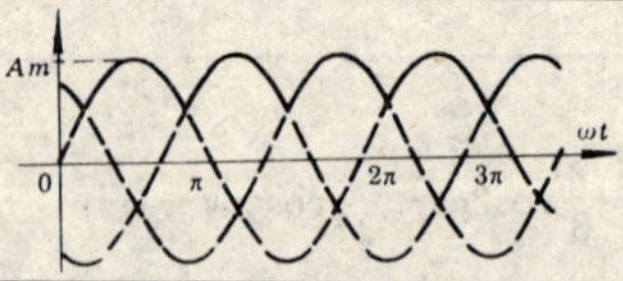	$f(t)=\frac{3\sqrt{3}}{\pi}A_m(\frac{1}{2}+\frac{1}{8}\cos3\omega t-\frac{1}{35}\cos6\omega t+\frac{1}{80}\cos9\omega t-\cdots)$

（三）关于波形对称性与所含谐波分量的关系

在电工技术中遇到的非正弦周期波，许多具有某种对称性。在对称波形中，傅里叶级数中，有些谐波分量（包括直流分量。因直流分量是$k=0$的零次谐波分量）不存在。因此，利用波形对称性与谐波分量的关系，可以简化傅里叶系数的计算。

1．波形对称性与谐波分量的关系

有如下几个对称性波形及其傅里叶系数情况。

(1) 偶函数　$f(t)$波形对称于纵坐标，满足$f(t)=f(-t)$条件，如图 11-1 所示。则$B_k=0$，傅里叶级数中只含A_0和$\sum A_k\cos k\omega t$项，$k=1,2,3,\cdots$. 亦即这类对称性非正弦周期波，只含直流分量和一系列余弦函数的谐波分量。

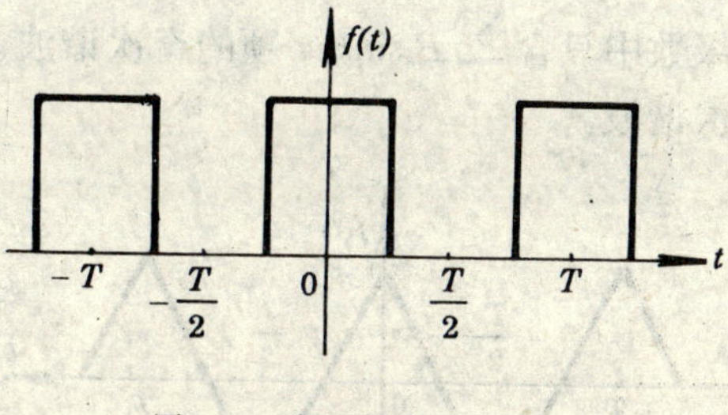

图 11-1　偶函数波形举例

(2) 奇函数　$f(t)$波形对称于坐标原点，满足$f(t)=-f(-t)$条件，如图 11-2 所示。则$A_0=0$，$A_k=0$，傅里叶级数中，只含$\sum B_k\sin k\omega t$项，$k=1,2,3,\cdots$。亦即这类对称性非正弦周期波，只含一系列正弦函数的谐波分量。

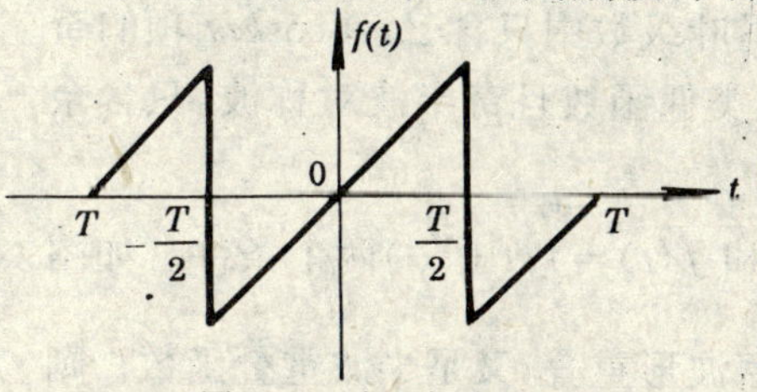

图 11-2　奇函数波形举例

(3) 奇半波对称函数　若$f(t)$波形移动半周$(\pm\frac{T}{2})$与原波形成镜像，即对横轴对称，满足$f(t)=-f(t\pm\frac{T}{2})$条件。如图 11-3 所示，$f(t)$波形不对称于纵轴和原点，故它不是偶函数和奇函数，只是移动$\pm\frac{T}{2}$与原波形对称于横轴，则傅里叶系数中，$A_0=0$，A_k和B_k中k为奇数，即$k=1,3,5,\cdots$。这类非正弦周期波只含奇次谐波。所以，这类奇半波对称函数$f(t)$，称为奇谐波函数。

以上是三种对称波形及其谐波分量情况，下面再介绍半波重叠波和四种双重对称性波形及其谐波分量情况。

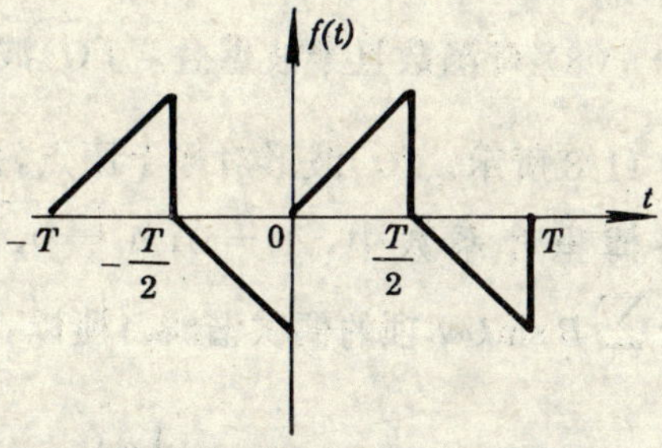

图 11-3　奇半波对称波形举例

(4) 半波重叠函数　若$f(t)$波形移动半波$(\pm\frac{T}{2}$与原波形重叠，满足$f(t)=f(t\pm\frac{T}{2})$条件。如图 11-4 所示，$f(t)$不对称于纵轴和原点，故它不是偶函数和奇函数，只是移动$\pm\frac{T}{2}$与原波形重叠。则傅里叶系数A_k和B_k中k为偶数，即$k=0,2,4,6,\cdots$。这类非正弦周期波只含偶次谐波。所以，这类半波重叠函数，称为偶谐波函数。

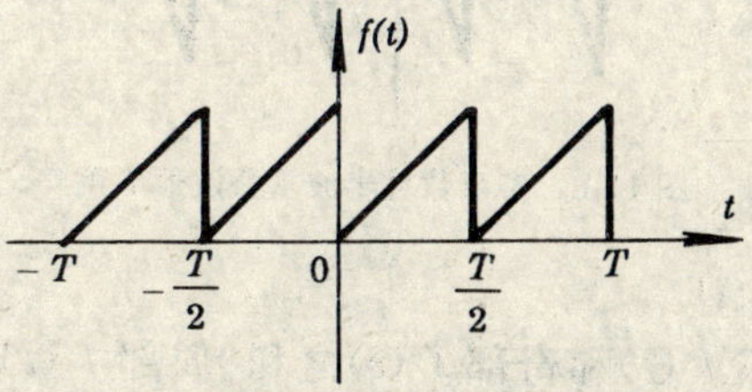

图 11-4　半波重叠函数波形举例

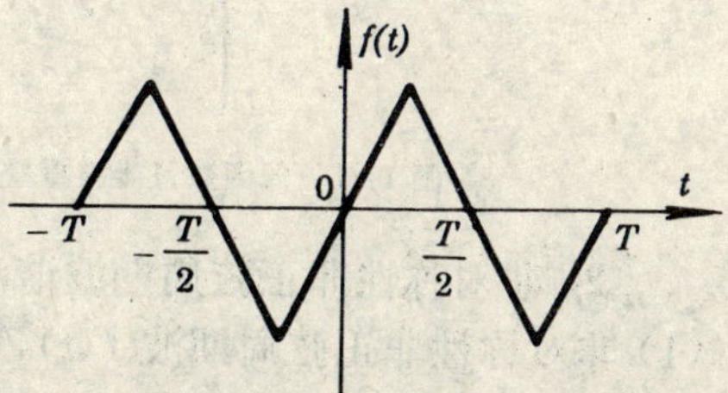

图 11-5　奇函数且奇半波对称波形举例

(5) 奇函数且奇半波对称　若$f(t)$波形满足$f(t)=-f(-t)$和$f(t)=-f(t\pm\frac{T}{2})$两个条件。如图 11-5 所示，$f(t)$波形对称于原点，是奇函数，且移动$\pm\frac{T}{2}$与原波形对横轴成镜像对称，又是奇半波对称函数。则傅里叶系数中 $A_0=0, A_k=0, B_k$ 中 k 为奇数，即 $k=1,3,5,\cdots$。傅里叶级数中只含 $\sum B_k \sin k\omega t$ 项的奇次谐波。所以，这类奇函数且奇半波对称波，只含正弦函数的奇次谐波。

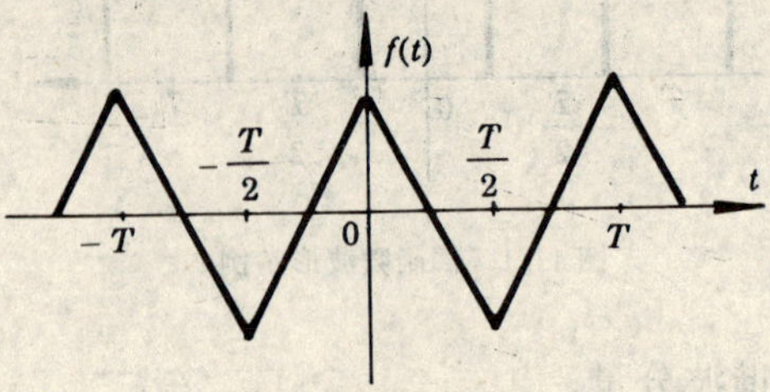

图 11-6 偶函数且奇半波对称波形举例

(6) 偶函数且奇半波对称　$f(t)$ 波形满足 $f(t)=f(-t)$ 和 $f(t)=-f(t\pm\frac{T}{2})$ 两个条件。如图 11-6 所示，$f(t)$ 波形对称于纵坐标，是偶函数，且移动 $\pm\frac{T}{2}$ 与原波形对横轴成镜像对称，又是奇半波对称函数。则傅里叶系数中 $A_0=0, B_k=0, A_k$ 中 k 为奇数，即 $k=1,3,5,\cdots$。傅里叶级数中只含 $\sum A_k \cos k\omega t$ 项的奇次谐波。所以，这类偶函数且奇半波对称波，只含余弦函数的奇次谐波。

(7) 偶函数且半波重叠　$f(t)$ 波形满足 $f(t)=f(-t)$ 和 $f(t)=f(t\pm\frac{T}{2})$ 两个条件。如图 11-7 所示，$f(t)$ 波形对称于纵轴，是偶函数，且移动 $\pm\frac{T}{2}$ 与原波形重叠，又是半波重叠函数。则傅里叶系数中，$B_k=0, A_k$ 中 k 为偶数，即 $k=0,2,4,6\cdots$。傅里叶级数中只含 A_0 和 $\sum A_k \cos k\omega t$ 项的偶次谐波。所以，这类偶函数且半波重叠波，只含余弦函数的偶次谐波，包含直流分量。

(8) 奇函数且半波重叠　$f(t)$ 波形满足 $f(t)=-f(-t)$ 和 $f(t)=f(t\pm\frac{T}{2})$ 两个条件，如图 11-8 所示。$f(t)$ 波形对称于原点，是奇函数，且移动 $\pm\frac{T}{2}$ 与原波形重叠，又是半波重叠函数。则傅里叶系数中，$A_0=0, A_k=0, B_k$ 中 k 为偶数，即 $k=2,4,6,\cdots$。傅里叶级数中只含 $\sum B_k \sin k\omega t$ 项的偶次谐波。所以，这类奇函数且半波重叠波，只含正弦函数的偶次谐波。

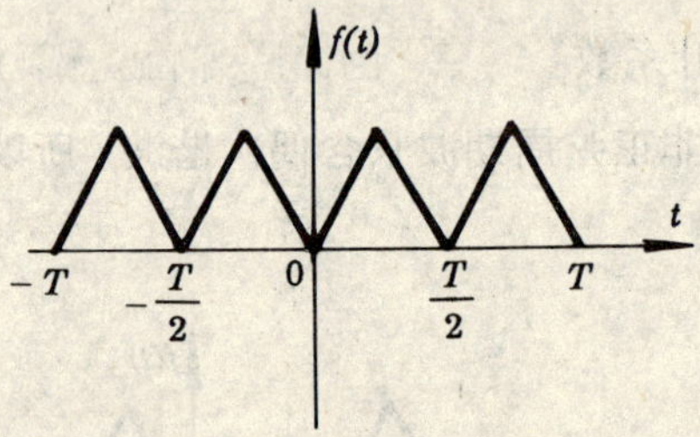

图 11-7 偶函数且半波重叠波形举例

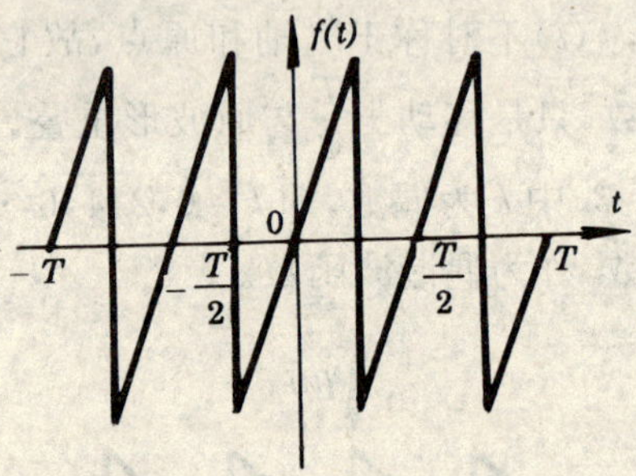

图 11-8 奇函数且半波重叠波形举例

*2. 非对称性非正弦周期波谐波分析的简化计算

(1) 非对称性非正弦周期波 $f(t)$，可以分解为偶部 $f^e(t)$ 和奇部 $f^o(t)$ 之和。偶部 $f^e(t)$ 是对称于纵轴的偶函数，奇部 $f^o(t)$ 是对称于原点的奇函数。即

$$f(t)=f^e(t)+f^o(t)$$

$$f^e(t)=\frac{1}{2}[f(t)+f(-t)]$$

$$f^o(t)=\frac{1}{2}[f(t)-f(-t)]$$

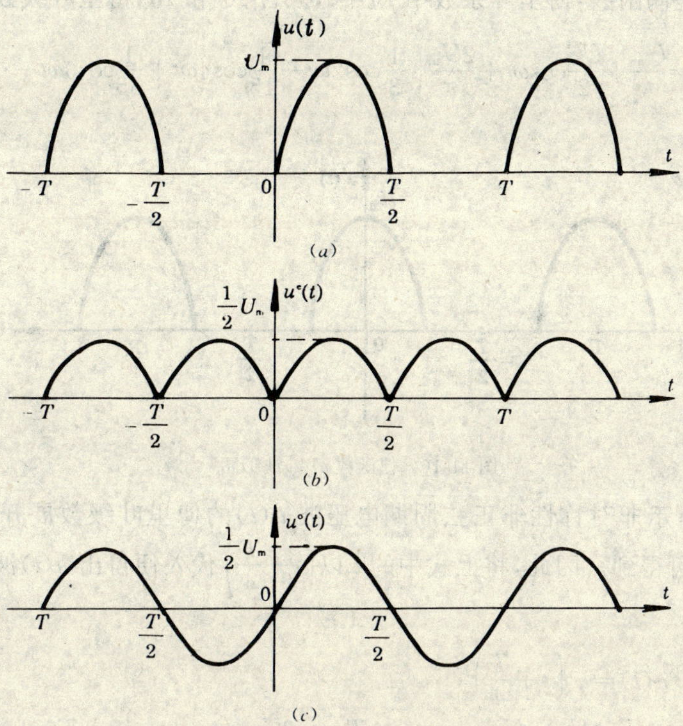

图 11-9　非对称性非正弦周期波 $u(t)$ 及其偶部 $u^e(t)$ 和奇部 $u^o(t)$ 波形图

然后，利用波形的对称性来简化傅里叶系数的计算。

例如，如图 11-9(a)所示的非对称性非正弦周期电压波 $u(t)$，它的偶部 $u^e(t)$ 为如图 11-9(b)所示，是偶函数且半波重叠波，从上述波形对称性可知，它的傅里叶级数只含 A_0 和 $\sum A_k\cos k\omega t$ 项的偶次谐波。即

$$u^e(t)=\frac{U_m}{\pi}+\frac{2U_m}{\pi}\left[-\frac{1}{3}\cos 2\omega t-\frac{1}{15}\cos 4\omega t-\frac{1}{35}\cos 6\omega t-\cdots\right]$$

奇部 $u^o(t)$ 如图 11-9(c)所示，它是一正弦函数，即

$$u^o(t)=\frac{1}{2}U_m\sin\omega t$$

故非对称性非正弦周期波 $u(t)$ 的傅里叶级数展开式为

$$\begin{aligned}u(t)&=u^e(t)+u^o(t)\\&=\frac{U_m}{\pi}+\frac{U_m}{2}\sin\omega t+\frac{2U_m}{\pi}\left[-\frac{1}{3}\cos 2\omega t\right.\\&\left.\quad-\frac{1}{15}\cos 4\omega t-\frac{1}{35}\cos 6\omega t-\cdots\right]\end{aligned}$$

(2) 将非对称性非正弦周期波移动坐标原点位置，便可得到对称性波形，从而可以简化傅里叶级数展开式的计算。

例如图 11-9(a)所示非对称性非正弦周期电压波 $u(t)$，移动 $-\frac{T}{4}$ 得出如图 11-10 所示的波

形，它对称于纵轴，是偶函数，傅里叶系数中 $B_k=0$，只含 A_0 和 A_k，傅里叶级数展开式为

$$u'(t)=\frac{U_m}{\pi}+\frac{U_m}{2}\cos\omega t+\frac{2U_m}{\pi}\left(\frac{1}{3}\cos2\omega t-\frac{1}{15}\cos4\omega t+\frac{1}{35}\cos6\omega t-\cdots\right)$$

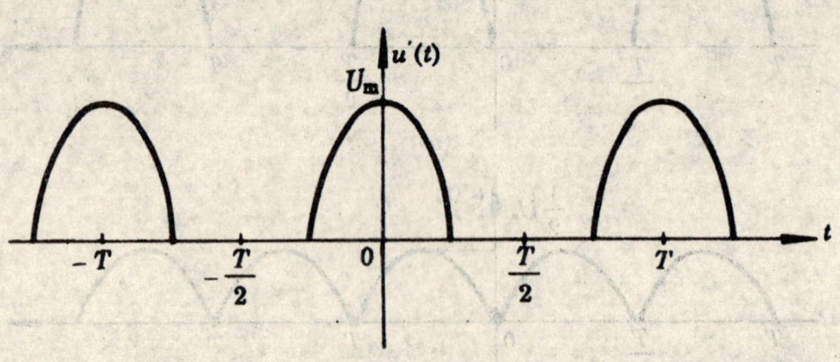

图 11-10　偶函数 $u'(t)$ 波形图

今若求图 11-9(a)所示非对称性非正弦周期电压波 $u(t)$ 的傅里叶级数展开式，可将图 11-10 $u'(t)$ 波形移动 $\frac{T}{4}$ 便可得到。因此，将上式中的 t 以 $\left(t+\frac{T}{4}\right)$ 代入便得出 $u(t)$ 波形的傅里叶级数的展开式为

$$\begin{aligned}u(t)&=u'\left(t+\frac{T}{4}\right)\\&=\frac{U_m}{\pi}+\frac{U_m}{2}\cos\omega\left(t+\frac{T}{4}\right)+\frac{2U_m}{\pi}\left[\frac{1}{3}\cos2\omega\left(t+\frac{T}{4}\right)\right.\\&\quad\left.-\frac{1}{15}\cos4\omega\left(t+\frac{T}{4}\right)+\frac{1}{35}\cos6\omega\left(t+\frac{T}{4}\right)-\cdots\right]\\&=\frac{U_m}{\pi}+\frac{U_m}{2}\cos\left(\omega t+\frac{\pi}{2}\right)+\frac{2U_m}{\pi}\left[\frac{1}{3}\cos(2\omega t+\pi)\right.\\&\quad\left.-\frac{1}{15}\cos(4\omega t+2\pi)+\frac{1}{35}\cos(6\omega t+3\pi)-\cdots\right]\\&=\frac{U_m}{\pi}+\frac{U_m}{2}\sin\omega t+\frac{2U_m}{\pi}\left[-\frac{1}{3}\cos2\omega t-\frac{1}{15}\cos4\omega t\right.\\&\quad\left.-\frac{1}{35}\cos6\omega t-\cdots\right]\end{aligned}$$

这一结果，与 $u(t)$ 分解为偶部 $u^e(t)$ 和奇部 $u^o(t)$ 之和的方法分析结果是相同的。从而可以了解利用波形对称性分析非对称性非正弦周期波谐波的方法。还应指出，坐标原点位置的移动，既可沿横轴移动，也可沿纵轴移动，以获得对称性波形为准。

（四）关于频谱的概念

上述傅里叶级数 $f(t)$ 中，将 $A_k\cos k\omega t$ 和 $B_k\sin k\omega t$ 合并为一正弦函数形式为

$$\begin{aligned}f(t)&=A_0+\sum_{k=1}^{\infty}(A_k\cos k\omega t+B_k\sin k\omega t)\\&=A_0+\sum_{k=1}^{\infty}(C_k\sin\varphi_k\cdot\cos k\omega t+C_k\cos\varphi_k\cdot\sin k\omega t)\\&=C_0+\sum_{k=1}^{\infty}C_k\sin(k\omega t+\varphi_k)\end{aligned}$$

式中
$$C_0=A_0$$

$$A_k = C_k \sin\varphi_k$$

$$B_k = C_k \cos\varphi_k$$

$$C_k = \sqrt{A_k^2 + B_k^2}$$

$$\varphi_k = \text{arctg}\,\frac{A_k}{B_k}$$

上式就是傅里叶级数三角函数第二种形式。当然，也可以将 $A_k\cos k\omega t$ 与 $B_k\sin k\omega t$ 合并为一余弦函数，得出第三种傅里叶级数的三角函数形式，即

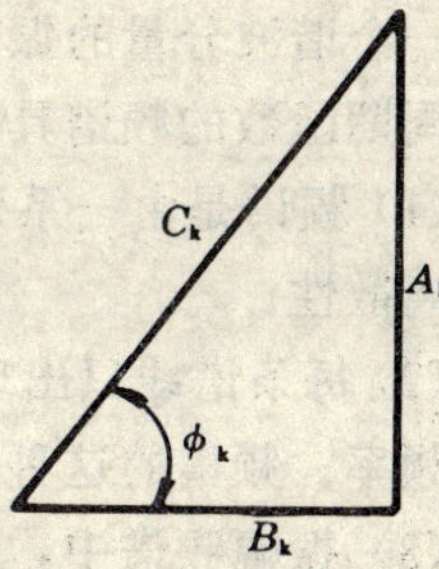

图 11-11　A_k, B_k 与 C_k 三角形关系

$$f(t) = C_0' + \sum_{k=1}^{\infty} C_k' \cos(k\omega t + \varphi_k')$$

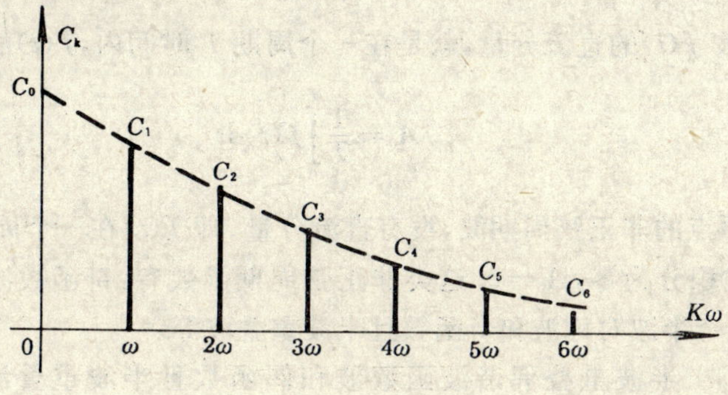

（a）振幅频谱

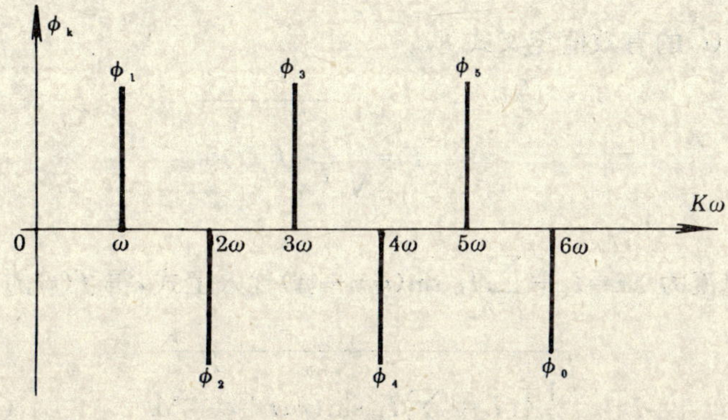

（b）相位频谱

图 11-12　振幅频谱图和相位频谱图

为了方便而又直观地表示一个周期信号包含有哪些谐波分量，各谐波分量所占的比重及它们相互的关系，可以作出频谱图来表示和分析。根据上述第二种或第三种傅里叶级数三角函数形式，作出振幅频谱和相位频谱两种频谱图。

振幅频谱，是将非正弦周期函数中各次谐波振幅值 C_k 按角频率依次分布的图形，纵坐标表示振幅 C_k，横坐标则表示角频率 $k\omega$，振幅频谱图如图 11-12（a）所示。以各次谐波的相位 φ_k 为纵坐标，以角频率 $k\omega$ 为横坐标，作出相位频谱图，如图 11－12（b）所示。在频谱图中，对应于某一角频率的表示振幅大小和相位的垂直横坐标的线段，称为谱线。每条谱线的高度

表示一个谐波分量的振幅值和初相位。

周期函数的频谱具有如下的特性：

(1) 频谱是由一系列不连续的谱线组成，称为不连续频谱或离散频谱。频谱的这种性质，称为离散性。

(2) 每条谱线只出现在基波角频率 ω 及其整数倍角频率 $k\omega$ 上，相邻谱线间的间隔等于基波角频率。频谱的这种性质，称为谐波性。

(3) 振幅频谱中，各条谱线的高度，随角频率的增加而减小，当角频率无限增加时，谱线高度就无限减小，频谱逐渐收敛。振幅频谱的这种性质，称为收敛性。

周期函数信号的频谱，在信号的分析中，具有重要的理论与实际的意义。

（五）关于非正弦周期波的直流分量与有效值

1. 直流分量

非正弦周期波 $f(t)$ 的直流分量，就是在一个周期 T 时间内，$f(t)$ 的平均值，即

$$A_0=\frac{1}{T}\int_0^T f(t)\mathrm{d}t$$

(1) 对称于原点的非正弦周期波，没有直流分量。即 $f(t)$ 在一个周期中，正、负半周所包含的面积相等，上式积分为零，$A_0=0$. 这类非正弦周期函数有：奇函数波、奇半波对称的奇谐波函数波、偶函数且奇半波对称波和奇函数且半波重叠波等。

(2) 偶函数波、半波重叠偶谐波函数波和偶函数且半波重叠波等，上式积分不为零，$A_0\neq 0$，均有直流分量。A_0 可以通在一个周期中正、负半周所包含面积之差来进行计算。

2. 有效值

周期函数 $f(t)$ 的有效值定义式为

$$F=\sqrt{\frac{1}{T}\int_0^T f^2(t)\mathrm{d}t}$$

设非正弦周期电流为 $i=I_0+\sum_{k=1}^{\infty}I_{km}\sin(k\omega t+\varphi_k)$ 代入上式，得 $f(t)$ 的有效值为

$$I=\sqrt{\frac{1}{T}\int_0^T\left[I_0+\sum_{k=1}^{\infty}I_{km}\sin(k\omega t+\varphi_k)\right]^2\mathrm{d}t} \qquad (1)$$

将上式展开的几项积分为

$$\frac{1}{T}\int_0^T I_0^2\mathrm{d}t=I_0^2$$

$$\sum_{k=1}^{\infty}\frac{1}{T}\int_0^T I_{km}^2\sin^2(k\omega t+\varphi_k)\mathrm{d}t=\sum_{k=1}^{\infty}I_k^2$$

式中，$I_k=\dfrac{I_{km}}{\sqrt{2}}$，$k$ 次谐波分量的有效值。

$$\sum_{k=1}^{\infty}\frac{1}{T}\int_{0}^{T}2I_0 I_{km}\sin(k\omega t+\varphi_k)\mathrm{d}t=0$$

$$\sum_{\substack{k=1\\q=1\\k\neq q}}^{\infty}\frac{1}{T}\int_{0}^{T}I_{km}I_{qm}\sin(k\omega t+\varphi_k)\cdot\sin(q\omega t-\varphi_q)\mathrm{d}t=0$$

将上述结果代入(1)式中,便得非正弦周期电流 i 的有效值为

$$I=\sqrt{I_0^2+\sum_{k=1}^{\infty}I_k^2}$$

上式导出中,应用了如下三角函数组的正交性,即式

$$\int_{-\pi}^{\pi}\sin kx\mathrm{d}x=0 \qquad k=1,2,3,\cdots$$

$$\int_{-\pi}^{\pi}\sin kx\sin q\mathrm{d}x=0 \qquad k\neq q,\ k,\ q=1,\ 2,\ 3,\ \cdots$$

$$\int_{-\pi}^{\pi}\sin^2 kx\mathrm{d}x=\pi \qquad k=1,2,3,\cdots$$

同理,非正弦交流电压 u 的有效值则为

$$U=\sqrt{U_0^2+\sum_{k=1}^{\infty}U_k^2}$$

表明:非正弦周期量的有效值,是直流分量和各次谐波分量有效值平方和的开方。

(六)关于非正弦周期电流电路中电压和电流的计算

非正弦交流电源激励的线性电路中,电压和电流的分析,可按如下步骤进行计算。

(1)将非正弦周期激励电压或电流,应用傅里叶级数分解为直流分量(或不含有)和各次谐波分量之和。由于电工技术中所遇到的非正弦周期量,一般都可以展开为傅里叶级数形式,而且傅里叶级数都是收敛的,频率越高的谐波振幅越小,因此,较高次谐波因振幅很小而可以忽略不计。所以,对非正弦周期函数电量进行傅里叶级数展开时,一般只取接近基波分量的前几项,所取的项数多少,应视所要求的准确度而定。

(2)分别计算出直流分量和各次谐波分量单独作用时,电路中的电压和电流分量。直流分量单独作用时,电路中各次谐波分量均置零,作出直流稳态电路,这时电感相当于短路,电容相当于开路。按直流电阻电路分析方法进行计算,求出待求支路中的电压和电流分量。

每一谐波分量单独作用时,按正弦交流电路分析的相量法进行计算。这时对于 k 次谐波,相量模型中,感抗是 $X_{Lk}=k\omega L$,容抗是 $X_{Ck}=\frac{1}{k\omega C}$. 最后应将分析计算所得的待求支路相量形式的电压和电流分量,变换为时域正弦量的瞬时值表示式。

(3)应用叠加定理将各分量单独作用时,所计算的结果进行叠加,求它们的代数和,便求出线性电路在非正弦周期函数电源激励下所求支路的电压和电流。

应该注意的是,叠加时应按瞬时值表示式来进行。因各次谐波的频率不同,故不能用相量

进行叠加。

(七)关于非正弦交流电路平均功率的计算

若一个二端网络，端口的非正弦周期电压和电流分别为

$$u(t)=U_0+\sum_{k=1}^{\infty}\sqrt{2}U_k\sin(k\omega t+\varphi_{uk})$$

$$i(t)=I_0+\sum_{k=1}^{\infty}\sqrt{2}I_k\sin(k\omega t+\varphi_{ik})$$

则二端网络收吸的平均功率为

$$P=U_0I_0+U_1I_1\cos\varphi_1+U_2I_2\cos\varphi_2+U_3I_3\cos\varphi_3+\cdots$$
$$=U_0I_0+\sum_{k=1}^{\infty}U_kI_k\cos\varphi_k$$

式中，$\varphi_k=\varphi_{uk}-\varphi_{ik}$

表明：(1) 非正弦交流电路的平均功率，等于直流分量功率和各次谐波平均功率之和。非正弦交流电路中，不同频率的各次谐波平均功率满足叠加性，而在直流电路和单一频率多电源正弦交流电路的有功功率不满足叠加性。

(2) 非正弦交流电路中，同次谐波电压和电流形成平均功率，而不同次谐波电压和电流不形成平均功率。这是由于三角函数的正交性所决定的。

本章学习的重点内容是，非正弦周期波谐波分析的概念，非正弦周期量有效值的计算和非正弦交流电路中电压和电流以及平均功率的计算。

三、解 题 指 导

(一) 例题分析

〔**例 11-1**〕 波形对称性与所含谐波分量情况的分析。如图 11-12 (a) 所示仅为非正弦周期波的$\frac{T}{4}$的波形，试分别绘出如下函数一个整周期的波形。

(1) $f(t)$为偶函数且只含奇次谐波；

(2) $f(t)$为奇函数且只含偶次谐波。

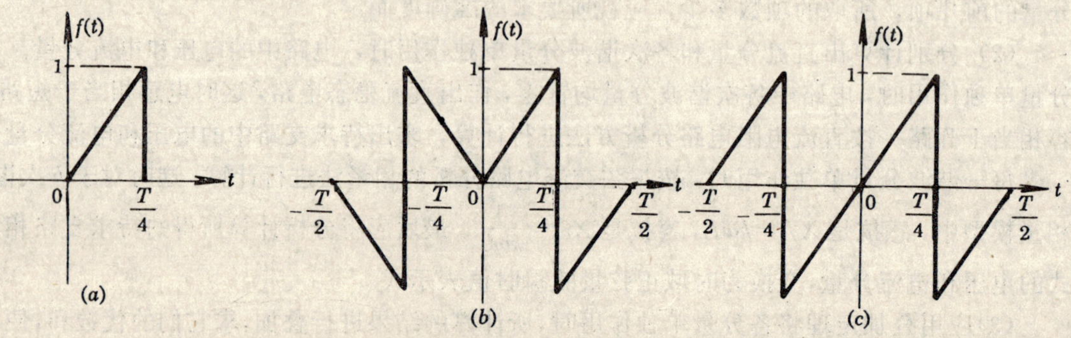

图 11-13 例 11-1 波形图

解 〔解题思路〕 利用波形对称性与所含谐波的关系，偶函数波形对称于纵轴；奇函数波形对称于原点；奇谐波函数的波形必是奇半波对称，即波形移动$\pm\frac{T}{2}$与原波形成镜像对称；满足$f(t)=-f(t\pm\frac{T}{2})$的条件；偶谐波函数的波形必是半波重叠函数，即波形移动$\pm\frac{T}{2}$与波形重叠，满足$f(t)=f(t\pm\frac{T}{2})$的条件。根据以上波形对称性与所含谐波的关系，便可在给出$\frac{T}{4}$波形条件下，绘出整个一周期的波形。

〔解题方法〕 (1)$f(t)$为偶函数且只含奇次谐波。第一步，在坐标图上先作出如图 11-13(a)所示的$(0\sim\frac{T}{4})$区间的$\frac{T}{4}$波形；第二步，根据$f(t)$是偶函数，作出对称于纵轴$(0\sim-\frac{T}{4})$区间的$\frac{T}{4}$波形；第三步，根据$f(t)$只含奇次谐波是奇半波对称，对已作出的波形移动$\pm\frac{T}{2}$与横轴成镜像对称，作出整个周期的波形，如图 11-13(b)所示。

(2) $f(t)$为奇函数且只含偶次谐波。第一步，在坐标图上作出如图 11 12(a)所示$(0\sim\frac{T}{4})$区间的$\frac{T}{4}$周期的波形；第二步，根据$f(t)$是奇函数，作出对称于原点$(0\sim-\frac{T}{4})$区间的$\frac{T}{4}$波形；第三步，$f(t)$只含偶次谐波是半波重叠函数，对已作出的波形移动$\pm\frac{T}{2}$，与原波形重叠作出整个周期的波形，如图 11-13(c)所示。

〔**例 11-2**〕 非正弦周期电流电路的计算。如图 11-14 所示电路，$u(t)=45+180\sin10t+60\sin30t+30\sin50t$ V. 求电流$i(t)$及其有效值I和电路吸收的平均功率P.

解 〔解题思路〕 (1)首先，运用叠加定理，分别计算出输入电压各谐波分量单独作用时的电流分量。然后，在时域进行叠加，求出输入电流$i(t)$；(2)按非正弦周期函数由谐波分量计算有效值的公式，计算出$i(t)$的有效值I；(3)按相同次数谐波电压和电流及其相位差计算出各次谐波的平均功率，最后叠加得出电路吸收的平均功率。

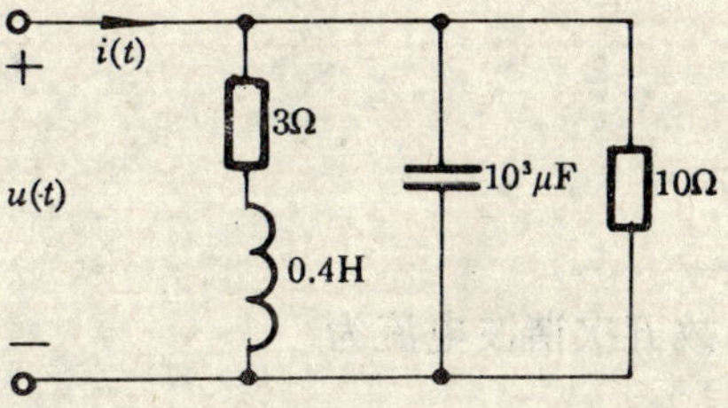

图 11-14 例 11-2 电路图

〔解题方法〕(1)计算输入电流$i(t)$

①当直流分量电压单独作用时，电路的导纳为

$$Y_0=\frac{1}{3}+\frac{1}{10}=\frac{13}{30}\text{ S}$$

故输入直流分量电流为

$$I_0=Y_0U_0=\frac{13}{30}\times45=19.5\text{ A}$$

②基波电压分量单独作用时，电路导纳为

$$\begin{aligned}Y(\text{j}\omega)&=\frac{1}{10}+\frac{1}{3+\text{j}4}+\text{j}10\times10^3\times10^{-6}\\&=0.1+0.12-\text{j}0.16+\text{j}0.01\\&=0.22-\text{j}0.15\end{aligned}$$

$$=0.266\angle -18.3^\circ\ \mathrm{S}$$

故基波电流为

$$\dot{I}_1=Y(\mathrm{j}\omega)\dot{U}_1$$
$$=0.266\angle -18.3^\circ\times 180\angle 0^\circ$$
$$=47.88\angle -18.3^\circ\ \mathrm{A}$$
$$i_1(t)=47.88\sin(10t-18.3^\circ)\ \mathrm{A}$$

③三次谐波电压单独作用时，电路的导纳为

$$Y(\mathrm{j}3\omega)=\frac{1}{10}+\frac{1}{3+\mathrm{j}12}+\mathrm{j}0.03$$
$$=0.18+\mathrm{j}0.01$$
$$=0.186\angle 3.2^\circ\ \mathrm{S}$$

故三次谐波电流为

$$\dot{I}_3=Y(\mathrm{j}3\omega)\dot{U}_3$$
$$=0.186\angle 3.2^\circ\times\angle 60\angle 0^\circ$$
$$=10.81\angle 3.2^\circ$$
$$i_3(A)=10.81\sin(30t+3.2^\circ)\ \mathrm{A}$$

④五次谐波电压单独作用时，电路的导纳为

$$Y(\mathrm{j}5\omega)=\frac{1}{10}+\frac{1}{3+\mathrm{j}20}+\mathrm{j}0.05$$
$$=0.1048+\mathrm{j}0.043$$
$$=0.113\angle 21^\circ\ \mathrm{S}$$

故五次谐波电流为

$$\dot{I}_5=Y(\mathrm{j}5\omega)\dot{U}_5$$
$$=0.113\angle 21^\circ\times 30\angle 0^\circ$$
$$=3.39\angle 21^\circ\ \mathrm{A}$$
$$i_5(t)=3.39\sin(50t+21^\circ)\ \mathrm{A}$$

⑤进行叠加求出端口输入电流为

$$i(t)=19.5+47.88\sin(10t-18.3^\circ)+10.81\sin(30t+3.2^\circ)+3.39\sin(50t+21^\circ)\ \mathrm{A}$$

(2)计算电流 $i(t)$ 的有效值为

$$I=\sqrt{I_0^2+I_1^2+I_3^2+I_5^2}$$
$$=\sqrt{19.5^2+\left(\frac{47.88}{\sqrt{2}}\right)^2+\left(\frac{10.81}{\sqrt{2}}\right)^2+\left(\frac{3.39}{\sqrt{2}}\right)^2}$$
$$=\sqrt{380.25+1146.25+56.43+5.75}$$
$$=38.85\ \mathrm{A}$$

(3) 计算电路吸收的平均功率

$$
\begin{aligned}
P &= U_0 I_0 + U_1 I_1 \cos\varphi_1 + U_3 I_3 \cos\varphi_3 + U_5 I_5 \cos\varphi_5 \\
&= 45 \times 19.5 + \frac{1}{2}(180 \times 47.88)\cos 18.3° + \frac{1}{2}(60 \times 10.81) \\
&\quad \cos(-3.2°) + \frac{1}{2}(30 \times 3.39)\cos(-21°) \\
&= 877.5 + 4093.74 + 323.81 + 47.15 \\
&= 5342.2\ \text{W}
\end{aligned}
$$

(二) 部分练习题解答

练习题 11-2 图 11-1 (a) 所示方波，如果把纵轴向右平移至 $t=0.5$ s 处，波形如图 11-5 所示。试利用图 11-2，写出该方波的傅里叶级数。

解 利用图 11-2，可写出图 11-1 (a) 所示方波的傅里叶级数为

$$
f(t) = \frac{4}{\pi}\left(\sin\pi t + \frac{1}{3}\sin 3\pi t + \frac{1}{5}\sin 5\pi t + \cdots\right)
$$

现将图 11-1(a)所示方波的纵坐标向右平移至 $t=0.5$ s 处，得出如图 11-5 所示方波。因周期 $T=2$ s，故 $t=0.5$ s 处是$\frac{\pi}{2}$. 以 $t=\left(t+\frac{\pi}{2}\right)$ 代入上式便得出图 11-5 所示方波的傅里叶级数为

$$
\begin{aligned}
f(t) &= \frac{4}{\pi}\left(\sin\pi t + \frac{1}{3}\sin 3\pi t + \frac{1}{5}\sin 5\pi t + \cdots\right) \\
&= \frac{4}{\pi}\left[\sin\pi\left(t+\frac{\pi}{2}\right) + \frac{1}{3}\sin 3\pi\left(t+\frac{\pi}{2}\right) + \frac{1}{5}\sin 5\pi\left(t+\frac{\pi}{2}\right) + \cdots\right] \\
&= \frac{4}{\pi}\left[\sin\pi(t+90°) + \frac{1}{3}\sin\pi(3t+270°) + \frac{1}{5}\sin\pi(5t+90°) + \cdots\right] \\
&= \frac{4}{\pi}\left(\cos\pi t - \cos 3\pi t + \frac{1}{5}\cos 5\pi t - \cdots\right)
\end{aligned}
$$

或
$$
f(t) = \sum_{k=1}^{\infty} \frac{(-1)^{k+1}}{2k-1}\cos(2k-1)\pi t
$$

练习题 11-5 试说明图 11-13 所示三角波原点分别选在 a，b，c 三点所含谐波成分有何不同？

解 (1) 三角波原点选在 a 点，波形对称于纵轴，是偶函数，则 $B_k=0$；且波形移动 $\pm\frac{T}{2}$，与原波形成镜像，又是奇半波对称，只含奇次谐波。因此，三角波是 $\sum A_k\cos k\omega t$ 项的奇次谐波。

(2) 三角波原点选在 b 点，波形不对称于纵轴，也不对称于原点，不是偶函数也不是奇函数。而波形移动 $\pm\frac{T}{2}$，与原波形成镜像对称，故它是奇半波对称，这时三角波是含 $\sum A_k\cos k\omega t$ 和 $\sum B_k\sin k\omega t$ 的奇次谐波，即 $k=1$，3，5，…。

(3) 三角波原点选在 c 点，波形对称于原点，是奇函数，则 $A_k=0$；且波形移动 $\pm\frac{T}{2}$，与原波形成镜像对称，又是奇半波对称函数，只含奇次谐波。因此，三角波是只含 $\sum B_k\sin k\omega t$ 项

的奇次谐波。

练习题 11-7 施加以二端网络的电压 $u_{ab}(t)=100+100\cos\omega t+30\cos3\omega t$ V，流入 a 端的电流 $i(t)=50\cos(\omega t-45°)+10\sin(3\omega t-60°)+20\cos5\omega t$ A. 求：(1)u_{ab}的有效值；(2)i_{ab}的有效值；(3)平均功率 P.

解 (1) $U_{ab}=\sqrt{100^2+\left(\frac{100}{\sqrt{2}}\right)^2+\left(\frac{30}{\sqrt{2}}\right)^2}=124.3$ V

(2) $I_{ab}=\sqrt{\left(\frac{50}{\sqrt{2}}\right)^2+\left(\frac{10}{\sqrt{2}}\right)^2+\left(\frac{20}{\sqrt{2}}\right)^2}=38.73$ A

(3) $P=\frac{1}{2}(100\times50)\cos45°+\frac{1}{2}(30\times10)\cos150°=1637.86$ W

（三）部分习题解答

习题十一

5. 方波电压的峰谷值为 20 V，若滤去其三次谐波。试绘出波形图，问所得波形的峰谷值是多少？

解 如图 11-1(*a*)所示方波电压，峰谷值为 20V，它的傅里叶级数为

$$u(t)=\frac{40}{\pi}\sum_{k=1}^{\infty}\frac{1}{k}\sin k\omega t \text{ V}$$

三次谐波电压为

$$u_3(t)=\frac{40}{3\pi}\sin3\omega t=4.24\sin3\omega t \text{ V}$$

滤去 $u_3(t)$后，电压波形表达式为

$u'(t)=u(t)-u_3(t)=\frac{40}{\pi}\sum_{k=1}^{\infty}\frac{1}{k}\sin k\omega t-4.24\sin3\omega t$ 作出波形图，如图 11-15 所示。从图中可见，$u'(t)$的峰谷值为 28.28 V.

12. 电路图如图题 11-4 所示，$u_{s1}(t)=\cos t$ V，$u_{s2}(t)=\cos2t$ V.

(1) 计算电路中的电流 $i(t)$；

(2) 电流 $i(t)$的有效值是多少；

(3) 计算电阻消耗的平均功率；

(4) 计算 $u_{s1}(t)$单独作用时电阻消耗的平均功率；

(5) 计算 $u_{s2}(t)$单独作用时电阻消耗的平均功率；

(6) 由(3)，(4)，(5)的计算结果，能得出什么结论？

解 (1)计算电路中的电流 $i(t)$

①当 $u_{s1}(t)$单独作用时，$\omega=1$ rad/s，$i_1(t)$的振幅相量为

$$\dot{I}_1=\frac{1\angle0°}{3+j2}=\frac{3-j2}{13}=0.23-j0.154$$
$$=0.277\angle-33.77° \text{ A}$$
$$i_1(t)=0.277\cos(t-33.77°) \text{ A}$$

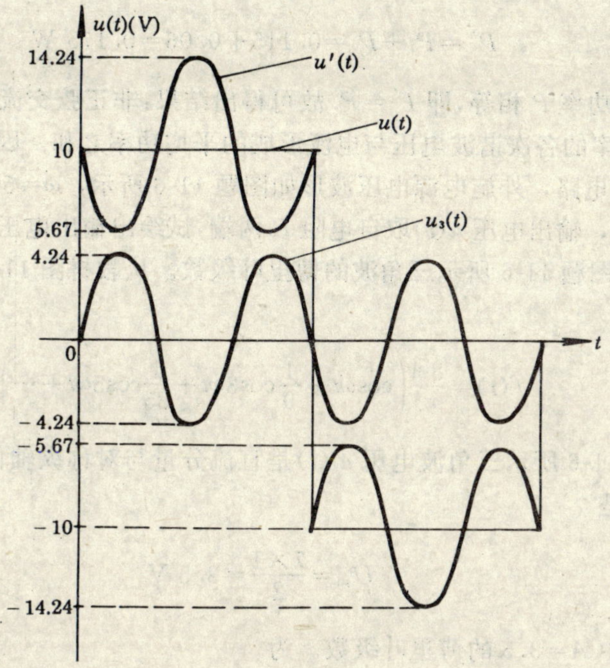

图 11-15　习题十一第 5 题波形图

②当 $u_{s2}(t)$ 单独作用时，$\omega=2$ rad/s，$i_2(t)$ 的振幅相量为

$$\dot{I}_2=\frac{1\angle 0^\circ}{3+j4}=\frac{3-j4}{25}=0.12-j0.16=0.2\angle -53.13^\circ \text{ A}$$

$$i_2(t)=0.2\cos(2t-53.13^\circ)\text{ A}$$

③解出

$$i(t)=0.277\cos(t-33.77^\circ)+0.2\cos(2t-53.13^\circ)\text{ A}$$

(2) 计算电流 $i(t)$ 的有效值为

$$I=\sqrt{\left(\frac{0.277}{\sqrt{2}}\right)^2+\left(\frac{0.2}{\sqrt{2}}\right)^2}=0.2415\text{ A}$$

(3) 计算电阻消耗的平均功率

$$P=I^2R=(0.2415)^2\times 3=0.175\text{ W}$$

(4) $u_{s1}(t)$ 单独作用时电阻消耗的平均功率为

$$P_1=I_1^2R=\left(\frac{0.277}{\sqrt{2}}\right)^2\times 3=0.115\text{ W}$$

(5) $u_{s2}(t)$ 单独作用时电阻消耗的平均功率为

$$P_2=I_2^2R=\left(\frac{0.2}{\sqrt{2}}\right)^2\times 3=0.06\text{ W}$$

(6) 从(4),(5)两项计算的平均功率 P_1 与 P_2 之和为

$$P'=P_1+P_2=0.115+0.06=0.175\ \mathrm{W}$$

与(3)计算的平均功率 P 相等,即 $P'=P$. 故可得出结果:非正弦交流电路中,电路吸收的平均功率,等于相同频率的各次谐波电压与电流形成的平均功率之和。因此,符合叠加定理。

14. RLC 串联电路,外施电源电压波形如图题 11-6 所示,$\omega=500$ rad/s,$R=1\ \Omega$,$L=5$ mH,$C=88.8\ \mu$F,输出电压 $u(t)$ 取自电阻 R 两端,试绘出输出电压的频谱图。

解 (1)写出图题 11-6 所示三角波的傅里叶级数。从教材图 11-18(b)三角波的傅里叶级数为

$$f(t)=\frac{8A}{\pi^2}\left(\cos\omega t+\frac{1}{9}\cos3\omega t+\frac{1}{25}\cos5\omega t+\cdots\right)$$

现本题图题 11-6 所示三角波电压 $u_s(t)$ 是直流分量与对称纵轴偶函数三角波各谐波分量之和。直流分量是

$$U_{s0}=\frac{7\times1}{2}=3.5\ \mathrm{V}$$

谐波之和是上式中 $A=3.5$ 的傅里叶级数。为

$$\sum_{k=1}^{\infty}A_k\cos k\omega t=2.837\left(\cos\omega t+\frac{1}{9}\cos3\omega t+\frac{1}{25}\cos5\omega t+\cdots\right)\qquad k=1,3,5,7,\cdots$$

故图题 11-6 三角波电压的傅里叶级数为

$$u_s(t)=3.5+2.837\left(\cos\omega t+\frac{1}{9}\cos3\omega t+\frac{1}{25}\cos5\omega t+\cdots\right)$$

(2) 计算电阻两端的输出电压 $u(t)$

①直流分量电压 U_0:由于直流稳态时,电容相当于开路,电路中的电流 $I=0$,故 $U_0=0$.

②基波电压 $u_1(t)$:应用相量法按分压关系计算出 $u_1(t)$ 的振幅相量为

$$\dot{U}_{1m}=\frac{1}{1+j\left(\omega L-\dfrac{1}{\omega C}\right)}\times\dot{U}_{s1}=\frac{2.837\angle 0^\circ}{1+j\left(500\times5\times10^{-3}-\dfrac{1}{500\times88.8\times10^{-6}}\right)}$$

$$=\frac{2.837}{1+j(2.5-22.525)}=\frac{2.837}{20\angle -87.14^\circ}=0.1418\angle 87.14^\circ\ \mathrm{V}$$

$$u_1(t)=0.1418\cos(\omega t+87.14^\circ)\ \mathrm{V}$$

③三次谐波电压 $u_3(t)$:其振幅相量为

$$\dot{U}_{3m}=\frac{1}{1+j\left(3\omega L-\dfrac{1}{3\omega C}\right)}\times\dot{U}_{s3}=\frac{2.837\times\dfrac{1}{9}}{1+j(7.5-7.5)}$$

$$=0.315\angle 0^\circ\ \mathrm{V}$$

$$u_3(t)=0.315\cos3\omega t\ \mathrm{V}$$

④五次谐波电压 $u_5(t)$：其振幅相量为

$$\dot{U}_{5m}=\frac{1}{1+j\left(5\omega L-\frac{1}{5\omega C}\right)}\times\dot{U}_{s3}=\frac{2.837\times\frac{1}{25}}{1+j(12.5-4.505)}$$

$$=\frac{0.1135}{8.057\angle 82.87^\circ}=0.014\angle -82.87^\circ\ \text{V}$$

$$u_5(t)=0.014\cos(5\omega t-82.87^\circ)\ \text{V}$$

⑤故解出输出电压为

$$u(t)=0.142\cos(\omega t+87.14^\circ)+0.315\cos 3\omega t$$
$$+0.014\cos(5\omega t-82.87^\circ)\ \text{V}$$

(3) 作出振幅频谱图，如图 11-16 所示。

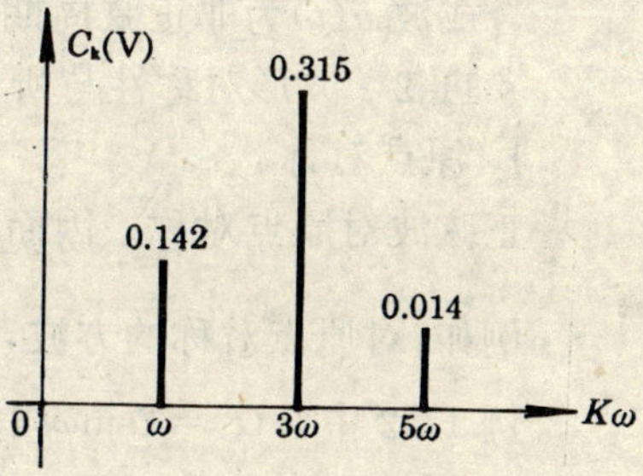

图 11-16 三角波振幅频谱图

16. 已知图题 11-8(*a*)所示三角波 $A=\frac{\pi^2}{8}$ 的傅里叶级数为

$$f(x)=\frac{8A}{\pi^2}(\sin x-\frac{1}{9}\sin 3x+\frac{1}{25}\sin 5x-\cdots)$$
$$=\sin x-\frac{1}{9}\sin 3x+\frac{1}{25}\sin 5x-\cdots$$

$x=\frac{2\pi}{T}t$. 试求图题 11-8(*b*)所示三角波 $g(t)$的傅里叶级数。

解 从图题 11-8(*a*)，(*b*)可见，$f(x)$和 $g(t)$的周期均为

$$T=2\pi\ \text{s}$$

角频率为

$$\omega=\frac{2\pi}{T}=\frac{2\pi}{2\pi}=1\ \text{rad/s}$$

将 $f(x)$波形沿横轴向左平移$\frac{\pi}{6}$，便得到 $A=1$ 的 $g(t)$的波形图。因此，$g(t)$的傅里叶级数是以$(t-\frac{\pi}{6})$代入 x 式的 t，即

$$x=\frac{2\pi}{T}(t-\frac{\pi}{6})=\frac{2\pi}{2\pi}(t-\frac{\pi}{6})=(t-\frac{\pi}{6})$$

代入 $f(x)$式中且 $A=1$，$g(t)$的傅里叶级数为

$$g(t)=\frac{8\times 1}{\pi^2}\left[\sin\left(t-\frac{\pi}{6}\right)-\frac{1}{9}\sin 3\left(t-\frac{\pi}{6}\right)+\frac{1}{25}\sin 5\left(t-\frac{\pi}{6}\right)-\cdots\right]$$
$$=\frac{8}{\pi^2}\left[\sin(t-30^\circ)-\frac{1}{9}\sin(3t-90^\circ)+\frac{1}{25}\sin(5t-150^\circ)-\cdots\right]$$
$$=\frac{8}{\pi^2}\left[\sin(t-30^\circ)-\frac{1}{9}\cos 3t+\frac{1}{25}\sin(5t-150^\circ)-\cdots\right]$$

四、教学媒体与作业

本章电视讲课共 4 讲，即从第 69 讲至第 72 讲。各讲教学内容及作业分述如下。

第 69 讲

第十一章　非正弦交流电路

§11-1　谐波

方波的合成（方波合成的计算机显示示教）

$$f(t)=\frac{4}{\pi}\sum_{k=1}^{\infty}\frac{1}{k}\sin k\omega t \qquad (k\text{ 为奇数})$$

例 11-1　（合成波形的计算机显示示教）

例 11-2　（合成波形的计算机显示示教）

合成波 $u(t)$ 为非正弦周期波，$u(t)$ 的频率与基波频率 ω 相同。

§11-2　波形对称性与所含谐波分量的关系

1. 原点对称

正弦波对原点对称。因而，具有原点对称性的非正弦波，只能由正弦项构成。

例如，对原点对称的方波，$f(t)=\frac{4}{\pi}\sum_{k=1}^{\infty}\frac{1}{k}\sin k\omega t$，只由正弦项组成。

例 11-2 中，$u(t)=2\sin\omega t+\sin(2\omega t+90°)=2\sin\omega t+\cos 2\omega t$，合成波形不具有原点对称性。

2. 纵轴对称

余弦波对纵轴对称，具有纵轴对称的非正弦周期波不能含正弦项。

例如，练习题 11-2 对称于纵轴方波

$$f(t)=\frac{4}{\pi}(\cos\pi t-\frac{1}{3}\cos 3\pi t+\frac{1}{5}\cos 5\pi t+\cdots)$$

只含余弦项。对称于纵轴的非正弦周期波，如图 11-7（教材中的图）的方波，除余弦项外，尚有直流分量 A_0。

非正弦周期波，一般由直流分量与谐波（正弦和余弦项）构成。

作业　习题十一　1，2，3。

第 70 讲

§11-2　波形对称性与所含谐波分量的关系（续）

3. 直流分量

直流分量是波形在一个周期内的平均值。波形曲线在一周期内与横坐标上、下所围成的面积相等，即净面积为零，则直流分量为零；若净面积不为零，则直流分量也不为零。

通过对波形横轴上、下所包围面积的计算确定直流分量。

4. 半波（镜像）对称

波形沿横轴移动正、负半波（$\pm\frac{T}{2}$），与原波形对横轴（镜像）对称。半波（镜像）对称只含奇次谐波。

例 11-4　求傅里叶级数

§11-3　非正弦周期波的平均功率和有效值

1. 由谐波分量计算平均功率

不同频率的正弦电压、电流的平均功率为零。如 $u=U_m\sin\omega t$，$i=I_m\sin 2\omega t$，则 $P=0$.

平均功率 P 为直流分量、基波、每一高次谐波单独产生平均功率之和。即

$$P=U_0I_0+U_1I_1\cos\varphi_1+U_2I_2\cos\varphi_2+\cdots$$

作业 习题十一 4，7，8，9。

第 71 讲

§11-3 非正弦周期波的平均功率和有效值（续）

例 11-5

2. 由谐波分量计算有效值

$$I=\sqrt{I_0^2+I_1^2+I_2^2+I_3^2}$$

例 11-6

§11-4 非正弦交流电路的计算

傅里叶级数＋叠加定理

求每一谐波单独作用时的响应，仍可用相量法。

例 11-7

§11-5 傅里叶级数

1. cos—sin 形式

$$f(t)=A_0+\sum_{k=1}^{\infty}(A_k\cos k\omega t+B_k\sin k\omega t)$$

$$A_0=\frac{1}{T}\int_0^T f(t)\mathrm{d}t$$

$$A_k=\frac{2}{T}\int_0^T f(t)\cos k\omega t\mathrm{d}t$$

$$B_k=\frac{2}{T}\int_0^T f(t)\sin k\omega t\mathrm{d}t$$

2. 振幅—相角形式

$$f(t)=A_0+\sum_{k=1}^{\infty}C_k\sin(k\omega t+\varphi_k)$$

求非正弦周期波的傅里叶级数：(1) 运用求 A_0，A_k，B_k 的公式；(2) 查阅有关资料（教材、手册）。

3. 频谱（图）

作业 习题十一 10，13（求三项即可），14。

第 72 讲

§11-5 傅里叶级数（续）

例 11-9

例 11-12

本章小结

(1) 非正弦周期波可以分解为直流分量和谐波分量之和。

(2) 常用波形的傅里叶级数可由手册或教材查得。

(3) 根据波形的对称性，可判断傅里叶级数 sin—cos 形式中缺少哪些项。

(4) 分解为谐波后，可用叠加原理解决非正弦交流电路的求解问题，并可计算非正弦波的功率和有效值。

作业 习题十一 15。

结 束 语

电路及磁路课程的电视讲课，共 72 讲，历时两个学期，至此结束。

本课程的教学内容，体现了大学专科培养应用型专门人才目标的要求和国家教委关于大学专科基础理论课程的教学“以应用为目的，以必需、够用为度”的原则。也贯彻了减少授课时数，增加习题课、实验课等实践性教学时数的精神。电视授课共 72 学时，只占全课程总课内 135 学时的 53%。讲课中用了一些先进手段，每次课的内容是充实的。

在电视讲课的教学中，努力贯彻了国家教委关于“掌握概念，强化应用”的原则，讲课中始终注意了这一点。电视讲课突出了教学重点，着重于讲概念，讲思路，讲方法，讲重点和难点。教学中减少了理论的推导，采取从个别到一般，从概念到结论的方法。虽然，从理论的角度不是很严密的，但基本理论和分析方法，具有一般的意义。因此，在学习中不要纠缠于数学推理的严密性。

电视讲课在教学中，具有主导的作用，因为电视讲课突出了教学的重点，要获得教学的重点就必须认真收视电视讲课。

本课程的教学，除了电视讲课外，还有习题课、实验课和辅导课，以及自己阅读文字教材《电路及磁路》、《电路及磁路学习指导》和做习题等环节。只有各个教学环节紧密配合，才能完成好教学任务。因此，要求同学们除了认真收视电视讲课和上好习题课、实验课外，还要有足够的时间进行复习和做习题。这样才能掌握教学内容，达到教学要求。

第十二章　电路中的过渡过程

一、基本要求

1. 明确过渡过程的含义，电路中发生过渡过程的原因及其实质。

2. 熟练掌握换路定律及电路中电压和电流初始值的计算。

3. 能熟练地运用经典法分析 RC 和 RL 电路接通或断开直流电源时过渡过程中的电压和电流。明确 RC 和 RL 电路放电和充电时的物理过程与过渡过程中电压电流随时间的变化规律。

4. 明确时间常数、零输入与零状态、暂态与稳态、自由分量与强制分量的概念，电路过渡过程中的暂态响应与稳态响应。

5. 熟练掌握直流激励 RC 和 RL 一阶电路过渡过程分析的三要素法。能分析含受控源一阶电路的过渡过程。

6. 会计算 RC 和 RL 电路对正弦交流电源激励的响应，并了解响应的特点。

7. 明确叠加定理在电路过渡过程分析中的应用，完全响应中零输入响应与零状态响应的分解方式。掌握阶跃函数和 RC，RL 电路阶跃响应的计算。

8. 明确 RLC 电路发生过渡过程的物理过程。掌握 RLC 串联二阶电路固有频率的计算和固有响应与固有频率的关系，以及振荡与非振荡的概念。会建立 RLC 二阶电路描述过渡过程特性的微分方程。明确初始条件与电路初始状态的关系和微分方程的解法。会计算 RLC 串联二阶电路在断开直流电源时过渡过程中的电压和电流。了解它在接通直流电源时电压和电流的计算方法。

二、学习指导

电路中过渡过程的分析，是本课程的重要内容。教学内容可分如下四部分：

1. 过渡过程的概念；

2. 换路定律；

3. 典型电路中的过渡过程，包括 RC 和 RL 一阶电路和 RLC 串联二阶电路过渡过程的分析；

4. 叠加定理在电路过渡过程分析中的应用。

着重讨论电路过渡过程的概念，换路定律，RC 和 RL 一阶电路过渡过程中暂态响应与稳态响应和时间常数的概念，计算一阶电路过渡过程的三要素法，完全响应中的零输入响应和零状态响应，阶跃函数与阶跃响应，以及 RLC 串联二阶电路过渡过程的分析方法。

现就教学内容中的几个问题分述如下。

(一) 关于过渡过程的概念与换路定律

1. 关于过渡过程的概念

电路从一种稳定状态转变到另一种稳定状态所经历的过程，称为过渡过程。电路过渡过程中的电压和电流，是随时间从初始值按一定的规律过渡到最终的稳态值。产生过渡过程的原因，是由于含有储能元件（电容C、电感L以及耦合电感元件）的电路发生换路工作状态突然改变时而引起的。因此，“换路”是产生过渡过程的外因，而内因是电路中含有储能元件，其实质是由于电路中储能元件能量的释放与储存不能突变的缘故。电路中的过渡过程，就是换路后电路的能量转换过程。所以，电路产生过渡过程的充分必要的条件是：含有储能元件的电路，发生换路（如$t=0$时刻换路）之后，即$t>0$时储能元件的能量必须发生变化，电路中才能产生能量转换的过程。如果电路换路之后，储能元件的能量不发生变化，意味着换路后立即到达稳态，电路就不发生过渡过程了。

2. 换路定律

若$t=0$时刻换路，$t=0_-$表示换路前最后的瞬间，$t=0_+$表示换路后最初瞬间。电压和电流的初始值就是$t=0_+$时的数值，用$u(0_+)$和$i(0_+)$表示。

如果换路时刻电容电流和电感电压都是有限值，则换路时刻电容电压和电感电流不能跃变，即$u_C(0_+)=u_C(0_-)$，$i_L(0_+)=i_L(0_-)$，这就是换路定律。

关于换路定律应该明确的是：

(1) 适用于换路定律的电量，只有电容电压和电感电流，其它电量是不适用换路定律的。因为电容电压和电感电流是电路的状态变量*，决定电路的储能状态，即$w_C=\frac{1}{2}Cu_C^2$，$w_L=\frac{1}{2}Li_L^2$. 因此，储能不能跃变，必然是电容电压和电感电流不能跃变。而电路中的其它电量，如电容电流、电感电压、电阻电压和电流等，都是非状态变量，在换路时刻是可以跃变的。

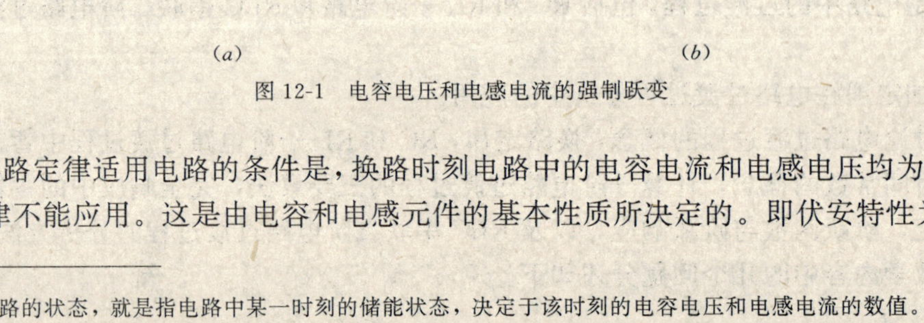

图 12-1　电容电压和电感电流的强制跃变

(2) 换路定律适用电路的条件是，换路时刻电路中的电容电流和电感电压均为有限值，否则换路定律不能应用。这是由电容和电感元件的基本性质所决定的。即伏安特性为

* 所谓电路的状态，就是指电路中某一时刻的储能状态，决定于该时刻的电容电压和电感电流的数值。某一时刻的电容电压值和电感电流值，称为该时刻电路的状态。因此，电容电压和电感电流，就是电路的状态变量。

$$u_C(0_+)=u_C(0_-)+\frac{1}{C}\int_{0_-}^{0_+}i_C\mathrm{d}t=u_C(0_-)$$

因 $t=0$ 时刻电容电流 i_C 为有限值，上式中的积分项为零。

$$i_L(0_+)=i_L(0_-)+\frac{1}{L}\int_{0_-}^{0_+}u_L\mathrm{d}t=i_L(0_-)$$

同理，因 $t=0$ 时刻电感电压 u_L 为有限值，上式中的积分项为零。

否则，如果换路时刻电容电流和电感电压不是有限值，电容电压和电感电流可能跃变。如图 12-1(a)所示电路，$u_C(0_-)=0$，$t=0$ 时刻开关 K 闭合，则 $u_C(0_+)=U_s$，电容电压发生强制跃变，必然换路时刻 $t=0$ 电容电流 $i_C(0)\to\infty$，为非有限值；又如图 12-1(b)所示电路，$i_L(0_-)=0$，$t=0$ 时刻进行换路，I_s 输入电感元件 L，$i_L(0_+)=I_s$，电感电流发生强制跃变，必然换路时刻 $t=0$ 电感电压为 $u_L(0)\to\infty$，为非有限值。由此可见，换路时刻电容电流和电感电压为非有限值，则电容电压和电感电流可能发生跃变；换路定律不能应用。

3. 初始值与 $t=0_+$ 电路

我们所讨论的 RC 和 RL 以及 RLC 电路都是适用换路定律的。这类电路换路后电路的初始值，对于电容电压和电感电流而言，求出 $u_C(0_-)$和 $i_L(0_-)$后，便可按换路定律求出 $u_C(0_+)$和 $i_L(0_+)$。对于其它电量的初始值，则应作出 $t=0_+$ 电路按 KVL，KCL 和元件 VAR 计算得出。作 $t=0_+$ 电路时，$u_C(0_+)$视为电压源，$i_L(0_+)$视为电流源。

4. 稳态值与稳态电路

过渡过程结束后，电路中的电压和电流的最终值，就是新的稳定状态的数值，即稳态值。稳态值一般作出过渡过程结束后的稳态电路来求出。如直流电源激励的稳态电路，称为直流稳态电路，这时电路中电容相当于开路，电感相当于短路。又如正弦交流电源激励的稳态电路，称为正弦稳态电路，这时按相量法计算出稳态值。

5. 电路过渡过程分析的目的与方法

电路中过渡过程分析的目的，主要是研究过渡过程中电压和电流的变化规律。它与动态电路换路后的结构和储能元件的性质、数目及初始储能等有关，由列出和求解描述电路动态过程的微分方程的解来确定。电路过渡过程的分析方法，有经典法和变换域分析法。经典法是在时域以待求支路的电压或电流为变量，列出电路换路后的微分方程，并直接求解满足初始条件微分方程的解答，得出时间函数的电压或电流，本章就是采用这种方法来分析过渡过程问题的，变换域分析法是应用拉普拉斯变换方法来求解电路过渡过程中的电压和电流，这种方法将在第十三章介绍。

（二）关于 RC 和 RL 一阶电路过渡过程的分析

1. 典型 RC 和 RL 一阶电路

含有一个独立储能元件的电路，动态特性是用一阶微分方程来描述，称为一阶电路。如图 12-2 (a)，(b) 所示 RC 和 RL 串联电路是典型的一阶电路。其它的一阶电路，可以应用戴维南定理等效化简为典型的一阶电路。

2. 直流 RC 和 RL 一阶电路的微分方程

如果 RC 和 RL 电路的激励源是直流电源，称为直流一阶电路。为了分析 RC 和 RL 一阶电路过渡过程中电压和电流的变化规律，需根据 KVL，KCL 和元件 VAR 列出 $t\geqslant0$ 时电路的

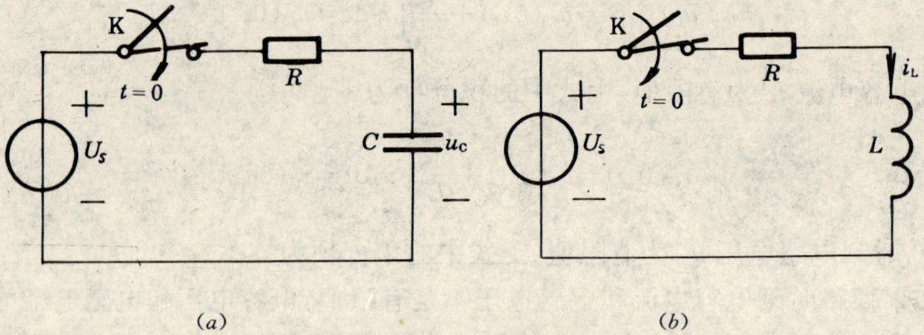

图 12-2　典型 RC 和 RL 一阶电路

微分方程。如图 12-2(a)所示电路，$u_s=U_s$，以 $u_C(t)$ 为变量，$t\geqslant 0$ 时电路的微分方程为

$$RC\frac{\mathrm{d}u_C}{\mathrm{d}t}+u_C=U_s$$

这是常系数线性非齐次一阶微分方程。齐次微分方程是

$$RC\frac{\mathrm{d}u_C}{\mathrm{d}t}+u_C=0$$

电路换路后过渡过程中的电容电压随时间变化的规律，就是满足初始条件 $u_C(0)$ 微分方程的解。

又如图 12-2(b)所示 RL 电路，$u_s=U_s$，以 $i_L(t)$ 为变量，$t\geqslant 0$ 时电路的微分方程为

$$L\frac{\mathrm{d}i_L}{\mathrm{d}t}+Ri_L=U_s$$

这是常系数线性非齐次一阶微分方程。齐次微分方程是

$$L\frac{\mathrm{d}i_L}{\mathrm{d}t}+Ri_L=0$$

电路换路后过渡过程中的电流 $i_L(t)$ 随时间变化的规律，就是满足初始条件 $i_L(0)$ 微分方程的解。

电路的初始条件，由初始状态来确定。

3. 过渡过程中的暂态响应与稳态响应

（1）如图 12-2(a)所示 RC 电路，初始状态 $u_C(0)=U_0$，且 $U_0<U_s$．$t\geqslant 0$ 时的 $u_C(t)$，是以 $u_C(t)$ 为变量常系数一阶非齐次微分方程的解，包含齐次微分方程的通解 $u_{ch}=K\mathrm{e}^{-\frac{t}{RC}}$，和非齐次微分方程的特解 $u_{Cp}=U_s$. 故微分方程的全解为

$$u_C(t)=u_{Ch}+u_{Cp}=K\mathrm{e}^{-\frac{t}{RC}}+U_s$$

根据初始条件 $u_C(0)=U_0$，确定积分常数 K. 当 $t=0$ 时，则上式为

$$u_C(0)=K+U_s=U_0$$
$$K=U_0-U_s$$

故最后解出过渡过程中的电容电压为

$$u_C(t)=(U_0-U_s)\mathrm{e}^{-\frac{t}{RC}}+U_s\qquad t\geqslant 0$$

上式等号右边第一项$(U_0-U_s)e^{-\frac{t}{RC}}$，按指数规律衰减，当$t\to\infty$时为零，故称为暂态响应，又称自由分量；第二项$U_s$，是与激励电源形式相同，而与时间$t$无关的恒定值，当$t\to\infty$时，$u_C(t)=U_s$，故称为稳态响应，又称为强制分量。由此可见，过渡过程中的电容电压$u_C(t)$可以分解为：暂态响应与稳态响应之和。

在工程上，RC电路电容放电过程中的电容电压为

$$u_C(t)=U_0e^{-\frac{t}{RC}} \qquad t\geqslant 0$$

电容放电电压是从初始值U_0按指数规律衰减为零，$e^{-\frac{t}{RC}}$就是指数规律衰减的因子。

RC电路当$u_C(0)=0$电容充电过程中的电容电压为

$$u_C(t)=U_s(1-e^{-\frac{t}{RC}}) \qquad t\geqslant 0$$

电容充电电压是从零按指数规律上升到稳态值U_s. $(1-e^{-\frac{t}{RC}})$就是从零按指数规律增长的因子。

电路中的电流i_C则根据电容元件的VAR得出，即

$$i_C(t)=C\frac{du_C(t)}{dt}$$

（2）如图12-2(*b*)所示RL电路，若初始状态$i_L(0)=I_0$，且$I_0<\frac{U_s}{R}$. $t\geqslant 0$时的$i_L(t)$，是以$i_L(t)$为变量的非齐次微分方程满足初始条件的解，即

$$i_L(t)=\left(I_0-\frac{U_s}{R}\right)e^{-\frac{R}{L}t}+\frac{U_s}{R} \qquad t\geqslant 0$$

式中，$\left(I_0-\frac{U_s}{R}\right)e^{-\frac{R}{L}t}$是暂态响应；$\frac{U_s}{R}$是稳态响应。

4. 时间常数

（1）在上述RC和RL电路过渡过程中$u_C(t)$和$i_L(t)$的暂态响应，含有衰减因子$e^{-\frac{t}{RC}}$和$e^{-\frac{R}{L}t}$，e的指数的分母RC和$\frac{L}{R}$的量纲是时间，单位是秒，它们的数值决定于电路中的参数R,C和R,L均为常数，故称为时间常数，用τ表示。对于图12-2所示典型一阶电路，RC电路$\tau=RC$，RL电路$\tau=\frac{L}{R}$. 而对于非典型一阶电路，时间常数τ中的R，是戴维南等效电路的等效电阻。

（2）时间常数是一阶电路微分方程的特征方程根的负倒数。如图12-2（*a*）所示RC电路微分方程的特征方程是

$$RCS+1=0$$

故特征根为

$$S=-\frac{1}{RC}$$

因此，时间常数

$$\tau = RC = \frac{-1}{S}$$

特征根 S 具有频率的量纲，即秒$^{-1}$。由电路的参数 R，C 确定，反映电路的固有性质，故称为固有频率。

（3）时间常数是决定电路过渡过程中电压和电流变化快慢的物理量。其值是过渡过程中暂态响应衰减到初始值 36.8% 所需的时间。τ 值越大，衰减就越慢，过渡过程就越长；反之，τ 值越小，衰减就越快，则过渡过程就越短。

从理论上讲，要经过无限长时间暂态响应才能衰减为零，过渡过程才能结束。但是，在工程上一般认为经过$(3\sim5)\tau$ 的时间，暂态响应已衰减趋于零，过渡过程便结束了。

（4）还应指出，对于同一电路 $t\geqslant0$ 时，电路中不同支路的电压和电流暂态响应衰减的时间常数都是相同的。换句话说，一个电路换路后只有一个时间常数。

5. 直流一阶电路分析计算的三要素法

由于直流一阶电路换路后在过渡过程中的电压和电流，是从初始值按指数规律衰减到稳态值，或者是从初始值按指数规律上升到稳态值。而指数规律的变化又决定于时间常数 τ。因此，过渡过程中的电压和电流是随时间的变化规律，由初始值、稳态值和时间常数所确定。只要计算出初始值 $f(0_+)$、稳态值 $f(\infty)$ 和时间常数 τ，则过渡过程中的电压和电流 $f(t)$，便可直接由如下三要素公式得出，即

$$f(t) = [f(0_+) - f(\infty)]e^{-\frac{t}{\tau}} + f(\infty) \qquad t\geqslant0$$

上式中，$[f(0_+) - f(\infty)]e^{-\frac{t}{\tau}}$是暂态响应，$f(\infty)$是稳态响应。

上式所示三要素公式，适用于直流激励、有损耗一阶电路，$t=0$ 时刻换路，$t\geqslant0$ 时电路的过渡过程分析。有损耗一阶电路的戴维南等效电阻 R 是正值，特征根 S 是一个负实数，暂态响应含负指数 $e^{-\frac{t}{\tau}}$，随时间作衰减变化。

三要素法是一阶电路过渡过程分析的实用计算法，不必列出和求解电路的微分方程，只要直接计算出待求响应变量的初始值、稳态值和电路的时间常数即可，具有简捷方便的优点。因此，在工程实际中具有重要意义。

6. 关于正弦激励一阶电路的分析

正弦激励一阶电路过渡过程的分析计算步骤，与直流激励一阶电路分析方法相同。如图 12-2 (*a*) 所示 RC 电路，$t=0$ 时刻换路，接入电源 $u_s = U_{sm}\sin(\omega t+\varphi)$，$\varphi$ 是开关 K 闭合 $t=0$ 时刻电源电压的相位角。经典法分析计算的步骤如下：

（1）$t\geqslant0$ 时以电容电压 $u_C(t)$ 为变量的微分方程为

$$RC\frac{du_C}{dt} + u_C = U_{sm}\sin(\omega t+\varphi)$$

（2）解微分方程：齐次微分方程的通解为

$$u_{Ch} = Ke^{-\frac{t}{RC}}$$

非齐次微分方程的特解，就是稳态响应 u_{Cp}，按 $t\geqslant0$ 时稳态电路，用相量法求出。即正弦稳态时 RC 串联电路的电容电压为

$$\dot{U}_C=\frac{\dot{U}_s}{Z}(-jX_C)=\frac{U_s\angle\varphi}{R-j\frac{1}{\omega C}}\left(-j\frac{1}{\omega C}\right)$$
$$=U_C\angle\varphi+\theta-90°$$

式中：$U_C=U_s/\omega C\sqrt{R^2+\left(\frac{1}{\omega C}\right)^2}$是稳态电容电压有效值；

$\theta=\text{arctg}\,\frac{1}{\omega RC}$是 RC 串联电路的阻抗角。

解出稳态响应为

$$u_{Cp}=U_{Cm}\sin(\omega t+\varphi+\theta-90°)$$

（3）过渡过程中电容电压为

$$u_C=U_{Ch}+u_{Cp}$$
$$=Ke^{-\frac{t}{RC}}+U_{Cm}\sin(\omega t+\varphi+\theta-90°)$$

（4）确定积分常数 K. 若 $u_C(0_-)=0$，当 $t=0$ 时刻，上式为

$$u_C(0)=K+U_{Cm}\sin(\varphi+\theta-90°)=0$$
$$K=-U_{Cm}\sin(\varphi+\theta-90°)$$

（5）最后解出过渡过程中的电容电压为

$$u_C(t)=-U_{Cm}\sin(\varphi+\theta-90°)e^{-\frac{t}{RC}}+U_{Cm}\sin(\omega t+\varphi+\theta-90°)\qquad t\geqslant0$$

过渡过程中电容电压的暂态响应，与开关 K 闭合的时刻有关。由于正弦电源电压接入电路初相角的数值，取决于开关 K 闭合的时刻。当不同的时刻开关闭合时，积分常数 K 的数值不同。如果当（$\varphi+\theta$）$=\pm\frac{\pi}{2}$时刻开关闭合，则积分常数 $K=0$，暂态响应为零，电路换路后立即到达稳态值，没有过渡过程。如果当 $\varphi=-\theta$ 或（$\varphi+\theta$）$=\pi$ 时刻开关 K 闭合，则积分常数 $K=U_{Cm}$ 为最大值，这时电容两端可能出现过电压。

对于正弦电源接入 RL 电路的分析，按上述同样的步骤进行，可以得出与 RC 电路类似的结果，读者自行总结。正弦电源激励动态电路过渡过程的分析是本章学习的一个难点。

（三）关于零输入响应、零状态响应与完全响应

从现代电路理论的观点，电路中不仅独立电源是电路的激励，而且储能元件的初始储能，即初始状态也是一种激励。因为从能量观点而言，独立电源可以向电路提供电能，也可以从电路吸收电能；储能元件亦有相似的效果，同样可以向电路释放电能，也可以从电路中吸收能量，储存于电场或磁场中。然而应当明确，独立电源和储能元件是两种不同性质的元件，它们的伏安特性是完全不同的。因此，既然动态电路的独立电源和储能元件的初始储能都是电路的激励，那么就可以应用叠加定理来分析换路后电路中的电压和电流。

1. 零输入响应

输入就是电路外加电源激励，零输入就是外加电源激励为零。**电路仅由储能元件的初始状态作用下的响应，称为零输入响应。**如图 12-2(a)所示 RC 电路，$u_s=U_s=0$，$u_C(0)=U_0$，则零

输入响应为

$$u_C'(t)=U_0\mathrm{e}^{-\frac{t}{RC}}\qquad t\geqslant 0$$

2. 零状态响应

电路的初始状态，即初始储能为零，仅由外加电源激励下产生的响应。称为零状态响应。如图 12-2(a)所示 RC 电路，初始状态 $u_C(0)=0$，$u_s=U_s$，则零状态响应为

$$u_C''(t)=U_0(1-\mathrm{e}^{-\frac{t}{RC}})\qquad t\geqslant 0$$

3. 完全响应

电路在非零状态下，由外加电源激励和初始储能共同作用下产生的响应，称为完全响应。如图 12-2(a)所示 RC 电路，$u_s=U_s$，$u_C(0)=U_0$，且 $U_0<U_s$，则按叠加定理，完全响应是零输入响应与零状态响应之和。即

$$u_C(t)=u_C'(t)+u_C''(t)=U_0\mathrm{e}^{-\frac{t}{RC}}+U_s(1-\mathrm{e}^{-\frac{t}{RC}})\qquad t\geqslant 0$$

应该指出，从概念上应明确如下几点：

(1) 零输入响应和零状态响应，都与产生它的原因成正比，即零输入响应与储能元件的初始状态 U_0 成正比，而零状态响应则与外加电源电压 U_s 成正比。但是，完全响应则既不与储能元件的初始状态成正比，也不与外加电源激励成正比。

(2) 零输入响应不同于暂态响应，零状态响应不同于稳态响应。一般而言，完全响应中的零输入响应包含在暂态响应之中，零状态响应是自由分量与强制分量之和；而稳态响应则仅是强制分量，与外加激励电源的形式相同。

(3) 完全响应分解为零输入响应与零状态响应之和，总是存在的。而分解为暂态响应与稳态响应之和，则不总是存在的，因为在某些情况下，暂态响应可能为零。

(4) 完全响应的两种分解方式，是从不同的角度来描述电路中发生的过渡过程。从过渡的观点，暂态响应与稳态响应的分解方式，是把换路后电路工作过程的层次描述得直观明确；而从叠加的观点，零输入响应与零状态响应的分解方式，是将激励与响应的因果关系表现得十分清楚。从电路理论的观点，电路零输入响应和零状态响应分析，具有更普遍的意义。

(5) 在工程上，如电容的放电过程中的电容电压，运行电机停机时励磁绕组灭磁过程中的绕组电流，都是零输入响应分析；又如零状态电容的充电过程和投入电机运行的磁绕组接入电源的升磁过程，都是零状态响应分析。因此，零输入响应与零状态响应分析，在实际工程中具有直接的实用意义。

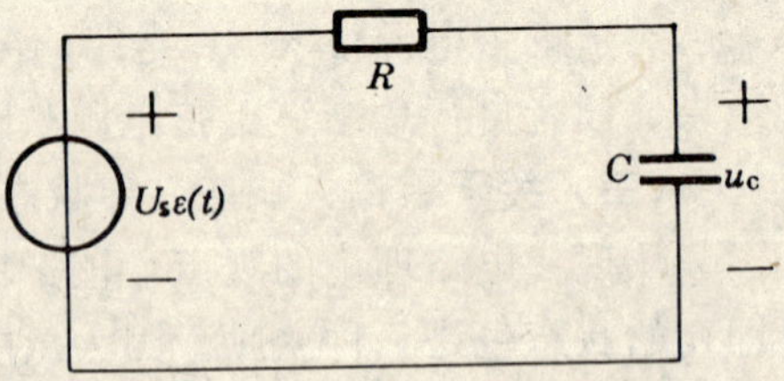

图 12-3　阶跃电源电压 RC 电路

(四) 关于阶跃函数与阶跃响应

1. 单位阶跃函数的定义

单位阶跃函数的定义为

$$\varepsilon(t)=\begin{cases}0 & (t<t_0)\\ 1 & (t>t_0)\end{cases}$$

单位延时阶跃函数的定义为

$$\varepsilon(t-t_0)=\begin{cases}0 & (t<t_0)\\ 1 & (t>t_0)\end{cases}$$

2. 单位阶跃函数的作用

(1) 用来表示 $t=0$ 时刻开关 K 闭合，直流电源接入动态电路。如图 9-2(a)所示 RC 电路，可用图 12-3 所示的由阶跃电压 $U_s\cdot\varepsilon(t)$ 电源激励的 RC 电路表示，$U_s\cdot\varepsilon(t)$ 代替了 $t=0$ 时刻 K 闭合将直流电源电压 U_s 接入 RC 电路的作用。

(2) 在 $t=0$ 时刻换路后过渡过程中的电压和电流表达式。$\varepsilon(t)$ 表示了 $t\geqslant 0$ 的作用。如图 12-2(a)RC 电路 $t\geqslant 0$ 时的电容电压可以表示为

$$u_C(t)=[(U_0-U_s)e^{-\frac{t}{RC}}+U_s]\cdot\varepsilon(t)$$

或
$$u_C(t)=[U_0e^{-\frac{t}{RC}}+U_s(1-e^{-\frac{t}{RC}})]\cdot\varepsilon(t)$$

(3) 用阶跃函数表示矩形脉冲信号，如图 12-4 (a) 的矩形脉冲电压 $u(t)$，可以用图 12-4(b)，(c) 的阶跃函数 $u'(t)=U_s\cdot\varepsilon(t)$ 和延时阶跃函数 $u''(t)=-U_s\cdot\varepsilon(t-t_0)$ 之和来表示，即

$$\begin{aligned}u(t)&=u'(t)+u''(t)\\&=U_s\cdot\varepsilon(t)-U_s\cdot\varepsilon(t-t_0)\end{aligned}$$

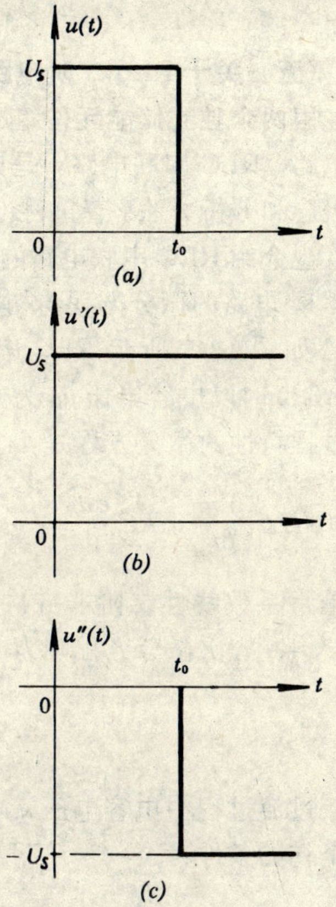

图 12-4　用阶跃函数表示矩形脉冲电压波形图

3. 单位阶跃响应的定义

单位阶跃响应的定义为：零状态电路在单位阶跃函数电源 $\varepsilon(t)$ 激励下的响应。并用 $S(t)$ 表示。RC 电路的单位阶跃响应为

$$S(t)=(1-e^{-\frac{t}{RC}})\cdot\varepsilon(t)$$

单位延时阶跃响应为

$$S(t-t_0)=(1-e^{-\frac{t-t_0}{RC}})\cdot\varepsilon(t-t_0)$$

对于如图 12-3 所示的 RC 电路的阶跃响应是

$$u_C(t)=U_s\cdot S(t)=U_s(1-e^{-\frac{t}{RC}})\cdot\varepsilon(t)$$

如果电路的激励是延时阶跃函数 $U_s\cdot\varepsilon(t-t_0)$ 时，则 RC 电路的延时阶跃响应电容电压为

$$u_C(t)=U_s\cdot S(t-t_0)=U_s\cdot(1-e^{-\frac{t-t_0}{RC}})\cdot\varepsilon(t-t_0)$$

4. 关于阶跃函数激励非零状态电路的响应

应用叠加定理，这时电路的完全响应是零状态响应，即阶跃响应与零输入响应之和。如

图 12-3 所示电路，$u_C(0)=U_0$，且 $U_0<U_s$. 这时电路的阶跃响应为 $U_s\cdot S(t)$，零输入响应为 $U_0e^{-\frac{t}{RC}}\cdot\varepsilon(t)$. 故电路的完全响应电容电压为

$$u_C(t)=U_s\cdot S(t)+U_0e^{-\frac{t}{RC}}\cdot\varepsilon(t)$$

（五）关于 RLC 二阶电路的分析方法

由两个独立储能元件组成的电路，其过渡过程的特性用二阶微分方程来描述，故称为二阶电路。RLC 串联电路，是典型的二阶电路。通过对它的分析来明确二阶电路过渡过程的基本概念和分析方法。着重讨论 RLC 串联电路的放电过程，即电路的固有响应也就是零输入响应。也介绍 RLC 串联电路的充电过程，即零状态响应与完全响应。

1. 电路的微分方程与初始条件

如图 12-5 所示 RLC 串联二阶电路，$t\geqslant 0$ 时以电容电压 u_C 为变量描述动态过程特性的微分方程是

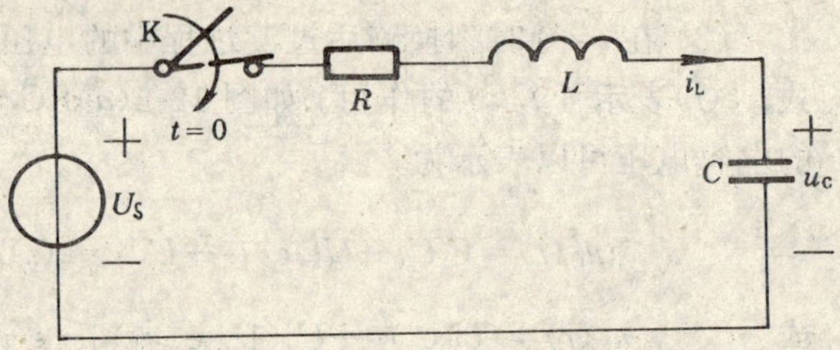

图 12-5　RLC 串联二阶电路

$$LC\frac{d^2u_C}{dt^2}+RC\frac{du_C}{dt}+u_C=U_s$$

这是常系数线性二阶非齐次微分方程。若 $U_s=0$ 齐次微分方程则为

$$LC\frac{d^2u_C}{dt^2}+RC\frac{du_C}{dt}+u_C=0$$

过渡过程中电容电压 u_C 随时间变化的规律，就是微分方程的解。方程的求解，需有如下两个初始条件：

$$u_C(0)$$

$$u_C'(0)=\frac{du_C}{dt}\bigg|_{t=0}=\frac{i_L(0)}{C}$$

只要知道电路的两个初始状态 $u_C(0)$ 和 $i_L(0)$，按上式便可得出初始条件 $u_C(0)$ 和 $u_C'(0)$.

于是，RLC 串联电路的放电过程的 u_C，就是满足上述初始条件齐次微分方程的解；充电过程的 u_C，就是满足初始条件非齐次微分方程的解。

2. 电路的固有频率与固有响应

电路的固有频率，是二阶微分方程的特征方程

$$LCS^2+RCS+1=0$$

的根。即

$$S_{1,2}=-\frac{R}{2L}\pm\sqrt{\left(\frac{R}{2L}\right)^2-\frac{1}{LC}}$$

它是由电路本身 R，L，C 元件参数所确定，量纲是秒$^{-1}$，反映电路本身的固有性质。电路的固有响应就是零输入响应，是上述二阶齐次微分方程的解。根据 R，L，C 元件参数的不同数值，固有频率和固有响应，有如下四种形式。

(1) 当 $R>2\sqrt{\frac{L}{C}}$时，固有频率是两个不等的负实数，即 $S_1=-\alpha_1$，$S_2=-\alpha_2$. 这时固有响应是过阻尼放电过程，其数学表达式为

$$u_C(t)=K_1e^{-\alpha_1 t}+K_2e^{-\alpha_2 t} \qquad t\geqslant 0$$

(2) 当 $R<2\sqrt{\frac{L}{C}}$时，固有频率是一对负实部的共轭复数，即 $S_1=-\alpha+j\omega_d$，$S_2=-\alpha-j\omega_d$. 这时固有响应是欠阻尼振荡放电过程，其数学表达式为

$$u_C(t)=e^{-\alpha t}(K_1\cos\omega_d t+K_2\sin\omega_d t) \qquad t\geqslant 0$$

(3) 当 $R=2\sqrt{\frac{L}{C}}$时，固有频率是两个相等的负实数，即 $S_{1,2}=-\alpha$. 这时固有响应是临界阻尼非振荡放电过程。其数学表达式为

$$u_C(t)=(K_1+K_2t)e^{-\alpha t} \qquad t\geqslant 0$$

(4) 当 $R=0$ 时，固有频率是一对共轭虚数，即 $S_1=j\omega_0$，$S_2=-j\omega_0$。这时固有响应是无阻尼的电磁振荡过程，其数学表达式为

$$u_C(t)=K_1\cos\omega_0 t+K_2\sin\omega_0 t \qquad t\geqslant 0$$

已知电路中的两个初始状态，便可得出两个初始条件 $u_C(0)$ 和 $u_C'(0)$，上述 $u_C(t)$ 式中的积分常数 K_1 和 K_2 便可确定，放电过程中的响应电容电压便可解出。应该指出，二阶电路微分方程的初始条件和积分常数 K_1 和 K_2 的确定，是二阶电路的分析计算中的难点。

由以上分析可知，二阶电路分析的基本步骤是：(*a*)根据微分方程的特征方程计算出电路的固有频率；(*b*)根据固有频率写出固有响应的表达式；(*c*)根据电路的初始状态，确定求解方程计算积分常数 K_1 和 K_2 的初始条件 $u_C(0)$ 和 $u'_C(0)$，并根据初始条件和固有响应表达式确定积分常数 K_1 和 K_2，便解出了放电过程中的响应变量电容电压 $u_C(t)$.

还应指出，二阶电路的固有频率是"复频率"，即

$$S_{1,2}=-\alpha\pm j\omega_d$$

式中，α 是正实数，它决定响应的衰减特性，称为衰减常数；ω_d 是决定电路响应衰减振荡的特性，称为阻尼角频率。$\omega_d=\sqrt{\omega_0^2-\alpha^2}$，$\omega_0$ 是电路固有的振荡角频率，称为谐振角频率。

上述计算固有频率 $S_{1,2}$ 的关系式，是针对 RLC 串联电路得出的。对于一般二阶电路而言，微分方程为

$$a\frac{d^2f(t)}{dt^2}+b\frac{df(t)}{dt}+cf(t)=E$$

的特征方程为

$$aS^2+bS+c=0$$

则电路的固有频率是

$$S_{1,2}=\frac{-b}{2a}\pm\sqrt{\left(\frac{b}{2a}\right)^2-\frac{c}{a}}$$

3. RLC 串联二阶电路充电过程的分析方法

当外加直流激励电压源电压 U_s 时，RLC 串联电路的充电过程，若电路初始储能为零，就是零状态响应分析，若非零初始状态，则是完全响应分析。二者都是常系数二阶非齐次微分方程的解，只是初始条件不同而已。它包括齐次微分方程的通解和非齐次微分方程的特解。齐次微分方程的形式与上述固有响应的表达式相同；而非齐次微分方程的特解与激励形式相同，由于微分方程中 u_C 项系数为 1，故特解为 U_s。因此，RLC 串联电路充电过程电容电压 u_C，根据 R，L，C 元件参数的不同有如下四种形式，即

（1）当 $R>2\sqrt{\frac{L}{C}}$ 时，固有频率是 $S_1=-\alpha_1$，$S_2=-\alpha_2$. 则

$$u_C(t)=K_1e^{-\alpha_1 t}+K_2e^{-\alpha_2 t}+U_s \qquad t\geqslant 0$$

（2）当 $R<2\sqrt{\frac{L}{C}}$ 时，固有频率是 $S_1=-\alpha+j\omega_d$，$S_2=-\alpha-j\omega_d$. 则

$$u_C(t)=e^{-\alpha t}(K_1\cos\omega_d t+K_2\sin\omega_d t)+U_s \qquad t\geqslant 0$$

（3）当 $R=2\sqrt{\frac{L}{C}}$ 时，固有频率是 $S_{1,2}=-\alpha$。则

$$u_C(t)=(K_1+K_2t)e^{-\alpha t}+U_s \qquad t\geqslant 0$$

（4）当 $R=0$ 时，固有频率 $S_1=j\omega_0$，$S_2=-j\omega_0$. 则

$$u_C(t)=K_1\cos\omega_0 t+K_2\sin\omega_0 t+U_s \qquad t\geqslant 0$$

最后，根据初始条件 $u_C(0)$ 和 $u_C'(0)$ 确定积分常数 K_1 和 K_2，便解出响应变量 $u_C(t)$.

4. 关于振荡与非振荡的概念

电路过渡过程的实质，就是能量的转换过程。这种能量转换的过程，由电路的两个初始状态 $u_C(0)$，$i_L(0)$ 和电路结构及元件参数来确定。在无电源 RLC 串联电路的放电过程中，电容和电感在初始时刻可能存在数值不同的电场能量和磁场能量，或者它们之一有储能，另一无储能。在过渡过程中电阻元件 R 总是消耗能量的，电容元件和电感元件是要释放出原有储能提供给电阻元件，转换为热能的。在这过程中，可能是电容与电感同是释放出能量提供电阻元件消耗，形成非振荡的放电过程；也可能出现电场能量与磁场能量的交换，形成振荡放电过程，这将决定于电路元件的参数。如果 RLC 串联电路的电阻元件 R 的数值较小，即 $R<2\sqrt{\frac{L}{C}}$ 时，电阻元件消耗功率较小，按能量守恒原理，在放电开始一段时间内，某一储能元件，如电容元件释放出的电场能量，一部分为电阻 R 所消耗，另一部分为电感元件所吸收，储存在磁场中，使磁场能量增加到某一最大值，而电容中的电场能量逐渐减少至零值；继之另一段时间内，电感元件释放出磁场能量，一部分为电阻元件 R 所消耗，另一部分为电容进行反充电，不断增加电场能量达某一最大值，而电感元件中的磁场能量减少至零值。而后重复上述过程，往复循环进行电容与电感元件之间的能量交换，形成电磁振荡。由于电阻元件不断消耗功率，使电容与电感之间能量交换的规模不断减小，直至储能全部为电阻所消耗，过渡过程便结束，形成欠阻尼放电过程。要维持等幅振荡，就要不断补充电磁振荡过程中的能量消耗，这就是电子振荡器的基本原理。

如果RLC串联电路电阻R的数值较大，即$R\geqslant 2\sqrt{\frac{L}{C}}$时，由于电阻元件消耗功率较大，根据能量守恒原理，这时电容和电感元件均不断同时释放储能，提供给电阻R消耗，直至全部储能为电阻元件所消耗，过渡过程便结束，形成非振荡性的阻尼放电过程。

还应指出，如果二阶电路的两个独立储能元件是性质相同的元件时，在放电过程中，不存在电场能量与磁场能量的交换，不可能出现电磁振荡，过渡过程只能是非振荡性的放电过程。

本章学习内容的重点是直流一阶电路的分析，特别是要明确RC和RL电路放电和充电过程中电压和电流随时间变化的规律，暂态响应与稳态响应、零输入响应与零状态响应和时间常数的概念，熟练掌握直流一阶电路分析的三要素法。对于RLC二阶电路，着重固有频率与固有响应的关系的掌握。

三、解 题 指 导

（一）例题分析

〔**例 12-1**〕 应用经典法求解一阶电路过渡过程的分析计算。如图12-6(*a*)所示电路，$t=0$时刻进行换路，开关K触头从a闭合于b，换路前电路处于稳态，试列出以$i_L(t)$为变量，$t\geqslant 0$时电路的微分方程；(2)求出$t\geqslant 0$时电流$i_L(t)$及其暂态响应与稳态响应；(3)求出$t\geqslant 0$时电路的零输入响应、零状态响应和完全响应。

解 〔解题思路〕 本题是用经典法分析RL一阶电路过渡过程的计算。由于所给出的电路是典型RL电路，故分析时应将$t\geqslant 0$时电路应用戴维南定理化简为典型的RL串联一阶电路，从而方便地列出电路的微分方程。初始状态，亦即初始条件$i_L(0)$的计算，由于换路前电路处于直流稳态，则应作出$t=0_-$电路计算得出。按$t\geqslant 0$时等效电路便可列出以$i_L(t)$为变量电路的微分方程，便可分别解出电路的暂态响应与稳态响应，和零输入响应、零状态响应并得出完全响应。

〔解题方法〕 (1)计算$i_L(0)$. 作出$t=0_-$电路如图12-6(*b*)所示。则按分流关系计算得出

$$i_L(0)=\frac{4}{4+8}\times 3=1\ \text{A}$$

(2) 应用戴维南定理化简$t\geqslant 0$时的图12-6(*c*)电路为如图12-6(*d*)所示等效电路。其中

$$U_{oc}=\frac{24}{8+24}\times 24=18\ \text{V}$$

$$R=\frac{8\times 24}{8+24}=6\ \Omega$$

(3) 按图12-6(*d*)所示等效电路，列出$t\geqslant 0$时，以$i_L(t)$为变量的微分方程为

$$2\frac{\mathrm{d}i_L(t)}{\mathrm{d}t}+6i_L(t)=18$$

(4) $t\geqslant 0$时$i_L(t)$的计算。求解上式所示微分方程，其通解为

$$i_{Lh}=Ke^{-\frac{R}{L}t}=Ke^{-3t}$$

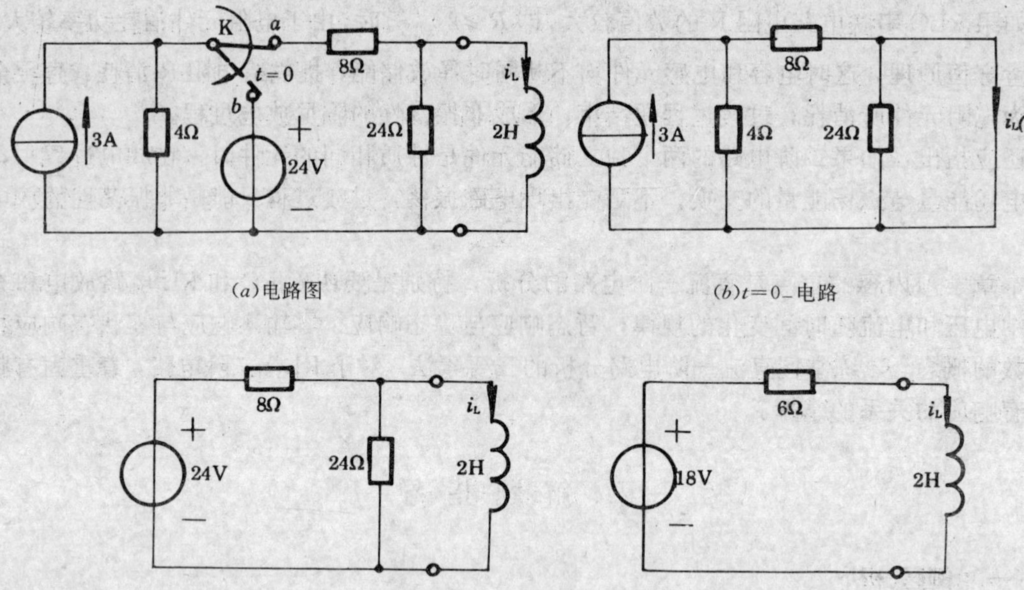

(a)电路图　　(b)$t=0_-$电路

(c)$t\geqslant0$电路　　(d)$t\geqslant0$等效电路

图 12-6　例 12-1 电路图

特解为

$$i_{L\mathrm{p}}=\frac{U_{\mathrm{s}}}{R}=\frac{18}{6}=3\ \mathrm{A}$$

故得出 $i_L(t)$全解的表达式为

$$i_L(t)=i_{L\mathrm{h}}+i_{L\mathrm{p}}=K\mathrm{e}^{-3t}+3$$

确定积分常数 K. 当 $t=0$ 时刻，上式为

$$i_L(0)=K+3=1$$

$$K=-2$$

解出过渡过程中的电流为

$$i_L(t)=-2\mathrm{e}^{-3t}+3\ \mathrm{A}\qquad t\geqslant0$$

其中，暂态响应为 $-2\mathrm{e}^{-3t}$ A，稳态响应为 3 A.

(5) 零输入响应、零状态响应和完全响应

零输入响应为　$i_L'(t)=i_L(0)\mathrm{e}^{-\frac{R}{L}t}=\mathrm{e}^{-3t}\ \mathrm{A}\qquad t\geqslant0$

零状态响应为　$i_L''(t)=\frac{U_{\mathrm{s}}}{R}(1-\mathrm{e}^{-\frac{R}{L}t})$

$$=3(1-\mathrm{e}^{-3t})\ \mathrm{A}\qquad t\geqslant0$$

故完全响应为

$$i_L(t)=i_L'(t)+i_L''(t)=\mathrm{e}^{-3t}+3(1-\mathrm{e}^{-3t})\ \mathrm{A}\qquad t\geqslant0$$

〔**例 12-2**〕　应用三要素法求含受控源一阶电路的过渡过程。如图 12-7(a)所示电路，$t=0$ 时刻开关 K 闭合，换路前电路处于稳态，$u_C(0_-)=2$ V. 试用三要素法计算 $t\geqslant0$ 时电路中的电

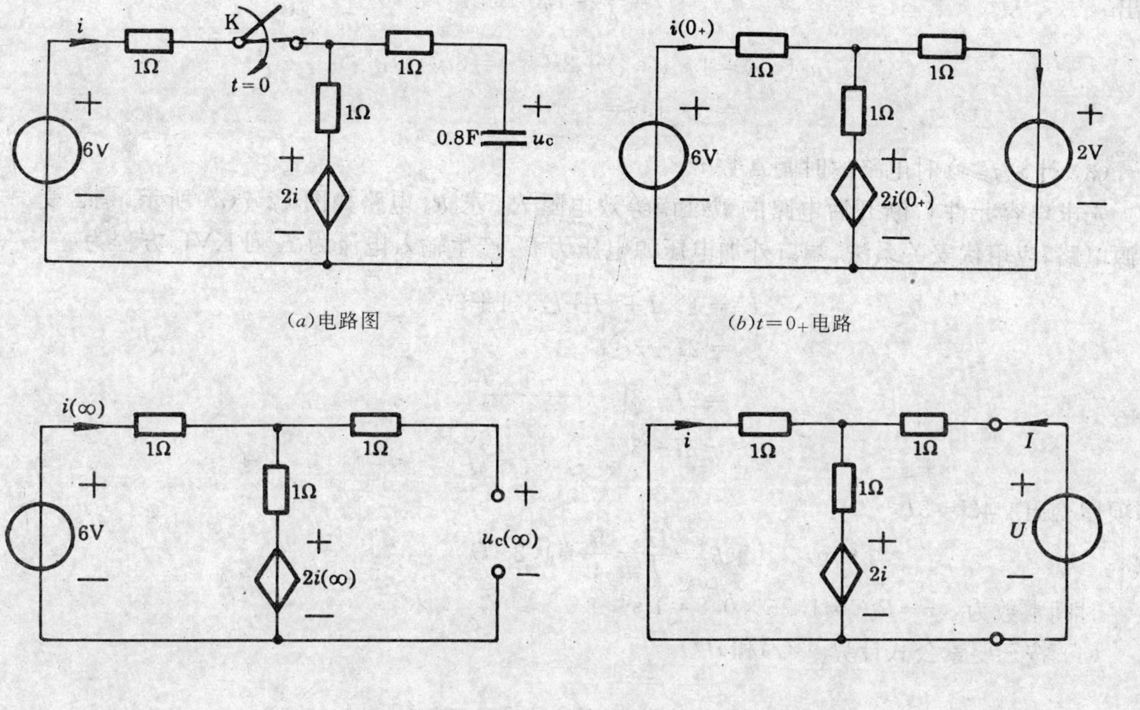

(a)电路图　　(b)$t=0_+$电路

(c)$t=\infty$电路　　(d)求 R_0 电路

图 12-7　例 12-2 电路图

流 i 和电压 u_C.

解　〔解题思路〕　本题是一含受控源 RC 一阶电路的分析计算，应用三要素法解题，分别计算出初始值 $u_C(0_+)$，$i(0_+)$，稳态值 $u_C(\infty)$，$i(\infty)$和 $t\geqslant 0$ 时电路的时间常数 τ 后，按三要素公式进行计算便可得出结果。

〔解题方法〕　(1)计算初始值 $u_C(0_+)$和 $i(0_+)$

根据换路定律得出　$u_C(0_+)=u_C(0_-)=2\ \text{V}$

作 $t=0_+$电路，如图 12-7(b)所示。应用网孔分析法，选定绕行方向为顺时针方向，列出网孔方程分别为

$$4i(0_+)-i_C(0_+)=6 \quad ①$$

$$-3i(0_+)+2i_C(0_+)=-2 \quad ②$$

应用克拉姆法则解上述网孔方程组得出

$$i(0_+)=\frac{\begin{vmatrix} 6 & -1 \\ -2 & 2 \end{vmatrix}}{\begin{vmatrix} 4 & -1 \\ -3 & 2 \end{vmatrix}}=\frac{10}{5}=2\ \text{A}$$

(2) 计算稳态值 $u_C(\infty)$和 $i(\infty)$

作出 $t=\infty$电路，如图 12-7(c)所示，列回路 KVL 方程为

$$(1+1)i(\infty)+2i(\infty)=6$$

得出
$$i(\infty)=\frac{6}{4}=1.5\ \text{A}$$

$$\begin{aligned}u_C(\infty)&=1\times i(\infty)+2i(\infty)=3i(\infty)\\&=3\times 1.5=4.5\ \text{V}\end{aligned}$$

(3) 计算 $t\geqslant 0$ 时电路的时间常数 τ

先求电容元件 C 断开后电路的戴维南等效电阻 R_0. 求 R_0 电路如图 12-7(d)所示，是含受控源电路，应用伏安关系法，端口外加电压源电压为 U，产生输入电流为 I. 列 KVL 方程为

$$\begin{aligned}U&=1\times I+(I+i)\times 1+2i\\&=2I+3i\\&=2I+3\left(-\frac{U-1\times I}{1}\right)\\&=5I-3U\end{aligned}$$

移项后得出 $4U=5I$

故
$$R_0=\frac{U}{I}=\frac{5}{4}=1.25\ \Omega$$

时间常数为 $\tau=R_0C=1.25\times 0.8=1\ \text{s}$

(4) 按三要素公式计算 $u_C(t)$ 和 $i(t)$

$$\begin{aligned}u_C(t)&=[u_C(0_+)-u_C(\infty)]e^{-\frac{t}{\tau}}+u_C(\infty)\\&=(2-4.5)e^{-t}+4.5\\&=-2.5e^{-t}+4.5\ \text{V}\qquad t\geqslant 0\end{aligned}$$

$$\begin{aligned}i(t)&=[i(0_+)-i(\infty)]e^{-\frac{t}{\tau}}+i(\infty)\\&=[2-1.5]e^{-t}+1.5\\&=0.5e^{-t}+1.5\ \text{A}\qquad t\geqslant 0\end{aligned}$$

〔**例 12-3**〕 具有两次换路一阶电路过渡过程的分析计算。如图 12-8 所示电路，$t=0$ 时刻开关 K_1 闭合，然后于 $t=1$ s 时刻开关 K_2 又闭合，换路前电路无储能。求过渡过程中的电流 $i_L(t)$ 和 $i(t)$，并绘出它们的波形图。

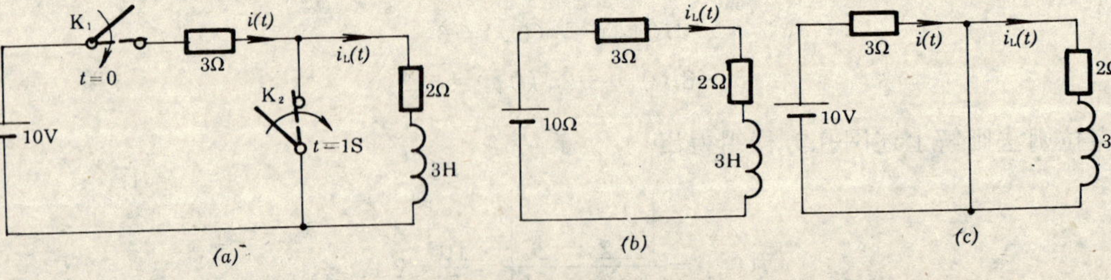

(a)电路图 (b)$0\leqslant t\leqslant 1$s 电路 (c)$t\geqslant 1$s 电路

图 12-8 例 12-3 电路图

解 〔解题思路〕 由于 $t=0$ 时刻开关 K_1 闭合后电路和 $t=1$ s 时刻开关 K_2 闭合电路结构不同，故时间常数亦不同，电流的变化规律也不同。因此，应分别以 $0\leqslant t\leqslant 1$ s 和 $t\geqslant 1$ s 两个时间段来进行分析计算，分别作出两个时间段的电路按三要素进行求解。

〔解题方法〕 (1)求 $0 \leqslant t \leqslant 1$ s 区间的电流 $i_L(t)$和 $i(t)$. 作 $0 \leqslant t \leqslant 1$ s 电路,如图 12-8(b)所示,从而可知,$i(t)=i_L(t)$。由于 $i_L(0_-)=0$,故初始值为

$$i(0_+)=i_L(0_+)=i_L(0_-)=0$$

稳态值为 $i_L(\infty)=i(\infty)=\frac{10}{3+2}=2$ A

时间常数为 $\tau_1=\frac{3}{3+2}=0.6$ s

故按三要素法,$0 \leqslant t \leqslant 1$ s 区间的电流为

$$i_L(t)=i(t)=2(1-e^{-\frac{t}{0.6}}) \text{ A} \qquad 0 \leqslant t \leqslant 1 \text{ s}$$

当 $t=1$s 时

$$i_L(1_-)=i(1_-)=2(1-e^{-\frac{1}{0.6}})=1.62 \text{ A}$$

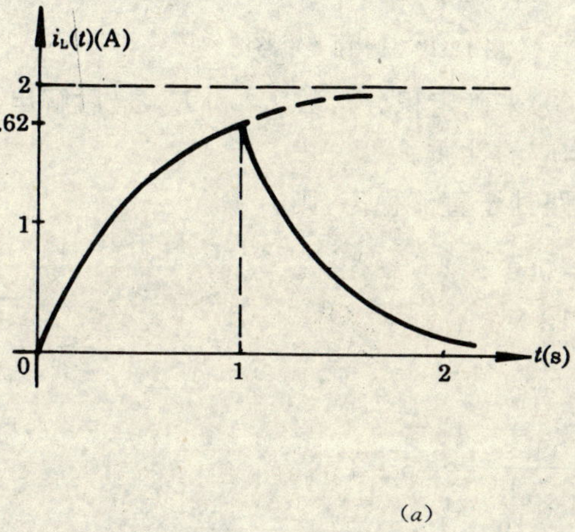

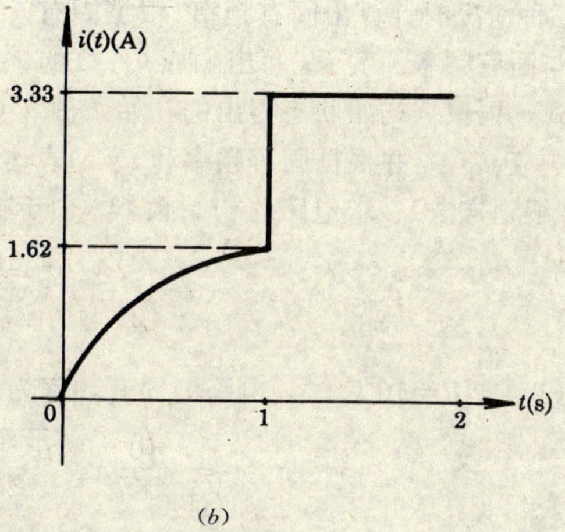

图 12-9 电流 $i_L(t)$和 $i(t)$波形图

显然,电路从开关 K_1 闭合后到开关 K_2 闭合前 $0 \leqslant t \leqslant 1$ s 区间电路中的电流,是从零按以时间常数为 0.6 s 的指数规律增长至 1.62 A.

(2) 求 $t \geqslant 1$ s 时的电流 $i_L(t)$和 $i(t)$. $t \geqslant 1$ s 时电路如图 12-8(c)所示。从图中可见,电感支路被短接,进行放电。放电回路电流 $i_L(t)$的初始值为

$$i_L(1_+)=i_L(1_-)=1.62 \text{ A}$$

稳态值为 $i_L(\infty)=0$

放电回路的时间常数为 $\tau_2=\frac{3}{2}=1.5$ s

故放电回路中 $t \geqslant 1$ s 时的电流为

$$i_L(t)=1.62e^{-\frac{t-1}{1.5}} \text{ A} \qquad t \geqslant 1 \text{ s}$$

再从图 12-8(c)可以看出,电流 $i(t)$回路是一直流电阻电路。电流 $i(t)$在 $t=1$ s 时刻,从 $i(1_-)=1.62$ A 跃变为

$$i(1_+)=\frac{10}{3}=3.33\ \text{A}$$

且 $t>1$ s 时，$i(t)=3.33$ A.

在过渡过程中，电流 $i_L(t)$ 和 $i(t)$ 的波形图分别如图 12-9(a)，(b)所示。

〔例 12-4〕 RLC 二阶电路固有响应的分析计算。如图 12-10 所示 RLC 串联二阶电路，$U_s=12$ V，$L=1$ H，$C=\frac{1}{16}$ F. $t=0$ 时刻换路，换路前电路处于稳态。求 R 分别为 10 Ω，8 Ω，和 6 Ω，换路后的电容电压 $u_C(t)$，并指出响应的性质。

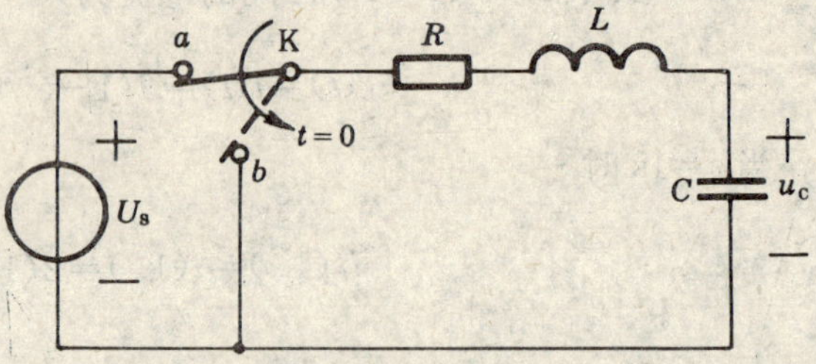

图 12-10 例 12-4 电路图

解 〔解题思路〕 本题是 RLC 串联二阶电路固有响应的分析计算。解题时，首先根据换路前电路处于稳态，计算出电路的初始状态。然后分别以 $R=10$ Ω，8 Ω 和 6 Ω 三种情况时计算出固有频率，根据固有响应与固有频率的关系，写出响应 $u_C(t)$ 的表达式，再根据初始状态得出的初始条件 $u_C(0)$ 和 $u'(0)$ 来确定积分常数 K_1 和 K_2，最后解出固有响应 $u_C(t)$，并根据固有频率和 $u_C(t)$ 表达式指出响应的性质。

〔解题方法〕 求电路的初始状态。由于换路前电路处于直流稳态，则

$$i_L(0_+)=i_L(0_-)=0$$
$$u_C(0_+)=u_C(0_-)=12\ \text{V}$$

(1) 当 $R=10$ Ω 时，电路的固有频率为

$$S_{1,2}=-\frac{10}{2\times1}\pm\sqrt{\left(\frac{10}{2\times1}\right)^2-\frac{1}{1\times\frac{1}{16}}}=-5\pm3$$

即 $S_1=-2\ \ 1/\text{s},\qquad S_2=-8\ \ 1/\text{s}$

这时固有响应表达式为

$$u_C(t)=K_1e^{-2t}+K_2e^{-8t}$$

根据初始状态 $u_C(0)=12$ V，$i_L(0)=0$，确定初始条件为

$$u_C(0)=12\ \text{V}$$
$$u_C'(0)=\frac{i_L(0)}{C}=0$$

确定积分常数：当 $t=0$ 时刻，由 $u_C(t)$ 表达式得出

$$u_C(0)=K_1+K_2=12 \quad ①$$

对 $u_C(t)$ 式求导并取 $t=0$ 值，得出

$$u_C'(0)=-2K_1-8K_2 \quad ②$$

由上两式联立解出： $K_1=16, K_2=-4$

故最后解出，当 $R=10\ \Omega$ 时，固有响应为

$$u_C(t)=16e^{-2t}-4e^{-8t}\ \text{V} \quad t\geqslant 0$$

由于 $2\sqrt{\frac{L}{C}}=2\sqrt{\frac{1}{1/16}}=8\ \Omega$，故 $R>2\sqrt{\frac{L}{C}}$，固有响应的性质是过阻尼非振荡放电过程。

(2) 当 $R=8\ \Omega$ 时，电路的固有频率为

$$S_{1,2}=-\frac{8}{2\times 1}\pm\sqrt{\left(\frac{8}{2\times 1}\right)^2-\frac{1}{1\times\frac{1}{16}}}=-4 \quad 1/\text{s}$$

这时固有响应表达式为

$$u_C(t)=(K_1+K_2t)e^{-4t}$$

根据初始条件 $u_C(0)=12\ \text{V}$，$u_C'(0)=0$，确定上式中的积分常数 K_1 和 K_2. 当 $t=0$ 时刻，上式为

$$u_C(0)=K_1=12$$

对 $u_C(t)$ 表达式求导并取 $t=0$ 值，得出

$$u_C'(0)=-4K_1+K_2=0$$

将 $K_1=12$ 代入上式，便得出

$$K_2=4K_1=4\times 12=48$$

最后解出固有响应为

$$u_C(t)=(12-48t)e^{-4t}\ \text{V} \qquad t\geqslant 0$$

由于 $R=2\sqrt{\frac{L}{C}}=8\ \Omega$，故固有响应的性质是非振荡临界阻尼放电过程。

(3) 当 $R=6\ \Omega$ 时，固有频率为

$$S_{1,2}=-\frac{6}{2\times 1}\pm\sqrt{\left(\frac{6}{2\times 1}\right)^2-\frac{1}{1\times\frac{1}{16}}}=-3\pm j\sqrt{7}$$

即 $\qquad S_1=-3+j\sqrt{7}\ \ 1/\text{s}, \qquad S_2=-3-j\sqrt{7}\ \ 1/\text{s}$

这时固有响应表达式为

$$u_C(t)=e^{-3t}(K_1\cos\sqrt{7}t+K_2\sin\sqrt{7}t)$$

根据初始条件 $u_C(0)=12$，$u_C'(0)=0$，确定上式中的积分常数 K_1 和 K_2. 当 $t=0$ 时刻，上式为

$$u_C(0)=K_1=12$$

对 $u_C(t)$ 表达式求导并取 $t=0$ 值，得出

$$u_C'(0)=-3K_1+\sqrt{7}K_2=0$$

将 $K_1=12$ 代入上式得出

$$K_2=\frac{3K_1}{\sqrt{7}}=\frac{3\times12}{\sqrt{7}}=13.61$$

最后解出固有响应为

$$u_C(t)=e^{-3t}(12\cos\sqrt{7}t+13.61\sin\sqrt{7}t)\ \text{V} \qquad t\geqslant 0$$

由于 $R=6<2\sqrt{\frac{L}{C}}=8\ \Omega$，故固有响应的性质是阻尼振荡放电过程。

（二）部分练习题解答

练习题 12-3 如图 12-6 所示电路，$t=0$ 时刻开关 K 打开，换路前电路处于稳态。试求换路后的初始值 $u_C(0_+)$，$i_L(0_+)$，$u_L(0_+)$，$i_R(0_+)$ 和 $i_C(0_+)$.

解 (1)计算 $u_C(0_+)$，$i_L(0_+)$

由于换路前电路处于稳态，则

$$i_L(0_-)=\frac{12}{12+4}\left(9/6+\frac{12\times4}{12+4}\right)=0.75\ \text{A}$$

$$u_C(0_-)=4i_L(0_-)=4\times0.75=3\ \text{V}$$

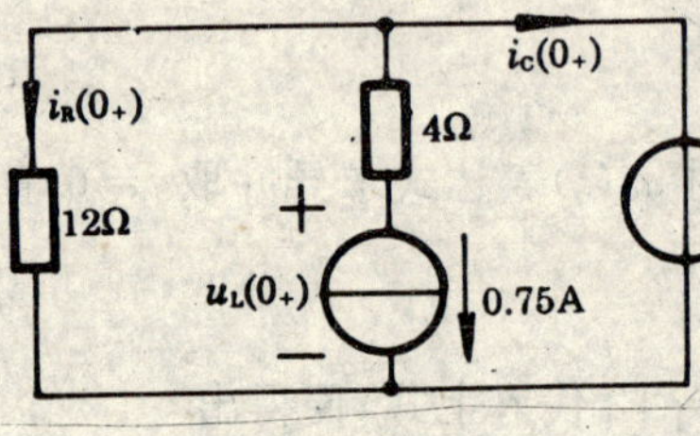

图 12-11　练习题 12-3$t=0_+$电路

故按换路定律得出

$$i_L(0_+)=i_L(0_-)=0.75\ \text{A}$$

$$u_C(0_+)=u_C(0_-)=3\ \text{V}$$

(2) 计算 $i_R(0_+)$，$u_L(0_+)$和 $i_C(0_+)$.

作 $t=0_+$电路，如图 12-11 所示。则有

$$i_R(0_+)=\frac{3}{12}=0.25\ \text{A}$$

$$u_L(0_+)=-4\times0.75+3=0\ \text{V}$$

$$i_C(0_+)=-[i_L(0_+)+i_R(0_+)]$$

$$=-(0.25+0.75)=-1\ \text{A}$$

练习题 12-5 在 RC 电路电容放电过程中，$C=4\ \mu\text{F}$，要求在放电开始后 0.8 秒内放电过程基本结束。问放电回路中电阻 R 是多少？

解 若经过 4τ 时间放电过程基本结束，则

$$\tau=\frac{0.8}{4}=0.2\ \text{s}$$

因 $\tau=RC$，则有

$$R=\frac{\tau}{C}=\frac{0.2}{4\times10^{-6}}=50\times10^3=50\ \text{k}\Omega$$

练习题 12-8 如图 12-26 所示电路，$t=0$ 时刻开关 K 闭合，开关闭合前电路处于未充电。

问开关闭合后经 1 ms 时间的电容电压是多少？

解　(1) 当电容元件断开后电路的戴维南等效电路：

$$u_{oc}=\frac{1}{2}\times 6=3\ \text{V}$$

$$R_0=10+\frac{1}{2}\times 20=20\ \Omega$$

(2) 计算电路的时间常数：

$$\tau=R_0C=20\times 50\times 10^{-6}=1\ \text{ms}$$

(3) 电容充电电压为

$$u_C(t)=3(1-\mathrm{e}^{-10^3 t})\ \text{V}\qquad t\geqslant 0$$

(4) 当 $t=1$ ms 时，电容电压为

$$\begin{aligned}u_C(1\ \text{ms})&=3(1-\mathrm{e}^{-10^3\times 10^{-3}})\\&=3(1-\mathrm{e}^{-1})=1.9\ \text{V}\end{aligned}$$

练习题 12-9　如图 12-33 所示电器，当 $t=0$ 时刻开关 K 闭合，换路前电路处于稳态。求 $t\geqslant 0$ 时电感电流 $i(t)$ 和电压 $u_L(t)$ 和 $u_R(t)$.

解　(1) $i_L(0)=\dfrac{6}{6+3}\times 3=2\ \text{A}$

(2) $\tau=\dfrac{L}{R}=\dfrac{6\times 10^{-3}}{3}=2\times 10^{-3}\ \text{s}$

(3) $i_L(t)=2\mathrm{e}^{-500t}\ \text{A}\qquad t\geqslant 0$

$$\begin{aligned}u_L(t)&=L\frac{\mathrm{d}i_L(t)}{\mathrm{d}t}=6\times 10^{-3}\frac{\mathrm{d}}{\mathrm{d}t}(2\mathrm{e}^{-500t})\\&=-6\mathrm{e}^{-500t}\ \text{V}\qquad t\geqslant 0\end{aligned}$$

$$u_R(t)=3i_L(t)=6\mathrm{e}^{-500t}\ \text{V}\qquad t\geqslant 0$$

练习题 12-13　如图 12-42 所示电路，$t=0$ 时刻开关 K 闭合，开关闭合前电路处于稳态。求 $t\geqslant 0$ 时电流 $i(t)$.

解　应用叠加定理解题。

(1) 2 A 电流源作用于电路时，因换路前电流源已作用于电路，且已处于稳态，故

$$i_L'(t)=2\ \text{A}\qquad t\geqslant 0$$

(2) 10 V 电压源单独作用于零状态电路时，$t\geqslant 0$ 电路中的电感电流为

$$\begin{aligned}i_L''(t)&=\frac{10}{2}(1-\mathrm{e}^{-\frac{R}{L}t})\\&=5(1-\mathrm{e}^{-\frac{2}{8\times 10^{-3}}t})=5(1-\mathrm{e}^{-250t})\ \text{A}\qquad t\geqslant 0\end{aligned}$$

(3) 进行叠加得出电感电流为

$$i_L(t)=i_L'(t)+i_L''(t)$$

$$=2+5(1-e^{-250t})\ \text{A} \qquad t\geqslant 0$$

练习题 12-18 如图 12-54 所示电路，$t=0$ 时刻开关 K 闭合，开关闭合前电容未充电。试用三要素法求 $t\geqslant 0$ 时 $u_C(t)$，$i_L(t)$ 和 $i(t)$.

解 (1)求初始值 $u_C(0_+)$，$i_L(0_+)$ 和 $i(0_+)$.

由于换路前电容未充电，则

$$u_C(0_-)=0, \qquad u_C(0_+)=0$$

作 $t=0_+$ 电路，如图 12-12(a)所示。则

$$i(0_+)=\frac{12}{2}=6\ \text{A}$$

$$i_C(0_+)=\frac{12}{2}+\frac{2i(0_+)}{1}$$

$$=6+2\times 6=18\ \text{A}$$

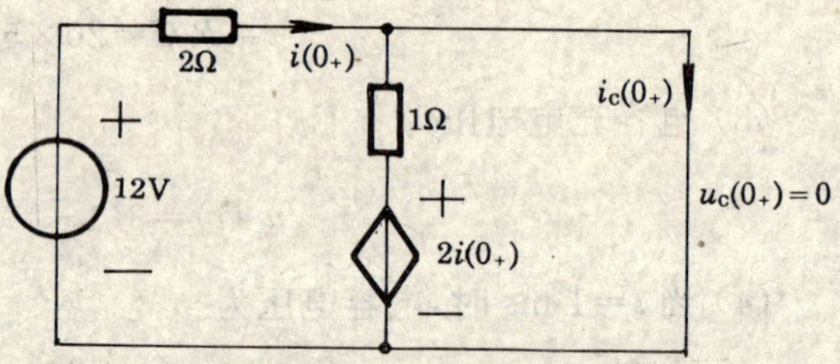

(a)$t=0_+$ 电路

(2) 求稳态值 $u_C(\infty)$，$i_L(\infty)$ 和 $i(\infty)$

作 $t=\infty$ 直流稳态电路，如图 12-12(b)所示。列 KVL 方程

$$2i(\infty)+1\times i(\infty)+2i(\infty)=12$$

$$5i(\infty)=12$$

$$i(\infty)=\frac{12}{5}=2.4\ \text{A}$$

$$i_C(0)=0$$

$$u_C(\infty)=1\times i(\infty)+2i(\infty)$$

$$=3i(\infty)=3\times 2.4=7.2\ \text{V}$$

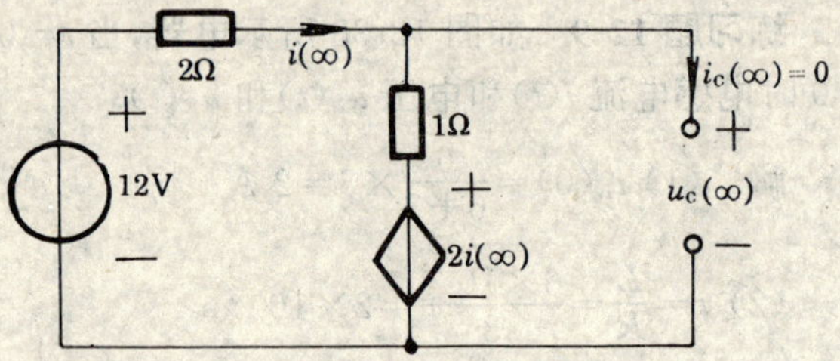

(b)$t=\infty$ 电路

(3) 求 τ

先求 R_0，用伏安关系法，电路如图 12-12(c)所示。列 KVL 方程为

$$U=1\times(i+I)+2i=3i+I$$

$$=3(-\frac{U}{2})+I=\frac{3}{2}U+I$$

$$2.5U=I$$

故 $$R_0=\frac{U}{I}=\frac{1}{2.5}=0.4\ \Omega$$

$$\tau=R_0C=0.4\times 5=2\ \text{s}$$

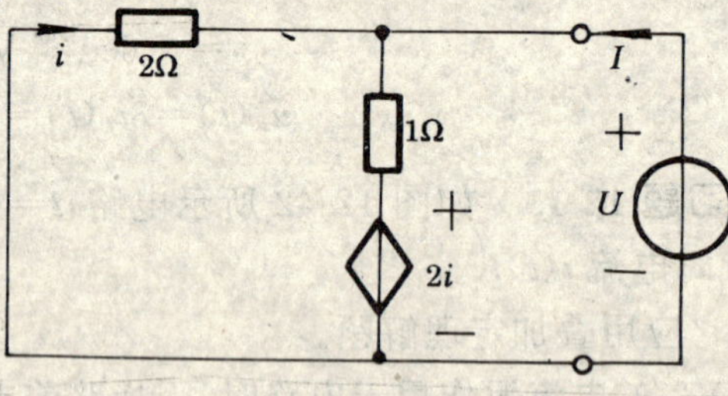

(c)求 R_0 电路

图 12-12 练习题 12-18 解题电路图

(4) 按三要素公式得出

$$u_C(t)=7.2(1-e^{-\frac{1}{2}t})\ \text{V} \qquad t\geqslant 0$$

$$i_C(t)=18e^{-\frac{1}{2}t}\ \text{A} \qquad t\geqslant 0$$

$$i(t)=(6-2.4)e^{-\frac{1}{2}t}+2.4$$

$$=3.6e^{-\frac{1}{2}t}+2.4\ \text{A} \qquad t\geqslant 0$$

练习题 12-21 如图 12-69(a)所示电路,$i_L(0)=2$ mA,输入如图 12-69(b)所示波形电流 $i(t)$. 求完全响应 $i_L(t)$.

解 (1)求阶跃响应,即零状态响应

电流 $i(t)$用延时阶跃函数表示为

$$i(t)=9\varepsilon(t-2)-9\varepsilon(t-4)\ \text{mA}$$

当 $9\varepsilon(t-2)$ mA 电流作用时的阶跃响应为

$$\begin{aligned}&\frac{2\times9\times10^{-3}}{2+4}[1-\mathrm{e}^{-2\times10^3(t-2)}]\\&=3[1-\mathrm{e}^{-2000(t-2)}]\cdot\varepsilon(t-2)\ \text{mA}\end{aligned}$$

当 $-9\varepsilon(t-4)$ mA 电流作用时的阶跃响应为

$$\begin{aligned}&-\frac{2\times9\times10^{-3}}{2+4}[1-\mathrm{e}^{-2000(t-4)}]\\&=-3[1-\mathrm{e}^{-2000(t-4)}]\cdot\varepsilon(t-4)\ \text{mA}\end{aligned}$$

故阶跃响应为

$$i_L'(t)=3[1-\mathrm{e}^{-2000(t-2)}]\cdot\varepsilon(t-2)-3[1-\mathrm{e}^{-2000(t-4)}]\cdot\varepsilon(t-4)\ \text{mA}$$

(2) 零输入响应

在初始状态 $i_L(0)=2$ mA 作用电路的响应为

$$i_L''(t)=i_L(0)\mathrm{e}^{-\frac{t}{\tau}}=2\mathrm{e}^{-2000t}\cdot\varepsilon(t)\ \text{mA}$$

(3) 完全响应为

$$\begin{aligned}i_L(t)&=i_L'(t)+i_L''(t)\\&=2\mathrm{e}^{-2000t}\cdot\varepsilon(t)+3[1-\mathrm{e}^{-2000(t-2)}]\cdot\varepsilon(t-2)\\&\quad-3[1-\mathrm{e}^{-2000(t-4)}]\cdot\varepsilon(t-4)\ \text{mA}\end{aligned}$$

练习题 12-29 如图 12-82 所示电路,$t=0$ 时刻开关 K 闭合,电路进行充电,开关闭合前电路中无储能。求 $t\geqslant0$ 时 $u_C(t)$和 $i(t)$.

解 (1)计算电路的固有频率

$$S_{1,2}=-\frac{2}{2\times1}\pm\sqrt{\left(\frac{2}{2\times1}\right)^2-\frac{1}{1\times\frac{1}{2}}}=-1\pm\mathrm{j}\quad 1/\mathrm{s}$$

(2)齐次微分方程的通解为

$$u_{C\mathrm{h}}(t)=\mathrm{e}^{-t}(K_1\cos t+K_2\sin t)$$

非齐次微分方程的特解为

$$u_{C\mathrm{p}}(t)=6$$

完全解为

$$u_C(t)=u_{Ch}(t)+u_{Cp}(t)$$
$$=6+e^{-t}(K_1\cos t+K_2\sin t)$$

(3)确定积分常数 K_1 和 K_2

初始状态： $u_C(0)=0, i_L(0)=0$

初始条件： $u_C(0)=0$

$$u_C'(0)=\left.\frac{du_C(t)}{dt}\right|_{t=0}=\frac{i_L(0)}{C}=0$$

当 $t=0$ 时刻，有

$$u_C(0)=6+K_1=0 \qquad K_1=-6$$

对式 $u_C(t)$ 求导并取 $t=0$ 值为

$$u_C'(0)=-K_1+K_2=0$$
$$K_2=K_1=-6$$

故解出响应电容电压为

$$u_C(t)=6-e^{-t}(6\cos t+6\sin t)$$
$$=[6-6\sqrt{2}\sin(t+45°)]\cdot\varepsilon(t)\ \text{V}$$

(4) 求响应电流 $i(t)$

$$i(t)=C\frac{du_C(t)}{dt}=\frac{1}{2}\frac{d}{dt}[6-6\sqrt{2}\sin(t+45°)]$$
$$=3\sqrt{2}e^{-t}[\sin(t+45°)-\cos(t+45°)]$$
$$=3\sqrt{2}e^{-t}[(\sin t\cos45°+\cos t\sin45°)-(\cos t\cos45°-\sin t\sin45°)]$$
$$=3\sqrt{2}e^{-t}(\sin t\cos45°+\sin t\sin45°)$$
$$=3\sqrt{2}e^{-t}(2\times\frac{\sqrt{2}}{2}\sin t)$$
$$=6e^{-t}\sin t\cdot\varepsilon(t)\ \text{A}$$

本题解题中应用的三角函数公式有：

$$\sin(\gamma\pm\beta)=\sin\gamma\cos\beta\pm\cos\gamma\sin\beta$$
$$\cos(\gamma\mp\beta)=\cos\gamma\cos\beta\pm\sin\gamma\sin\beta$$

(三)部分习题解答

习题十二

3. 如图 12-86 所示电路，$t=0$ 时刻换路，开关触头离 a 闭合于 b，换路前电路处于稳态。(1)列出 $t\geqslant0$ 时以 $u_C(t)$ 为变量的微分方程；(2)求 $t\geqslant0$ 时 $u_C(t)$ 和 $i(t)$；(3)计算出 $t=0.5$ ms，10 ms 和 20 ms 时刻电容中的储能。

解 (1)$t\geqslant0$ 时电路的微分方程为

$$RC\frac{du_C(t)}{dt}+u_C(t)=0$$

$$(2+2)\times10^3\times2.5\times10^{-6}\frac{du_C(t)}{dt}+u_C(t)=0$$

$$10\times10^{-3}\frac{du_C(t)}{dt}+u_C(t)=0$$

(2) $t\geqslant0$ 时响应 $u_C(t)$ 和 $i_C(t)$

$$u_C(0)=2\times10^{-3}\times5\times10^3=10\ \text{V}$$

$$\tau=RC=(2+2)\times10^3\times2.5\times10^{-6}=10\ \text{ms}$$

$$u_C(t)=u_C(0)\text{e}^{-\frac{t}{\tau}}=10\text{e}^{-100t}\ \text{V}\qquad t\geqslant0$$

$$i_C(t)=C\,\frac{du_C(t)}{dt}=2.5\times10^{-6}\frac{d}{dt}(10\text{e}^{-100t})$$

$$=-2.5\text{e}^{-100t}\ \text{mA}\qquad t\geqslant0$$

(3)计算各时刻的储能

$t=0$ 时刻：$u_C(0)=10\ \text{V}, w_C(0)=\frac{1}{2}\times2.5\times10^{-6}\times10^2=125\ \mu\text{J}$

$t=5$ ms 时刻：$u_C(5)=6\ \text{V}, w_C(5)=\frac{1}{2}\times2.5\times10^{-6}\times6^2=45\ \mu\text{J}$

$t=10$ ms 时刻：$u_C(10)=3.68\ \text{V}, w_C(10)=\frac{1}{2}\times2.5\times10^{-6}\times(3.68)^2=16.9\mu\text{J}$

$t=20$ ms 时刻：$u_C(20)=1.35\ \text{V}, w_C(20)=\frac{1}{2}\times2.5\times10^{-6}\times(1.35)^2=2.29\ \mu\text{J}$

8. 如图 12-89 所示电路，$t=0$ 时刻开关 K 打开，开关动作前电路处于稳态，求(1)$t\geqslant0$时以 $i_L(t)$ 为变量的微分方程；(2)$t\geqslant0$ 时 $i_L(t)$；(3)在 $t=0$，0.2 ms，0.5 ms 和 1 ms 时刻电感中的磁场能量。

解　(1)$t\geqslant0$ 时电路的微分方程是

$$L\,\frac{di_L(t)}{dt}+Ri_L(t)=0$$

$$8\times10^{-3}\frac{di_L(t)}{dt}+16i_L(t)=0$$

(2)$t\geqslant0$ 时的电流 $i_L(t)$ 为

$$i_L(t)=i(0)\text{e}^{-\frac{t}{\tau}}$$

由于换路前电路处于稳态，则有

$$i_L(0)=\frac{12}{12+4}\left(\frac{8}{4+3+\frac{12\times4}{12+4}}\right)$$

$$=\frac{12}{12+4}\left(\frac{8}{4+3+3}\right)=0.6\ \text{A}$$

$$\tau=\frac{L}{R}=\frac{8\times10^{-3}}{12+4}=\frac{8\times10^{-3}}{16}=\frac{1}{2}\times10^{-3}\ \text{s}$$

故得出

$$i_L(t)=0.6e^{-2\times10^3 t}\ \text{A}\qquad t\geqslant 0$$

(3)计算各时刻的储能

$t=0$ 时刻：$i_L(0)=0.6\ \text{A}$，$w_L(0)=\frac{1}{2}\times8\times10^{-3}\times(0.6)^2=1.44\ \text{mJ}$

$t=0.2\ \text{ms}$ 时刻：$i(0.2)=0.4\ \text{A}$，$w_L(0.2)=\frac{1}{2}\times8\times10^{-3}\times(0.4)^2=0.64\ \text{mJ}$

$t=0.5\ \text{ms}$ 时刻：$i(0.5)=0.22\ \text{A}$，$w_L(0.5)=\frac{1}{2}\times8\times10^{-3}\times(0.22)^2=0.195\ \text{mJ}$

$t=1\ \text{ms}$ 时刻：$i(1)=0.081\ \text{A}$，$w_L(1)=\frac{1}{2}\times8\times10^{-3}\times(0.081)^2=0.026\ \text{mJ}$

12. 一个电感线圈被短接后，经过 1 秒时间，电感中的电流衰减到初始值的 36.8%。如果经过 10 Ω 电阻串联短接时，则经过 0.5 秒后电感中的电流衰减到初始值的 36.8%。问线圈的电阻 R 是多少欧姆？

解 (1)线圈被短接后，经过 1 s 电感电流衰减到初始值的 36.8%，即为 1 τ 的时间。故此时电路的时间常数 $\tau_1=1$ s，即

$$\tau_1=\frac{L}{R}=1\ \text{s}$$

(2)经过 10 Ω 电阻串联短接时，则经过 0.5 s 电感电流衰减到初始值的 36.8%，即为 1τ 时间。故此时电路的时间常数 $\tau_2=0.5$ s，即

$$\tau_2=\frac{L}{R+10}=0.5\ \text{s}$$

(3)由上两式可知

$$\tau_1=2\tau_2$$

故

$$\frac{L}{R}=\frac{2L}{R+10}$$
$$2R=R+10$$
$$R=10\ \Omega$$

13. 图 12-93 所示是直流单臂电桥原理图，用来测量电感线圈的直流电阻。已知 $R_A=10\ \Omega$，$R_B=1\ \text{k}\Omega$，$R=3.5\ \text{k}\Omega$，$R_g=100\ \Omega$，$U=4.5$ V. 当电桥平衡时，被测线圈电阻 $R_X=\frac{R_A}{R_B}R$，按规定，在完毕后，先打开开关 K_1，然后再打开开关 K_2. 如果错误地将顺序搞反，先打开 K_2，然后再打开 K_1 时，问 K_2 打开瞬间检流计 G 是否安全(设检流计可测最大电流为 10 μA)？

解 电桥平衡时，电感线圈电阻为

$$R_X=\frac{R_A}{R_B}R=\frac{10}{1000}\times3500=35\ \Omega$$

这时线圈中通过的电流为

$$i_L=\frac{U}{R_A+R_X}=\frac{4.5}{10+35}=0.1\ \text{A}$$

如果误将开关 K_2 先打开，此瞬间电感电流不能跃变，仍为 0.1 A，又由于 $R_g=100\ \Omega$，$R_A+R_B=1010\ \Omega$，$R_g<(R_A+R_B)$，则 0.1 A 电流在换路瞬间通过检流计 G，远远超过检流计的额定电流，这是不允许的。

21. 图 12-100 所示是电磁铁线圈回路。为了减小电磁铁线圈中电流的增长率，需增大电路的时间常数。问若使时间常数增加一倍时，并联电阻 R_2 应取何值？

解 当未并联电阻 R_2 电路的时间常数为

$$\tau_1=\frac{L}{R_1+R}$$

若使时间常数增加一倍时，则并联电阻 R_2 为，

$$\tau_2=2\tau_1$$

$$\frac{L}{R+\dfrac{R_1R_2}{R_1+R_2}}=\frac{2L}{R_1+R}$$

$$R+\frac{R_1R_2}{R_1+R_2}=\frac{1}{2}(R+R_1)$$

$$2+\frac{6R_2}{6+R_2}=\frac{1}{2}(2+6)=4$$

$$6R_2=2(6+R_2)$$

$$4R_2=12$$

故解出

$$R_2=\frac{12}{4}=3\ \Omega$$

25. 如图 12-104 所示电路。$t=0$ 时刻换路开关 K 闭合，开关闭合前电路处于稳态。求 $t\geqslant 0$ 时 $i_L(t)$ 和 $u(t)$.

解 应用三要素解题。

(1)求初始值 $i_L(0_+)$，$u(0_+)$

由于换路前电路处于稳态，作出 $t=0_-$ 电路，如图 12-13(a)所示。列 KVL 方程为

$$4i(0_-)+[i(0_-)+3i(0_-)]\times 4=20$$

$$20i(0_-)=20$$

$$i(0_-)=\frac{20}{20}=1\ \text{A}$$

$$i_L(0_+)=i_L(0_-)=4i(0_-)=4\ \text{A}$$

求 $u(0_+)$，作出 $t=0_+$ 电路，如图 12-13(b)所示。列节点方程为

$$\left(\frac{1}{4}+\frac{1}{4}\right)u(0_+)=\frac{20}{4}+3i(0_+)-4$$

$$\frac{1}{2}u(0_+)=1+3\left(\frac{20-u(0_+)}{4}\right)$$

$$=16-\frac{3}{4}u(0_+)$$

$$\frac{5}{4}u(0_+)=16$$

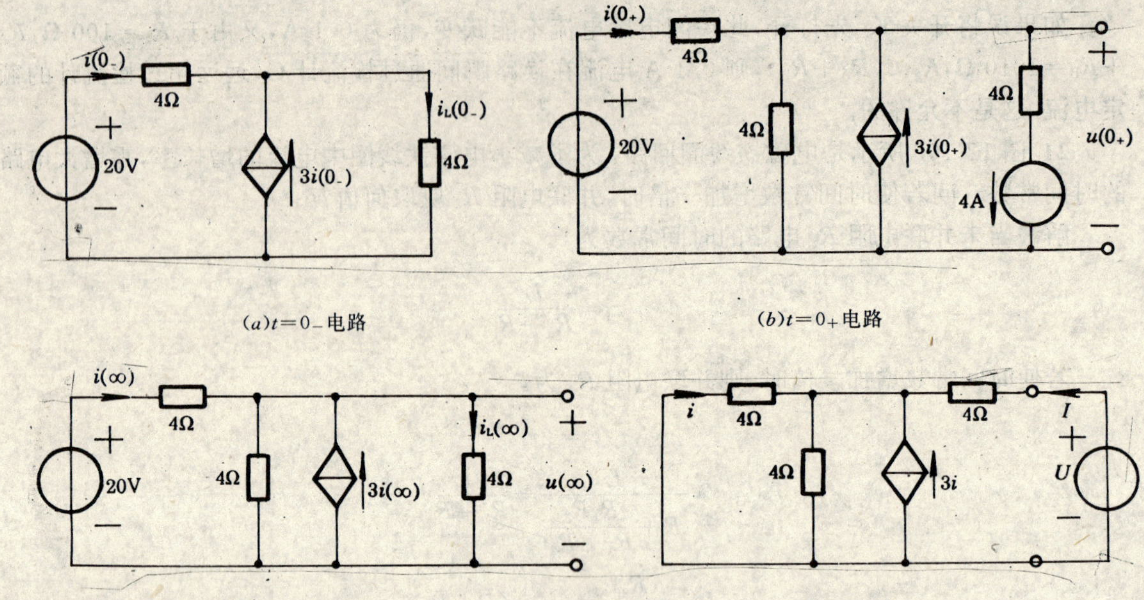

(a) $t=0_-$ 电路　(b) $t=0_+$ 电路　(c) $t=\infty$ 电路　(d) 求 R_0 电路

图 12-13　习题十二第 25 题解题电路图

故解出
$$u(0_+)=\frac{16\times 4}{5}=12.8\ \text{V}$$

(2)求稳态值 $i_L(\infty)$ 和 $u(\infty)$

作 $t=\infty$ 电路，如图 12-13(c)所示。求 $u(\infty)$ 列节点方程为

$$\left(\frac{1}{4}+\frac{1}{4}+\frac{1}{4}\right)u(\infty)=\frac{20}{4}+3i(\infty)$$

$$\frac{3}{4}u(\infty)=5+3\left(\frac{20-u(\infty)}{4}\right)$$

$$=20-\frac{3}{4}u(\infty)$$

$$\frac{6}{4}u(\infty)=20$$

故解出
$$u(\infty)=\frac{20\times 4}{6}=13.33\ \text{V}$$

$$i_L(\infty)=\frac{u(\infty)}{4}=\frac{13.33}{4}=3.33\ \text{A}$$

(3)求时间常数 τ

先求 R_0，作电压源置零，电感元件两端断开后求 R_0 电路，如图 12-13(d)所示。应用伏安关系法，端口外加电压源 U，产生输入电流 I。列 KVL 方程为

$$U=4I+4(4i+I)$$

$$=8I+16i$$

$$=8I+16\left(-\frac{U-4I}{4}\right)$$

$$=24I-4U$$

$$5U=24I$$

故解出

$$R_0=\frac{U}{I}\frac{24}{5}=4.8\ \Omega$$

$$\tau=\frac{L}{R_0}=\frac{10\times10^{-3}}{4.8}\ \mathrm{s}$$

(4) 应用三要素公式得出

$$i_L(t)=3.33+(4-3.33)\mathrm{e}^{-\frac{4.8}{10\times10^{-3}}t}$$
$$=3.33+0.67\mathrm{e}^{-480t}\ \mathrm{A}\qquad t\geqslant0$$
$$u(t)=13.33+(12.8-13.33)\mathrm{e}^{-480t}$$
$$=13.33-0.53\mathrm{e}^{-480t}\ \mathrm{V}\qquad t\geqslant0$$

26. 如图 12-105 所示电路，$t=0$ 时刻换路，开关 K 触头离 a 闭合于 b，电源电压初相为 $-30°$，换路前电路处于稳态。求换路后 $u_C(t)$ 和 $i(t)$。

解 (1)初始值 $u_C(0)$

由于换路前电路处于直流稳态，则

$$u_C(0)=6\ \mathrm{V}$$

(2)求稳态值 $u_C(\infty)$

由于换路后电路接入正弦交流电压，故应用相量法求稳态电容电压。

$$\dot{U}_{C\cdot\infty}=\frac{\dot{U}_s}{R-\mathrm{j}\frac{1}{\omega C}}\left(-\mathrm{j}\frac{1}{\omega C}\right)$$
$$=\frac{110\angle-30°}{20-\mathrm{j}314\times100\times10^{-6}}\left(-\mathrm{j}\frac{1}{314\times100\times10^{-6}}\right)$$
$$=\frac{110\angle-30°}{20-\mathrm{j}31.85}(-\mathrm{j}31.85)$$
$$=\frac{110\angle-30°}{37.6\angle-57.87°}(-\mathrm{j}31.85)$$
$$=93.18\angle-62.23°\ \mathrm{V}$$

故得出

$$u_{C、\infty}(t)=\sqrt{2}\cdot93.18\sin(314t-62.23°)\ \mathrm{V}$$
$$u_{C\cdot\infty}(0)=\sqrt{2}\cdot93.18\sin(-62.23°)=116.53\ \mathrm{V}$$

(3) 电路的时间常数为

$$\tau=RC=20\times100\times10^{-6}=2\ \mathrm{ms}$$

(4) $t\geqslant0$ 时的电容电压为

$$u_C(t)=u_{C\cdot\infty}(t)+[u_C(0)-u_{C\cdot\infty}(0)]\mathrm{e}^{-\frac{t}{\tau}}$$
$$=\sqrt{2}\cdot93.18\sin(314t-62.23°)+(6+116.53)\mathrm{e}^{-500t}$$
$$=131.77\sin(314t-62.23°)+122.53\mathrm{e}^{-500t}\ \mathrm{V}\qquad t\geqslant0$$

电容电流为

$$i_C(t)=C\frac{\mathrm{d}u_C(t)}{\mathrm{d}t}=100\times10^{-6}[131.77\times314\cos(314t-62.23°)]-500\times122.53\mathrm{e}^{-500t}$$

$$=4.138\sin(314t+27.77°)-6.13\mathrm{e}^{-500t}\ \mathrm{A}\qquad t\geqslant0$$

32. 如图 12-111(a)所示电路，输入矩形脉冲电压 $u_1(t)$，波形如图 12-111(b)所示。求电路的时间常数，输出电压 $u_2(t)$，并绘出其波形图。

解 输入电压用阶跃函数表示为

$$u_1(t)=4\varepsilon(t)-4\varepsilon(t-10)\ \mathrm{V}$$

电流的阶跃响应为

$$i(t)=\frac{4}{R}\mathrm{e}^{-\frac{t}{RC}}\cdot\varepsilon(t)-\frac{4}{R}\mathrm{e}^{-\frac{t-10}{RC}}\cdot\varepsilon(t-10)\ \mathrm{A}$$

由于

$$\tau=RC=10\times20\times10^{-6}=200\ \mu\mathrm{s}\gg10\ \mu\mathrm{s}$$

则在电流响应式中 $\mathrm{e}^{-\frac{t}{RC}}$ 和 $\mathrm{e}^{-\frac{t-10}{RC}}$ 趋于 1，故有

$$i(t)\approx\frac{4}{R}\varepsilon(t)-\frac{4}{R}\cdot\varepsilon(t-10)=\frac{1}{R}u_1(t)$$

根据电容的 VAR 可以得出输出电压为

$$u_2(t)=u_C(t)=\frac{1}{C}\int_0^t i(\xi)\mathrm{d}\xi$$

$$\approx\frac{1}{RC}\int_0^t u_1(\xi)\mathrm{d}\xi$$

$$\approx\frac{4}{200\times10^{-6}}\left[\int_0^t\mathrm{d}\xi\cdot\varepsilon(t)-\int_0^t\mathrm{d}\xi\cdot\varepsilon(t-10)\right]$$

$$=2\times10^4\left[\xi|_0^t\cdot\varepsilon(t)-\xi|_0^t\cdot\varepsilon(t-10)\right]$$

$$=2\times10^4t\cdot\varepsilon(t)-2\times10^4t\cdot\varepsilon(t-10)]\ \mathrm{V}$$

根据上式绘出输出电压 $u_2(t)$ 波形图，如图 12-14 所示，它是一个三角波。由此可见，当输入矩形电压波的脉冲宽度远小于 RC 电路的时间常数 τ 时，将矩形脉冲电压波转换为输出的三角波形。

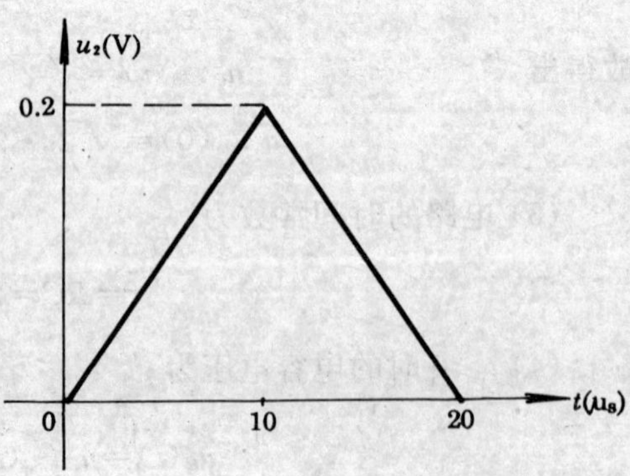

图 12-14 习题十二第 32 题 u_2 波形图

36. 如图 12-115 所示 RLC 并联电路，$L=6$ H，$C=\frac{1}{18}$ F，$i_L(0)=10$ A，$u_C(0)=0$. 求 R 为 4.5 Ω，5.21 Ω 和 6.369 Ω 三种情况时，电路的固有响应。

解 以 $i_L(t)$ 为变量按 KCL 和元件 VAR 列出 $t\geqslant0$ 时电路的微分方程为

$$LC\frac{\mathrm{d}^2i_L(t)}{\mathrm{d}t^2}+\frac{L}{R}\frac{\mathrm{d}i_L(t)}{\mathrm{d}t}+i_L(t)=0$$

特征方程为

$$LCS^2+\frac{L}{R}S+1=0$$

$$S^2+\frac{1}{RC}S+\frac{1}{LC}=0$$

特征根，即固有频率为

$$S_{1,2}=-\frac{1}{2RC}\mp\sqrt{\left(\frac{1}{2RC}\right)^2-\frac{1}{LC}}$$

(1)若 $R=4.5\ \Omega$ 时，固有频率为

$$S_{1,2}=-\frac{1}{2\times4.5\times\frac{1}{18}}\mp\sqrt{\left(\frac{1}{2\times4.5\times\frac{1}{18}}\right)^2-\frac{1}{6\times\frac{1}{18}}}=-2\mp1\quad 1/\mathrm{s}$$

$$\alpha_1=-3,\qquad \alpha_2=-1$$

固有响应为

$$i_L(t)=K_1\mathrm{e}^{-3t}+K_2\mathrm{e}^{-t}$$

确定积分常数 K_1 和 K_2

初始状态：$u_C(0)=0$，$i_L(0)=10\ \mathrm{A}$

初始条件：$i_L=10\ \mathrm{A}$

$$i_L{}'(0)=\frac{\mathrm{d}i_L(t)}{\mathrm{d}t}\bigg|_{t=0}=\frac{u_C(0)}{L}=0$$

当 $t=0$ 时刻：$i_L(0)=K_1+K_2=10$ ①

$$i_L{}'(0)=\frac{\mathrm{d}i_L(t)}{\mathrm{d}t}\bigg|_{t=0}=-3K_1-K_2=0 \qquad ②$$

联立解式①，②得出

$$K_1=-5\qquad K_2=10$$

最后解出固有响应

$$i_L(t)=15\mathrm{e}^{-t}-5\mathrm{e}^{-3t}\ \mathrm{A}\qquad t\geqslant0$$

$$u_C(t)=u_L(t)=L\frac{\mathrm{d}i_L(t)}{\mathrm{d}t}=6\times\frac{\mathrm{d}}{\mathrm{d}t}(15\mathrm{e}^{-t}-5\mathrm{e}^{-3t})$$

$$=90\mathrm{e}^{-t}-90\mathrm{e}^{-3t}\ \mathrm{V}\qquad t\geqslant0$$

(2)若 $R=5.196\ \Omega$ 时，固有频率为

$$S_{1,2}=-\frac{1}{2\times5.196\times\frac{1}{18}}\mp\sqrt{\left(\frac{1}{2\times5.196\times\frac{1}{18}}\right)^2-\frac{1}{6\times\frac{1}{18}}}$$

$$=-\sqrt{3}\mp\sqrt{3-3}=-\sqrt{3}\quad 1/\mathrm{s}$$

固有响应为

$$i_L(t)=(K_1+K_2t)\mathrm{e}^{-\sqrt{3}t}$$

确定积分常数 K_1,K_2

初始条件仍为:$i_L(0)=10\ \mathrm{A}$,$i_L'(0)=0$

当 $t=0$ 时刻:$i_L(0)=K_1=10$

$$i_L'(0)=-\sqrt{3}K_1+K_2=0\qquad K_2=\sqrt{3}K_1=\sqrt{3}\,10$$

最后解出固有响应为

$$i_L(t)=10(1+\sqrt{3}t)\mathrm{e}^{-\sqrt{3}t}$$

$$\begin{aligned}u_C(t)=u_L(t)&=L\frac{\mathrm{d}i_L(t)}{\mathrm{d}t}\\&=6\left[\frac{\mathrm{d}}{\mathrm{d}t}(10+\sqrt{3}\,10t)\mathrm{e}^{-\sqrt{3}t}\right]\\&=6\left[-\sqrt{3}\,\mathrm{e}^{-\sqrt{3}t}(10+\sqrt{3}\cdot 10t)\mathrm{e}^{-\sqrt{3}t}+\sqrt{3}\cdot 10\mathrm{e}^{-\sqrt{3}t}\right]\\&=180t\mathrm{e}^{-\sqrt{3}t}\ \mathrm{V}\qquad t\geqslant 0\end{aligned}$$

(3)若 $R=6.369\ \Omega$ 时,固有频率为

$$\begin{aligned}S_{1,2}&=-\frac{1}{2\times 6.369\times\frac{1}{18}}\mp\sqrt{\left(\frac{1}{2\times 6.369\times\frac{1}{18}}\right)^2-\frac{1}{6\times\frac{1}{18}}}\\&=-\sqrt{2}\mp\sqrt{2-3}=-\sqrt{2}\mp\mathrm{j}\quad 1/\mathrm{s}\end{aligned}$$

固有响应为

$$i_L(t)=\mathrm{e}^{-\sqrt{2}t}(K_1\cos t+K_2\sin t)$$

确定积分常数 K_1 和 K_2

初始条件为: $i_L(0)=10\ \mathrm{A}$,$i_L'(0)=0$

当 $t=0$ 时刻: $i_L(0)=K_1=10$

$$i_L'(0)=-\sqrt{2}K_1+K_2=0$$

$$K_2=\sqrt{2}K_1=\sqrt{2}\cdot 10$$

最后解出固有响应为

$$i_L(t)=\mathrm{e}^{-\sqrt{2}t}(10\cos t+\sqrt{2}\cdot 10\sin t)\ \mathrm{A}\qquad t\geqslant 0$$

或 $$i_L(t)=\mathrm{e}^{-\sqrt{2}t}\cdot\sqrt{(\sqrt{2}\times 10)^2+10^2}\left[\frac{10}{\sqrt{(\sqrt{2}\times 10)^2+10^2}}\cos t+\frac{\sqrt{2}\times 10}{\sqrt{(\sqrt{2}\times 10)^2+10^2}}\sin t\right]$$

$$=\sqrt{3}\times 10e^{-\sqrt{2}t}[\sin\theta\cos t+\cos\theta\sin t]$$

$$=\sqrt{3}\times 10e^{-\sqrt{2}t}\sin(t+\theta)$$

$$\theta=\text{arctg}\frac{10}{\sqrt{2}\times 10}=35.27°$$

$$u_C(t)=u_L(t)=L\frac{di_L(t)}{dt}$$

$$=6\frac{d}{dt}[e^{-\sqrt{2}t}(10\cos t+\sqrt{2}\cdot 10\sin t)]$$

$$=6[-\sqrt{2}e^{-\sqrt{2}t}(10\cos t+\sqrt{2}\cdot 10\sin t)$$

$$+e^{-\sqrt{2}t}(-10\sin t+\sqrt{2}\cdot 10\cos t)]$$

$$=6[-20\sin te^{-\sqrt{2}t}-10\sin te^{-\sqrt{2}t}]$$

$$=-180e^{-\sqrt{2}t}\sin t\ \text{V}\qquad t\geqslant 0$$

四、教学媒体与作业

本章电视讲课共 12 讲，即从第 46 讲至第 57 讲。各讲的教学内容及作业分述如下。

第 46 讲

第十二章　电路中的过渡过程

§12-1 过渡过程的概念

1. 过渡过程

从一种稳定状态到另一种稳定状态所经历的过程。生活中的例子：汽车由行驶到停车；照像机的闪光灯由不亮到亮等。RC 电路电容器电压由无到某定值的充电过程。

为什么有过渡过程呢？内因：电路中有储能元件，储能不能突变；外因：电路发生换路（指电源的接通，撤除，电路参数的改变等）。

电路的稳定状态，是指动态电路中的电压（电流）不随时间而变，或随时间作周期性变化的状态。

过渡过程问题，是研究 $t=0$ 时刻换路后 $t\geqslant o$ 时电路的表现。研究的基本方法：(1)经典法（本章）；(2)拉普拉斯变换法（第十三章）。

2. 换路定律

研究换路瞬间电路的表现，它是储能不能突变的体现。

电容储能：$w_C=\frac{1}{2}Cu_C^2$。储能不能突变，表现为电容电压不能突变。

电感储能：$w_L=\frac{1}{2}Li_L^2$。储能不能突变，表现为电感电流不能突变。

换路定律：$u_C(0_+)=u_C(0_-)$；$i_L(0_+)=i_L(0_-)$。

第 47 讲

§12-1　过渡过程的概念（续）

换路定律的应用。

(1)例（补 12-1）　如图 12-15(a)所示，$t=0$ 时刻换路，开关 K 打开，换路前电路处于稳态，求 $u_C(0_+)$。

作换路前一瞬间 $t=0_-$ 的电路，如图 12-15(b)所示。因换路前电路处于直流稳态，故知 $t=$

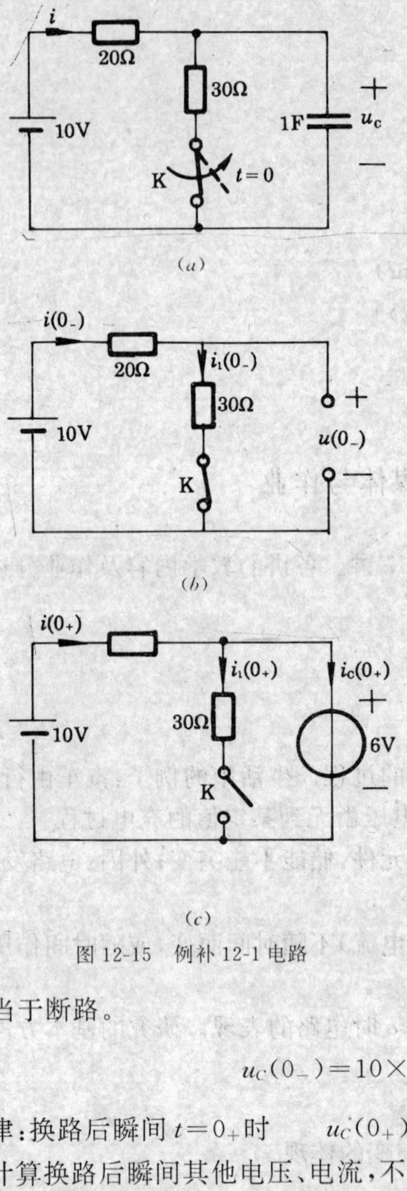

图 12-15　例补 12-1 电路

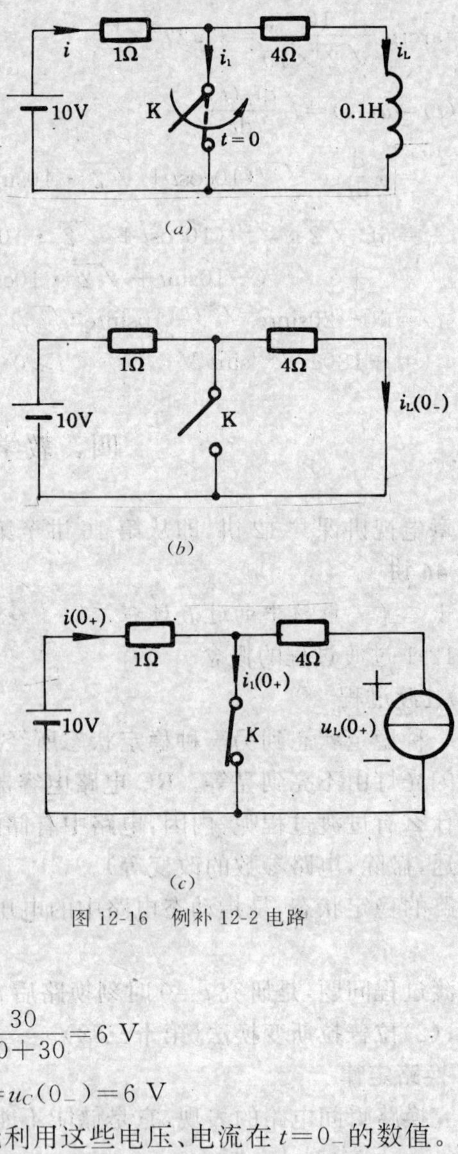

图 12-16　例补 12-2 电路

0_-时电容相当于断路。

$$u_C(0_-)=10\times\frac{30}{20+30}=6\ \text{V}$$

根据换路定律：换路后瞬间 $t=0_+$时　　$u_C(0_+)=u_C(0_-)=6\ \text{V}$

如果要计算换路后瞬间其他电压、电流，不能利用这些电压、电流在 $t=0_-$的数值。应作出 $t=0_+$瞬间的电路，如图 12-15(c)所示。则

$$i_1(0_+)=0$$

$$i(0_+)=i_C(0_+)=\frac{10-6}{20}=0.2\ \text{A}$$

$$u_R(0_+)=Ri(0_+)=20\times0.2=4\ \text{V}$$

(2)例(补 12-2)　如图 12-16(a)所示，求 $i_L(0_+)$。换路前一瞬间，电路处于直流稳态。故知 $t=0_-$时电感相当于短路，作出如图 15-16(b)所示 $t=0_-$电路。则根据换路定律，换路后瞬间 $t=0_+$时

$$i_L(0_+)=i_L(0_-)=\frac{10}{1+4}=2\ \text{A}$$

如果要计算换路后瞬间其他电压、电流、应利用如图 15-16(c)所示 $t=0_+$瞬间电路。则有

$$i(0_+)=\frac{10}{1}=10\ \text{A}$$

$$i_l(0_+)=i(0_+)-i_L(0_+)=10-2=8\ \text{A}$$

$$u_L(0_+)=-4i_L(0_+)=-4\times2=-8\ \text{V}$$

(3)例(补 12-3)　如图 12-17(a)所示，$t=0$ 时刻换路，换路前电路处于直流稳态。故 $t=0_-$ 时，电感相当于短路。则

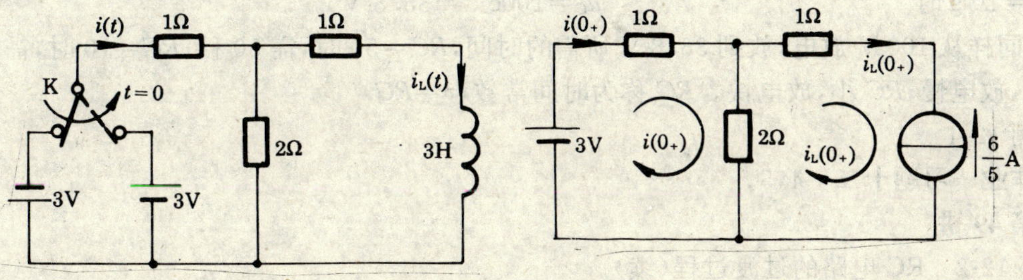

(a)　　　　　　(b)

图 12-17　例补 12-3 电路

$$i_L(0_+)=i_L(0_-)=-\frac{3}{1+\frac{1\times2}{1+2}}\times\frac{2}{1+2}$$

$$=-\frac{6}{5}\ \text{A}$$

要计算 $i(0_+)$时，应作出如图 15-17(b)所示 $t=0_+$瞬间电路，应用网孔法求解。列网孔方程为

$$3i(0_+)-2i_L(0_+)=3$$

$$i(0_+)=\frac{1}{5}\ \text{A}$$

作业　习题十二　　1，2。

第 48 讲

§12-2　RC 电路的过渡过程

1．电容放电电路的过渡过程

前一稳态，电容具有一定的电压(电荷)；后一稳态，电容电压(电荷)为零。由于电容电压(电荷)不能跃变，电容电压(电荷)从有到无要有一个过程。电容的放电过程是储能逐渐消失的过程。换路时电容电压不能跃变，而电容电流是可以跃变的。

研究 $t\geqslant0$ 时的 $u_C(t)$和 $i(t)$，应根据换路后的电路列出微分方程来求解。RC 电路放电过程的微分方程

$$RC\frac{\mathrm{d}u_C}{\mathrm{d}t}+u_C=0$$

$$u_C(t)=K\mathrm{e}^{-\frac{1}{RC}t}$$

满足 $u_C(0)=U_0$，即 $u_C(0)=K\mathrm{e}^0=U_0$，故 $K=U_0$，故解得

$$u_C(t)=U_0e^{-\frac{t}{RC}} \qquad t\geqslant 0$$

例如 $C=50\ \mu F, R=1\ M\Omega, u_C(0_+)=100\ V$,则

$$u_C(t)=100e^{-\frac{t}{50}}$$

$t=50$ s 时 $\qquad u_C=100e^{-1}=36.8$ V

例如 $C=10\ \mu F, R=1\ M\Omega, u_C(0_+)=100\ V$,则

$$u_C(t)=100e^{-\frac{t}{10}}$$

$t=10$ s 时 $\qquad u_C=100e^{-1}=36.8$ V

可见,同样从 100 V 放电,放到 36.8 V 所需的时间,$RC=50$ 时,需 50 秒;$RC=10$ 时,需 10 秒。RC 大,放电慢;RC 小,放电快。RC 称为时间常数,$\tau=RC$.

例 12-4

作业 习题十二 4,5。

第 49 讲

§12-2 RC 电路的过渡过程(续)

τ 表明电压下降到 U_0e^{-1},即 $0.368U_0$ 所需的时间。从理论上看,$u_C(t)=U_0e^{-\frac{t}{\tau}}$,$t\to\infty$ 时,$u_C\to 0$ 放电完毕。但实际上,$t=5\tau$ 时,$u_C(t)=U_0e^{-5}=0.00674U_0$,可认为放电已完毕。故放电过渡过程所需时间可认为是 5τ,而非无限大。

RC 电路电容放电过程中的电流为

$$i(t)=-C\frac{du_C}{dt}=\frac{U_0}{R}e^{-\frac{t}{\tau}} \qquad t\geqslant 0$$

式中表明,放电电流是从初始值 $\frac{U_0}{R}$ 按指数规律衰减为零。

2. 电容充电的过渡过程

电容电压从无到有的充电,是储能积蓄过程。若前一稳态 $u_C(0)=0$,$i(0_-)=0$;后一稳态 $u_C(\infty)=U_s$,$i(\infty)=0$. $u_C(0_+)=u_C(0_-)=0$,而 $i(0_+)\neq i(0_-)=0$. 因 $u_C(0_+)=0$,故 $Ri(0_+)=U_s$,即 $i(0_+)=\frac{U}{R}$. 因此,得出

$$i(t)=\frac{U_s}{R}e^{-\frac{t}{\tau}} \qquad t\geqslant 0$$

$$u_C(t)=U_s(1-e^{-\frac{t}{\tau}}) \qquad t\geqslant 0$$

可见,$u_C(t)$ 按指数规律上升,由零变到 U_s,而 $i(t)$ 从初始值 $\frac{U_s}{R}$ 按指数规律下降为零。充电过程的快慢,仍与 τ 有关。τ 小充电快,$t=5\tau$ 时可认为充电完毕。

例 12-5

小结

放电过程: $\qquad u_C(t)=U_0e^{-\frac{t}{\tau}}, i(t)=\frac{\dot{U}_0}{R}e^{-\frac{t}{\tau}}$

充电过程: $\qquad u_C(t)=U_s(1-e^{-\frac{t}{\tau}})$

$$i(t)=\frac{U_s}{R}e^{-\frac{t}{\tau}}$$

作业 习题十二 15,16。

第 50 讲

§ 12-2　RC 电路的过渡过程(续)

电容的充电过程：0→u_s

对
$$u_C(t)=U_s-U_s e^{-\frac{t}{\tau}} \qquad t\geqslant 0$$

两个分量的理解：$u_C(t)=u_{Cp}+u_{Ch}$

$u_{Cp}=U_s$　稳态响应。电源对电容电压的要求值——稳态值。由于 u_C 不能跃变，这一要求不能立即满足。

$u_{Ch}=-U_s e^{-\frac{t}{\tau}}$ 暂态响应。保证 $t=0$ 时，u_C 为零。u_{Ch} 逐渐消失，最后使电容电压达到稳态值。暂态响应起着调整作用。换路瞬间出现暂态响应，解决稳态要求与储能不能跃变的矛盾。

如果 $u_C(0)=U_0$，接入电源后要求 u_C 为 U_s，充电过程为 $U_0\to U_s$．稳态响应 $u_{Cp}=U_s$；暂态响应 $u_{Ch}=-(U_s-U_0)e^{-\frac{t}{\tau}}$，保证 $u_C(0)=U_0$. 时间常数 $\tau=RC$，$(3\sim5)\tau$ 时，暂态响应消失，进入稳态。

§ 12-3　RL 电路的过渡过程

电感储能 $w_L=\frac{1}{2}Li^2$，w_L 不能跃变→电感电流不能跃变。

例 12-9

例 12-10

作业　习题十二　9，10，11。

第 51 讲

§ 12-3　RL 电路的过渡过程(续)

RL 与直流电源接通。前一稳态 $i(0_-)=0$；后一稳态 $i=\frac{U_s}{R}=i_p$，是电源接入后，对电流所要求的值——稳态值。储能不能跃变，$i(0_+)$ 只能为零。因此，出现暂态响应 $i_h=-\frac{U_s}{R}e^{-\frac{t}{\tau}}$. 则

$$i=i_p+i_h=\frac{U_s}{R}(1-e^{-\frac{t}{\tau}}) \qquad t\geqslant 0$$

于是，上式既保证(电流不能跃变)$i(0_+)=0$，又保证(满足电源要求)$i(\infty)=\frac{U_s}{R}$.

电感电压按 L 元件的 VAR 得出，即

$$u_L=L\frac{di}{dt}=U_s e^{-\frac{t}{\tau}} \quad t\geqslant 0$$

由于 $u_L(0_+)=U_s$，而 $u_L(0_-)=0$，故 u_L 可以跃变。

§ 12-5　一阶电路的三要素法

RC，RL 一阶电路内各处的电压、电流均按指数规律变化——从初始值增长或衰减到稳态值。同一电路，只有一个时间常数，$\tau=RC$；$\tau=\frac{L}{R}$.

三要素：$f(0_+)$，$f(\infty)$ 和 τ.

如果 $f(0_+)>f(\infty)$ 时，$f(t)$ 按指数规律衰减，即

零稳态值时：$f(t)=f(0_+)e^{-\frac{t}{\tau}}$

非零稳态值时：$f(t)=f(\infty)+[f(0_+)-f(\infty)]e^{-\frac{t}{\tau}}$

如果 $f(0_+)<f(\infty)$ 时，$f(t)$ 按指数规律增长，即

零初始值时：$f(t)=f(\infty)(1-e^{-\frac{t}{\tau}})$

非零初始值时：$f(t)=f(0_+)+[f(\infty)-f(0_+)](1-e^{-\frac{t}{\tau}})$

求出三要素后，便可立即写出 $f(t)$.

例 12-3

作业 习题十二 20,7。

第 52 讲

§12-5 一阶电路的三要素法(续)

例 12-5

例 12-6

例 12-11

例 12-15

作业 习题十二 6,18(只求 i_L),19。

第 53 讲

§12-5 一阶电路的三要素法(续)

例(补 12-4) 见本章中例 12-3。

例(补 12-5) 电路如图 12-18 所示，$t=0$ 时刻开关 K_1 闭合，K_1 闭合前电路无储能，$t=\ln 2$时刻开关 K_2 又闭合。求 $t\geqslant 0$ 时 $u(t)$.

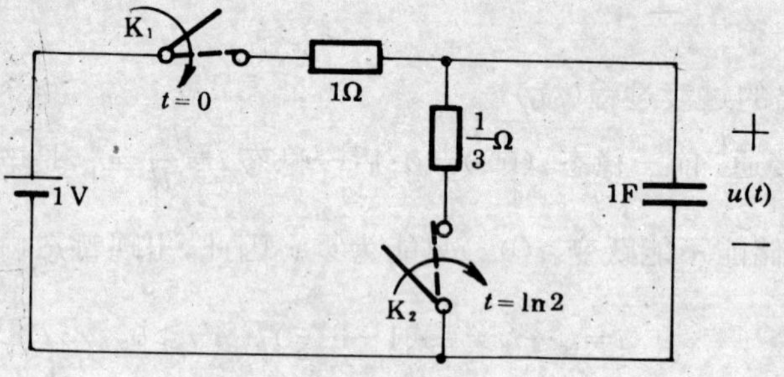

图 12-18 例补 12-5 电路

解 分为 $0\leqslant t\leqslant \ln 2$ s 和 $t\geqslant \ln 2$ s 两个区间来进行求解。

(1)$0\leqslant t\leqslant \ln 2$ s 区间

$$u_C(0)=0$$

$$u(t)=1-e^{-\frac{t}{\tau_1}} \qquad 0\leqslant t\leqslant \ln 2\ \text{s}$$

$$\tau_1=1\times 1=1\ \text{s}$$

$$u(\ln 2)=1-e^{-\ln 2}=1-\frac{1}{2}=0.5\ \text{V}$$

(2) $t\geqslant \ln 2$ s 区间

$$u(\ln 2)=0.5\ \text{V}$$

$$u(\infty)=\frac{\frac{1}{3}}{1+\frac{1}{3}}\times 1=0.25\ \text{V}$$

$$R=\frac{1\times\frac{1}{3}}{1+\frac{1}{3}}=\frac{1}{4}\ \Omega$$

$$\tau_2=\frac{1}{4}\times 1=\frac{1}{4}\ \text{s}$$

$$u(t)=0.25+(0.5-0.25)\mathrm{e}^{-\frac{(t-\ln 2)}{\tau_2}}$$

$$=0.25[1-\mathrm{e}^{-4(t-\ln 2)}]\ \text{V}\quad t\geqslant \ln 2\ \ \text{s}$$

例 12-11

作业 习题十二 17,22,23(只求 u_C 和 i)。

第 54 讲

§12-4 一阶电路与正弦交流电源的接通过程

RC 和 RL 电路由零初始状态→正弦稳态的过程。到达正弦稳态后,电路中各电压、电流均为正弦波,频率与电源频率相同。

RC 串联电路,$u_C(0_-)=0$,$t=0$ 时刻接入正弦电源电压 $u_s(t)=U_m\sin(\omega t+\varphi)$,$\varphi$ 为接入相位角。电路以 u_C 为变量的微分方程为

$$RC\frac{\mathrm{d}u_C}{\mathrm{d}t}+u_C=u_s$$

方程的解答 $u_C(t)$ 由两部分构成:

通解:齐次微分方程的解答,其形式为 $u_{Ch}(t)=K\mathrm{e}^{St}$

K 是取决于初始条件的常数。

S 是特征方程:$RCS+1=0$ 的根,即

$$S=-\frac{1}{RC}=-\frac{1}{\tau}$$

因此,通解,亦称暂态解为

$$u_{Ch}=K\mathrm{e}^{-\frac{t}{RC}}=K\mathrm{e}^{-\frac{t}{\tau}}$$

特解:非齐次微分方程的特解 u_{Cp},可由相量法求得。亦称稳态解。

$$\dot{U}_C=\frac{\dot{U}_s\left(-\mathrm{j}\frac{1}{\omega C}\right)}{R-\mathrm{j}\frac{1}{\omega C}}=\frac{U_s/\omega C\angle\varphi-90^\circ}{\sqrt{R^2+\left(\frac{1}{\omega C}\right)^2}\angle\theta}$$

$$=\frac{U_s}{\omega C\sqrt{R^2+\left(\frac{1}{\omega C}\right)^2}}\angle\varphi-90^\circ+\theta$$

$$=U_C\angle\varphi-90^\circ+\theta$$

$$\theta=\operatorname{arctg}\frac{-1}{\omega CR}$$

故求出

$$u_{Cp}=\sqrt{2}U_C\sin(\omega t+\varphi+\theta-90^\circ)$$

$$u_C(t)=u_{Ch}(t)+u_{Cp}(t)$$

$$=K\mathrm{e}^{-\frac{t}{\tau}}+\sqrt{2}U_C\sin(\omega t+\varphi+\theta-90^\circ)$$

$$u_C(0)=K+\sqrt{2}U_C\sin(\varphi+\theta-90^\circ)=0$$

故 $$K=-\sqrt{2}U_C\sin(\varphi+\theta-90°)=-u_{Cp}(0)$$

结论：

(1)$t=5\tau$ 时 $u_{Ch}(t)=Ke^{-\frac{t}{\tau}}\approx 0$

$$u_C(t)=\sqrt{2}U_C\sin(\omega t+\varphi+\theta-90°)$$

电路进入稳态，响应是正弦函数。但进入稳态前，$u_C(t)$并非正弦波。

(2)$K=-u_{Cp}(0)=-\sqrt{2}U_C\sin(\varphi+\theta-90°)$

如果 $\varphi+\theta=\pm 90°$，$K=0$，无过渡过程。

如果 $\varphi+\theta=0°$或 $180°$，$K=\sqrt{2}U_C=U_{Cm}$. 则

$$u_C(t)=U_{Cm}e^{-\frac{t}{\tau}}+U_{Cm}\sin(\omega t\pm 90°)$$

当 $\tau \gg T$ 时，$u_{C\max}\approx 2U_{Cm}$，产生过电压现象。

作业 RL 电路接通正弦交流电源的读书报告，包含(1)求解 $i_L(t)$的过程；(2)无过渡过程和过电流现象的发生。

第 55 讲

§ 12-7 RLC 电路的过渡过程(放电过程)

RLC 电路含有一个电场储能元件和一个磁场储能元件。储能可以交换。电压、电流的变化可能是振荡性的。电路的特征根表明电压、电流变化的模式。

RLC 串联电路，$u_C(0)\neq 0$，$i_L(0)=0$. 电路的微分方程为

$$LC\frac{d^2u_C}{dt^2}+RC\frac{du_C}{dt}+u_C=0$$

特征方程

$$LCS^2+RCS+1=0$$

的根，即固有频率为

$$S_{1,2}=-\frac{R}{2L}\pm\sqrt{\left(\frac{R}{2L}\right)^2-\frac{1}{LC}}$$

(1)$\left(\frac{R}{2L}\right)^2>\frac{1}{LC}$时，$S_1=-\alpha_1$，$S_2=-\alpha_2$，则

$$u_C(t)=K_1e^{-\alpha_1 t}+K_2e^{-\alpha_2 t}$$

是非振荡性放电过程。

(2)$\left(\frac{R}{2L}\right)^2<\frac{1}{LC}$，$S_{1,2}=-\alpha\pm j\omega_d$. 则

$$u_C(t)=e^{-\alpha t}(K_1\cos\omega_d t+K_2\sin\omega_d t)$$

是振荡性放电过程。

(3)$\left(\frac{R}{2L}\right)^2=\frac{1}{LC}$，$S_{1,2}=-\alpha$. 则 $u_C(t)=(K_1+K_2t)e^{-\alpha t}$

是非振荡性放电过程的临界情况。

例 12-22

作业 习题十二 完成例 12-22。

第 56 讲

§ 12-8 零输入响应和零状态响应(教材 § 12-2 三)

1. 许多动态电路分析问题不能归结为过渡过程问题。例如

(1)开关电路中，换路前电路未必达到了稳态。

(2)输入不一定是直流或周期波。如输入为 e^{at}等。

(3)特征根 S 为正值，“暂态”响应不能衰减。如含受控源的一阶电路，τ(即$-\frac{1}{S}$)可能为负值。

因此，不是任何动态电路的工作状态，都可以分为：稳态、过渡过程、稳态。

2. 从叠加观点分析

RC 电路接通直流电源 U_s，电容的初始状态为 $u_C(0)=U_0$，它可以看成“输入”。

U_0 单独作用时的响应——零输入响应。即

$$u_C'(t)=U_0 e^{-\frac{t}{\tau}}$$

U_s 单独作用时的响应——零状态响应。即

$$u_C''(t)=U_s(1-e^{-\frac{t}{\tau}})$$

由叠加定理得出(全)响应为

$$u_C(t)=u_C'(t)+u_C''(t)=U_0 e^{-\frac{t}{\tau}}+U_s(1-e^{-\frac{t}{\tau}}) \qquad t\geqslant 0$$

(全)响应=零输入响应+零状态响应

零输入响应与初始状态成正比，零状态响应与输入成正比。

例 12-12

作业 习题十二 14,18。

第 57 讲

§12-6 阶跃函数与阶跃响应

1. 单位阶跃函数的定义与单位延时阶跃函数的定义。

用单位阶跃函数及延时单位阶跃函数表示矩形脉冲电压(电流)。

2. 单位阶跃响应

单位阶跃响应 $S(t)$是零状态电路对单位阶跃输入的响应。

如果在单位阶跃输入作用下，初始状态不为零，则

$$全响应=S(t)+零输入响应$$

例 12-19

作业 习题十二 30,31。

小结

1. 换路定律(电容、电感的重要性质)

在 i_C 和 u_L 为有限值条件下，换路时刻电容电压和电感电流发生跃变，即

$$u_C(0_+)=u_C(0_-), i_L(0_+)=i_L(0_-)$$

2. 过渡过程的物理实质

RC,RL 电路过渡过程的物理实质，是储能从少(多)到多(少)的增长(减少)的过程。表现为 u_C,i_L 的增长(减少)过程。按指数规律变化。其他量的变化服从于 u_C 或 i_L 的变化。

RLC 电路，两种储能元件储能可以交换，视电路中电阻的大小，u_C,i_L 或为振荡性变化或为非振荡性变化。

3. 计算方法

(1)三要素法

$$f(t)-f(\infty)=[f(0_+)-f(\infty)]e^{-\frac{t}{\tau}} \quad t\geqslant 0$$

（2）经典法（普遍适用）

解微分方程：

（a）列电路方程

（b）得特征方程

（c）求特征根

（d）确定通解的模式

（e）求特解，一般与输入形式相同

（f）根据初始条件，确定通解中的常数

4．两种观点

（1）过渡过程的观点

响应＝暂态响应(通解)＋稳态响应(特解)

（2）因果观点(普遍适用)

响应＝零输入响应＋零状态响应

本章自学内容　RL 电路接通正弦交流电源时的过渡过程。

第十三章　拉普拉斯变换在电路分析中的应用

一、基 本 要 求

1. 了解拉普拉斯变换的定义，明确其基本性质和应用拉普拉斯变换分析电路的概念。

2. 会查表得出电路中常用函数的拉氏变换；掌握运用部分分式展开和查表方法进行拉普拉斯反变换。

3. 掌握基尔霍夫定律和元件伏安关系的复频域形式，复频域阻抗与导纳，会建立动态电路的复频域（即 s 域）模型。

4. 熟练掌握应用复频域方法分析电路中过渡过程的方法和步骤

二、学 习 指 导

应用拉普拉斯变换分析电路的方法，是现代电路与系统分析的重要方法，是本课程的重要内容。本章教学内容可以分为如下三部分：

1. 拉普拉斯变换及其基本性质；

2. 动态电路的 s 域模型与 s 域分析；

3. 拉普拉斯反变换与部分分式展开法。

着重讨论拉氏变换及其基本性质，拉氏变换表的使用，s 域模型的建立与 s 域分析，以及拉氏反变换的部分分式展开法。

现就教学内容中的几个问题分述如下。

（一）关于变换域分析法的概念

变换域分析电路的概念，我们从本课程第五章以来已经应用，就是正弦交流电路分析计算电压和电流的相量法。相量法是一种变换域分析法，它是将时域电路中的正弦函数变换为频域对应的相量，如 $u=\sqrt{2}U\sin(\omega t+\varphi_u)\leftrightarrows\dot{U}=U\angle\varphi_u$，$i=\sqrt{2}I\sin(\omega t+\varphi_i)\leftrightarrows\dot{I}=I\angle\varphi_i$；将时域单一频率正弦交流电路变换为频域的相量模型，即 $u\to\dot{U}$，$i\to\dot{I}$，$R\to R$，$L\to j\omega L$ 或 $\frac{1}{j\omega L}$，$C\to\frac{1}{j\omega C}$ 或 $j\omega C$. 根据相量形式的 KVL，KCL 和元件 VAR，分析计算得出相量形式的电压和电流，最后反变为时域正弦电压或正弦电流。相量法实质是将时域正弦交流电路求解微分方程的计算，转化为频域求解复数代数方程问题，从而使分析计算简易有效。

动态电路的分析，除有时域分析法外，也还有变换域分析法。应用拉普拉斯变换的复频域分析法，是一种主要的变换域分析法。时域分析法宜用于一阶电路和简单二阶电路的分析，这是因为对于高阶电路采用时域经典法分析计算时，确定初始条件和积分常数计算很麻烦。然而，这时应用拉氏变换的复频域分析法，可以简化分析的计算。

拉普拉斯变换是积分变换，它可以将时域电路描述动态过程的常系数线性微分方程变换为复频域的复数代数方程，在复频域求解代数方程，得出待求响应量的复频域函数，最后经拉氏反变换为所需求解的时域响应。这种变换域分析方法，其实质就是把时域问题变换为复频域来求解，使分析计算易于进行。

应用拉普拉斯变换分析动态电路，有两种方法，即变换方程法和变换电路法。前者是将描述动态电路的微分方程，经拉氏变换为复频域代数方程，在复频域求解后，反变换为时域响应；后者是时域电路直接变换为复频域电路，即 s 域模型。根据 s 域模型进行分析计算，得出响应量的 s 域形式，最后反变换为时域响应。本课程主要讨论后一种分析方法。

应用拉普拉斯变换分析电路，主要的优点有：

1. 拉氏变换能将电路分析时域求解微分方程的问题转化为复频域求解代数方程问题，从而使求解得以简化。

2. 可以同时解出微分方程的齐次方程的通解和非齐次方程的特解，而且初始条件自动地包含在变换式或 s 域模型中，不需要确定积分常数。从而避免了时域求解微分方程确定积分常数的繁琐计算。

3. 应用拉普拉斯变换，可以直接作出时域电路的 s 域模型。在 s 域模型的基础上，用与直流电阻电路和在相量模型基础上正弦交流电路相同的计算方法进行分析计算，实现几类电路分析方法的统一，而不必在时域列出微分方程，使分析计算大为简化。

4. 易于对任意函数激励的动态电路进行分析计算，是一种具有广泛意义的分析方法。

（二）关于拉普拉斯变换及其基本性质

1. 拉普拉斯正变换与反变换

称为原函数的时域函数 $f(t)$，经下式积分变换后，便得出 $f(t)$ 的象函数为

$$F(s)=\int_{-\infty}^{\infty} f(t)e^{-st}dt$$

因 $s=\sigma+j\omega$ 是复数，即复频率，故象函数 $F(s)$ 是复频域函数或 s 域函数，其变量是复数 s，而不是时间 t。由原函数经上式变换为象函数，称为拉氏正变换。拉氏正变换的符号为

$$L[f(t)]=F(s)$$

若已知复频域函数 $F(s)$，则可按下式积分进行反变换为原函数 $f(t)$，即

$$f(t)=\frac{1}{2\pi j}\int_{-\infty}^{\infty} F(s)e^{st}ds$$

由象函数 $F(s)$ 经过上式积分求出原函数 $f(t)$，称为拉氏反变换。拉氏反变换的符号为

$$L^{-1}[F(s)]=f(t)$$

电工技术中遇到的电量函数，一般都可以进行拉普拉斯积分变换，从而奠定了应用拉氏变换分析电路的基础。

2. 拉普拉斯变换的几个基本性质

应用拉普拉斯变换分析电路，需明确如下几个基本性质。

(1)线性性质

若 $f(t)\rightarrow F(s)$，则 $Kf(t)\rightarrow KF(s)$，K 为常数。

若 $f_1(t)\rightarrow F_1(s)$，$f_2(t)\rightarrow F_2(s)$ 则

$$f_1(t)\pm f_2(t)=F_1(s)\pm F_2(s)$$

(2)微分性质

若 $f(t)\to F(s)$，则

$$\frac{\mathrm{d}f(t)}{\mathrm{d}t}\to sF(s)-f(0_-)$$

$$\frac{\mathrm{d}^2f(t)}{\mathrm{d}t^2}\to s^2F(s)-sf(0_-)-f'(0_-)$$

(3)积分性质

若 $f(t)\to F(s)$，则

$$\int_{0_-}^{t}f(\xi)\mathrm{d}\xi\to\frac{F(s)}{s}$$

$$\int_{-\infty}^{t}f(\xi)d\xi=\int_{-\infty}^{t}f(t)dt+\int_{0_-}^{t}f(\xi)\mathrm{d}\xi\to\frac{f'(0_-)}{s}+\frac{F(s)}{s}$$

式中：$f'(0_-)-\int_{-\infty}^{0_-}f(t)\mathrm{d}t$ 积分在 $t=0_-$ 处取值。

由此可见，由于电容和电感元件的伏安关系分别为

$$i_C(t)=C\frac{\mathrm{d}u_C}{\mathrm{d}t},i_L(t)=i_L(0_-)+\frac{1}{L}\int_{0_-}^{t}u_L(\xi)\mathrm{d}\xi$$

是微分和积分关系。所以，由拉氏变换的微分性质和积分性质，必然得出拉氏变换式中自动包含有初始状态 $u_C(0_-)$ 和 $i_L(0_-)$ 值的结果。

3. 拉氏变换表的应用

在电路分析中，常用的时域函数如 $\varepsilon(t)$，$\delta(t)$，e^{-at}，$t\mathrm{e}^{-at}$、$\sin\omega t$ 和 $\cos\omega t$ 等，它们的拉氏变换式，都已积分得出，教材中制表列出，以备查用。我们要熟悉这些常用函数的拉氏变换，了解这些变换式的依据，以便在进行电路分析时能熟练查表应用。

(三)关于进行拉氏反变换的部分分式展开法

应用拉普拉斯变换分析线性动态电路时，要经过拉氏正变换和拉氏反变换两个重要步骤。正变换一般可以根据原函数查表得出它的象函数，比较简捷。但是，经过复频域分析计算得出的响应量的象函数，往往比较复杂，一般不能直接通过查表得出它的原函数。因此，需要找出求取原函数反变换的方法。求取较复杂象函数的原函数的拉氏反变换，通常有两种方法，即围线积分法和部分分式展开法。围线积分法是直接进行拉氏反变换的积分，这是一种复变函数积分，运算比较困难，但它的适用范围较宽。部分分式展开法，是将象函数分解为若干简单变换式之和，然后分别查表求取原函数，这种方法适用于象函数是有理函数的情况。在集总线性电路中，常见的响应量电压和电流的象函数往往是 s 的有理函数。因此，它的拉氏反变换，可以将象函数展开为部分分式后，再逐项反变换为原函数。

如果象函数是 s 的有理函数，它可以表示为两个 s 的多项式之比，即

$$F(s)=\frac{P(s)}{Q(s)}=\frac{a_ms^m+a_{m-1}s^{m-1}+\cdots+as+a_0}{s^n+b_{n-1}s^{n-1}+\cdots b_1s+b_0}$$

若 $n>m$，$\frac{P(s)}{Q(s)}$是真分式。这时分母 $Q(s)$ 多项式可以用代数分解定理，求出 $F(s)$ 的极点，有如下三种情况。

1. 单极点情况

$Q(S)=0$，得出 n 个不同的单实根 $-p_1,-p_2,\cdots,-p_n$. 则 $F(s)$便可展开部分分式为

$$F(s)=\frac{P(s)}{Q(s)}=\frac{K_1}{s+p_1}+\frac{K_2}{s+p_2}+\cdots+\frac{K_n}{s+p_n}$$

待定常数 $K_1,K_2,\cdots,K_n$ 计算的一般公式为

$$K_k=(s+p_K)\frac{P(s)}{Q(s)}\bigg|s=-p_k$$

计算得出待定常数 $K_1,K_2,\cdots,K_n$ 后，根据部分分式，逐项进行拉氏反变换，求出原函数为

$$f(t)=\mathrm{L}^{-1}[F(s)]=K_1\mathrm{e}^{-p_1t}+K_2\mathrm{e}^{-p_2t}+\cdots+K_n\mathrm{e}^{-p_nt}$$

2. 复数极点情况

分母多项式 $Q(s)=0$，得出含有复数根，复数根一般都是以共轭形式出现的。如果有一对共轭复极点，$p_1=-\alpha+\mathrm{j}\omega$，$p_2=-\alpha-\mathrm{j}\omega$，则象函数为

$$F(s)=\frac{P(s)}{Q(s)}=\frac{K_1}{s+\alpha-\mathrm{j}\omega}+\frac{K_2}{s+\alpha+\mathrm{j}\omega}+\frac{K_3}{s+p_3}+\cdots+\frac{K_n}{s+p_n}$$

上部分分式中的待定常数 $K_1,K_2,\cdots,K_n$，仍按单极点情况方法进行计算得出。应该指出复极点 p_2 项的待定常数 K_2 是 K_1 的共轭关系，即 $K_2=\overset{*}{K}_1$.

计算出部分分式各项的待定常数后，便可逐项进行拉氏反变换求出原函数 $f(t)$. 即

$$f(t)=2|K|\mathrm{e}^{-2t}\cos(\omega t+\angle K)+K_3\mathrm{e}^{-p_3t}+\cdots+K_n\mathrm{e}^{-p_nt}$$

其中共轭极点项的拉氏反变换，按如下变换关系式得出。即

$$\mathrm{L}^{-1}\left[\frac{K}{s+\alpha-\mathrm{j}\omega}+\frac{\overset{*}{K}}{s+\alpha+\mathrm{j}\omega}\right]=2|K|\mathrm{e}^{-\alpha t}\cos(\omega t+\angle K)$$

3. 多重极点情况

若分母 $Q(s)=0$，得出含 $s=-p_1$ 为 m 个重根时，则 $F(s)$的部分分式展开为

$$F(s)=\frac{P(s)}{Q(s)}=\frac{K_{11}}{(s+p_1)^m}+\frac{K_{12}}{(s+p_1)^{m-1}}\cdots+\frac{K_{1m}}{S+p_1}+\frac{K_2}{s+p_2}+\cdots+\frac{K_{(n-m)}}{s+p_{(n-m)}}$$

计算上部分分式中重极点 p_1 各项的 m 个待定常数的一般公式为

$$K_{1k}=\frac{1}{(k-1)!}\frac{\mathrm{d}^{k-1}}{\mathrm{d}s^{k-1}}\left[(s+p_1)^m\frac{P(s)}{Q(s)}\right]\bigg|_{s=-p_1}$$

$$k=1,2,3,\cdots,m$$

其余单极点项的待定常数 $K_2,K_3,\cdots,K_{(n-m)}$，仍按单极点情况方法进行计算。

$F(s)$部分分式各项的待定常数确定后，便可逐项进行拉氏反变换得出原函数 $f(t)$为

$$f(t)=\left[\frac{K_{11}}{(m-1)!}t^{m-1}+\frac{K_{12}}{(m-2)!}t^{m-2}+\cdots+\frac{K_{1(m-1)}}{1!}t+K_{1m}\right]\mathrm{e}^{-p_1t}$$

$$+K_2\mathrm{e}^{-p_2t}+K_3\mathrm{e}^{-p_3t}+\cdots+K_{(n-m)}\mathrm{e}^{-p_{(n-m)}t}$$

拉氏反变换是学习中的难点，对以上三种情况确定部分分式各项待定常数的方法，应通过例题和做习题来掌握。

（四）关于线性动态电路的 s 域分析法

分析电路的 s 域分析法，是应用拉普拉斯变换的变换电路模型法。其关键在于正确作出动态电路的 s 域模型。作电路的 s 域模型和进行 s 域分析，应明确如下几点。

1. s 域中的电压和电流

在 s 域模型中，时域电源激励函数变换为象函数，各支路电压用象函数表示。通常时域激励函数由查拉氏变换表得出它的象函数，如 $A\varepsilon(t)\rightarrow\frac{A}{s}$，$A$ 是常数；$A\delta(t)\rightarrow A$；$U_m\sin\omega t\rightarrow\frac{sU_m}{s^2+\omega^2}$等。电路中的电压和电流用它的象函数表示，如 $u(t)\rightarrow U(s)$，$i(t)\rightarrow I(s)$，$u_C(t)\rightarrow U_C(s)$，$i_L(t)\rightarrow I_L(s)$等。

2. R，L，C 元件 VAR 的 s 域形式及其 s 模型

(1)电阻元件 R：VAR 的 s 域形式为

$$U(S)=RI(s)，或\ I(s)=GU(s)$$

s 域模型如图 13-1(a)，(b)所示。

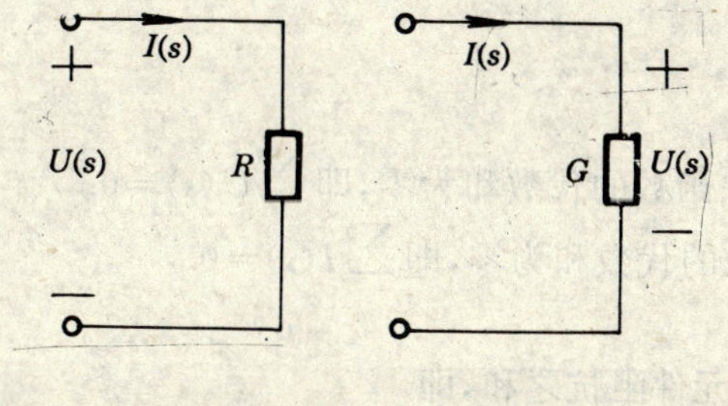

(a) (b)

图 13-1 电阻元件的 s 域模型

(2)电感元件 L：VAR 的 s 域形式为

$$U_L(s)=sLI_L(s)-Li_L(0_-)$$

或
$$I_L(s)=\frac{1}{sL}U_L(s)+\frac{i_L(0_-)}{s}$$

s 域模型如图 13-2(a)，(b)所示。其中 sL 称为复频域感抗，$\frac{1}{sL}$称为复频域感纳。$Li_L(0_-)$是由电感元件初始状态产生的附加电压源复频域电压，与 $I_L(s)$为非关联参考方向；$\frac{i_L(0_-)}{s}$是由电感元件初始状态产生的附加电流源电流，与$\frac{1}{sL}$中电流参考方向相同。

(3)电容元件 C：VAR 的 s 域形式为

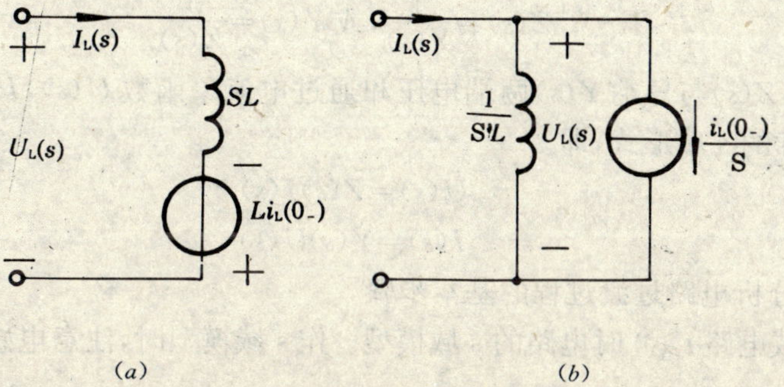

(a) (b)

图 13-2 电感元件的 s 域模型

$$U_C(s)=\frac{1}{sC}I_C(s)+\frac{u_C(0_-)}{s}$$

或
$$I_C(s)=sCU_C(s)-Cu_C(0_-)$$

s 域模型如图 13-3(a)，(b)所示。其中$\frac{1}{sC}$称为复频域容抗，sC 称为复频域容纳。$\frac{u_C(0_-)}{s}$是由电容元件初始状态产生的附加电压源复频域电压，与 $U_C(s)$参考方向一致，$Cu_C(0_-)$是由电容元件初始状态产生的附加电流源电流，与 $U_C(s)$为非关联参考方向。

由于 R，L，C 元件有阻抗和导纳两种 s 域模型，故一个时域动态电路便可以作出两种 s 域模型。电路分析时宜采用哪一种 s 域模型呢？应视电路的结构而定。一般而言，串联电路宜采

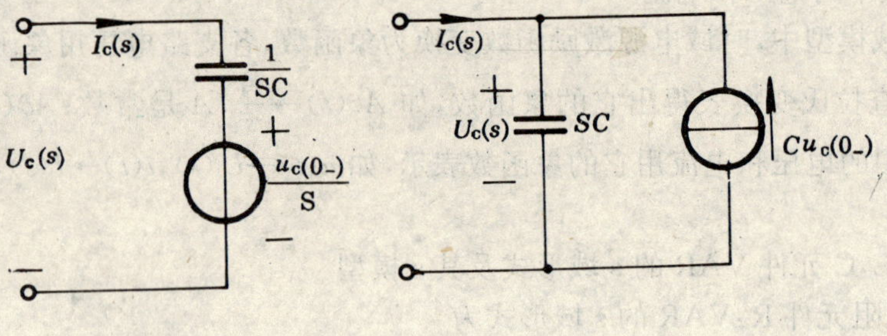

图 13-3　电容元件的 s 域模型

用阻抗 s 域模型,并联电路则宜采用导纳 s 域模型。

3. KVL 和 KCL 的 s 域形式

(1)KVL:在 s 域中沿任一闭合回路各支路电压象函数的代数和为零,即 $\sum U(s)=0$.

(2)KCL:在 s 域中任一节点处各支路电流象函数的代数和为零,即 $\sum I(s)=0$.

4. s 域阻抗与 s 域导纳

(1)零状态 RLC 串联电路的 s 域阻抗 $Z(s)$,是各元件阻抗之和,即

$$Z(s)=R+sL+\frac{1}{sC}$$

(2)零状态 RLC 并联电路的 s 域导纳 $Y(s)$,是各元件导纳之和,即

$$Y(s)=G+\frac{1}{sL}+sC$$

(3)s 域阻抗与 s 域导纳之间,是互为倒数的关系,即

$$Z(s)=\frac{1}{Y(s)},\text{或 } Y(s)=\frac{1}{Z(s)}$$

(4)s 域阻抗 $Z(s)$ 与导纳 $Y(s)$ 两端电压和通过电流象函数 $U(s)$,$I(s)$ 符合欧姆定律的规律,称为欧姆定律的 s 域形式,即

$$U(s)=Z(s)I(s)$$

或

$$I(s)=Y(s)U(s)$$

5. s 域方法分析电路过渡过程的基本步骤

(1)作出时域电路 $t\geqslant 0$ 时电路的 s 域模型。作 s 域模型时,注意电感和电容元件由于初始状态产生的附加电压源和附加电流源,以及电容电压 $U_C(s)$ 是复频域阻抗 $\frac{1}{sC}$ 与附加电压源 $\frac{u_C(0_-)}{s}$ 串联支路两端的电压,电感电压 $U_L(s)$ 则是复频域阻抗 sL 与附加电压源 $-Li_L(0_-)$ 串联支路两端的电压,并要正确标定它们的参考方向。

(2)根据 s 域模型,以 KVL,KCL 和元件的 VAR 的 s 域形式为依据,应用等效化简、节点分析法、网孔分析法、叠加定理和戴维南定理应用等基本分析方法进行分析计算,得出待求电量的象函数。

(3)将待求电量的象函数展开为部分分式。

(4)进行拉氏反变换。采用查拉氏变换表方法,逐项进行反变换为时域原函数,最后解出时域响应。

本章学习的重点内容是 s 域模型的建立和 s 域电路的分析计算。通过例题和做习题以熟练掌握。

三、解 题 指 导

(一)例题分析

〔**例 13-1**〕 拉普拉斯反变换中，$F(s)$展开为部分分式的计算。下列复频域象函数$F(s)$进行拉氏反变换为原函数 $f(t)$.

(1)$F(s)=\dfrac{2s+3}{s^3+6s^2+11s+6}$

(2)$F(s)=\dfrac{s+2}{s(s^2+2s+5)}$

(3)$F(s)=\dfrac{s+2}{s^2(s+1)^3}$

解 〔解题思路〕 本题中各复频域象函数 $F(s)$，都是有理函数，并较为复杂，不能直接查拉氏变换表得出原函数 $f(t)$，需经部分分式展开为简单复频域函数之和，然后逐项查表得出原函数。进行复频域函数 $F(s)=\dfrac{P(s)}{Q(s)}$部分分式展开时，第一步将分母多项式$Q(s)=0$，求出极点 $p_1,p_2,\cdots,p_n$；第二步，写出 $F(s)$函数含有待定常数 $K_1,K_2,\cdots,K_n$ 的部分分式；第三步是分别计算出各待定常数；最后，根据线性定理逐项查表得出原函数 $f(t)$.

〔解题方法〕 1. $F(s)=\dfrac{2s+3}{s^3+6s^2+11s+6}$

(1)$F(s)=\dfrac{P(s)}{Q(s)}=\dfrac{2s+3}{(s+1)(s^2+5s+6)}=\dfrac{2s+3}{(s+1)(s+2)(s+3)}=\dfrac{K_1}{s+1}+\dfrac{K_2}{s+2}+\dfrac{K_3}{s+3}$

(2)计算待定常数

$$K_1=(s+1)\frac{P(s)}{Q(s)}\bigg|_{s=-1}=\frac{2s+3}{(s+2)(s+3)}\bigg|_{s=-1}=0.5$$

$$K_2=(s+2)\frac{P(s)}{Q(s)}\bigg|_{s=-2}=\frac{2s+3}{(s+1)(s+3)}\bigg|_{s=-2}=1$$

$$K_3=(s+3)\frac{P(s)}{Q(s)}\bigg|_{s=-3}=\frac{2s+3}{(s+1)(s+2)}\bigg|_{s=-3}=-1.5$$

(3)$F(s)$的部分分式为

$$F(s)=\frac{0.5}{s+1}+\frac{1}{s+2}-\frac{1.5}{s+3}$$

(4)进行拉氏反变换，查拉氏变换表得出

$$f(t)=\mathrm{L}^{-1}[F(s)]=0.5e^{-t}+e^{-2t}-1.5e^{-3t}$$

2. $F(s)=\dfrac{s+2}{s(s^2+2s+5)}$

(1) $F(s)=\frac{P(s)}{Q(s)}=\frac{s+2}{s[(s+1)^2+4]}=\frac{s+2}{s(s+1-\mathrm{j}2)(s+1+\mathrm{j}2)}$

$=\frac{K_1}{s}+\frac{K_2}{s+1-\mathrm{j}2}+\frac{K_3}{s+1+\mathrm{j}2}$

(2)计算各待定常数

$$K_1=s\frac{P(s)}{Q(s)}\Big|_{s=0}=\frac{s+2}{s^2+2s+5}\Big|_{s=0}=\frac{2}{5}=0.4$$

$$K_2=(s+1-\mathrm{j}2)\frac{P(s)}{Q(s)}\Big|_{s=-1+\mathrm{j}2}=\frac{s+2}{s(s+1+\mathrm{j}2)}\Big|_{s=-1+\mathrm{j}2}$$

$$=\frac{1+\mathrm{j}2}{(-1+\mathrm{j}2)(\mathrm{j}4)}=\frac{-2.236\angle 70.48^\circ}{8.944\angle 29.52^\circ}=-0.25\angle 40.96^\circ.$$

$$K_3=\overset{*}{K}_2=-0.25\angle -40.96^\circ$$

(3) $F(s)$的部分分式为

$$F(s)=\frac{0.4}{s}-\left[\frac{0.25\angle 40.96^\circ}{s+1-\mathrm{j}2}+\frac{0.25\angle -40.96^\circ}{s+1+\mathrm{j}2}\right]$$

(4)进行拉氏反变换。查拉氏变换表得出

$$f(t)=\mathrm{L}^{-1}[F(s)]=0.4-0.5\mathrm{e}^{-t}\cos(2t+40.96^\circ)$$

或

$$f(s)=\mathrm{L}^{-1}[F(s)]=0.4-0.25\mathrm{e}^{\mathrm{j}40.96^\circ}\mathrm{e}^{-\mathrm{j}(1-\mathrm{j}2)t}-0.25\mathrm{e}^{-\mathrm{j}40.96^\circ}\mathrm{e}^{-\mathrm{j}(1+\mathrm{j}2)t}$$

$$=0.4-0.5\mathrm{e}^{-t}\left[\frac{\mathrm{e}^{\mathrm{j}(2t+40.96^\circ)}}{2}+\frac{\mathrm{e}^{-\mathrm{j}(2t+40.96^\circ)}}{2}\right]$$

$$=0.4-0.5\mathrm{e}^{-t}\cos(2t+40.96^\circ)$$

本题反变换中应用的变换式有

$$\mathrm{e}^{-\alpha t}\leftrightarrows\frac{1}{s+\alpha}$$

$$2|K|\mathrm{e}^{-\alpha t}\cos(\beta t+\angle K)\leftrightarrows\frac{K}{s+\alpha-\mathrm{j}\beta}+\frac{\overset{*}{K}}{s+\alpha+\mathrm{j}\beta}$$

以及欧拉公式

$$\cos\theta=\frac{\mathrm{e}^{\mathrm{j}\theta}+\mathrm{e}^{-\mathrm{j}\theta}}{2}$$

3. $F(s)=\frac{s+2}{s^2(s+1)^3}$

(1) $$F(s)=\frac{P(s)}{Q(s)}=\frac{s+2}{s^2(s+1)^3}=\frac{K_{11}}{s^2}+\frac{K_{12}}{s}+\frac{K_{21}}{(s+1)^3}+\frac{K_{22}}{(s+1)^2}+\frac{K_{23}}{s+1}$$

(2)计算各项待定系数

$$K_{11}=s^2\frac{P(s)}{Q(s)}\Big|_{s=0}=\frac{s+2}{(s+1)^3}\Big|_{s=0}=2$$

$$K_{12}=\frac{\mathrm{d}}{\mathrm{d}s}\left[s^2\frac{P(s)}{Q(s)}\right]\Big|_{s=0}=\frac{\mathrm{d}}{\mathrm{d}s}\left[\frac{s+2}{(s+1)^3}\right]\Big|_{s=0}$$

$$=\frac{(s+1)^3-3(s+2)}{(s+1)^6}\Big|_{=s=0}=-5$$

$$K_{21}=(s+1)^3\frac{P(s)}{Q(s)}\Big|_{s=-1}=\frac{s+2}{s^2}\Big|_{s=-1}=1$$

$$K_{22}=\frac{\mathrm{d}}{\mathrm{d}s}\left[(s+1)^3\frac{P(s)}{Q(s)}\right]\Big|_{s=-1}$$

$$=\frac{\mathrm{d}}{\mathrm{d}s}\left[\frac{s+2}{s^2}\right]\bigg|_{s=-1}=\frac{s^2-2s(s+2)}{s^4}\bigg|_{s=-1}=3$$

$$K_{23}=\frac{1}{2}\frac{\mathrm{d}^2}{\mathrm{d}s^2}\left[(s+1)^3\frac{P(s)}{Q(s)}\right]\bigg|_{s=-1}$$

$$=\frac{1}{2}\frac{\mathrm{d}^2}{\mathrm{d}s^2}\left[\frac{s+2}{s^2}\right]\bigg|_{s=-1}$$

$$=\frac{1}{2}\frac{\mathrm{d}}{\mathrm{d}s}\left[\frac{-1}{s^2}-\frac{4}{s^3}\right]\bigg|_{s=-1}=\frac{1}{2}\left[\frac{2}{s^3}+\frac{12}{s^4}\right]\bigg|_{s=-1}=5$$

(3)$F(s)$的部分分式为

$$F(s)=\frac{2}{s^2}-\frac{5}{s}+\frac{1}{(s+1)^3}+\frac{3}{(s+1)^3}+\frac{5}{s+1}$$

(4)进行拉氏反变换,查拉氏变换表得出

$$f(t)=\mathrm{L}^{-1}[F(s)]=2t-5+\frac{1}{2}t^2\mathrm{e}^{-t}+3t\mathrm{e}^{-t}+5\mathrm{e}^{-t}$$

本题计算待定常数时,应用微分公式为

$$\left(\frac{u}{v}\right)'=\frac{vu'-uv'}{v^2}$$

反变换中应用拉氏变换公式有

$$\mathrm{e}^{-\alpha t}\leftrightarrows\frac{1}{s+\alpha}$$

$$t^n\leftrightarrows\frac{n!}{s^{n+1}}\ (n=1,2,3,\cdots,)$$

〔**例 13-2**〕 应用 s 域分析法求一般二阶电路的阶跃响应。如图 13-4(a)所示电路,求阶跃响应 $u(t)$和 $i(t)$.

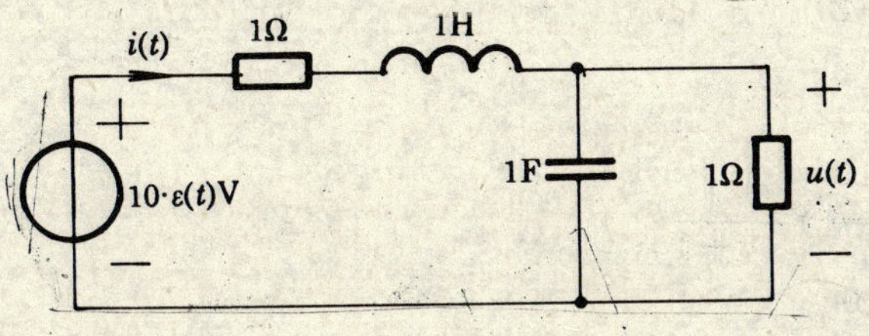

(a)

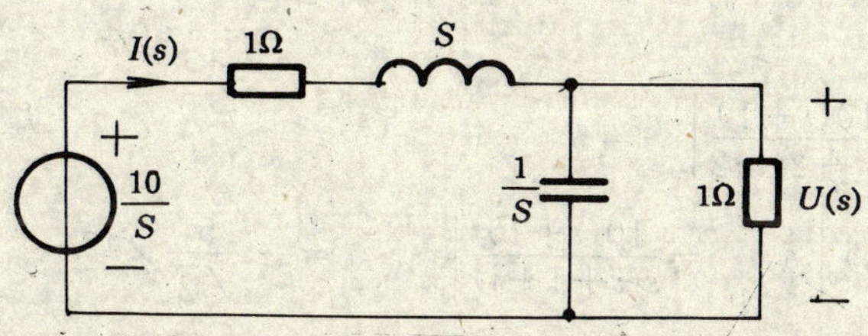

(b)

图 13-4 例 13-2 电路图

解 〔解题思路〕 本题是一般直流二阶电路求阶跃响应,即零状态响应。作 s 域模型时,初始状态为零,电感元件和电容元件 s 域模型中没有附加电压源。s 域分析计算的步骤是,首先作出时域电路的 s 域模型,然后应用节点分析法求解出待求量的象函数,并将其展开为部分分式,最后反变换为时域响应。

〔解题方法〕 (1)作出时域电路的 s 域模型如图 13-4(b)所示。其电压源电压的象函数是 $\frac{10}{s}$,复频域感抗 $Z_L(s)=s$,复频域容抗 $Z_C(s)=\frac{1}{s}$.

(2)求电压 $u(t)$. 应用节点分析法,列出节点方程为

$$\left(\frac{1}{s+1}+s+1\right)U(s)=\frac{\frac{10}{s}}{s+1}$$

$$(s^2+2s+2)U(s)=\frac{10}{s}$$

$$U(s)=\frac{10}{s(s^2+2s+2)}=\frac{10}{s(s+1-\mathrm{j})(s+1+\mathrm{j})}$$

$$=\frac{K_1}{s}+\frac{K_2}{s+1-\mathrm{j}}+\frac{K_3}{s+1+\mathrm{j}}$$

计算待定常数

$$K_1=s\cdot U(s)\Big|_{s=0}=\frac{10}{s^2+2s+2}\Big|_{s=0}=5$$

$$K_2(s+1-\mathrm{j})\cdot U(s)\Big|_{s=-1+\mathrm{j}}=\frac{10}{s(s+1+\mathrm{j})}\Big|_{s=-1+\mathrm{j}}=-\frac{5}{\sqrt{2}}\angle-45^\circ$$

$$K_3=\overset{*}{K}_2=-\frac{5}{\sqrt{2}}\angle 45^\circ$$

$$U(s)=\frac{5}{s}-\left[\frac{5/\sqrt{2}\cdot\angle-45^\circ}{s+1-\mathrm{j}}+\frac{5/\sqrt{2}\cdot\angle 45^\circ}{s+1+\mathrm{j}}\right]$$

进行拉氏反变换得出

$$u(t)=\mathrm{L}^{-1}[F(s)]=\left[5-\frac{10}{\sqrt{2}}\mathrm{e}^{-t}\cos(t-45^\circ)\right]\cdot\varepsilon(t)\ \mathrm{V}$$

(3)求 $i(t)$

电路的 s 域阻抗为

$$Z(s)=(s+1)+\frac{1}{s+1}$$

故
$$I(s)=\frac{U_s(s)}{Z(s)}=\frac{\frac{10}{s}}{s+1+\frac{1}{s+1}}=\frac{10(s+1)}{s(s^2+2s+2)}$$

$$=\frac{10(s+1)}{s(s+1-\mathrm{j})(s+1+\mathrm{j})}=\frac{K_1}{s}+\frac{K_2}{s+1-\mathrm{j}}+\frac{K_3}{s+1+\mathrm{j}}$$

计算待定常数

$$K_1=s\cdot I(s)\Big|_{s=0}=\frac{10(s+1)}{s^2+2s+2}\Big|_{s=0}=5$$

$$K_2=(s+1-\mathrm{j})\cdot I(s)\Big|_{s=-1+\mathrm{j}}=\frac{10(s+1)}{s(s+1+\mathrm{j})}\Big|_{s=-1+\mathrm{j}}=-\frac{5}{\sqrt{2}}\angle 45^\circ$$

$$K_3=\overset{*}{K}_2=-\frac{5}{\sqrt{2}}\angle-45^\circ$$

$$I(s)=\frac{5}{s}-\left[\frac{\frac{5}{\sqrt{2}}\angle 45^\circ}{s+1-\mathrm{j}}+\frac{\frac{5}{\sqrt{2}}\angle-45^\circ}{s+1+\mathrm{j}}\right]$$

进行拉氏反变换得出

$$i(t)=\mathrm{L}^{-1}[I(s)]=\left[5-\frac{10}{\sqrt{2}}\mathrm{e}^{-t}\cos(t+45^\circ)\right]\cdot\varepsilon(t)\ \mathrm{A}$$

〔**例 13-3**〕 激励为指数函数 RLC 电路的 s 域分析计算。如图 13-5(a)所示电路,$u_s(t)=\mathrm{e}^{-4t}\cdot\varepsilon(t)\mathrm{V}$,$u_C(0_-)=-2\ \mathrm{V}$,$i_L(0_-)=0$. 试用 s 域分析法求电阻元件两端电压 $u(t)$.

解 〔解题思路〕 本题是非直流激励二阶电路的分析。分析时关键在于作出 s 域模型,激励函数查表得出它的象函数,同时要注意电感元件和电容元件由于初始状态产生的附加电压源或附加电流源并正确确定它们的参考方向。作出 s 域模型后,按 s 域分析方法的基本步骤进行分析计算得出结果。

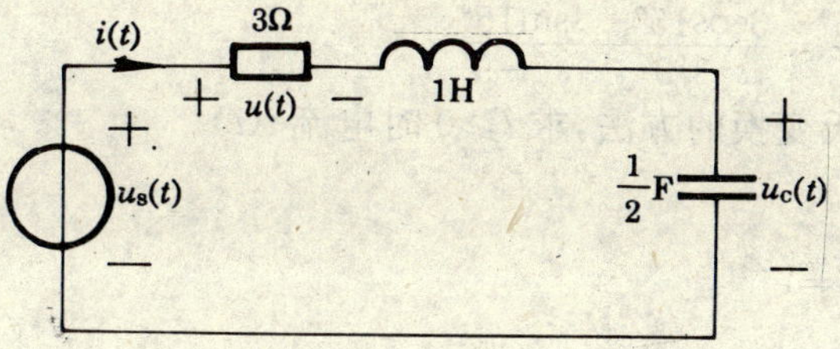

(a)

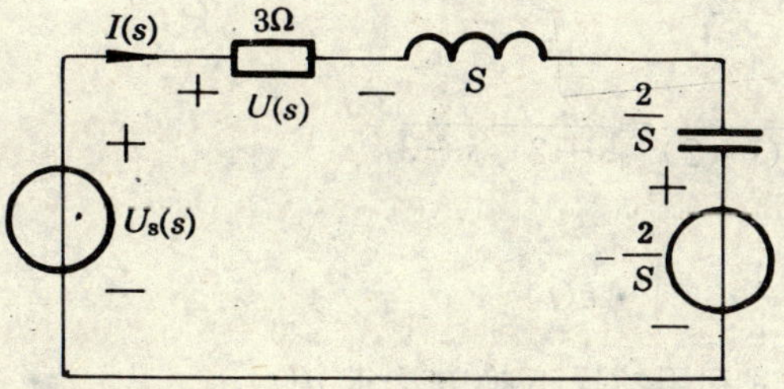

(b)

图 13-5　例 13-3 电路图

〔解题方法〕 (1)作出 s 域模型，如图 13-5(b)所示。其中电源象函数 $U_s(s)=\frac{1}{s+4}$；由于 $u_C(0_-)=-2$ V，故电容元件 s 域模型的附加电压源电压为 $-\frac{2}{s}$；又因 $i_L(0_-)=0$，故电感元件 s 域模型中没附加电压源电压。

(2)列 KVL 方程为

$$\left(s+3+\frac{2}{s}\right)I(s)=\frac{1}{s+4}+\frac{2}{s}$$

上式等号两边乘 s 得出

$$(s^2+3s+2)I(s)=\frac{3s+8}{s+4}$$

移项得出

$$I(s)=\frac{3s+8}{(s^2+3s+2)(s+4)}$$

故待求电阻元件两端的电压象函数为

$$U(s)=3I(s)=\frac{9s+24}{(s^2+3s+2)(s+4)}$$

$$=\frac{9s+24}{(s+1)(s+2)(s+4)}$$

$$=\frac{K_1}{s+1}+\frac{K_2}{s+2}+\frac{K_3}{s+4}$$

确定各项待定常数

$$K_1=(s+1)\cdot U(s)\Big|_{s=-1}=\frac{9s+24}{(s+2)(s+4)}\Big|_{s=-1}=5$$

$$K_2=(s+2)\cdot U(s)\Big|_{s=-2}=\frac{9s+24}{(s+1)(s+4)}\Big|_{s=-2}=-3$$

$$K_3=(s+4)\cdot U(s)\Big|_{s=-4}=\frac{9s+24}{(s+1)(s+2)}\Big|_{s=-4}=-2$$

$$U(s)=\frac{5}{s+1}-\frac{3}{s+2}-\frac{2}{s+4}$$

(3)进行拉氏反变换得出

$$u(t)=\mathrm{L}^{-1}[U(s)]=[5e^{-t}-3e^{-2t}-\alpha e^{-4t}]\cdot\varepsilon(t)\ \mathrm{V}$$

(二)部分练习题解答

练习题 13-5　求下列时间函数的拉氏变换。

(1)$3(1+e^{-2t})\cdot\varepsilon(t)$

(2)$(5t+10e^{-4t})\cdot\varepsilon(t)$

(3)$\sin(3t+15°)\cdot\varepsilon(t)$

解　(1)$\mathrm{L}[3(1+e^{-2t})\cdot\varepsilon(t)]=\frac{3}{s}+\frac{1}{s+2}=\frac{4s+6}{s(s+2)}$

(2)$\mathrm{L}[5t+10e^{-4t}\cdot\varepsilon(t)]=\frac{5}{s^2}+\frac{10}{s+4}=\frac{10s^2+5s+20}{s^2(s+4)}$

(3)$L[\sin(3t+15°)\cdot\varepsilon(t)]=\dfrac{3\cos15°+s\sin15°}{s^2+3^2}=\dfrac{3\cos15°}{s^2+9}+\dfrac{s\sin15°}{s^2+9}$

练习题 13-9 如图 13-3 所示电路，应用拉氏变换的方法，求 $t\geqslant0$ 时电流 $i(t)$。

解 电路的微分方程为

$$2\frac{di}{dt}+6i=e^{-2t}$$

将上式进行拉氏变换为

$$2sI(s)+6I(s)=\frac{1}{s+2}$$

$$I(s)(2s+6)=\frac{1}{s+2}$$

$$I(s)=\frac{1}{2(s+3)(s+2)}=\frac{\frac{1}{2}}{s+2}-\frac{\frac{1}{2}}{s+3}$$

进行拉氏反变换得出

$$L^{-1}[I(s)]=\left(\frac{1}{2}e^{-2t}-\frac{1}{2}e^{-3t}\right)\cdot\varepsilon(t)$$

练习题 13-11 如图 13-5 所示电路，$i_L(0)=0$. 试利用拉氏变换方法求 $u(t)$.

解 按 KCL 和元件 VAR，列出以 $u(t)$ 为变量的微分方程为

$$\frac{1}{2}u(t)+\frac{1}{2}\int_o^t u(\xi)]d\xi=12\cdot\varepsilon(t)$$

将上式进行拉氏变换得出

$$\frac{1}{2}U(s)+\frac{1}{2}\frac{U(s)}{s}=\frac{12}{s}$$

$$(s+1)U(s)=24$$

$$U(s)=\frac{24}{s+1}$$

进行拉氏反变换得出

$$L^{-1}[U(s)]=L^{-1}\left[\frac{24}{s+1}\right]$$

$$u(t)=24e^{-t}\cdot\varepsilon(t)\ \text{V}$$

练习题 13-14 求 $F(s)=\dfrac{1}{(s+1)(s^2+2s+2)}$ 的原函数 $f(t)$.

解 $F(s)=\dfrac{1}{(s+1)(s^2+2s+2)}=\dfrac{1}{s+1}-\dfrac{s+1}{s^2+2s+2}=\dfrac{1}{s+1}-\dfrac{s+1}{(s+1)^2+1^2}$

进行拉氏反变换时，查变换表时应用如下变换公式

$$e^{-\alpha t}\leftrightarrows\frac{1}{s+\alpha},\ e^{-\alpha t}\cos\omega t\leftrightarrows\frac{s+\alpha}{(s+\alpha)^2+\omega^2}$$

$$L^{-1}[F(s)]=L^{-1}\left[\frac{1}{s+1}-\frac{s+1}{(s+1)^2+2^2}\right]$$

$$f(t)=e^{-t}-e^{-t}\cos t=e^{-t}(1-\cos t)\cdot\varepsilon(t)$$

练习题 13-21 如图 13-21 所示电路，已知 $u_s(t)=e^{-t}\cos2t$ V，$u(0_-)=10$V. 求 $u(t)$，$t\geqslant0$.

解 (1)作 s 域模型，如图 13-6 所示。其中

$$U_s(s)=\frac{s+1}{(s+1)^2+2^2}$$

(2)应用节点法解题，列 s 域节点方程为

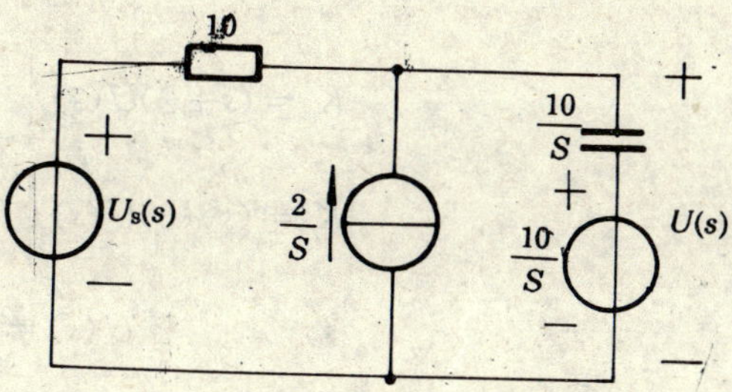

图 13-6　练习题 13-21 s 域模型

$$(\frac{1}{10}+\frac{s}{10})U(s)=\frac{s+1}{10(s+1)^2+4}+\frac{2}{s}+\frac{10/s}{10/s}$$

$$(s+1)U(s)=\frac{s+1}{(s+1)^2+4}+\frac{20}{s}+10$$

$$U(s)=\frac{s+1}{(s+1)[(s+1)^2+4]}+\frac{10(s-2)}{s(s+1)}$$

$$=\frac{1}{(s+1)^2+2^2}+\frac{K_1}{s}+\frac{K_2}{s+1}$$

(3)确定 K_1，K_2

$$K_1=s\left[\frac{10(s+2)}{s(s+1)}\right]\bigg|_{s=0}=\frac{10(s+2)}{s+1}\bigg|_{s=0}=20$$

$$K_2=(s+1)\left[\frac{10(s+2)}{s(s+1)}\right]\bigg|_{s=-1}$$

$$=\frac{10(s+2)}{s}\bigg|_{s=-1}=-10$$

故得出

$$U(s)=\frac{1}{2}\cdot\frac{2}{(s+1)^2+2^2}+\frac{20}{s}-\frac{10}{s+1}$$

(4)进行拉氏反变换

$$u(t)=\mathrm{L}^{-1}[U(s)]=\frac{1}{2}\mathrm{e}^{-t}\sin 2t+20-10\mathrm{e}^{-t}$$

$$=\frac{1}{2}\mathrm{e}^{-t}\sin 2t+10(2-\mathrm{e}^{-t})\ \mathrm{V}\qquad t\geqslant 0$$

(三)部分习题解答

习题十三

3. 若电路微分方程为$\frac{\mathrm{d}^2u}{\mathrm{d}t^2}+4\frac{\mathrm{d}u}{\mathrm{d}t}+3u=\mathrm{e}^{-2t}$，且 $u(0_-)=1$ V，$u'(0)=2$ V/s. 求 $t\geqslant 0$ 时 $u(t)$.

解　将微分方程进行拉氏变换为

$$s^2U(s)-s-2+4sU(s)-4+3U(s)=\frac{1}{s+2}$$

$$(s^2+4s+3)U(s)-(s+6)=\frac{1}{s+2}$$

$$U(s)=\frac{1}{(s^2+4s+3)(s+2)}+\frac{s+6}{s^2+4s+3}$$

$$=\frac{1+(s+6)(s+2)}{(s^2+4s+3)(s+2)}$$

$$=\frac{s^2+8s+13}{(s+1)(s+2)(s+3)}$$

$$=\frac{K_1}{s+1}+\frac{K_2}{s+2}+\frac{K_3}{s+3}$$

确定 K_1，K_2 和 K_3

$$K_1=(s+1)U(s)\bigg|_{s=-1}=\frac{s^2+8s+13}{(s+2)(s+3)}\bigg|_{s=-1}=3$$

$$K_2=(s+2)U(s)\Big|_{s=-2}=\frac{s^2+8s+13}{(s+1)(s+3)}\Big|_{s=-2}=-1$$

$$K_3=(s+3)U(s)\Big|_{s=-3}=\frac{s^2+8s+13}{(s+1)(s+2)}\Big|_{s=-3}=-1$$

$$U(s)=\frac{3}{s+1}-\frac{1}{s+2}-\frac{1}{s+3}$$

进行拉氏反变换

$$u(t)=\mathrm{L}^{-1}[U(s)]=3\mathrm{e}^{-t}-\mathrm{e}^{-2t}-\mathrm{e}^{-3t}\ \mathrm{V}\qquad t\geqslant 0$$

5. 如图 13-23 所示电路，$t=0$ 时刻开关 K 打开，开关动作前电路处于稳态。试用 s 域分析法求 $t\geqslant 0$ 时 $i_L(t)$.

解 (1)求 $u_C(0_-)$，$i_L(0_-)$并作 $t\geqslant 0$ 时电路的 s 域模型。

由于开关动作前电路处于稳态，则

$$u_C(0_-)=\frac{8}{12+8}\times 20=8\ \mathrm{V}$$

$$i_L(0_-)=\frac{20}{12+8}=1\ \mathrm{A}$$

故作出 $t\geqslant 0$ 时电路的 s 域模型，如图 13-7 所示。

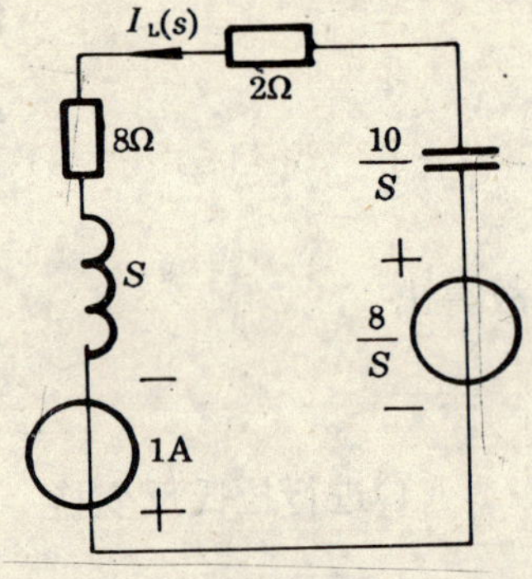

图 13-7 题题十三第 5 题 s 域模型

(2)列 s 域 KVL 方程为

$$\left(10+s+\frac{10}{s}\right)I(s)=1+\frac{8}{s}$$

$$(s^2+10s+10)I(s)=s+8$$

$$I_L(s)=\frac{s+8}{s^2+10s+10}=\frac{s+8}{(s+8.873)(s+1.127)}$$

$$=\frac{K_1}{s+8.873}+\frac{K_2}{s+1.127}$$

(3)确定常数 K_1，K_2

$$K_1=(s+8.873)I_L(s)\Big|_{s=-8.873}=\frac{s+8}{s+1.127}\Big|_{s=-8.873}=0.113$$

$$K_2=(s+1.127)I_L(s)\Big|_{s=-1.127}=\frac{s+8}{s+8.873}\Big|_{s=-1.127}=0.887$$

(4)解出电流的 s 域形式为

$$I_L(s)=\frac{0.113}{s+8.873}+\frac{0.887}{s+1.127}$$

(5)进行拉氏反变换为

$$i_L(t)=\mathrm{L}^{-1}[I_L(s)]=0.113\mathrm{e}^{-8.873t}+0.887\mathrm{e}^{-1.127t}\ \mathrm{A}\qquad t\geqslant 0$$

11. 在图题 13-28 所示电路中，电容的初始电压为零。

(1)求自 a，b 端向左看的 s 域戴维南等效电路。

(2)求流过负载(1 Ω 电阻及 0.4 H 电感)电流的拉普拉斯变换。

解 电路的 s 域模型如图 13-8 所示。再把其中受控电压源电阻串联支路化为等效的受控电流源电阻并联组合后，可得模型的伏安关系为

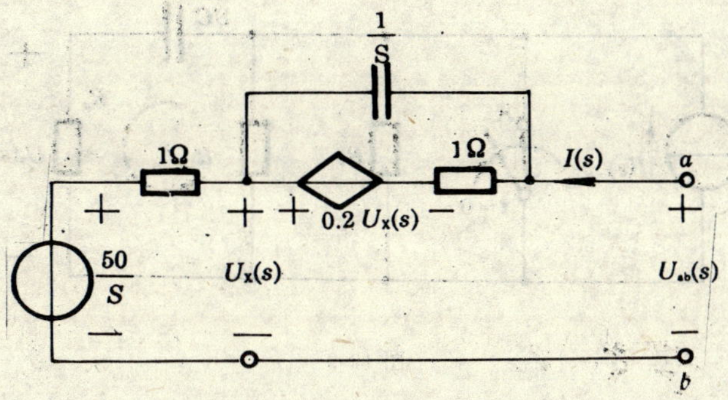

图 13-8　习题十三第 11 题电路

$$\begin{cases} U_{ab}(s)=\dfrac{\frac{1}{s}}{1+\frac{1}{s}}[I(s)-0.2U_x(s)]+U_x(s) & ① \\ U_x(s)=I(s)+\dfrac{50}{s} & ② \end{cases}$$

将式②代到式①中，得

$$\begin{aligned} U_{ab}(s)&=\frac{1}{1+s}\left[I(s)-0.2I(s)-\frac{10}{s}\right]+I(s)+\frac{50}{s} \\ &=I(s)\left[1+\frac{0.8}{1+s}\right]+\frac{50}{s}-\frac{10}{s(1+s)} \\ &=I(s)\frac{1.8+s}{1+s}+\frac{50+50s-10}{s(1+s)} \\ &=I(s)\frac{1.8+s}{1+s}+\frac{50(0.8+s)}{s(1+s)} \end{aligned}$$

由此可知，戴维南等效电路的 $U_{oc}(s)$ 及 $Z_o(s)$ 分别为

$$U_{oc}(s)=\frac{50(0.8+s)}{s(1+s)},Z_o(s)=\frac{1.8+s}{1+s}$$

外接负载 $Z(s)=1+0.4s$ 后，可得

$$\begin{aligned} I(s)&=\frac{U_{oc}(s)}{Z_o(s)+Z(s)} \\ &=\frac{50(0.8+s)/s(1+s)}{(1.8+s)/(1+s)+0.4s+1} \\ &=\frac{50(0.8+s)}{s(1.8+s)+0.4s^2(1+s)+s(1+s)} \\ &=\frac{50(0.8+s)}{s(0.4s^2+2.4s+2.8)} \\ &=\frac{125(0.8+s)}{s(s^2+6s+7)} \end{aligned}$$

12. 图题 13-29 所示为音频放大器的等效电路，开关在 $t=0$ 时断开。电容不带初始电压。若(1)$i(t)=20\sin10^4t$ mA 及(2)$i(t)$是振幅 20 mA、宽度 1 ms 的矩形电流脉冲，试决定输出电压 $u_0(t)$. 已知：$C=10^{-8}$F，$R_p=4\times10^5\ \Omega$，$R_L=10^5\ \Omega$，$R_g=2\times10^5\Omega$.

解　(1)据题意画出电路的 s 域模型图，如图 13-9 所示。其中 $I(s)=\dfrac{20\times10^4\times10^{-3}}{s^2+(10^4)^2}$

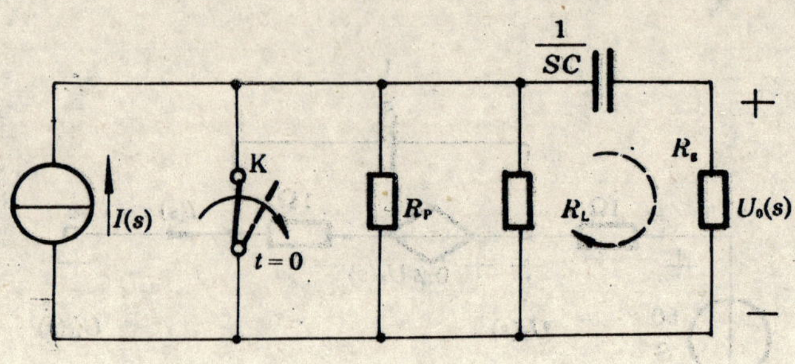

图 13-9

$$R_p=4\times10^5, R_L=10^5, R_g=2\times10^5$$

$$\frac{1}{sC}=\frac{10^8}{s}$$

由图可知

$$U_o(s)=I_o(s)R_g$$

又由 KVL 可知

$$I_o(s)\left(R_g+\frac{1}{sC}+R_p//R_L\right)-I(s)(R_p//R_L)=0$$

由于 $$R_p//R_L=0.8\times10^5$$

故得

$$I_o(s)\left(0.8\times10^5+2\times10^5+\frac{10^8}{s}\right)-0.8\times10^5I(s)=0$$

$$I_o(s)=\frac{0.8\times10^5\times20\dfrac{10^4}{s^2+10^8}\times10^{-3}}{2.8\times10^5+\dfrac{10^8}{s}}$$

$$=\frac{1.6\times10^7s}{(s^2+10^8)2.8\times10^5(s+357.1)}$$

$$=\frac{57.1s}{(s^2+10^8)(s+357.1)}=\frac{As+B}{s^2+10^8}+\frac{C}{s+357}$$

$$57s=As^2+Bs+357As+357B+Cs^2+C10^8$$

比较方程式两边系数得

$$\begin{cases}A+C=0 & ①\\ B+357A=57 & ②\\ 357B+10^8C=0 & ③\end{cases}$$

由式①得 $C=-A$,代入式③,得

$$357B-10^8A=0 \qquad ③'$$

式③′与式②联立,解得

$$A=20.349\times10^{-5}$$

$$B=57$$

$$C\doteq-20.349\times10^{-5}$$

故得 $$I_o(s)=\frac{20.349\times10^{-5}s+57}{s^2+10^8}-\frac{20.349\times10^{-5}}{s+357}$$

$$U_o(s)=I_o(s)R_g$$

$$=\frac{40.8s+57\times2\times10^5}{s^2+10^8}-\frac{40.8}{s+357}$$

$$=\frac{40.8s}{s^2+10^8}+\frac{1140\times10^4}{s^2+10^8}-\frac{40.8}{s+357}$$

故得 $u_o(t)=(40.8\cos10^4t+1140\sin10^4t-40.8e^{-357t})\cdot\varepsilon(t)$

$=40.8(\cos10^4t+28\sin10^4t-e^{-357t})\cdot\varepsilon(t)\mathrm{V}$

(2)已知 $i(t)=20\times10^{-3}\varepsilon(t)-20\times10^{-3}\varepsilon(t-1\mathrm{ms})$

$=20\times10^{-3}\varepsilon(t)-2\times10^{-3}\varepsilon(t-0.001)$

利用线性电路的可迭加性，先令 $I'(s)=20\times10^{-3}/s$ 单独作用时，仍利用图 13-9 来计算

$$I_o'(s)=\frac{0.8\times10^5\times\frac{20\times10^{-3}}{s}}{2.8\times10^5+\frac{10^8}{s}}$$

则

$$U_o'(s)=I_o'(s)R_g=\frac{0.8\times10^5\times\frac{20\times10^{-3}}{s}\times2\times10^5}{2.8\times10^5+\frac{10^8}{s}}$$

$$=\frac{1140}{s+357}$$

故得

$$u_o'(t)=1140e^{-357t}\varepsilon(t)$$

再让 $I''(s)=-\frac{20\times10^{-3}}{s}\varepsilon(t-0.001)$ 单独作用于电路，有

$$u_o''(t)=-1140e^{-357(t-0.001)}\varepsilon(t-0.001)$$

则 $i'(t)$ 和 $i''(t)$ 共同作用时，有

$$u_o(t)=u_o'(t)+u_o''(t)$$

$$=1140[e^{-357t}\varepsilon(t)-e^{-357(t-0.001)}\varepsilon(t-0.001)]\ \mathrm{V}$$

四、教学媒体与作业

本章电视讲课共有 5 讲，即从第 58 讲至第 62 讲。各讲的教学内容及作业分述如下。

第 58 讲

第十三章　拉普拉斯变换在电路分析中的应用

§13-1　拉普拉斯变换

时间函数 $f(t)$ 的拉氏变换

$$\mathrm{L}[f(t)]=\int_{0-}^{\infty}f(t)e^{-st}dt=F(s)$$

$s=\sigma+j\omega$ 称为复频率

$$f(t)(\text{原函数})\leftrightarrows F(s)(\text{象函数})$$

类比　　正弦函数⇌相量

例 13-1

例 13-3

某些常用函数的象函数，可由教材表 13-1 查得，不必进行积分运算。

§13-2　拉普拉斯变换的基本性质

1. 线性定理

(1)若 $f(t)\rightarrow F(s)$，则 $Kf(t)\rightarrow KF(s)$

(2)若 $f_1(t)\rightarrow F_1(s)$，$f_2(t)\rightarrow F_2(s)$，则 $f_1(t)\pm f_2(t)\rightarrow F_1(s)\pm F_2(s)$

2. 微分定理

若 $f(t)\rightarrow F(s)$，则 $\dfrac{\mathrm{d}f(t)}{\mathrm{d}t}\rightarrow 5F(s)-f(0_-)$；及

$$\frac{\mathrm{d}^2 f(t)}{\mathrm{d}t^2}\rightarrow s^2F(s)-sf(0_-)-f'(0_-)$$

作业　补 13-1　求 $\mathrm{L}(2t+1)\cdot\varepsilon(t)$；

$$\mathrm{L}[4\mathrm{e}^{-2t}+5\sin(t+30°)\cdot\varepsilon(t)]$$

补 13-2　求 $\mathrm{L}^{-1}\left(\dfrac{10}{s}+\dfrac{5}{s+4}+\dfrac{36}{s^2+9}\right)$

补 13-3　$u=L\dfrac{\mathrm{d}i}{\mathrm{d}t}$. 求 $U(s)$ 与 $I(s)$ 的关系。

第 59 讲

§13-2　拉普拉斯变换的基本性质(续)

3. 积分定理

若 $f(t)\longrightarrow F(s)$，则 $\displaystyle\int_{0_-}^{t} f(\xi)\mathrm{d}\xi\longrightarrow F(s)/s$

§13-4　KVL，KCL 和元件 VAR 的 s 域形式

1. KVL，KCL 的 s 域形式

KCL：　任一节点 $\displaystyle\sum_{k=1}^{n} I_k(s)=0$

KVL：　任一回路 $\displaystyle\sum_{k=1}^{n} U_k(s)=0$

2. 元件 VAR 的 s 域形式

(1)电阻元件 R：$U(s)=RI(s)$

由此可以得出，电阻 R 的 s 域模型是：$Z_R(s)=R$

(2)电容元件 C：

$$U_C(s)=u_C(0_-)/s+I_C(s)/sC$$

若 $u_C(0_-)=0$，则 $Z_C(s)=\dfrac{U(s)}{I_C(s)}=\dfrac{1}{sC}$

由此可以得出，电容 C 的 s 域模型是：$Z_C(s)$ 与电压源 $u_C(0_-)/s$ 串联模型。$U_C(s)$ 是串联模型两端电压与 $I_C(s)$ 是关联参考方向。

按电源模型的等效变换，可以导出 $Z_C(s)$ 与电流源 $Cu_C(0_-)$ 并联模型。

(3)电感元件 L：

$$I_L(s)=i_L(0_-)/s+U_L(s)/sL$$

若 $i_L(0_-)=0$，则 $Z_L(s)=\dfrac{U_L(s)}{I_L(s)}=sL$

由此可以得出，电感 L 的 s 域模型是：$Z_L(s)$ 与电流源 $i_L(0_-)/s$ 并联的模型。$U_L(s)$ 是并联模型两端的电压，与 $I_L(s)$ 是关联参考方向。

按电源模型的等效变换，可以导出 $Z_L(s)$ 与电压源 $Li_L(0_-)$ 串联模型。

3. 复频域阻抗(零初始状态时)

$$Z(s)=\frac{U(s)}{I(s)}$$

则有

元件	R	L	C
$Z(s)$	R	sL	$\frac{1}{sC}$

$$Y(S)=\frac{1}{Z(s)}$$

例　教材图 13-11 电路的 s 域模型

作业　练习题　13-16，13-17。

第 60 讲

§13-5　由 s 域模型建立电路方程

例 13-15

例 13-12　(只列出电路方程)

例 13-22

作业　习题十三　4(求 $I(s)$)，5(求 $I_L(s)$)，6(求 $I(s)$，$U_C(s)$)。

第 61 讲

§13-3　求拉氏反变换的部分分式法

例 13-12(续)

例 $F(s)=\frac{1}{s^2+2s+5}$

例 13-21

作业　习题十三　完成 4，5，6。

第 62 讲

§13-6　应用拉氏变换分析线性电路(s 域分析法)

例 13-23

例 13-24

例 13-25

作业　习题十三　10，7。

小结

应用拉氏变换解决电路问题

(1)正变换，查表 $f(t)\longrightarrow F(s)$。

(2)作 s 域模型。关键是 L 和 C 的 s 域模型。类比直流电阻电路分析方法，列出方程，在 s 域运算，得出 s 域待求量的结果。

(3)对解得结果进行反变换。直接查表或分解成部分分式后再查表。